高等学校心理学专业课教材

儿童发展心理学

CHILD PSYCHOLOGY AND DEVELOPMENT

主 编/邓赐平　主 审/刘金花

（第四版）

华东师范大学出版社
·上海·

图书在版编目(CIP)数据

儿童发展心理学/邓赐平主编. —4 版. —上海：
华东师范大学出版社,2022
ISBN 978 - 7 - 5760 - 3102 - 7

Ⅰ.①儿…　Ⅱ.①邓…　Ⅲ.①儿童心理学
Ⅳ.①B844.1

中国版本图书馆 CIP 数据核字(2022)第 174419 号

儿童发展心理学(第四版)

主　　编　邓赐平
责任编辑　范美琳
责任校对　王丽平　时东明
装帧设计　庄玉侠　俞　越

出版发行　华东师范大学出版社
社　　址　上海市中山北路 3663 号　邮编 200062
网　　址　www.ecnupress.com.cn
电　　话　021 - 60821666　行政传真 021 - 62572105
客服电话　021 - 62865537　门市(邮购)电话 021 - 62869887
地　　址　上海市中山北路 3663 号华东师范大学校内先锋路口
网　　店　http://hdsdcbs.tmall.com

印 刷 者　常熟高专印刷有限公司
开　　本　787 毫米×1092 毫米　1/16
印　　张　27
字　　数　605 千字
版　　次　2023 年 2 月第 4 版
印　　次　2025 年 6 月第 7 次
书　　号　ISBN 978 - 7 - 5760 - 3102 - 7
定　　价　65.00 元

出版人　王　焰

(如发现本版图书有印订质量问题,请寄回本社客服中心调换或电话 021 - 62865537 联系)

儿童的心理世界鲜活生动，贯穿不同年龄阶段的发展历程错综复杂。正是这种感性和理性交错构筑的儿童发展画面，深深吸引着我、引导着我步入儿童发展心理学的科研教学生涯：观察解读儿童世界，探索揭示其发展实质和机制，应用专业智慧帮助更多儿童及其家庭应对多变的生活与成长挑战。

学术道路一路走走停停，唯有对儿童心理发展的兴趣初心不改。有趣的是，自己走上儿童发展心理学探索之路，与本书有颇多渊源。我对儿童心理发展产生浓厚兴趣，最早正是源于刘金花教授（本书前两版的主编）讲授的儿童发展心理学课程和当时作为教科书的本书1987年初版。在刘金花和缪小春两位先生的先后指导下，我取得了硕士学位和博士学位，之后留校任教，开始自己的儿童研究、课程讲授和应用普及的科教生涯。工作期间，曾受刘金花老师的邀请任副主编，参与《儿童发展心理学（第三版）》部分章节的修订工作。至第四版修订，刘老师希望我承担主编职责。对此，我一开始是诚惶诚恐，但最后还是愉快地接下任务，既因自己与本书的不解之缘，也因为对儿童发展心理学的热爱。源于此，如何兼具传承与创新成为本书改版修订的指导思想。

本书首版于1987年问世，如今是第四次改版修订。与之前的版本保持一致，本书延续了以儿童心理发展不同主题为主线的组织框架。前两章为总论，主要内容涉及发展概念界定、理论简述、生物与环境基础及产前发育。这些内容旨在阐释发展的基础，也试图为儿童心理发展各方面的概念解释提供理论框架。第三章专门讲述婴儿的认知发展研究的一些发现。婴儿发展研究可谓近三十余年发展心理学的一大惊喜，相关发现颠覆了以往关于早期发展的许多认识和假设，促成早期发展科学（early developmental science）这个专门分支的出现。第四至十一章，分别用于介绍儿童认知发展：传统研究的视角、儿童认知发展与学习、儿童语言的发展、儿童智力的发展、儿童情绪的发展、儿童人格发展、儿童社会性发展、儿童道德的发展等各发展主题的内容。最后一章则试图以时间顺序为线索，概览各内容主题的年龄发展特征，进而引入和简述发展心理病理基本认识，以及如何识别儿童的特殊发展需要。

在内容更新方面，为鼓励读者的好奇心、创造性和怀疑精神，我们在修订过程中，一方面注意为读者提供有关儿童心理发展的基础认识，另一方面，也尽可能为读者提供儿童发展研究的一些新进展，帮助读者了解一些复杂的研究发现和理论跃进。譬如遗传学和神经科学研究的爆发式增长带来的诸多新发现和新见解，因此在修订中，我们更新了第二章"发展的生物与环境基础"，增加了许多有关遗传与环境交互作用机制和表观遗传框架的新见解。再如作为应用发展研究的重要取向之一，发展心理病理学这一领域的研究进展快速且影响日渐增长，为此，我们重新改写了第三版的最后一章"儿童发展中常见的心理问题"，试图从发展的年龄特征与发展异常比较的视角，介绍常见发展障碍的识别诊断与学校情境下的处置做法。当然，受篇幅所限，无法面面俱到，但我们尽可能在修订过程中渗透一些新进展的引介，引导读者逐步学着思考新问题、领会新视角、畅想新可能。

在本次修订中，我要特别感谢华东师范大学的刘俊升博士、严超博士和刘明博士，以及上海师范大学的蔡丹博士和魏威博士。他们都是相关领域的卓越研究者，在相关主题的科学研究与教学认识上均有着深厚的沉淀。五位学者欣然接受邀请，参与到本书有关章节的修订工作中，使得本书成为汇聚集体智慧的体现。遗憾的是，篇幅制约束缚了他们的发挥。依据修订分工的需要和各自所擅长的内容领域，魏威博士负责"婴儿的认知发展"（第三章）、蔡丹博士负责"儿童智力的发展"（第七章）、严超博士负责"儿童情绪的发展"（第八章）和"儿童道德的发展"（第十一章）、刘俊升博士负责"儿童人格发展"（第九章）和"儿童社会性发展"（第十章）、刘明博士和我一起负责"儿童发展年龄特征与发展异常"（第十二章）等章节的修订或撰写。本人负责"导论"（第一章）、"发展的生物与环境基础"（第二章）、"儿童认知发展：传统研究的视角"（第四章）、"儿童认知发展与学习"（第五章）、"儿童语言的发展"（第六章）等章节的修订与撰写，以及全书最后的审核统整工作。

贯彻党的二十大精神，保护儿童身心健康，促进儿童全面发展，需要深入了解儿童发展需要和深化儿童发展基本理论。因此，一本好的儿童发展心理学教材尤其重要。修订过程中，我们竭尽所能，力图使本书有益于各类读者。我们试图说清楚儿童心理学的各种问题，希望能阐明心理发展的全部情境；也试图使书中的阐述足够清晰明了，有时或许还力图使之显得轻松自然，不至成为刻板说教。希望本书虽或难以趣味盎然，但至少不至于索然寡味。当然，任何图书撰写最终都是一个遗憾工程，本书也不例外。疏漏和不足之处，恳请读者指正。

任何有理由了解人类心理发展的人都可以是本书的读者。这是一本旨在帮助了解儿童心理、理解儿童心理、研究儿童心理和指导儿童心理发展的教科书，可供综合性大学、高等师范院校心理学及教育学相关专业本科生和研究生作教材之用；也可供儿童发展指导和心理咨询，以及其他妇女与儿童教育工作者，在组织教学和科研活动时作为专业参考书籍；也可作为广大用心良苦的父母了解孩子发展的指导读本，从中学会倾听孩子发展的声音、窥探孩子发展与教育的准则。

儿童发展心理学兼具理论性和应用性，理论联系实际是学好儿童发展心理学的基本原则。接下来，让我们一起走进关于儿童心理变化历程及其发展机制的科学探索现场吧。

邓赐平

2023 年 5 月 20 日修于上海

目录

第一章　导论

📝 本章导语 ||||||||||||||||||||||||||||||||||||||||||||||||||||||||||||||

　　欢迎来到儿童心理变化历程及其发展机制的科学探索现场。

　　这里我们以一个问题作为开篇：我们可以从发展心理学中学到什么？

　　充满期待的父母，或许希望从中获益，能对自己的孩子有更多的了解；有人对自己、某位朋友或家人的行为表现充满许多具体的疑问，或许希望能从中找到答案；又或许有人感兴趣于儿童发展与教育，希望能通过学习为未来职业生涯做些准备。无论是出于什么原因，人们感兴趣的问题或多或少都涉及儿童发展的某个或多个方面。譬如，新生儿眼中的世界是什么样的？婴儿什么时候第一次认出自己的母亲、父亲以及（镜子中的）他们自己？为什么许多1岁的孩子对母亲如此依恋和如此提防陌生人？儿童学习语言比成人更容易吗？为什么小孩子说像太阳和云这样的物体是有生命的？为什么有些人友好外向，而有些人害羞内向？家庭环境是否影响一个人的个性？如果是，为什么同一个家庭的孩子彼此之间差异如此之大？亲密的朋友在儿童或青少年的成长过程中扮演什么角色？为什么人类在很多方面都是相似的，但同时彼此又如此不同？

　　本书便旨在通过回顾发展心理学的理论、方法、研究发现和许多实践应用，来寻求这些和许多其他有关儿童发展之迷人问题的答案。而本书第一章，则将通过讨论有关儿童发展的性质和如何获得有关发展的知识等重要问题，为本书的其余部分奠定基础。本章拟将探讨的问题包括，儿童随着时间推移所发生的"发展"是什么意思？个体的发展经历与过去某个时代或其他文化中的他人的发展有什么不同？儿童发展心理学的科学研究有何意义？发展心理学家们用什么样的策略或研究方法来研究儿童和青少年的发展？

📍 学习目标 ||||||||||||||||||||||||||||||||||||||||||||||||||||||||||||||

1. 描述发展的基本准则。
2. 区分发展的主要阶段。
3. 评价发展的主要论题。
4. 区分不同的发展研究方法。
5. 比较和对照不同的儿童发展理论。

第一节　发展与发展心理学概述

一、什么是发展

　　发展是指个体在受孕（当父亲的精子进入母亲的卵子，创造一个新的有机体）之后所发生的系统的延续和变化。将这种变化描述为"系统性的"，意指它们是有序的、有模式的、相对持久的，因此，诸如暂时的情绪波动及外表、思想和行为的短暂变化，均需要排除在发展变化之外。我们也感兴趣于发展中的延续性及保持连续不变或反映过往的方式。

　　如果说发展代表的是个体所经历的连续性和变化，那么发展科学指的是关于这些现象的研究，这是一个由多学科构成的事业。发展心理学则是这些学科中最核心的一个，许多生物学家、社会学家、人类学家、教育家、医生，甚至历史学家都对发展的连续性和变化有着共同的兴趣，并以各自的方式为我们理解人类发展做出了贡献。

　　是什么引起发展？要理解发展的意义，必须理解两个重要的过程，即成熟和学习，它们是发展变化的基础。成熟是指个体按照物种典型的生物遗传和个体的生物遗传等生物学基础预先设定的生物程序的发展过程。就像种子得到足够的水分和营养而长成成熟的植物一样，人类也在子宫内开始成长。人类成熟的生物学程序要求我们在大约一岁时就能行走和说出第一句有意义的话，在 11 岁到 15 岁之间达到性成熟。当然，对于一些心理变化，比如我们集中注意力、解决问题和理解他人想法或感受的能力的增强，成熟只是部分原因。因此我们可以推测，人类在许多重要方面如此相似的一个原因在于，共同的物种遗传指导着所有人在生命中大约相同的时段经历许多相同或相似的发展变化。

　　第二个关键的发展过程是学习。通过这个过程，我们的感觉、思想和行为产生了相对持久的变化。举一个非常简单的例子，尽管在小学生能够熟练运球之前，一定程度的身体成熟是必要的，但是如果这个孩子想要学会职业篮球运动员的控球技术，认真的指导和长时间的练习也是必不可少的。我们的许多能力和习惯并非简单地作为成熟的一部分展现出来，相反，我们经常通过观察父母、老师和生活中的其他重要人物，以及通过我们经历的事件，学习以新的方式去感受、思考和行动。这意味着我们会随着环境的变化而改变，尤其是周围人的行为和反应。当然，大多发展变化都是成熟和学习的产物。正如我们将在本书中看到的，关于儿童心理发展的一些更生动的辩论就是关于这些过程中哪一个对特定发展变化贡献最大的争论。

二、发展心理学在追求什么

　　发展心理学追求的目标有三，分别是描述、解释和优化发展。在追求描述的目标时，发展心理学研究仔细观察不同年龄段的儿童的行为，试图确定儿童随着时间的推移是如何变化的。虽然几乎所有的儿童都遵循典型的发展道路,但没有两个人是完全相同的。即使在同一个家庭中长大,孩子们也常常表现出非常不同的兴趣、价值观、能力和行为。因此,为了充分地描述儿童的发展,有必要既注重典型的变化模式(或常态的发展),又注重变化模式的个别差异(或特殊的发展)。因此,发展心理学研究既试图理解发展中的儿童彼此相似的重要方式,也考察他们在发展中如何可能有所不同。

充分的描述提供了关于发展的"事实",但这仅仅是起点。发展研究接下来试图解释所观察到的变化。在追求解释的目标时,发展心理学希望明确:为什么儿童会像他们通常表现的那样发展,为什么有些儿童的发展会不同于其他人。解释的核心既在于儿童人群的常态变化,也在于儿童之间的发展差异。正如将在整个文本中看到的,描述发展往往比最后解释发展是如何发生的来得容易一些。

最后,发展心理学希望通过应用发展研究所得到的认识,来帮助儿童朝着积极的理想的方向发展,从而优化发展。这是儿童发展研究指向实践的方面,其促进了许多实践做法上的突破,譬如,帮助反应迟钝的、难以安抚的婴儿与他们沮丧的父母之间建立强烈的情感联系,帮助学习困难的孩子在学校取得成功,帮助缺乏社交技能的儿童与青少年避免由于没有亲密朋友和被同龄人拒绝而导致的情感困难。许多人相信,这样的优化目标将越来越多地影响21世纪的发展研究议程,因为发展研究者对解决实际问题和向公众与决策者传达他们的研究结果的实际意义表现出更大的兴趣。然而,这种对应用问题的更多关注并不意味着传统的描述和解释目标不再重要,因为在研究充分描述了常态的和特殊的发展途径及其原因之前,优化目标往往无法实现。

三、 发展心理学如何界定儿童发展问题和研究领域

一个婴儿怎么可能用一双小巧而完美的手紧紧握住你的手指? 一个学前儿童如何可能有条理地画出一幅画? 一个青少年如何决定邀请谁参加聚会或如何考虑免费下载音乐涉及哪些道德规范? 如果你对这些事情感兴趣,那么你就像发展心理学家一样,正在提出一些儿童发展的科学问题。儿童发展心理学旨在通过科学研究,回答个体从受孕到青春期所发生的涉及成长、变化和稳定模式等方面的发展问题。儿童发展问题字面上的界定似乎很简单,但这种简单性有时容易误导人,为此,我们将从发展心理学的视角对这个界定的各个部分稍做解释。

1. 发展心理学对儿童发展问题的界定

首先,儿童发展关注的是人的发展。尽管有些发展心理学家研究非人类物种(如灵长类)的发展过程,但绝大多数发展心理学家聚焦人的成长和变化;一些人试图揭示人的发展的普遍原则,另一些人则更关注文化、种族和民族差异如何影响发展进程;还有一些人致力于了解个体的独特性方面,旨在辨识每个人的特征和特点。然而,无论采用何种考察方法,所有发展心理学家都将儿童发展视为一个贯穿整个童年和青少年时期的持续过程。

其次，儿童发展研究者关注儿童在生活中的变化和成长方式，他们也考虑儿童青少年生活的稳定性方面。他们询问儿童在哪些领域和哪些时期表现出变化和成长，也询问儿童的行为何时和如何表现出与先前行为的一致性和连续性。

再次，虽然儿童发展的重点是童年和青春期，但发展过程始终贯穿人的生命中的每一个部分，从受孕开始，一直持续到死亡。在某些方面，人们会继续成长和改变，直到生命的尽头，而在其他方面，他们的行为则保持稳定。换句话说，发展并不决定于哪一特定的单一的生命时期，相反，人生的每一个阶段都蕴含着能力增长和下降的潜力，个人在其一生中保持着实质性增长和变化的能力。

最后，发展心理学强调采用科学的方法，探究儿童成长、变化和稳定性的模式。像其他科学分支一样，发展心理学通过运用科学方法来测试其对儿童发展本质和过程的假设。正如在后续章节中可以看到的，发展心理学家提出了许多关于发展的理论，然后系统地使用科学的技术来验证他们假设的准确性。

2. 儿童发展的研究领域与范围

显然，儿童发展的界定甚为宽泛，研究领域的范围很广泛。因此，儿童发展心理学专业人士分布于不同的领域，一位典型的儿童发展研究者将同时专注于某一专题领域和年龄范围。

（1）儿童发展研究领域

儿童发展通常包括三个主要研究领域，即生理发展、认知发展、个性与社会性发展，某位儿童发展研究者可能专攻这些领域中的一个。例如，一些研究者专注于生理发展，研究身体的构成（如大脑、神经系统、肌肉和感官）以及对食物、饮料和睡眠的需求如何帮助儿童决定行为的方式。每个领域会有众多研究专题，譬如，一位研究者可能研究营养不良对儿童生长速度的影响，另一位研究者则可能研究运动员在青春期的身体表现变化。

另一些研究者则可能对认知发展感兴趣，他们试图了解智力的成长和变化如何影响一个人的行为。认知发展学家研究学习、记忆、问题解决和智力，例如，有研究者可能想知道儿童期的问题解决能力是如何变化的，另有研究者试图解释学业成功和失败的原因是否存在文化差异，还有研究者感兴趣于一个人在早年经历过重大或创伤性事件，在以后的生活中是如何记得这些事件的。

最后，一些发展心理学家则关注儿童的个性与社会性发展。个性发展是研究一个人区分于他人的持久特征中的稳定性与变化，社会性发展是个体与他人的互动及社会关系在生命过程中成长、变化和保持稳定的方式。个性发展研究者可能会问在不同的生命周期是否存在稳定、持久的人格特征，而社会性发展研究者可能会研究种族、贫穷或离婚对儿童发展的影响。

有关这三个研究领域的界定和研究问题样例如表 1-1 所示。

表 1-1　儿童发展的研究领域

研究领域	界定特征	研究问题样例
生理发展	考察大脑、神经系统、感官能力、运动技能、激素变化、饮食、睡眠等如何影响行为	1. 是什么决定了儿童的性别？ 2. 早产的长期影响结果是什么？ 3. 母乳喂养的好处在哪里？ 4. 性成熟过早或过晚会带来什么后果？ 5. 剖宫产会影响儿童的运动技能吗？
认知发展	考察知觉、语言、学习、记忆、问题解决和智力等能力的发展变化	1. 在婴幼儿期能回忆的最早记忆是什么？ 2. 看电视对发展有何影响？ 3. 双语是否有益于发展？ 4. 青少年自我中心如何影响其世界观？ 5. 学业成败归因是否存在文化差异？ 6. 智力和创造性有何关系？
个性与社会性发展	考察个体区分于他人的特征及个体与他人互动方式和社会关系的发展变化	1. 是否存在稳定的情绪倾向和人格特质？ 2. 新生儿对母亲和他人的回应是否有区别？ 3. 性别认同感是怎样发展的？ 4. 什么是最好的儿童教养过程？ 5. 青少年自杀的原因是什么？ 6. 种族、贫穷或离异对儿童有何影响？

（2）儿童发展的年龄范围与个别差异

专注某个特定发展领域时，研究者通常还会关注特定的年龄范围。他们通常将儿童青少年划分为宽泛的年龄范围：产前期（从受孕到出生），婴儿期和学步期（出生到 3 岁），学龄前期（3 至 6 岁），儿童中期（6 至 12 岁），以及青少年期（12 至 20 岁）。要记住的是，这些被广为接受的宽泛阶段划分是社会建构的结果，是在某个特定时期被广泛接受的社会和文化的产物。

虽然大多数人接受这些宽泛的阶段划分，但年龄范围本身在许多方面是任意的。虽然有些阶段有明确的界限（如婴儿期始于出生，学前期结束于进入学校，青春期开始于性成熟），其他阶段则没有明确界限。例如，童年中期和青春期之间的区分通常发生在 12 岁左右，但因为这个界限是基于生物学上的变化，即性成熟的开始，这在每个人之间有很大的不同，因此进入青春期的具体年龄因人而异。一些研究者提出了新的发展阶段区分，例如阿内特（J. Arnett）认为，青春期一直延伸到成人初显期。成人初显期，即从青少年晚期开始，一直持续到 25 岁左右，这个时期人们不再是青少年，但他们还没有完全承担起成年的责任；相反，他们仍在尝试不同的身份认同，并进行自我专注的探索。

简而言之，人们在生命历程中所发生事件的时间进程存在着巨大的个体差异。在某种程度上，这是生物学上的事实，人们以不同的速度成熟并在不同的时间点达到发育里程碑。

然而，环境因素在确定某一特定事件可能发生的年龄方面也起着重要作用。例如，人们产生浪漫爱情的典型年龄在不同文化之间存在很大差异，部分取决于在特定文化中对人际关系的看法。因此，重要的是要记住，当研究者讨论年龄范围时，他们讨论的是平均值，人们平均达到特定里程碑的时间。一些孩子会更早达到这个里程碑，一些孩子则会更晚一些，而大多数孩子会在平均时间左右达到这个里程碑。只有当孩子们表现出与平均水平相差很大的行为时，这种差异才变得值得注意。例如，如果孩子开始说话的年龄比平均年龄要晚得多，父母可能会决定让语言治疗师对他们的儿子或女儿进行评估。

此外，随着孩子年龄的增长，他们更有可能偏离平均水平并表现出个体差异。在非常年幼的儿童中，发展变化的很大一部分是由遗传决定的，并且是自动展开的过程，这使得不同儿童的发展比较类似。但随着儿童年龄的增长，环境因素变得越来越重要，随着时间的推移，可能导致更大的变异性和个体差异。

（3）领域与年龄的联系

儿童发展的每一个宽泛领域，包括生理、认知、个性与社会性，其发展均持续贯穿整个童年期和青春期；一些研究者关注胎儿期的发展，另一些则可能关注青春期发生的事情，因此一些人可能专门研究学前期社会性发展，另一些人则研究儿童中期的个性发展，还有一些人可能会采取多样的方法，考察儿童和青少年时期的认知发展。

儿童发展领域与年龄范围的结合方式多种多样，吸引着众多来自不同背景和专业领域的研究者的兴趣。对行为与心理发展过程感兴趣的心理学家、教育学家、遗传学家和医生只是从事儿童发展研究之专业人员的一部分。无论是在包括大学心理系、教育系、人类发展系和医学系在内的学术环境，还是从人类服务机构到儿童保育中心等各种各样的非学术环境，以及各种各样的工作环境中均可看到儿童发展研究者的身影。一方面，儿童发展范围内从事相关工作的专家的多样性，为儿童发展领域带来了多样化的观点和丰富的知识，另一方面，它也使得该领域的研究成果被广泛应用于各种各样的专业领域，诸如教师、护士、社会工作者、儿童保育提供者和社会政策专家等不同领域的从业人员，都依靠儿童发展的研究结果来决定如何改善儿童的福祉。

（4）发展的年龄变化与世代变化

每个人均是其所生活的社会世代的产物。每个人都属于一个特定的群体，一群几乎在同一时期、同一地方出生的人。诸如战争、经济复苏和萧条、饥荒和流行病（如新型冠状病毒引起的肺炎）等重大社会事件，对特定某一世代的群体成员均产生了类似的影响。世代效应（cohort effect）是历史时期影响（history-graded influences）的一个例子，这是与特定历史时刻相关的生物和环境影响。例如，在美国纽约世界贸易中心遭受恐怖袭击期间，生活在纽约市的儿童由于袭击而面临着共同的生物和环境挑战，他们的发展势必会受到这一历史事件的影响。

相反，年龄阶段的影响（age-graded influences）是对某个特定年龄组的所有人均相似的生物和环境影响,无论他们是在何处或何时被抚养长大。例如,青春期和更年期这类生物事件,是所有社会里均在相对同一时间里发生的普遍事件。同样,诸如进入正规教育这类社会文化事件可被视为规范的年龄阶段影响,因为在多数文化中它发生在 6 岁左右。

发展也受到社会文化的影响(sociocultural-graded influences),包括种族、社会阶层、亚文化和其他各种因素的影响。例如,对于把英语作为第二语言的移民儿童而言,社会文化的影响将不同于把英语作为第一语言的儿童。

最后,不规范的生活事件(non-normative life events)也会影响发展。不规范的生活事件是特定某个人的生活中发生的特定的非典型事件,而此类事件并不发生于大多数人身上。例如,个人自小就知道自己是被收养的经历,就构成了一个非常规的生活事件。此外,孩子也可以创造自己的非规范生活事件。例如,一个高中女生参加并在全国科学竞赛中获奖,她自己就产生了一个非规范的生活事件。从某种意义上说,她正在积极地构建自己的环境,从而参与自己的发展。

由于年龄变化与世代变化交互影响儿童发展,这使得关于儿童发展的问题变得更为复杂,由此也给旨在揭示发展变化作用机制的发展心理学研究带来了更多挑战。源于此,也催生或促进了更多发展心理学研究方法和策略的出现。

第二节　儿童心理发展研究的基本问题

无论是儿童心理学研究者,还是一些天天面对儿童的父母与教育工作者,在讨论儿童发展问题时都会涉及几个迄今仍不乏争论的基本理论问题。其中有些问题,许多世纪以来一直为哲学家、教育家、思想家们所争论不休。到目前为止,有些问题已有较满意的结论,而有些问题还在激烈的争论和探讨之中。

如今仍有几个关键议题支配着儿童发展研究领域,这些议题(如表 1-2 所示)包括涉及发展的遗传与环境因素、发展变化的性质、关键期和敏感期的重要性、特定阶段的发展与毕生发展等问题。

表 1-2　儿童发展的主要议题

天然(遗传因素) ● 强调去揭示遗传而来的先天特质和能力	教养(环境因素) ● 强调对个人发展产生影响的环境因素
连续变化 ● 变化是渐进的 ● 某个水平的成就建立在前一水平基础上 ● 潜在的发展过程是一样的	非连续变化 ● 变化发生于不同步骤或阶段 ● 不同阶段之间行为与过程存在质的不同

（续表）

关键期	敏感期
● 特定时期某些环境刺激对正常发展是必不可少的 ● 为早期发展心理学所关注	● 特定时期个体易感于某些环境刺激，但缺乏刺激的后果是可逆的 ● 为毕生发展心理学所关注
聚焦特定阶段 ● 早期的发展研究者强调婴儿期和青春期是最重要的阶段	关注毕生发展 ● 当前的研究者强调成长与变化贯穿整个生命，各阶段存在关联

一、 遗传与环境在发展中的作用

在探讨儿童心理发展因素的过程中，很长时间以来，存在着关于遗传和环境在发展中作用的争论。这种争论有时又称为"先天与后天"之争、"成熟与学习"之争，或"生物因素与社会因素"之争。所谓"先天"，是指有机体的生物遗传因素，是人们天生具备的某些禀赋和特质。"后天"指环境因素，是受胎儿期和出生后的环境影响所获得的素质和经验。环境既包括生物环境，如营养、药物、医疗状况和身体意外等，也包括社会环境，如家庭、学校、同伴群体、社区、媒体和文化等。这场争论从中世纪开始一直持续到 20 世纪末，大致经历了三个阶段。

1. 绝对决定论

绝对决定论的争论双方把遗传与环境完全对立起来，或者强调遗传决定发展，完全否定环境的作用；或者认为环境决定发展，完全否定遗传的作用。遗传决定论以优生学创始者高尔顿（F. Galton）为代表。他认为个体的发展及其品性早在生殖细胞的基因中就决定了，发展只是内在因素的自然展开，环境与教育仅起引发作用。他在《天才的遗传》一书中写道："一个人的能力乃由遗传得来，其受遗传决定的程度如同机体的形态和组织之受遗传决定一样。"

环境决定论以行为主义创始人华生（J. Watson，1878—1958）为代表。他的一句名言是对环境决定论的极好写照："给我一打健康的婴儿和一个我自己可以给予特殊培养的世界。我保证能在他们中间任意选择一个，训练成我想要培养的任何一种专家：医生、律师、艺术家、大商人，甚至是乞丐、小偷，而不管他的天赋、爱好、能力、倾向性以及他祖宗的种族和职业。"

2. 共同决定论

极端的遗传决定论和极端的环境决定论逐渐失去了影响力，因为许多事实都证明，儿童心理的发展不可能没有遗传的作用，也不可能没有环境的作用。于是，既承认环境影响，又承认遗传影响的共同决定论出现了。共同决定论的代表人物是"辐合论"的倡导者斯腾（W. Stern，1871—1938）。辐合论认为，人类心理的发展既非仅由遗传的天生素质决定，也非只是环境影响的结果，而是两者相辅相成所造就的。这是一种折中主义的发展观。斯腾在《早期儿童心理学》一书中提到，"心理的发展并非单纯是天赋本能的渐次显现，也非单纯由于受外界影响,而是内在本性和外在条件辐合的结果","两种因素同为发展的不可缺少的成分,虽然其所占比重可因事而异"。

图1-1是斯腾说明遗传和环境双重作用的示意图。这里的 X_1、X_2 代表不同的机能,它们受到不同程度的遗传和环境的影响。从图中可见,X_1 机能受到环境的影响较大,而 X_2 机能受到遗传的影响较大。

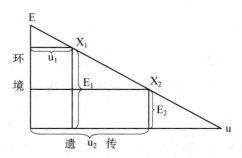

图1-1 遗传和环境双重作用示意图

另一个共同决定论者卢森伯格(H. Luxenburger)则用另一幅图来表示遗传与环境的作用,如图1-2所示,机能 X_1 的遗传因素为 E_1,环境因素为 u_1;机能 X_2 的遗传因素为 E_2,环境因素为 u_2;用 E 与 u 的比例来显示两者的关系。对角线的两端是最极端的例子,即百分之百地受遗传或环境的影响。

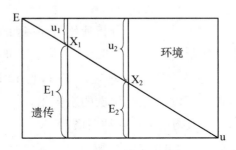

图1-2 遗传与环境的作用

这两个图示似乎表明:发展=遗传×环境,或者,发展=遗传+环境。可是,遗传和环境是两种不同的质,"×"或"+"的结果究竟是什么呢?许多人对此提出了责难。

格赛尔(A. Gesell,1880—1961)认为支配发展的因素有两个:成熟和学习。学习与生理上的"准备状态"有关,在未达到准备状态时,学习不会发生,一旦准备好了,学习就会生效。这就是成熟—学习原则。格赛尔用一个双生子爬梯实验来阐述他的理论,即成熟势力论。图1-3是格赛尔"双生子爬梯实验"的结果。

图1-3中,在不同时间开始训练一对(同卵)双胞胎爬楼梯,但最后达到的成绩是一样的,说明成熟前的训练不起多大作用。据此,格赛尔提出,最好等到儿童达到能接受未来学习水平的时候再开始学习。他认为影响发展的机制是生理上从不成熟到成熟的变化过程。

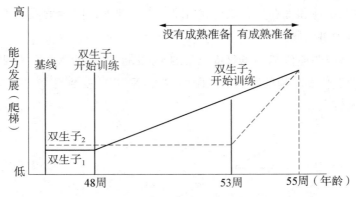

图1-3   双生子训练爬梯的结果

这个过程就是为学习做准备的"准备过程"。儿童的发展有一定的生物内在进度表,它与一定的年龄相对应。所以,格赛尔特别重视"行为的年龄值与年龄的行为值",并制定出了婴儿的"行为发育常模"。格赛尔虽然认为"素质构成因素最终决定对所谓'环境'的反应程度乃至反应方式",但也认为在评价生长时"不应忽视环境影响,即文化背景、同胞、父母、营养、疾病、教育等"。他还提出"儿童的成长特征实际上是内在因素与外在因素之间相互作用的最后产物的表现……",但是,格赛尔提到的"相互作用"并未在他的理论中得以体现,实际上,他的成熟势力论还是偏向于遗传决定论或内因论。

3. 相互作用论

在共同决定论的基础上,一些学者进一步分析遗传与环境两个因素的关系,提出了相互作用论。相互作用论的代表人物是皮亚杰(J. Piaget,1896—1980)。他假设个体天生存在一些基本的心理格式(schema),在个体与外部环境作用时,利用"同化"与"顺应"的机制,不断改变和发展原有的心理格式,最后达到较高层次的结构化,同时也使儿童对环境的适应能力越来越强。相互作用论的代表人物还包括阿纳斯塔西(A. Anastasi)、沃纳(H. Werner)、瓦龙(H. Wallon)及苏联的维列鲁学派的心理学家。

相互作用论的观点如今已被普遍承认。它打破了是遗传决定发展还是环境决定发展的长期的、简单化的机械争论的局面。综合相互作用论的基本论点,可以归结为:

第一,遗传与环境的作用互相制约、互相依存。一个因素(遗传或环境)作用的大小、性质依赖于另一因素。如具有精神分裂症潜在倾向的个体发病与否取决于个体遇到的环境压力,没有这种遗传倾向或没有环境压力均不易发生这类疾病。对高智力的儿童来说,一种严格的高要求教学能充分地发挥其潜能,但对一个低智力的儿童来说,则可能适得其反。

第二,遗传与环境的作用互相渗透、互相转化。有时遗传可以影响或改变环境,而环境也可以影响或改变遗传。遗传改变环境的典型例子就是Rh溶血病。如果怀孕的母亲是Rh阴性血型,怀的第1个孩子是Rh阳性血型,这未出生的孩子的血液透过胎盘进入母亲的循环系统,使母亲的血液产生Rh抗体。当怀第2个孩子又是Rh阳性血型时,母亲的Rh抗体就会进入孩子的血液,侵袭他的红细胞,造成流产死胎、心脏缺陷等问题。对苯酮尿症的治疗则是环境影响遗传作用的典型例子。

另外,从种系发生的角度看,遗传和环境本身就是互相包容的。人类的遗传基因本身是既作为生物学的人、又作为社会性的人经过世世代代与环境的相互作用历练积淀而成的。人在利用环境、适应环境、改变环境中创造着更有利于发展的环境,而被改造、被创造的环境又反过来影响着人类的发展、塑造人类的发展。简而言之,遗传是种系与环境长期相互作用的结果,或者说是种系以机能结构的形式巩固下来的环境作用的反映。从个体发展来看,从受精卵形成的一瞬起,遗传和环境两个因素的作用就纠缠在一起,无法真正分离。

第三,遗传与环境、成熟与学习对发展的作用是动态的。对不同的心理或行为,在不同年龄阶段,遗传和环境的作用大小也不同。通常是年龄越小,遗传的影响越大;低级的心理机能受环境制约少,受遗传影响大;越是高级的心理机能(如抽象思维、高级情感),受环境的影响也越大。

由于相互作用论强调主体与客体的交互影响,尤其是主体通过自己的"动作"与外部环境发生作用,突出了主体的能动性,这是发展观点的重大改变。遗传与环境、先天与后天的绝对化的争论基本上随着相互作用论的兴起暂告一段落。但是相互作用论就是最完美的发展观吗? 这当然还需要进一步的探讨。

但不管如何进一步完善儿童发展观,相互作用论对儿童发展与教育实践毫无疑问有重要的指导意义,其提醒我们应当着力做好两件事:①如何使每一个儿童具有最优异的遗传素质;②如何为每一个儿童创造能充分发掘其潜能的优良环境。而这应该是心理科学、医学科学、教育和社会联合起来共同发挥的功能。

二、　发展的连续变化与非连续变化

儿童发展研究面临的另一个重要问题涉及发展变化的性质,即发展是以连续的方式进行,还是以非连续的方式进行,如图1-4所示。

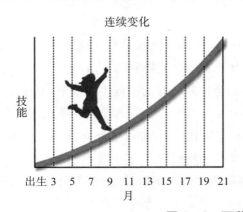
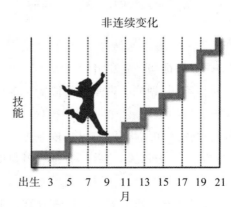

图1-4　两种发展变化的方式

在不断变化的过程中，发展是渐进的，取得的成就是在先前水平的基础上逐步提高的。连续变化是量化的，推动变化的潜在基本发展过程在整个生命周期中保持不变。因此，连续变化所产生的变化是程度问题，而不是类型问题。例如，成年前身高的变化是持续的。同样的，一些理论家认为人们思维能力的变化也是连续的，表现为逐渐的量化改进，而不是发展出全新的认知加工能力。相反，非连续变化出现不同的步骤或阶段。每个阶段带来的行为，被认为在质性上不同于以前阶段的行为。例如，一些认知发展研究者认为，随着儿童的发展，思维方式会发生根本性的变化，这种变化不仅仅是量变的问题，也是质变的问题。

儿童心理的发展变化是连续的，还是分阶段的？或者说是渐进式的，还是跳跃式的？对此，发展心理学家们也存在分歧。强调发展是由外部环境决定的理论，一般不认为发展有什么阶段，而只有量的累进。诸如行为主义和社会学习理论都持这种观点。强调发展主要是由内部成熟或遗传引起的理论，如成熟论、皮亚杰的发生认识论、弗洛伊德和埃里克森的新老心理分析理论都认为发展有阶段，是由量变到质变的过程。以上的理论都只是片面地强调了发展一个方面的特征。

心理活动与世界上其他事物的发展一样，当某些代表新质要素的量积累到一定程度时，新质就代替了旧质而跃上优势地位，量变引起了质变，发展出现了连续中的中断，新的阶段开始形成（如图1-5所示）。从图中我们可以看出，发展既是连续的，又是分阶段的；前一阶段是后一阶段出现的基础，后一阶段又是前一阶段的延伸；旧质中孕育着新质，新质中又包含着旧质，但每个阶段占优势的特质是主导该阶段的本质特征。例如，即使是处于前运算阶段的儿童，也还常常保留着感知动作阶段的动作思维特征，同时也会有一些具体运算阶段抽象的概括和逆向的思考。发展是多层次、多水平的，而非单一的、孤立的。

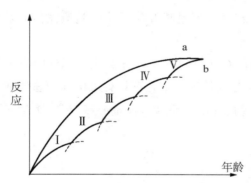

注：a为平滑向上的曲线，代表发展是连续的累进，b为波浪向前的曲线，代表发展既是连续的，又是分阶段的。图中数字表示5个阶段。

图1-5　发展既是连续的，又是分阶段的

许多发展心理学家认为，儿童心理发展是有阶段的，每个阶段具有不同于其他阶段的本质特征，这些特征与一定的年龄相对应。但是，由于心理学家研究的领域不同，收集和拥有的发展材料不同，划分心理年龄阶段的标准也不完全相同。有的根据生理发展（如柏尔曼），有的根据心理性欲发展［如弗洛伊德（S. Freud, 1956—1939）］，有的根据种系发展史（如斯腾），有的根据认知结构的变化（如皮亚杰），有的根据人格发展［如埃里克森（E. H. Erikson, 1902—1994）］。应该说，这些划分都有各自的合理性，但也都有一定的片面性。

迄今为止，是否有真正基于儿童心理发展客观规律的发展阶段划分问题尚未完全得到解决，但大多数发展研究者均认同在连续—非连续问题上采取非此即彼的立场是不恰当的。虽然许多类型的发展变化是连续的，但显然许多其他类型的发展变化则是非连续的。而我们所看到的许多关于儿童发展阶段的划分,实际上是基于生理发展、心理发展(认知的、社会情绪、人格的和行为的)及社会文化历史三股力量持久的相互作用的产物。

三、 发展过程中儿童的主动性与被动性

在儿童发展过程中,儿童是主动的,还是被动的为内部或外部力量所驱使的,存在着不同的见解。有些发展学家认为儿童的本性就是好奇的、探究性的,他们在主动探索外部世界的同时也塑造了自己,使自己能更好地适应环境。另有一些发展学家则认为儿童是被动的,他们受外部环境或内部生物力量所驱使或控制。很多时候,我们将有些孩子学习成绩优异,或者归因于孩子有良好的天赋,或者归因于有一个会教育孩子的父母或教师,这类归因似乎均与孩子自身的主动性无关。所以发展的主动性与被动性的争论,实质上就是对儿童本质的认识问题。

传统的儿童心理发展理论,无论是环境决定论、遗传决定论抑或是成熟势力论,都未把儿童看作是发展中的主体、有能动性的主体、有自我力量的主体。现实生活中,不管是理论工作者还是实际工作者,一般不会明确地认为儿童是消极被动的个体,但事实上有些人往往下意识地或不自觉地在这样想、这样做。具体表现有:①不是从儿童实际出发,而是从教育者的需要和想象出发,把知识硬塞给儿童(如教材难度过高,儿童经过努力仍难以接受和消化,盲目跟风让儿童参加各种课外学习班、考证)。②不考虑如何调动儿童的积极性,不反省教育者本身的工作态度和工作方法,一味强调外部的奖惩,且惩罚超过奖励。③在教学上强调注入式,不重视启发式。④不尊重儿童的兴趣、爱好和个性特点,不把孩子看成是有思想的独立的个体,强调盲目听话、服从。⑤用一把尺子衡量同年龄的每个儿童,用一个模式来培养每一个儿童,学校成了工厂,教师成了操作工,学生成了流水线上一个个相同的产品。

而如果把儿童看成是有主动性的个体,就必然会尊重儿童。尊重儿童,意味着将儿童看成是一个个有自己气质特点、性格特点、兴趣爱好,有探究性的个体;重视对他们的鼓励和表扬;重视开发每个儿童的"优势领域";在教学上给儿童留有充裕的时间去阅读、思考、讨论、探索、发现、创造,而绝对不是为了追求分数,追求升学率。总之,要设法充分发掘儿童的积极性和主动性,实施人性化的和个性化的教育,真正让儿童作为发展中的主体积极地参与并推动自身发展。

四、 发展的关键期和敏感期

如果一名妇女在怀孕 11 周时患上风疹(也叫德国麻疹),则她所怀的孩子可能会遭受毁灭性的后果,包括失明、耳聋和心脏缺陷。然而,如果她在怀孕 30 周时出现同样的风疹,孩子则不太可能会受到伤害。这种疾病出现在两个时期导致不同的结果,隐含着关键期的概念。关键期是发展过程中特定事件产生最大后果的特定时期,它出现于某些类型的环境刺激对发展正常进行必不可少或个体暴露于某些刺激可能导致异常发展的时候,例如,母亲在怀孕

的特定时间服用药物可能会对发育中的孩子造成永久性伤害。

关于心理发展是否有关键期，最早起源于动物心理学家劳伦兹（K. Lorenz，1903—1989）对动物印刻（imprinting）行为的研究。劳伦兹发现鹅、鸭、雁之类的动物在刚刚孵化出来时，如果让其接触其他种类的鸟或会活动的东西（如人、木马、足球），它们就会把这些东西当作自己的母亲紧紧跟随，对自己的同类"母亲"却无任何依恋。这种现象好似在凝固的蜡上刻上标记一样，故称"印刻"。劳伦兹还认为这种现象只发生在极短暂的特定时刻，一旦错过了这个时机就无法再学会，因此又称关键期为"最佳学习期"。

尽管早期的一些儿童发展专家非常强调关键期的重要性，但新近的认识发生了一些变化，在许多领域，个人可能比最初想象的更灵活，特别是在认知、个性和社会性发展领域。这些领域的发展存在着一个明显的可塑性程度，行为或生理结构的发展在某种程度上是可以改变的。例如，越来越多的证据表明，儿童可以利用后来的经历帮助克服早期的缺陷，而不会完全因为缺乏某些类型的早期社会经历而遭受永久性的伤害。因此，现在大多数发展研究者更喜欢用敏感期，而不是关键期。在敏感期，机体特别容易受其环境中某些类型的刺激的影响。敏感期是特定能力出现的最佳时期，在这一时期，儿童对环境影响特别敏感。例如，在敏感期缺乏语言接触可能会导致婴幼儿语言产生的延迟。

重要的是要理解关键期和敏感期概念之间的区别。关键期假定某些类型的环境影响会对发展中的个体产生永久的不可逆转的后果；相比之下，虽然敏感期也假定缺乏特定的环境影响可能会阻碍发展，但后来的经验有可能克服早期的不足。换句话说，敏感期的概念认识到了发展的可塑性。

五、 强调特定时期的发展与毕生发展

儿童发展研究应该把注意集中在生命的哪一部分？对早期的发展研究者来说，答案往往是婴儿期和青春期。在学科发展早期，大多数研究的注意明显集中在这两个时期，而在很大程度上排除了其他童年时期。而后，研究逐步涵盖从怀孕到青春期。然而，如今情况再次发展变化，从怀孕到青春期再到成人各个时期，现在均被认为是重要的。不同于传统的发展视角，毕生发展的视角强调：

首先，生长发育与发展变化持续生命全程的每个阶段，由此给心理发展的遗传与环境、普遍性与特殊性等基本理论问题带来了新的思考。

其次，每个人的环境的一个重要组成部分，即个人的社会环境，是由其周围的其他人构成的。为了解特定年龄段儿童所受到的社会影响，我们需要了解在很大程度上提供这些影响的其他人。例如，为了解婴儿的发育，我们需要弄清楚他们父母的年龄对婴儿社会环境的影响。一位18岁的母亲提供的父母影响在很大程度上可能会不同于37岁母亲提供的影响。因此，婴儿的发展在某种程度上是成人发展的结果。

最后，正如毕生发展学家巴尔特斯（P. Baltes，1939—2006）指出的那样，一生中各个阶段

的发展既有得也有失。随着年龄的增长,某些能力会变得更加精细和复杂,而另一些则涉及技能和能力的丧失。例如,词汇量在整个童年期都在增长,并且在成年期的大部分时间里一直在增长。与此同时,某些身体能力,比如反应时间,直到成年早期和中期才开始发生较大的变化,那时他们开始衰退。相应地,人们在一生中不同时刻如何投入资源(动机、精力和时间)也会发生变化。在生命的早期,一个人更多的个人资源被用于涉及成长的活动,如学习知识或学习新的技能。随着年龄的增长,更多的资源被用于处理人们在成年后期面临的损失。

六、 儿童发展研究对子女养育和社会政策的影响

诚如先天与后天问题的影响的争议:如果一个人的智力水平主要由遗传决定,在出生时基本就已经固定,那么在以后的生活中提高智力水平的努力可能注定要失败。相较之下,如果智力主要是环境因素作用的结果,比如受教育的数量和质量以及所接触到的刺激,那么我们可以预期社会条件的改善能带来智力的提高。

关于智力起源观对社会政策的影响程度,突出了涉及先天—后天这一问题的各种研究主题的重要性。在本书后面各领域讨论相关主题的时候,我们应该记住,儿童发展趋于拒绝接受认为行为发展单独决定于先天或后天这样的观念。相反,这个问题是一个程度问题,其中具体如何受先天和后天影响的细节也尚在激烈的争议之中。

此外,遗传因素和环境因素的相互作用是复杂的,部分原因是某些遗传所决定的特征不仅对儿童行为有直接影响,而且间接影响儿童环境的塑造。例如,一个脾气暴躁、经常哭闹的孩子,她的这种特征可能是其遗传倾向造成的,但该特征也会影响她所处的环境,因为她的父母对她不断哭闹的反应如此强烈,以至于每当她哭泣时,父母都会冲过去安慰她。他们对孩子基因决定的行为的反应因此变成了环境对孩子后续发展的影响。

同样,尽管我们的遗传背景指引着儿童朝向特定的行为,但是在没有适当环境时,这些行为不一定会发生。具有相似基因背景的人(例如同卵双胞胎)的行为方式可能非常不同,而具有高度不同基因背景的人在某些特定领域的行为方式则可能非常相似。

概言之,一个特定的行为在多大程度上是由于先天,在多大程度上则是由于后天,这个问题极具挑战性。最后,我们应该把先天—后天的影响看作是连续统一体的两端,特定的行为介于两端之间。对于前述的那些论题,我们也可以采用一些类似的说法。例如,连续与非连续的发展不是一个非此即彼的命题,一些发展形式落在连续体的连续端,而另一些则更接近非连续的一端。简而言之,关于发展的陈述很少是非此即彼的绝对论断。

七、 关于发展特征的一些基本认识

上述介绍了支配着发展研究的几个关键议题,尽管关于这些议题仍不乏争议,但历经长期探索,迄今在有关发展性质方面已达成了一些重要的基本共识。

1. 发展是一个持续和累积的过程

虽然没有人能从对一个人的童年做最细致的检查中准确知道成年期将会发生什么,但发展研究已经认识到,早期 12 年对于为青春期和成年期搭建舞台极其重要。作为青少年或成年人,"我们是谁"也取决于我们以后的生活经历,但是很明显,你已经不是 10 岁甚至 15 岁时的你了。你可能已经成长了一些,获得了新的学业技能,并且发展出了与你五年级或高中三年级时十分不同的兴趣和抱负。这种发展变化的道路会一直向前延伸,直到中年甚至更久。总而言之,关于发展的一个良好描述是一个持续和累积的过程。唯一不变的就是变化,在生命的每个主要阶段发生的变化都会对未来产生重要的影响。

表 1-3 按时间顺序简单概述了人发展的各个阶段。本书的重点是人生前六个阶段的发展,即产前期、婴儿期、学步期、学前期、儿童中期和青少年期。探究儿童从受孕到成年的发展过程,将帮助我们更好地了解我们自己以及我们行为的决定因素,也将提供一些洞察,揭示为什么没有两个人是完全一样的。当然现有研究尚不能回答关于儿童青少年发展的所有重要问题,儿童发展心理学仍然是一个相对年轻的学科,有许多未解决的问题。不过随着研究的进展,发展心理学必将提供越来越多十分实用的信息,可帮助我们成为更好的教育者、儿童青少年从业者和父母。

表 1-3　人的发展时序概览

发展阶段	大致时间范围
1. 产前期	怀孕—出生
2. 婴儿期	出生—18 个月
3. 学步期	18 个月—3 岁
4. 学前期	3—5 岁
5. 儿童中期	5—12 岁左右(到青春期开始)
6. 青少年期	12—20 岁左右(开始工作、经济独立)
7. 成年早期	20—40 岁左右
8. 成年中期(中年期)	40—65 岁左右
9. 成年后期(老年期)	65 岁以后

注:这里所列只是大致的时间范围,可能并不适用任何特定个体。例如,一些人可能在 10 岁时就开始了青春期。

2. 发展是一个整体的过程

发展心理学一度流行的做法是将研究者分为三个阵营:①研究身体成长和发展的方面,

包括身体变化和运动技能的顺序发展。②研究发展的认知方面,包括感知、语言、学习和思维。③专注于发展的社会心理方面,包括情感、个性和人际关系的发展。但时至今日,我们知道这种分类方法可能具有误导性,因为在这些领域工作的研究人员发现,发展的一个方面的变化对其他方面具有重要的影响。我们不妨看一个例子。

是什么决定了一个人在同龄人中的受欢迎程度? 如果你说社交技巧很重要,那么你是对的。热情、友好、愿意合作等社交技能是受欢迎的孩子通常表现出来的特征。然而,受欢迎程度远不止表面上看起来那么简单。现有一些研究迹象表明,儿童进入青春期的年龄是身体发育的一个重要里程碑,对社会生活有重要影响。例如,过早进入青春期的男孩比过晚进入青春期的男孩享有更好的与同龄人的关系。在学校表现好的孩子比在学校表现稍差的孩子在同龄人中更受欢迎。

因此我们看到,受欢迎程度不仅取决于社交技能的提高,还取决于认知和身体发展的各个方面。正如例子所示,发展不是零碎的,而是整体的。人类是生理的、认知的和社会的存在,每一个组成部分都部分地取决于其他发展领域发生的变化。现在许多研究者将这一整体发展主题纳入他们的理论和研究中,例如,哈尔彭(Halpern et al. , 2007)等人在分析科学和数学中的性别差异时,采用了一种生物心理社会学的方法,认为在理解性别差异和相似性时,需要考虑儿童的所有方面。整体发展观是当今儿童发展的主要主题之一。

3. 发展的可塑性

可塑性是指对积极或消极生活经历做出反应的变化能力。虽然我们将发展描述为一个持续和累积的过程,并且过去的事件往往对未来有影响,但如果一个人生活的一些重要方面发生变化,则发展进程可能会突然改变。例如,生活于环境贫瘠的、人手不足的孤儿院中的忧郁婴儿,当被安置到充满社会刺激的收养家庭时,往往会变得非常快乐和充满感情。为同伴很不喜欢的、具有高度攻击性的儿童,在充分学习和练习了受欢迎儿童所展示的社会技能之后,他们的社会地位往往会提高。儿童发展具有如此可塑性,这的确是一件幸事,因为那些生命开始时处境糟糕的儿童有可能因此得到帮助,克服他们的缺陷。

4. 发展的历史/文化情境

没有哪个单一的发展描述能准确反映所有文化、社会阶层或种族和民族群体。每一种文化、亚文化和社会阶层都将特定的某种信仰、价值观、习俗和技能模式传递给年轻一代,这种文化社会化的内容对个体所表现出来的特征和能力有着强烈的影响。儿童发展也受到社会变化的影响,包括历史事件(如战争)、技术突破(如互联网的发展)以及社会原因(如同性恋运动)。每一代人都以自己的方式发展,每一代人都在为后代改变世界。因此,我们不应该自动假定在哪一个区域(或研究最多的人群)中观察到的发展模式是最佳的,或甚至假定他们刻画了其他时代或文化中的人的发展特征。只有从历史/文化的角度来看,我们才能充分理解儿童发展的丰富性和多样性。

第三节　儿童发展心理学的历史与现状

　　当代社会或可描述为"以儿童为中心"，子女成为许多家庭生活的重点，父母花费大量的时间和金钱用于照顾和教育子女，子女也甚少承担有关社会责任，直到他们达到法定年龄（可能在 14 至 21 岁之间，依不同社会而有所不同），这时他们已基本习得了适应成年生活的智慧和技能。

　　当然，童年期和青少年期并非从一开始就像今天这样被视为一个非常特殊和敏感的重要时期。比较不同历史时期，你可能会惊讶于我们的现代观点到底有多么不同于以往。当然也要注意到，只有在人们开始将童年视为一个非常特殊的时期之后，儿童及其发展过程的研究才得到普遍的重视。简略了解儿童观的历史沿革，有助于深化认识发展心理学是如何思考和研究儿童的。

一、　西方儿童观的沿革

　　我们先以"快照"的方式（如表 1-4 所示）来看一看从古代到现代西方社会，人们对儿童的看法、对儿童的态度、对儿童的期望与要求，以及对儿童的问题的处理方式，从中了解"儿童观"的变化历程。我们的目的并非描述不同历史时期儿童具体的生活状况，而是希望以此引起大家思考一个问题：生活在不同年代的儿童会怎样发展，他们与我们现在的儿童会有何不同？ 再思考一下，在你们尚处于儿童时代时，你们的父辈和祖辈持有什么样的儿童观？ 你们自己现在又有怎样的儿童观？ 是什么影响了人们的儿童观及其变化？

表 1-4　过去与现在西方社会有关儿童的观点

历史时期	有关儿童观的一些特点
古代	儿童实际上不被当作人来看待，杀婴行为十分常见；发展不成熟的儿童可能会被看成不完全的人
中世纪欧洲	较高的婴儿与儿童死亡率；没有一个清晰的儿童观，儿童被看成是"小大人"，而不是被看作需要养育与引导的个体；必要时会让儿童去参加工作或去承担成人的职责
18 世纪欧洲	贫困以及情感上漠不关心导致广泛的弃婴现象；依然有较高的婴儿死亡率；严厉惩罚违反法律的儿童
19 世纪的欧洲与北美洲	工业化导致社会在工厂、矿山、田地、商店等地方广泛使用童工，将其作为手工劳动者；对儿童具有矛盾的态度

（续表）

历史时期	有关儿童观的一些特点
现今的发展中国家	5 岁以下儿童的死亡率仍较高,通常死于可预防的疾病;对儿童权益有了更多的认识;越来越多地使用疫苗接种来阻止不必要的死亡
现今的发达国家	快速变化的社会经济条件与技术革新,呈现出许多崭新的挑战;儿童能接触到大量的信息与娱乐;离婚率显著增长、家庭变小、出生率降低,出现更多不要孩子的夫妻,老龄化社会;电视与色情、游戏与暴力、网络与网瘾泛滥;儿童新恐慌:怕父母离婚、怕孤独

注:这些倾向或态度只是有关时期的一般倾向,有些并不一定具有普遍性。如 19 世纪是童工使用的高峰期,但仍然有很多儿童得到了良好的养育,他们做游戏、上学、在完整健康的家庭中有着一个自由自在的儿童时代。

来源:居伊·勒弗朗索瓦.孩子们:儿童心理发展[M].王金志,等,译.北京:北京大学出版社,2004:14.

及至现代,尽管人们所持的儿童观仍可能因地域或时期不同而有所差异,但现代社会看待和对待儿童的方式和态度总体上更趋向积极、全面且科学,主要涉及儿童的特性、权利与地位、儿童期的意义以及教育和儿童发展之间的关系等问题。

现代儿童观具体内容可参见专栏 1-1。

专栏 1-1

现代儿童观

1. 儿童是一个社会的人,他应该拥有基本的人权。

2. 儿童是一个正在发展中的人,故而不能把他们等同于成人,或把成人的一套强加于他们,或放任儿童自然、自由地发展。

3. 儿童期不只是为成人期做准备,它具有自身存在的价值,儿童应当享有快乐的童年。

4. 儿童是具有主体性的人,是在各种丰富的活动之中不断建构他的精神世界的。

5. 每个健康的儿童都拥有巨大的发展潜力。

6. 幼儿才能的发展存在递减法则,开发得越早就开发得越多。

7. 儿童的本质是积极的,他们本能地喜欢和需要探索学习。他们的认知结构和知识宝库是自身在与客观环境交互作用的过程中自我建构的。

8. 实现全面发展与充分发展,是每个儿童的权利,其先天的生理遗传充分赋予了他们实现全面发展的条件。只有全面发展才能得到充分发展。

9. 儿童的学习形式是多样的,如模仿学习、交往学习、游戏学习、探索学习、操作学习、阅读学习。成人应尊重幼儿的各种学习形式,并为他们创造相应的学习条件。

现今最具代表性的儿童观表述之一,或许体现于 1990 年 9 月联合国儿童权利高峰会议通过的《儿童权利公约》（参见专栏 1-2）之中。到 1996 年，几乎全球所有国家都签署了这份宪章，并使之发生法律效力。联合国《儿童权利公约》所倡导的八大新型儿童观（价值观、权利观、亲子观、健康观、发展观、学习观、养育观、性别观）、儿童的四大权利（生存权、发展权、受保护权和参与权）以及四大原则（儿童利益最大化、尊重儿童的基本权利、尊重儿童的观点、无歧视原则）同样重要，对于现今社会如何正确对待儿童起着重要的指导性作用。

专栏 1-2

儿童权利公约

联合国《儿童权利公约》公开声明，每一名儿童（包括所有 18 岁以下的人），都有特别的与生俱来的权利。

权利类别	权利的具体例子
民权与自由	1. 出生就有的姓名权与国籍 2. 思想、道德心与宗教的自由 3. 隐私的保护 4. 保护不受折磨或者其他丧失体面的对待或者惩罚 5. 保护不受死刑以及终身监禁
家庭环境	1. 在家庭中，对儿童的照顾与养育，父母有主要的受到国家帮助的职责 2. 儿童不能被带离家庭，除非有清晰的显示，是为了儿童最大的利益 3. 如果儿童被剥夺了家庭，抚养他的职责由国家承担
健康与福利保护	1. 生命权 2. 有最高的、可得到的健康标准的权利 3. 为那些具有特殊需要的儿童提供特殊保育 4. 充足的生活标准与权利
教育休闲与娱乐权	1. 为所有儿童提供免费的义务教育 2. 学校的纪律要尊重学生的尊严 3. 学校教育方案要适应学生的社会性、身体以及心理的发展
特殊的保护措施	1. 要确保没有 15 岁以下的儿童将会直接参加战争或者被招进武装力量中 2. 法庭要特殊对待儿童，要考虑儿童的年龄，主要是让他们复原和进行引导，而不是惩罚 3. 消除对剥削的恐惧

从上述中可以看到，"儿童观"并不具有普遍性，而是跟随社会历史的变迁而变化。是什么决定了人们对儿童的看法、态度和评价标准？是家长、学校、还是儿童自己？是历史文化和社会现实决定了不同时代、不同社会的"儿童观"，同时也决定了那个时代儿童的生

存状态和发展所能达到的水平,正像我们现在常说的 20 世纪的"80 后""90 后"及 21 世纪的"00 后"有怎样的特征、怎样的水平,他们与"50 后""60 后"在人生观、价值观、恋爱观,在个性、行为准则、道德标准上有什么不同等。这就是说,儿童作为社会的一个特殊的群体,他们正处在快速成长之中,是尚未独立、尚未成熟、尚未进入社会的群体,他们是社会环境的产物,他们的经验也是社会环境的产物。这个结论并不否定遗传等生物学因素对儿童发展的作用,也不否定家庭、学校、同伴对儿童的作用,更不否定儿童自身对发展的作用以及对环境的作用。

这样的说法也许过于简单,但它恰恰是为了强调长期以来被我们所忽略的社会文化背景在儿童发展中的重要地位和作用,而仅仅关注家庭、学校、同伴等微观环境对儿童的影响。"儿童观"的历史演变对我们最大的启示就是要重视社会文化大背景对儿童发展的影响,不了解社会文化对儿童的影响,就不能真正地理解儿童、解释儿童的发展,更不能现实地、有效地指导儿童健康的发展。

二、 科学儿童心理学的诞生

在 16 和 17 世纪,一些哲学家开始思考儿童发展的本质。例如,英国哲学家约翰·洛克(John Locke,1632—1704)认为一个孩子就是一张白纸,儿童出生时没有任何特定的性格特征。相反,他们在成长过程中完全被自己的经历所塑造。这种观点是现代行为主义观点的先驱。法国哲学家让-雅克·卢梭(Jean-Jacques Rousseau,1712—1778)对儿童的本质持完全不同的看法。他认为孩子们是高尚的野蛮人,即意味着他们生来就具有对错感和道德感。他认为人类的本质是好的,婴儿会成长为值得尊敬的孩子和成年人,除非他们被生活中的负面环境所腐蚀。卢梭也是最早观察儿童发展的人之一,他认为成长表现出各个非连续的各不相同且自动展开的阶段,这个概念反映在一些当代发展理论中。

最早有条不紊地研究儿童的例子是 18 世纪末在德国流行的婴儿传记。观察者通常是父母,他们试图追踪一个孩子的成长过程,记录孩子在身体和语言方面取得的重大成就。但是直到提出进化论的达尔文(Charles Darwin,1809—1882),对儿童的观察才发生了系统性的转变。达尔文相信,了解一个物种内个体的发展可以帮助确定物种本身是如何发展的。他写了一本婴儿传记,记录了他儿子第一年的发展,使得婴儿传记在科学上更受重视。达尔文的书出版后,出现了一波婴儿传记的热潮。达尔文的朋友德国生理心理学家普莱尔(William Preyer,1841—1897)也对自己的孩子从出生到 3 岁每天进行系统观察和实验观察,据此于 1882 年出版了著作《儿童心理》,这是发展心理学史上最早的里程碑式著作,普莱尔亦被称为"科学儿童心理学之父"。此外,其他历史趋势也帮助推动了以儿童为重点的新科学学科的发展,诸如科学家们发现了受孕背后的机制,遗传学家们开始解开遗传的奥秘,哲学家们在争论先天(遗传)和后天(环境)的相对影响。

与此同时,随着成人劳动力资源的日益增长,儿童不再是廉价劳动力的来源,这为保护儿童免受剥削的法律铺平了道路。更普及的教育的出现意味着儿童在更长的时间里与成人分开，教育者试图找到更好的教育儿童的方法。而心理学的进步则引导着人们去探索诸如童年事件对成年后生活的影响诸如此类的问题。正是由于对儿童期之性质的认识复杂化，以及相关的社会变革影响日益深远，儿童发展心理学研究才逐渐成为一个独立的科学探究领域。

三、 西方儿童心理学的发展

西方儿童心理学的发展可以划分为四个时期。

1. 20 世纪早期

霍尔（G. S. Hall，1844—1924）的研究是该时期的标志性工作之一。霍尔是美国儿童心理研究运动的创始人，"美国儿童心理学之父"。他提出了个体心理发展的"复演说"；最早使用问卷法这种客观研究方法大规模地对儿童和青少年进行研究；撰写了第一本青少年心理著作《青春期》（1904），最早对青少年期发展进行系统阐述；后又出版了最早的老年心理学著作《生命后半程》（1922），提出了许多有关生命全程发展的问题，激发了人们对这一领域的研究兴趣。

这个时期的儿童心理学快速发展与分化，研究和著作不论在数量上或是质量上都在飞速发展，具体表现出以下几个特点：

第一，强调发展是成熟的结果。许多心理学家认为，儿童心理的变化是成熟的结果。他们把研究的重点放在各个年龄的儿童心理和行为的差异上，并认为这种差异是儿童发展的先天的普遍模式。正如格赛尔所持的观点，他认为正常儿童行为模式的出现是有一定的程序的，譬如出生后第 4 周、16 周、28 周、40 周、52 周、18 个月、24 个月、36 个月是行为发展的关键年龄，这些年龄阶段出现的行为可以作为测查项目和儿童发展的诊断标准。

第二，收集描述儿童典型发展的材料。这个研究重点的确立与发展是成熟的结果的理论思想有关，也与儿童心理学发展初期需要积累大量的资料有关。如麦卡锡（Dorothea McCarthy，1946）对儿童语言发展的描述、帕腾（M. Parten，1932）对儿童游戏社会性发展的描述、斯坦福—比纳智力量表的制定与测量等。儿童心理学家通过这类研究，目的是找到儿童心理和行为正常发展的常模，并用它来确定儿童的发展是否正常。

第三，弗洛伊德理论和行为主义理论的兴起。弗洛伊德创立的心理分析理论逐渐被大家所了解。弗洛伊德认为儿童发展要经过一系列的"性心理"发展阶段，在发展过程中会遇到一些特殊的情绪冲突。只有在冲突被解决后，儿童才能成熟，成为健康的成人。弗洛伊德十分重视早期经验，强调亲子关系的重要性，认为儿童早期是个性发展的关键期。这对发展心理学重视早期经验和婴幼儿研究起到了很大的推动作用。尽管如今不乏对弗洛伊德理论的质疑，但毋庸置疑的是，许多发展研究问题都源自弗洛伊德的观念。

华生是行为主义理论创始人，"极端的环境论者"。他主张把心理学变成纯粹客观的自然科学，反对对意识的研究。他将行为分析为"刺激—反应"（S—R）的单元并加以解释。在其儿童心理学的专著《婴儿与儿童的心理护理》(1928)中,华生认为,一切行为都是刺激—反应的学习过程。他运用条件反射实验方法,进行了许多儿童心理实验的开创性研究,如儿童的情绪和情绪行为(如害怕、嫉妒和羞耻)实验。

2. 20 世纪 40 年代到 60 年代

这个时期的儿童心理学研究总体上深受行为主义理论和心理分析理论的影响,特别强调实证科学探究与理论解释的重要性。具体表现出如下几个主要特点:

第一,关注旨在阐明和检验解释儿童行为的理论。第二次世界大战后,有一批儿童心理学家将儿童研究当作实验心理学的一个分支加以处理,要求系统地阐述和检验解释儿童行为的理论。这个时期心理分析理论和行为主义理论已成为美国儿童心理学的支柱,儿童心理学家们在研究影响儿童行为的过程和变量的假设时,常常求助于这两种理论。他们关心的问题有:早期喂食经验会影响以后的依赖吗? 不同类型的奖励和惩罚会影响学习吗? 儿童教养活动与良心有什么联系呢? 等等。他们感兴趣的不只是描述行为,而是预测和解释儿童的行为。他们强调研究外显的行为,而不是看不见的心理事件。

第二,强调环境对发展的影响。与前一时期许多研究者把发展看成是成熟的结果的观点相反,这个时期的儿童心理学家特别强调环境对发展的影响。他们不愿去设想生物学因素是否可以决定儿童的行为,对早期心理学家们研究的儿童发展的阶段或年龄变化也不感兴趣,而是更关注环境和情境对行为的影响。

第三,偏爱实验室研究。这个时期的儿童心理学家更重视可以对变量加以控制的实验室研究,不喜欢自然情境下的研究。他们认为后者的研究有许多变量无法控制,不能使研究者得出哪些重要的因素在影响行为的结论。如当时的社会学习理论者们做了许多经典的实验室实验来支持他们提出的行为可以通过观察与模仿获得的主张。

3. 20 世纪 60 年代到 80 年代

深受西方发达国家婴儿潮的影响,儿童发展研究受到全社会的空前重视,出现了大量儿童发展的跟踪研究,发展心理学理论和研究范式呈现出百花争放的趋势,具体表现为:

（1）**发展理论日益丰富多样化**

① 重新发现皮亚杰理论。

皮亚杰是 20 世纪著名的儿童心理学家,建立了结构主义的儿童心理学或发生认识论。他从 20 世纪 20 年代起就在瑞士系统地研究儿童认知发展,创造性地应用"临床法"等多种方法研究儿童认知发展,提出了认知发展的四个阶段,以及作为认知发展的特殊领域的道德认知发展的阶段。20 世纪 30 年代至 50 年代是皮亚杰理论的成熟期,但是当时行为主义正处于极盛时期,掩盖了皮亚杰的影响,60 年代以后,皮亚杰理论再次得到广泛关注,并对发展心理学领域产生了深远影响。皮亚杰对儿童发展的普遍性感兴趣,认为儿童的发展是成熟和经验相互作用的结果,并把儿童看成是积极主动的有机体,无需成人直接指导或对环境进行安排，儿童会自己寻找刺激，组织自己的经验。他的观念改变了人们对儿童的基本看法。关于皮亚杰理论的介绍详见本书第四章。

② 发掘维果茨基的社会文化理论。

维果茨基（L. Vygotsky，1896—1934），苏联发展心理学家。与皮亚杰是同一时代的人物。他的理论早在 20 世纪 20 年代和 30 年代就已提出，是社会文化历史学派的创始人。但因英年早逝及其他方面的原因，他的理论也直到 60 年代才被西方心理学"发掘"。他的理论和他提出的许多设想曾深深地吸引了很多研究者，并"前赴后继地将他的理论不断发展壮大"。而且到现在，他的理论似乎显得"越来越具影响力"。

维果茨基是第一个对社会环境做出具体的结构分析的人。他所指的环境涵盖了文化在内的政治、经济、历史和科技的大环境，不同于以往的环境仅指生物内环境（如胎儿期环境）和与儿童直接有接触的微环境（如家庭）。随着当今社会多元文化并存的发展趋势，维果茨基的社会文化理论更有助于我们理解发展的多样性和影响发展的丰富多变的因素。但维果茨基的理论也有不足，最主要的一点是批评者认为由于维果茨基对文化和社会经验过分强调，忽略了生物学因素和个体自身对发展的作用。关于维果茨基理论的介绍详见本书第四章。

③ 信息加工理论的兴起。

20 世纪 60—70 年代，美国一部分发展心理学家既不满意行为主义对心理发展所作的解释，又对当时时兴的验证皮亚杰理论所作的努力感到失望。随着计算机技术的进步，心理学家试图以计算机的逻辑运算方式为解释人类思维运作的方式提供参考。他们把计算机的硬件类比为人脑，把软件类比为人类的思维或认知，由此促成了信息加工理论的产生。这一理论强调人脑对信息的操作、监控和策略的使用，发展表现为个体通过逐渐提高的信息加工能力而获得日益增长的知识和技能。信息加工理论为认知进程提供了详细具体的描述，但没有对认知发展的变化过程提供足够的描述。关于信息加工理论的详细介绍可见本书第五章。

皮亚杰的发生认识论和维果茨基的社会文化认知理论都对 20 世纪 60 年代以来的发展心理学产生了重大影响。皮亚杰相对强调生物学因素对认知发展的影响，而维果茨基则更强调社会性、社会化在个体认知发展中的作用。在这样的环境下，一些学者不满脱离人类生活背景研究儿童发展的做法，也不认同单纯的"没有发展的背景"研究（Bronfenbrenner & Ceci，1994），因此，强调"公平"对待生物学和环境对发展影响的生态学理论应运而生。

④ 生态学理论的提出。

布朗芬布伦纳（U. Bronfenbrenner，1917—2005）用系统论的观点分析了发展中的个体和变化着的环境之间进行的相互作用。他提出的生态学模型具体地描述了五大环境系统对发展的影响（如图 1-6 所示）。

微观系统（microsystem）是儿童每天直接接触的生活环境。家庭、父母、照料者、朋友和老师都是影响者。但儿童不是一个被动的接受者，儿童在接受环境影响的同时，也在影响和塑造正在影响着他的环境。

中间系统（mesosystem）如同链条上的链环，将两个或两个以上的微观系统联结起来。

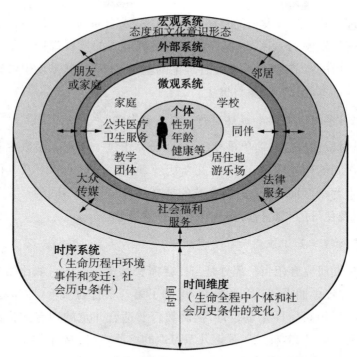

图 1-6　布朗芬布伦纳的生态学模型

如将儿童与父母、学生与教师、员工与雇主、朋友与朋友互相联结起来,对儿童产生直接和间接的影响。如家庭对儿童经常采取暴力惩罚,儿童到了学校也可能用同样的方式去对待自己的同学。同学就开始疏离他或反过来欺负他。

外部系统(exosystem)代表了更一般的影响,包括诸如地方政府、社区、学校、宗教场所、地方媒体等社会机构。儿童不一定与这类机构都有直接的联系,但这些机构对个人和儿童发展可能产生直接且重要的作用,并且会影响微观系统和中间系统的运转。

宏观系统(macrosystem)指个体所处的文化环境。是把微观系统、中间系统、外部系统均置于其中的更大的发展背景。文化中又有传统的主体文化、亚文化和时尚文化,它们都有形、无形地伴随着个体成长。

时序系统(chronosystem)是上述所有系统的基础。时序系统涉及时间对儿童发展产生影响的方式,包括历史事件(如全球金融危机、战争、疫情影响等)和渐进的历史变化(如职业妇女数量的日益增长),以及个体的生活环境、个体的种种心理特征随时间推移所具有的相对恒定性与变化性。

许多发展理论家提出,我们应当把背景或系统观和提出发展有普遍性进程的阶段理论的最佳特性联系起来,然后,我们可以把人类发展看作是在某些方面按照顺序进行,也能理解在不同社会背景中发展进程的差异性和独特性。

当发展的复杂性变得越来越明显时,指导人类发展研究的理论也将变得越来越复杂。发展的研究需要理论的指导,因为理论的主要作用就是指导那些有助于促进知识发展的研究。不同的发展理论常常强调发展的不同方面（领域）或不同的年龄阶段。迄今为止没有哪一种发展理论能解释发展的一切，但每一种理论对理解人的发展都做出了重要贡献。读者可在学习本章和以后的章节时，深入掌握各理论的基本观点，在此基础上尝试评论各理论并提出自己对发展的基本假设和观点与想法。

（2）重新思考和研究遗传和成熟对行为发展的影响

当然，这不是对以往研究的简单重复，而是在研究中进一步深入考察生物学特征和外部环境提供的经验之间的相互作用。例如，艾斯沃丝（Mary Ainsworth）及其同事假设婴儿都有依恋照料者的生物学倾向，但是每个婴儿的依恋性质可以是不同的。为什么呢？研究表明，儿童的气质以及父母的照料行为都会影响依恋的类型。

（3）将儿童心理学知识应用于社会实践

儿童心理学早期研究有相当一部分是与社会需要紧密相联的。如比纳为了对智力缺陷的儿童进行筛选，保证他们得到有利的教育，编制了第一个智力测验（1905）。又如华生也十分重视用行为主义思想来指导儿童教育，强调教育要适合儿童的现有文化，不要墨守成规，不强求社会统一的"理想"和"标准"，强调儿童习惯的培养，主张取消体罚。可是到了20世纪五六十年代，许多发展心理学家过于强调实验室研究，回避应用性问题。

进入八九十年代，社会发生了急剧的变化。如家庭大小、家庭结构和家庭功能都发生了相当大的变化，职业女性的比率越来越高，离婚率也迅速增长，青少年怀孕、吸毒和犯罪率上升，诸如此类的问题都向发展心理学提出了挑战。由此催生了许多应用研究，如胎儿发育、胎教和优生优育问题研究，婴幼儿早期教育研究，家庭亲子关系和儿童教养类型的研究，离婚家庭儿童发展研究，青少年犯罪问题研究等。此外，许多与儿童心理学结合的交叉学科，如儿童发展心理语言学、儿童发展心理生物学、儿童发展心理病理学、儿童发展心理社会学等的形成和完善，也反映了应用研究的发展趋势。

4. 从20世纪后期到现在

20世纪，多数研究人类发展的学者均将该领域称为"发展心理学"，如果他们自己不是心理学家，则将其视为一个由心理科学主导的关于人之生命全程的研究领域。但是，进入20世纪后期，该领域的研究从深度和广度上均已变得越发具有多学科性，因此越来越多的发展心理学家已不满足于原来的称谓，主张以"发展科学"来取代"发展心理学"。

（1）从发展心理学过渡到以发展系统论为主导思想的发展科学

从"发展心理学"改为"发展科学"，名称的改变实际上反映了过去二十余年间理论认识上的重大变化。其中最值得称道的变化是系统论思想在发展研究中渐成主导思潮，它是儿童（发展）研究领域跨学科进展的必然产物，因此发展系统的观点是过去二十余年里发展心理学理论变化的核心。发展系统论具有以下几个特征：

① 关系实在论。它摒弃一切传统的两分法来评价发展中的问题，如"先天与后天""连续

与间断""成熟与学习",认为事物不是简单的两元对立,而是构成一种整合的相互依赖和彼此决定的关系;强调应融合整个人类发展生态系统的不同组织水平(从生物到文化),认为这些不同水平间的关系才是构成发展分析的基本单位。

② 历史根植性和历时性。系统发展论强调对个别化的特异性规律的研究,批评只重视万物统一论的、无视时间和地点对个体发展影响的"普遍规律"的研究;强调要把发展科学转化为试图探究情境根植性和历时性在塑造多样化个体和群体发展轨迹中的作用的研究领域。

③ 发展相对可塑性。个体与环境构成动态的系统,它们在本质上是互相塑造的。可塑性离不开发展的历史根植性和历时性,它贯穿于毕生的持续的发展之中。每个人都有发展的潜势,在这种潜势与环境资源整合之际,就可期待积极发展之可能,若资源不能及时供应,发展的方向就不一定是正面的。发展科学的最大应用价值就在于促进在主体的生态环境中,最好地联合内外资源去塑造个体的生活历程。

④ 发展的多样性。每一个个体与环境的关系都是不同的。这种生物与情境随时间而出现的整合,意味着每个人都有各自发展的轨迹,那是个人所独有的,也是人类生命历程所特有的特征,它使人们利用它以实现自身积极、健康的毕生发展成为可能。

（2）　**以心理发展问题为导向的跨学科研究趋势**

"发展科学"特别强调跨学科整合的研究。这是一种以问题为导向的方法论的整合：为了解决某个特定的研究问题,不同范式、不同的方法和技术发展整合应用;或者,来自不同学科的研究者以各自的方法和方法论就共同关心的心理发展问题协同攻关。随着跨学科整合的深入,发展心理学已经从纯粹的心理学分支演变成了庞大的"发展科学"。但不管方法如何整合,却始终围绕着心理发展的有关问题开展研究。方法的整合为研究问题的目的服务,研究的问题决定方法整合的方向。

现在国际上发展心理学研究机构都突出了"跨学科性质",或者重建跨学科的发展科学研究机构。如英国伦敦大学学院的发展科学系,由来自以下领域的发展科学家和临床学家组成：发展实验心理学、神经心理学、心理语言学、认知神经科学、发展病理心理学,其学科目标是推进对人类发展的理解,并将发展成果转化为社会应用。

（3）　**应用发展研究呈繁荣之势**

发展科学的研究是以问题为导向的研究,其中研究的问题既可以是纯学术的,也可以是应用性的。学科内对"应用发展科学"(applied developmental science)的内涵有一个基本的界定,所谓"应用"是指为个体、家庭、行动者和政策制定者直接提供有效建议;"发展"是指人类个体在毕生发展过程中所发生的系统性、连续性的变化;"科学"是指利用一系列研究方法系统地收集可靠、客观的信息,这些收集的信息能够用来验证理论和应用的效度。目前这一领域已有了专门的学术刊物,如 1980 年创办的《应用发展心理学杂志》(*Journal of Applied Developmental Psychology*),1997 年创刊的《应用发展科学杂志》(*Applied Developmental Science*)。可见应用发展科学的繁荣之势。

综上所述，从 19 世纪末 20 世纪初起，发展心理学家开始了对儿童心理发展的科学研究，之后发展研究快速发展，先是强调生物学力量的观点占据主要位置，例如弗洛伊德的精神分析理论关注个人内部，强调无意识内驱力决定了个体的行为和个性，早期经验会影响人的一生。继而行为主义的理论走向前台。到 20 世纪 50 年代和 60 年代，学习理论站到了前沿，注意力从生物学转向了环境，非阶段的连续性观点占了优势；20 世纪 60 年代和 70 年代，随着认知心理学及皮亚杰发展理论影响的增加，强调天性和教养相互作用的阶段理论和模式又占据了显著地位。20 世纪 80 年代和 90 年代，人们对遗传和文化或历史两者对发展的作用有了相对较全面的认识，如维果茨基的社会文化理论和布朗芬布伦纳的生物学生态理论，它们对发展的问题采取了更加宽泛的视角，十分强调社会文化历史的力量，超越了许多先驱们所采取的绝对的非此即彼的立场。进入了 21 世纪，发展心理学在主导思想、研究方法和实践应用中又翻开了崭新的一页。

四、 中国儿童心理科学的发展历程

中国具有悠久的文明史，心理学思想可谓源远流长。就儿童发展领域而言，古代的有关论述涉及相当广泛，比如：认为儿童生而善良（"人之初，性本善"）；父母教养对儿童成长作用甚大（"子不教，父之过"）；环境对儿童发展起着不可忽视的影响（"孟母三迁"的故事）；同伴及他人是儿童发展的重要促动因子（"近朱者赤，近墨者黑"），榜样的力量是无穷的（谚语"跟着好人学好人，跟着巫婆扮鬼神""有其父，必有其子"），因此，择友非常重要（"择其善者而从之"）等。这些朴素的思想闪现着睿智的光芒。然而，由于历史及文化的原因，心理学包括发展心理学并未在中国成长为一门独立的科学。

科学发展心理学被引介到中国并在这个国度生根开花，始于 20 世纪初。

1. 1949 年以前

在 20 世纪 20 年代，科学的儿童心理学就被介绍到中国来，若干儿童心理学书籍被译成中文。最早讲授儿童心理学的是儿童心理学家陈鹤琴。他的《儿童心理之研究》（1925）一书可以说是我国较早的儿童心理学教科书，书中记载了他用日记法对他的儿子进行出生后三年追踪观察的成果。此后，西方各学派（如心理测验、精神分析、行为主义、格式塔等）的儿童心理学理论及研究相继被介绍到中国。同时我国心理学家也开展了自己的一些研究。如在三四十年代，浙江大学黄翼先生曾对儿童语言、绘画、性格评定等方面进行研究，并重复皮亚杰的一些实验，著有《儿童心理学》一书（1942）。此外，艾伟、肖孝嵘、孙国华和陆志韦等都曾为儿童发展心理学做出贡献。30 年代肖孝嵘著有《实验儿童心理学》《儿童心理学》等书，孙国华的《初生儿的行为研究》专论对当时儿童心理学的教学与研究都起着重要的影响。此外，他们在编制和修订儿童能力测量和教育测验方面也做了不少工作。

2. 1949 年至改革开放前

中华人民共和国成立后，发展心理学在中国的成长一波三折。1949—1958 年，中国主要借鉴苏联的经验，同时结合实际，在儿童方位知觉、学龄早期儿童年龄特征比较、儿童概括认识发展等方面取得了很好的成果。但这一阶段以国内对心理学界的批判而告终。1959—1965年，心理学领域"百家争鸣"的局面得以恢复，促成了中国发展心理学在60年代初的第一个繁荣期。横跨儿童早期到青少年期，尤以幼儿期及学龄早期的儿童心理研究居多；关注了儿童发展的生理机制、心理过程、年龄特征等多个领域；在有关儿童发展的重大理论问题上亦有所突破；组织编写了高等学校用的发展心理学教材。同时，西方发展心理学的引介工作也逐步展开，如对日内瓦学派、巴黎学派的儿童心理学著作的介绍、评论，以及翻译有关的资料。1966—1976年，受"文革"冲击，中国心理学事业遭到严重破坏。1976年"文革"结束，心理学走出低谷，儿童心理学才迎来了发展新纪元。

3. 从20世纪80年代到现在

20世纪80年代到现在，是我国改革开放的40年，是中国心理学"空前活跃"的40年，也是中国发展心理学"空前活跃"的40年。中国发展心理学取得了长足的进展：

① 发展心理学的科研和求学队伍不断扩大：从1981年至今，全国心理学专业从5个扩展到几百所文科院校设立心理学系或专业，并拥有相应的发展心理学教学和科研队伍；发展心理学的研究报告和学术论文数量剧增，论文内容涉及各种理论探讨以及各种心理过程的发展特点、跨文化比较研究及毕生发展每个年龄阶段；编写和出版众多儿童心理学和毕生心理发展的教材或论文集；组织翻译和出版了大量儿童心理学的经典著作。另外，也大量涌现出发展心理学的科普杂志和科普书籍，促进了发展心理学知识的社会普及。

② 坚持发展心理学研究的"本土化"和"中国化"：重新验证国外的研究发现，对比国内外人类心理发展的异同点，揭示中国人心理发展的特点；揭示在中国特有的政治、文化、经济背景下心理发展的特点；修订了许多心理学的旧概念、旧理论；创立新概念、新理论；改进和创建新的研究方法，积极寻找符合我国国情的研究方法。

③ 从儿童发展心理学研究向毕生发展心理学研究发展的趋势。直到20世纪80年代，中国发展心理学仍主要限于儿童青少年期的研究，随着改革开放的步伐，儿童青少年仍是发展研究的主题，但开始向两端——婴儿期和老年期延伸，体现了发展心理学初成体系，但成年早期和中期仍相对比较薄弱。

④ 主要的研究内容涉及发展科学的各个方面，包括认知与语言发展、情绪和社会性发展、典型与非典型发展等。研究方法日益丰富多样化，除了传统的研究方法，诸如PET（Positronemission tomography）、fMRI（Functional Magnetic Resonance Imaging）、EEG（Electroence Phalogram）、ERP（Event-Related Potential）等认知神经研究方法及行为遗传学技术，越来越多相邻领域或学科的方法被用于发展研究，用来探寻复杂的发展机制。

⑤ 情绪与社会性发展研究受到重视，改变了过去相对重认知、轻社会性的研究分布，另一个重要的变化是，基于社会需要的应用发展研究也有所增强。

综上，总体上四十余年来，中国的发展心理学得到了较快发展：研究领域逐渐拓宽，研究内容不断扩大,研究课题日益深入,学科体系初显丰满,国际研究合作更加密切,理论方法实践研究均十分活跃,这为发展心理学积累了丰富的资料和证据,为促进中国发展心理学进一步的成长创造了良好的条件。循此以往,通过中国发展心理学界不懈努力,中国的发展心理学一定还有更大的作为。但也必须看到,尚存在一些亟待解决的问题应引起足够的关注:比如,研究体系框架不完整,存在短期研究行为,片面追求研究工具,某些领域的研究涉足不多,研究的本土化等,所有这些问题,都有待在中国发展心理学的发展中加以解决。唯有如此,中国发展心理学才会有更快的发展。我们有理由相信,中国的发展心理学能够更快发展。

第四节　儿童发展心理学研究的方法

一、儿童心理学研究课题的来源

儿童发展心理学要永远保持旺盛的生命活力,就需要不断深入地提出新问题,创造各种新的研究方法解决新问题。新的研究课题来自哪里,如何选择研究课题,选择什么样的研究课题,这是每个学习和研究儿童发展心理学的人都需要考虑和选择的。

墨森(P. H. Mussen)认为,儿童发展心理学的研究问题有两个主要来源,一是来自有关儿童发展的基本理论,二是来自涉及儿童发展与教育的社会争议问题,而对每一类问题的回答反过来又有助于形成另外一些研究课题。儿童心理学研究课题的来源如图1-7所示。

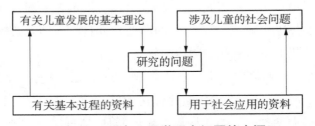

图1-7　儿童心理学研究问题的来源

来源:墨森,等,1990.

从图中可见,儿童心理研究的问题来自三个源头:①对儿童发展过程的探究和描述。如儿童的游戏如何发展,儿童对母亲的依恋要经过哪几个阶段,思维如何发展等。②对基本理论假设的检验。如乔姆斯基认为儿童语言的获得与儿童头脑中具有先天的语言获得装置有关。什么是语言获得装置?有没有语言获得装置?弗洛伊德认为,喂食和大小便训练与儿童人格的发展有关。是否真的有关?这就要通过科学研究对理论假设作检验。③儿童的社会实际问题。比如,随着离婚率的提高,父母离异会对儿童产生什么消极影响?如何帮助这些儿童从家庭的阴影中走出来?再如,随着互联网和移动通信终端日益普及,家庭接触到视频和互联网的时间逐渐增加,视频时间增加对不同年龄儿童的发展有何影响? 这些都是非常实际的问题。儿童发展心理学是基础研究和应用研究的交叉点,我们在学习和研究儿童发展心理学时,必须同时把握这两个方面。

心理学上常用的一般方法,如观察法、实验法、测验法及相关研究等,同样也都是儿童发展心理学研究的基本方法。这些方法所需要遵循的原则,在儿童心理发展研究中也同样适用。本节不准备专门介绍这些具体的研究方法,仅就儿童发展心理学上常见的几种研究设计类型进行分析。

二、 发展研究的研究设计

发展心理学研究者不仅仅对检验人们在人生某个特定阶段的表现或进步感兴趣,他们还希望能确定人们的感受、思想、能力和行为是如何随着时间变化而发展或改变的。有四种基本方法(或策略)可帮助描绘出这些发展趋势:横向研究、纵向研究、聚合交叉设计(序列设计)和跨文化研究。

1. 横向研究(cross-sectional study)

横向研究又称横断研究,是在同一时间里对不同年龄的儿童进行观察、实验或测量,以探究心理发展的规律或特点。例如,为了研究 1—3 岁儿童词汇发展的特点,可以在同一时间里对 1 岁、2 岁和 3 岁三组儿童作词汇数量的测定。其结果可以告诉我们这三个年龄组儿童各自的词汇数量,以及出现词汇的词性,哪些词汇早出现,哪些词汇晚出现。也就是说,横向研究可以告诉我们年龄方面的差异信息,看到行为随年龄增长而发生的变化。

横向研究最突出的优点是时间短、取样大,一般只需几天或几个月,就能迅速地获得大量的数据材料,省时省力。与此相联系的另一个优点是:因为取样大,材料更具代表性;因为时间短,不易受到时代变迁而带来的影响。

但是,横向研究也有不足之处。由于被试是来自不同年龄点的不同个体,带有人为拼凑的性质,故不能确切地反映心理发展的连续过程和特点。尤其是要探究心理发展的趋势和发展的转折点,早期经验对后期心理发展的影响时,横向研究无法获得满意的效果。

2. 纵向研究(longitudinal study)

纵向研究又称追踪研究,是对同一个或同一批个体,在较长的时间内进行定期的观察、实验或测量,以探究某个心理特质随年龄变化的发展规律或特点。例如美国心理学家推孟(L. M. Terman)从 1921 年开始对 1528 名超常儿童进行追踪研究,直到 20 世纪 80 年代末仍未间断,积累了被试从童年(当时平均 11 岁)、少年、青年到成年和老年的毕生发展资料。

纵向研究的优点是,因为是对同一批个体在不同时期行为表现的追踪性研究,提供的资料反映的是年龄变化而不是年龄差异，因而可以获得心理发展连续性和阶段性的资料，尤其是可以弄清发展从量变到质变的飞跃，探明早期发展与以后阶段心理发展的关系。这是横向研究无法替代的。同时，纵向研究可以对儿童各个方面作细致的、整体的考察，以揭示心理不同方面的关系以及各种因素对发展的影响，从而深入了解发展的机制和原因。

纵向研究的缺点在于被试的代表性问题。由于纵向研究历时长、耗资多，选择的被试不可能像横向研究那样数量大。同时，也因为所花时间太长，难免有被试流失，使原本不多的样本更少，有可能影响取样的代表性。纵向研究有时需要被试反复地做某几项测验，可能使被试产生厌烦情绪和"学习效应"。长期的纵向研究还很易受时代变迁和家庭环境变化的影响，这些变化势必会影响研究结果。所以，它的研究结果往往不是发展的结果，而是时代变化产生的影响。此外，有的结果本身有一定的时代意义，过了这段时间或许就失去了重要性。

专栏 1-3

横向研究、纵向研究与年龄效应、组群效应和测验的时间（代）效应

横向研究和纵向研究在研究人的发展时会有什么不同呢？假设一个研究小组研究不同性别的人对性别角色的态度随年龄的变化是会变得更加保守，还是更加开放，若采用纵向研究，可用性别角色问卷对一组男女进行三次调查：30 岁（1960 年）、50 岁（1980 年）、70 岁（2000 年）。在 2000 年时另一个研究小组对这个问题作了横向研究，比较了出生于不同年代的 30 岁、50 岁、70 岁的三组成人对性别角色的态度。图 1-8 显示了两种不同的研究，图 1-9 是两种研究可能会发现的年龄趋势。两种不同方式的研究结果会怎样呢？从图 1-9 中可以看出：横向研究结果——随着年龄的增长，对性别角色的态度变得越来越保守；纵向研究结果——随着年龄的增长，对性别角色的态度变得越来越开放。

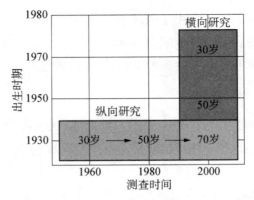

图 1-8　从 30 岁到 70 岁人的发展的横向研究和纵向研究

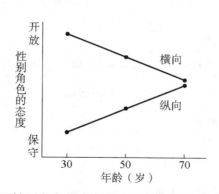

图 1-9 关于性别角色的态度横向研究和纵向研究结果的比较

来源：卡拉·西格曼，伊丽莎白·瑞特尔，2009.

从专栏 1-3 中可以看到，采用纵向和横向两种研究考察同一问题得到了两个完全不同的结果。为什么会如此呢？因为测验的结果要受到"年龄效应""组群效应"和"测验时间效应"三个因素的影响。"年龄效应"（age effect）是年龄对发展的影响。上述研究的目的是描述人们对于性别角色的态度随年龄是如何变化的。"组群效应"（cohort effect）是指时代对出生在这个特定的时代的人的发展的影响。如出生在改革开放后的一代人与之前的那一代人就可能有所不同。"组群"是出生在同一年或者出生在某一个具体被界定的时间范围的一群人。他们都会受到他们各自所生活的年代对他们发展的影响。70 岁与 30 岁的人，不仅是年龄大小不同，还属于不同的群体，或者说是不同时代的人。不同年代对人的发展影响也是不同的。发展研究中的"测验时间效应"（time of measurement effects）指的是收集数据过程中所发生的历史事件和历史发展趋势所发生的作用。测验的时间效应不仅对特定群体有影响，还会对那个时代的人产生影响。如战争、地震，另外，如电视、电脑、互联网等的问世对儿童青少年、在职的和已退休的人的学习、工作、生活方式、观念、态度都可能是一个极大的冲击。了解了年龄效应、组群效应和测验时间效应，就不难分析为什么用横向与纵向两种研究方法得出的结果会截然相反了。

3. 聚合交叉设计（序列设计）

为了避免横向研究和纵向研究设计上的局限性，研究者把横向研究与纵向研究结合起来形成了聚合交叉设计，又称序列设计（sequential designs）。前面提到的对性别角色的态度的发展趋势研究的聚合交叉设计，既要有像横向设计那样比较不同年龄群体（如 30 岁、50 岁、70 岁）的态度差异；又要有像纵向设计那样的对各年龄被试的态度进行多次定期（如每隔 5 年）的评定。这样的设计研究能够区分年龄效应、组群效应和测量时间效应，能够确定哪些年龄趋势是真正的发展趋势。但是聚合交叉设计十分复杂，花费也很昂贵，有时也不一定能得出明确的结论（表1-5是对三种研究设计的比较）。

表1-5　横向研究、纵向研究、聚合交叉设计的比较

	横向研究	纵向研究	聚合交叉设计（序列设计）
研究程序	在同一个时间点对不同年龄的个体（或组群）进行观察或测量	在一段时间内对同一组群的个体进行多次观察或测量	结合横向和纵向的研究方法对不同组群进行多次观察或测量
获取信息	描述个体的年龄差异	描述与年龄相关的变化	描述年龄不同个体的差异以及与年龄相关的变化
优点	确定不同年龄的个体的行为差异；揭示发展变化的趋势；耗时少，节省资金	确定个体随年龄增长的发展趋势及不同个体发展趋势的差异；能描述早期行为与其后续行为间的联系	能区分年龄效应、组群效应和测量时间效应，确定不同年代的人经历的发展变化是否相同
缺点	得出发展的年龄趋势可能是组群效应的结果，而不是真正的发展变化；不能提供个体随年龄增长而发生变化的信息	得出的年龄趋势反映的可能是研究过程中发生的历史事件的影响而不是真正的发展变化；费时、昂贵；随着研究的进行，测量工具可能会变得不合适；被试可能流失；可能会受重复测量的影响	程序复杂且费时又昂贵；是最有效的研究设计，但是仍然存在研究结果是否具有普遍意义的问题

4. 跨文化研究（cross-cultural study）

跨文化研究是指同一个课题通过对不同社会文化背景的儿童进行研究，以期探讨儿童心理发展的共同规律和不同社会生活条件对儿童心理发展的影响。跨文化研究的好处主要是能检验相关研究发现的跨文化一致性，有助于分清情境变量对行为的影响。例如皮亚杰的认知发展阶段研究，四个发展阶段的顺序在任何文化国度里如果是不变的（虽然每个阶段达到的年龄上有先后），则生物因素的作用可以被肯定；如果不同文化的儿童的阶段顺序颠倒变化，则既说明这一条阶段发展规律并不具有普遍性，同时也说明阶段出现的更替更多地为社会因素所左右。又如言语发生发展的一些规律及其理论，更需要通过不同民族不同语种的跨文化研究。

另外，从某个国家得出的某些人格特征的研究结果是否具有普遍意义更需要进行跨文化的探讨。如在现代美国社会得出的一些青少年期的心理特点是否与我国青少年的心理特点相适合，如何分析这些特征所产生的社会文化背景是值得探讨的。又如性别差异的一些研究放到那些男女地位相反的国家、民族中又会产生什么结果，也值得深思。总之，跨文化研究将会使心理学家形成更完善的理论，更好地概括规律，更好地确定哪些发展模式是具有

普遍意义的,哪些发展模式只是特定文化因素的产物。

三、 发展研究须遵守的道德伦理准则

从事人的发展研究,尤其当研究对象是儿童时,研究者除研究设计中应注意的问题外,必须遵守研究的道德伦理准则,尊重被试的权利。为此,研究者要做到:①让被试事先知道研究的目的,并由其决定是否愿意参与研究。对弱势群体或儿童必须征得被试本人和他的代理人如父母、监护人、疗养院的法定代表人等的同意。②研究结束后要简要地向被试(和/或监护人)报告研究结果(尤其是因实验的需要被试事先并未被告知研究的相关内容或被隐瞒时)。③保护被试不受到身体的和心理上的任何伤害。④保护被试的隐私。对被试提供的所有信息及实验结果需保密。

本章小结

- 儿童心理学的研究目的和内容

儿童发展心理学有三个研究目标,首先试图充分描述发展事实,而后解释所观察到的发展变化,进而利用研究所得认识来优化儿童发展。儿童心理发展通常包括生理发展、认知发展、个性与社会性发展,特定某位研究者常常专注于一定年龄范围内的某个领域的发展变化。

- 儿童心理发展的基本问题

儿童心理发展研究主要涉及几个基本理论问题,这些问题主要围绕遗传与环境在发展中的作用、发展变化的性质、发展过程中儿童自身的作用、发展关键期和敏感期的重要性、强调特定时期的发展或毕生发展。各发展理论均对相关问题提出了自己的主张。迄今对有些问题已有较好的共识,有些问题仍兀自争论不休。

- 儿童心理学的沿革与新发展

儿童心理学有着悠久的思想史,但科学发展心理学的出现只有百余年时间。西方儿童心理学大致经历了描述性研究快速兴起、大理论主导时期、发展理论丰富多样化时期和"发展科学"系统化时期。科学发展心理学于 20 世纪初被引介到中国,之后发展一波三折,近四十余年得到空前快速发展。

- 儿童心理学的研究方法

儿童心理学的研究问题可来自发展基本理论的驱使,也可来自儿童社会现实问题的驱动。研究者常常根据需要,选用横向研究、纵向研究、聚合交叉设计(序列设计)或跨文化研究等策略来考察儿童行为与心理如何随时间的变化而发展或改变。

思考与练习

1. 通过本章的学习,谈谈你对学习这门学科的一些想法,包括愿望和要求。

2. 初步比较各发展理论流派的优势与不足。

3. 根据儿童心理学的任务以及理论争论的基本问题,分析讨论当前儿童教育中存在的问题与原因,并提出积极的建议和研究课题。

4. 比较横向研究与纵向研究的优缺点,联系实际,设计一个纵向研究或横向研究的课题与具体方案。

四　延伸阅读

1. 罗伯特·费尔德曼.发展心理学：人的毕生发展（第 8 版）[M].苏彦捷,等,译.上海：华东师范大学出版社,2022.

2. 默里·托马斯.儿童发展理论：比较的视角[M].郭本禹,等,译.上海：上海教育出版社,2009.

3. 中国大百科全书出版社编辑部.中国大百科全书：心理学,心理学史[M].北京：中国大百科全书出版社,1985.

4. Crain, W. (2014). *Theories of development：Concepts and application* (6th ed.). London：Pearson Education Limited.

第二章　发展的生物与环境基础

　　罗杰和罗瑞是完全不同的两个人，甚至他们的母亲都感到惊讶。罗杰身材高大，体格健壮。他下午的大部分时间都和朋友们玩球，并经常邀请他们来家里的院子里玩。罗瑞比罗杰大两岁，个子却小得多，瘦小而结实，戴着厚厚的眼镜。和罗杰不同，罗瑞更喜欢独处，下午的大部分时间，他都待在家里玩电子游戏，做汽车模型，看漫画书。人们惊讶地发现，他们居然是兄弟。为什么罗杰和罗瑞有相同的父母、住在同一个家里，在外表、性格和喜好上却有如此明显的不同呢？

　　这一章，我们将讨论基因遗传的过程及其与环境交互作用的原则，这些过程和原则可帮助我们理解为何来自同一家庭的成员有许多相似之处和许多不同之处；进而介绍孕期含有父母基因的单个细胞发育成婴儿的过程，出生之后儿童身体和神经系统的发展过程，以及影响发展过程的有关因素。

📍 **学习目标** ▮▮▮

1. 描述细胞繁殖过程和遗传模式。
2. 结合实例了解遗传性疾病和染色体异常。
3. 解释遗传和环境的动态相互作用是如何影响发育的。
4. 讨论产前发育及分娩各阶段，以及高危婴儿面临的挑战。
5. 识别畸形学原理、畸形因子类型及其对产前产后的影响。
6. 讨论产后儿童身体和脑神经的发展规律，辨识潜在影响因素。

第一节　发展的遗传基础

　　虽然罗杰和哥哥罗瑞很不一样，但是因为他和父亲在长相上有很多相似之处，以至于大多数人都认为他们长得更像。而在其他方面，罗杰更像他十分善于交际的母亲。罗瑞也和父母有相似之处，在外表上，他像母亲和罗杰，但是他的性格和父亲更相似。我们大多数人在很小的时候就认识到，孩子往往和他们的父母相像，这是理所当然的。但是为了理解父母是如何将他们与生俱来的特点和倾向传递给他们的孩子的，我们必须从细胞层面开始考虑。

一、遗传学知识基础

　　人体是由数万亿个细胞组成的。每个细胞内都有一个细胞核,其中包含 23 对呈杆状结构的染色体。每条染色体都包含遗传的基本单位,即基因,其由一段段的脱氧核糖核酸(DNA)组成,这是一种复杂的分子,形状像一个扭曲的梯子或楼梯。存在于我们染色体内的 20000 到 25000 个基因是创造生物体所有特征的蓝图。世界各地的人们共享约 99.7% 的基因。虽然所有人都有相同的基本基因组或一套基因指令,但是每个人都有一个略微不同的编码,这使得他或她在基因上与其他人不同。

1. 细胞繁殖

　　人体中的大多数细胞是通过一种被称为有丝分裂的过程进行繁殖的,在这个过程中,DNA 自我复制,允许染色体复制,并最终形成具有相同遗传物质的新细胞。性细胞以不同的方式繁殖,称为减数分裂,产生配子(精子在雄性体内,卵子在雌性体内;如图 2-1 所示)。每个配子包含 23 条染色体(46 条或 23 对染色体中的另一半存在于体细胞中)。这使得精子和卵子在受精时结合产生受精卵,重新汇聚 46 条染色体,组成 23 对,其中一半来自生物学上的母亲,另一半来自生物学上的父亲。每个配子都有独特的遗传特征。

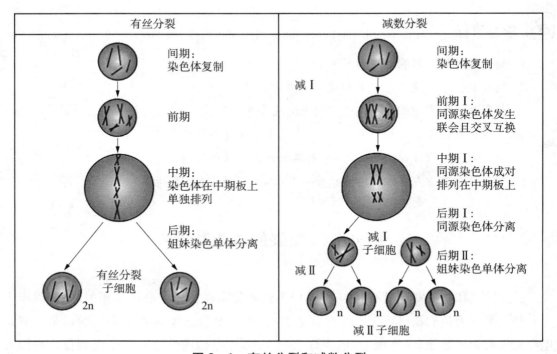

图 2-1　有丝分裂和减数分裂

2. 双胞胎共有的基因

双胞胎是共用同一个子宫的兄弟姐妹。自然受孕的双胞胎大约三分之二是异卵双胞胎（dizygotic twins，简称 DZ），或称异卵孪生子（fraternal twins），其由同一位女性排出一个以上的卵子并且每个卵子都与不同精子结合而受孕。异卵双胞胎共享大约一半的基因，和其他兄弟姐妹一样，大多数异卵双胞胎在外貌上有所不同。大约一半的异卵双胞胎中，一个是男孩，另一个是女孩。异卵双胞胎倾向于在家族中遗传，这表明遗传因素控制着女性每月是否排出一个以上卵子的倾向。然而，异卵双胞胎的比率也随着体外人工授精、母亲年龄以及出生顺序而增加。

同卵双生子（monozygotic twins，简称 MZ）来源于同一受精卵，他们在所有生理和心理特征上均具有相同的基因型和遗传指令。同卵双胞胎形成时，受精卵分裂成两个独立但完全相同的受精卵，并发育成两个婴儿。同卵双生子的原因还没有得到很好的理解。在动物身上，温度波动与同卵双生子的出现有关，但类似的影响是否也会发生在人身上尚不清楚。体外人工授精和高龄产妇（35 岁及以上）也可能会增加同卵双胞胎的出现概率。

二、 遗传模式

某一家族不同成员之间的差异虽然可能看起来杂乱无章，但它们是一个基因蓝图展开的结果。研究人员刚刚开始揭示人类基因组中包含的指令，但是我们已经了解到，特质和特征是以可预测的方式遗传的。

1. 显性—隐性遗传（dominant-recessive inheritance）

林恩有一头红发，而她的哥哥吉姆没有，他们的父母也没有。林恩怎么会有一头红发呢？这些结果可以用基因遗传模式，也就是父母双方的基因是如何相互作用的来加以解释。正如前面所述，每个人都有 23 对染色体，一半遗传自母亲，一半遗传自父亲。每个染色体内的基因可以表达成不同的形式或等位基因，影响各种生理特征。对于某一特定特征而言，如头发颜色，如果一对染色体的等位基因的作用一样或相似，那么这个人就被认为是这种特征的纯合体，并且会表现出遗传特征。如果这对等位基因作用是不同的，那么这个人就是杂合体，基因表达的性状将取决于这对基因之间的关系。有些基因是通过显性—隐性遗传传递的，在显性—隐性遗传中，有些基因是显性的，不管与哪个基因配对，它们总是会表达出来。有些基因则是隐性基因，它们只有与另一个隐性基因配对才能表达出来。

林恩和吉姆的父母是红头发杂合体，他们表现出棕色头发，但他们都携带红头发的隐性基因。当某一个体是某一特定性状的杂合体时，显性基因就会被表达，而这个个体就会成为隐性基因的携带者（如图 2-2 所示）。

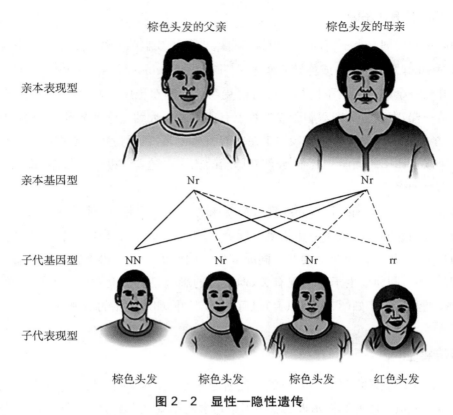

图 2-2　显性—隐性遗传

注：N-为非红色头发（Non-red hair）显性基因；r-红色头发（Red hair）隐性基因。

2. 不完全显性遗传（incomplete dominance）

　　大多数情况下，显性—隐性遗传是对遗传模式过于简化的解释。不完全显性遗传是另一种遗传模式，其中两个等位基因都影响特征。例如血型，血型 A 和血型 B 的等位基因都不相互支配。具有 A 型血和 B 型血的等位基因杂合体同时表达 A 型和 B 型血等位基因，其血型为 AB 型。

　　当一个人遗传了杂合体的等位基因，其中一个等位基因比另一个等位基因强，但并不完全占主导地位时，可以看到一种不同类型的遗传模式。在这种情况下，较强的等位基因并不能完全掩盖较弱等位基因的所有影响，因此出现了较弱等位基因的一些特征，但不是全部。例如，发育正常血细胞的特性并不能完全掩盖发育成镰刀状血细胞的等位基因。镰刀状细胞等位基因使红细胞呈新月形或镰刀状，这种细胞不能在循环系统中有效地传输氧气（如图 2-3 所示）。然而，镰刀状细胞携带者并没有发展成镰刀型红细胞疾病。这种等位基因的携带者可能功能正常，但也可能表现出一些症状，如全身血氧分布降低和运动后易疲惫不堪。只有隐性镰状细胞性状纯合的个体才会发育成镰刀型红细胞疾病。

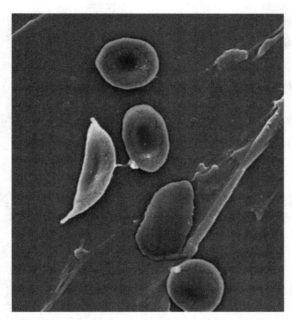

图2-3 不完全显性遗传

注：隐性镰状细胞等位基因导致红细胞呈新月形，不能在整个循环系统中有效运输氧气。正常血细胞的等位基因不能掩盖隐性镰状细胞等位基因的所有特征，阐释了不完全显性遗传。

3. 多基因遗传(polygenic inheritance)

遗传的影响以复杂的方式发挥作用，大多数特征均不能追溯到仅仅一个或两个基因的作用。大多数性状是许多基因相互作用的结果，因此是多基因遗传。多基因特征的例子有身高、智力、气质和对某些癌症的易感性等。就像对某种性状有影响的基因数量持续增加一样，受多基因影响的可能性状的范围也在增加。遗传倾向与环境影响相互作用，使人类的许多特征产生广泛的个体差异。

4. 基因印记(genomic imprinting)

显性—隐性遗传和不完全显性遗传原理可以解释1000多个人类性状。然而，一些性状是由一个叫做基因印记的过程决定的。基因印记是指一个基因的表达取决于基因遗传自父亲还是遗传自母亲。有两个例子可用来说明基因印记：普拉德—威利综合征(prader-willi syndrome)和安格尔曼综合征(或称快乐木偶综合征)(angelman syndrome)。这两种综合征都是由第15条染色体的异常引起的。如果这种异常发生在从父亲获得的15号染色体上，那么这个个体(无论是女儿还是儿子)都会患上普拉德—威利综合征，即一系列特定的身体和行为特征，包括肥胖、饥饿、矮小、运动迟缓以及轻度至中度智力障碍。如果异常的15号染色体来自母亲，那么这个个体(无论是女儿还是儿子)都会出现安格尔曼综合征(或称快乐木偶综合征)，表现为过度活跃、身材瘦削、癫痫发作、步态障碍以及严重的学习障碍，包括严重的语言障碍。普拉德—威利综合征和安格尔曼综合征大约每 15000 人中就有 1 人出现。基因遗传模式可能很复杂，但它们遵循可预测的原则。

三、 染色体和遗传问题

许多疾病是由遗传基因引起的。有些疾病和发展异常是父母一方或双方造成的显性—隐性遗传的结果。还有一些则是染色体变异的结果。

1. 遗传疾病

通过父母的基因遗传的疾病和异常有许多，如众所周知的囊肿性纤维化和镰刀型红细胞疾病等，也包括其他一些罕见的疾病，这些罕见病在某些情况下甚至在个人一生中从未被注意到。

（1） 显性—隐性遗传疾病

回想一下，在显性—隐性遗传中，显性基因总是表达的，不管它们与哪个基因配对，隐性基因则只有在与另一个隐性基因配对时才表达。表 2-1 呈示了通过显性—隐性遗传的疾病。很少有严重的疾病是通过显性遗传继承的，因为遗传这类等位基因的个体往往不能存活足够长的时间来繁殖并将其传给下一代。一个例外是亨廷顿病，又叫亨廷顿舞蹈症，这是一种致命的中枢神经系统恶化的疾病。具有亨廷顿等位基因的个体在童年、青春期和成年早期发育正常，直到 35 岁或以后才会出现亨廷顿舞蹈症的症状。到那时，许多人已经有了孩子，平均而言，其中有一半人将遗传显性亨廷顿舞蹈症的基因传给了下一代。

表 2-1　显性—隐性遗传疾病

疾病	发病率	遗传方式	描述	治疗
亨廷顿病（Huntington's disease）	1/20000	显性	影响肌肉协调和认知的退化性脑部疾病	无法治愈；通常在发病 10—20 年后死亡
囊肿性纤维化（cystic fibrosis）	1/2000—2500	隐性	异常黏稠的黏液阻塞肺部和消化系统，导致呼吸道感染和消化困难	支气管引流法、饮食疗法、基因替代疗法
苯丙酮尿症（phenylketonuria）	1/8000—10000	隐性	不能消化苯丙氨酸，若不治疗，会导致神经损伤和死亡	饮食疗法
镰状细胞型贫血（sickle cell anemia）	非洲裔美国人中 1/500	隐性	红细胞镰状化导致氧气在全身的分配效率低下，从而导致器官损伤和呼吸道感染	无法治愈；输血、治疗感染、骨髓移植；中年死亡
泰伊—萨克斯二氏病（Tay-Sachs disease）	中欧和东欧犹太人后裔中 1/3600—4000	隐性	退行性脑部疾病	无；大多在 4 岁前死亡

来源：T. L. Kuther. (2018). *Lifespan development in context*. Los Angeles：SAGE Publishing, p. 7.

苯丙酮尿症(phenylketonuria,简称 PKU)是一种常见的隐性遗传疾病,它阻止身体产生一种苯丙氨酸(PA)代谢所需的酶,使得苯丙氨酸不能转变成为酪氨酸,导致苯丙氨酸及其酮酸蓄积。如果不进行治疗,苯丙氨酸会迅速累积到有毒的水平,破坏中枢神经系统,导致智能障碍。苯丙酮尿症说明了基因如何与环境相互作用产生发育结果,因为智能障碍是由遗传易感性和环境中苯丙氨酸暴露的相互作用所致。医学实践已可对新生儿进行苯丙酮尿症筛查,如果发现这种疾病,婴儿就要吃低苯丙氨酸的食物。进行严格饮食控制的儿童通常达到平均或接近平均水平的智力水平,但是一些认知和心理问题仍可能会在儿童时期出现并持续到成年,特别是注意力和计划能力、情绪调节、抑郁和焦虑方面的困难。

（2）X 染色体连锁遗传疾病

X 染色体连锁遗传疾病指一些隐性遗传疾病基因存在于 X 染色体上。比如血友病基因,这种基因导致遗传疾病患者的血液不能正常凝结。男性更容易受到 X 染色体连锁遗传疾病的影响,因为他们的性染色体(XY)中只有一条 X 染色体,因此 X 染色体上的任何遗传标记都会显示出来。女性的性染色体(XX)中有两条 X 染色体,一条 X 染色体上的隐性基因会被另一条 X 染色体上的显性基因所掩盖。因此,女性较小可能显示出 X 染色体连锁遗传疾病,因为她们只有当两条 X 染色体均携带隐性遗传疾病基因时,才能显示出这类疾病。相比之下,脆性 X 染色体综合征则是携带在 X 染色体上的显性遗传疾病的一个例子。因为该基因是显性的,它只需要出现在一个 X 染色体上就可显示出来。这意味着,脆性 X 染色体综合征具有同等可能性发生于男性和女性中。表 2-2 呈示了一些通过 X 染色体连锁遗传获得的疾病。

表 2-2　X 染色体连锁遗传疾病

综合征/疾病	发病率	描述	治疗
色盲 (color blindness)	男性 1/12	难以区分红和绿;不常见的一种是难以区分蓝与绿	无法治愈
杜氏肌营养不良症 (duchenne muscular dystrophy)	男性 1/3500	四肢和躯干肌肉无力;病程进展缓慢,但会影响所有的随意肌	物理疗法、锻炼、身体支撑;将近 30 岁以后存活率很低
脆性 X 染色体综合征 (fragile X syndrome)	男性 1/2000	症状包括认知障碍、注意力问题、焦虑、情绪不稳定;长脸、大耳、扁平足、关节(尤其是手指)过度伸展	无法治愈
血友病(hemophilia)	男性 1/3000—7000	血液不凝结的血液疾病	输血

来源:T. L. Kuther. (2018). *Lifespan development in context*. Los Angeles:SAGE Publishing, p. 8.

2. 染色体异常

染色体异常是细胞在繁殖、减数分裂或有丝分裂过程中出错或后来造成损害的结果,其发生率大约为每700个新生儿中出现1个。最广为人知的染色体异常是21三体综合征，即唐氏综合征。唐氏综合征发生于第21对染色体旁边出现第三条染色体的时候。虽然患者的症状严重程度各不相同，但综合征通常伴有明显的身体、健康和认知特征，包括矮胖的身材和引人注目的面部特征，如圆脸、杏仁眼和扁平的鼻子。患有唐氏综合征的儿童往往表现出身体和动作发育延迟及健康问题，如先天性心脏病、视力障碍、听力不良和免疫系统缺陷。唐氏综合征是智能障碍最常见的遗传原因，但儿童的能力各不相同。那些接受早期干预并得到敏感照顾和环境探索鼓励的儿童表现出积极的结果，特别是在运动、社会和情感功能领域。

　　医学进展已解决了许多与唐氏综合征有关的身体健康问题，所以，现如今有许多唐氏综合征患者能够活到中年，平均寿命为60岁左右。随着越来越多患有唐氏综合征的成年人变老，研究发现了唐氏综合征和阿尔茨海默病之间的联系。阿尔茨海默病是一种典型的老年成人神经退行性疾病。这是一个多基因和复杂背景相互作用如何影响障碍与疾病的例子，在这里，唐氏综合征和阿尔茨海默病共享遗传标记。

　　一些常见的染色体异常与第23对染色体（即性染色体）有关，由于男女性具有不同的基因组成，因此性染色体异常对男性和女性会产生不同的影响。表2-3对这些因素进行了概述。

表2-3　性染色体异常

女性基因型	综合征	描述	流行率
XO	特纳（Turner）	成年后，她们身材矮小，通常下巴小，脖子周围有多余的皮肤皱褶，缺乏突出的女性第二性征（例如乳房），并且卵巢发育异常。患甲状腺疾病、视力和听力问题、心脏缺陷、糖尿病和自身免疫性疾病的风险增加	女性 1/2500
XXX	三X染色体（Triple-X）	高出平均身高一英寸左右，腿异常长，躯干纤细，性特征和生育能力发育正常。由于许多三X染色体综合征的病例往往不被注意，因此对该综合征知之甚少	未知

男性基因型	综合征	描述	流行率
XXY	克兰费尔特（Klinefelter）	症状的严重程度从不明显到严重不等，如高音、女性体型、乳房肿大和不孕症。许多患有克兰费尔特综合征的男孩和男人身材矮小，有超重的倾向，语言和短期记忆障碍可能会导致学习困难	1/500—1/1000
XYY	雅各布氏（Jacob's）	伴随着高水平的睾丸激素	雅各布氏综合征的患病率是不确定的，因为大多数患有雅各布氏综合征的男性不知道他们染色体异常

来源：Bardsley, et al., 2013；Bird & Hurren, 2016；Herlihy & McLachlan, 2015.

3. 基因突变

并非所有的先天特征都是遗传的。有些是由于基因结构的突变,这些突变可能是自发发生的,也可能是由于暴露于环境毒素引起的,如辐射和食物中的农药。突变可能只涉及一个基因,也可能涉及多个基因。据估计,多达一半的受孕中含有突变的染色体。大多数突变都是致命的,因此导致发育中的有机体在受孕后不久就死亡,并且往往发生在妇女知道自己怀孕之前。

有时候突变是有益的。如果突变是由环境中的应激源诱发的,并为个体提供了适应性优势,那么这一点尤其正确。例如,镰状细胞基因是一种起源于疟疾流行地区的突变,比如非洲。研究发现,遗传有单个镰状细胞等位基因的儿童对疟疾感染的抵抗力更强,并且更有可能存活下来并将其传给后代。而在世界上那些不存在疟疾风险的地方,镰状细胞基因则是没有帮助的。在世界上疟疾不常见的地区,这种基因的出现频率正在下降。例如,只有8%的非裔美国人是镰状细胞基因携带者,而在一些非洲国家这一比例高达30%。因此,基因型和基因突变对发育的影响具有环境特异性,在某些环境中可能带来好处,而在其他环境中则可能带来风险。

4. 预测和检测遗传障碍

出现遗传疾病的可能性通常可在怀孕前进行预测。而且,随着医学技术的进步,如今人们能比以往任何时候更早地发现异常情况。

（1）遗传咨询

在考虑要孩子的时候,许多夫妇会通过寻求遗传咨询来确定他们的孩子是否有继承遗传缺陷和染色体异常的风险。遗传咨询师首先会为准父母进行遗传疾病的家族史分析。如果夫妻中的任何一方似乎有遗传性疾病,则可以在父母双方进行胚胎植入前考虑对其进行遗传筛选血液测试,以检测是否有染色体异常及各种疾病的显性和隐性基因的存在。

需要进行遗传咨询的候选人包括那些亲属有遗传疾病的、有生育困难的、35 岁以上的以及来自同一家族或种族的夫妇。一旦准父母了解到可能怀上一个患有遗传疾病的孩子的风险,他们就可以决定如何进行选择,是自然怀孕还是通过体外受精来筛选配子,以排除有关遗传疾病的风险。鉴于在遗传疾病知识和筛查能力方面的不断进步,遗传咨询将会服务于越来越多的准父母。

（2）产前诊断

当确定存在遗传异常、孕妇超过 35 岁、父母双方都是具有特定遗传疾病风险的种族成员或当胎儿发育出现异常时,遗传咨询都会建议进行产前检查。相关技术的快速发展,为专业人士提供了越来越多的胎儿健康状况评估工具。表 2-4 列举了各种产前诊断方法。

表 2-4 产前诊断方法

方法	说明	优点	缺点
超声波	高频声波指向母亲的腹部,将子宫的清晰图像投射到视频监视器上	超声波使医生能够观察胎儿,测量胎儿的生长,揭示胎儿的性别,并确定胎儿的生理异常	许多异常和畸形不易被观察到
羊膜腔穿刺术	将一根长而中空的针插入母亲的腹部,从母亲的子宫中提取一小部分包裹着胎儿的羊水样本。羊水中含有胎儿细胞,胎儿细胞在实验室培养皿中得以生长,以便产生足够的细胞进行基因分析	能够对胎儿的基因型进行彻底的分析,诊断成功率为100%	安全,但比超声波对胎儿的风险更大。如果在怀孕15周前实施,可能会增加流产的风险
绒毛取样(chorionic villus sampling,简称CVS)	绒毛取样需要研究来自绒毛膜的少量组织(包围胎儿的细胞膜的一部分)是否存在染色体异常。根据胎儿的位置,组织样本通过一根长针插入腹腔或阴道获得	能够对胎儿的基因型进行彻底的分析。CVS相对无痛,而且诊断成功率为100%。可早于羊膜腔穿刺术,在怀孕10—12周之间实施	如果在妊娠10周前实施,可能会造成较高的自然流产率和肢体缺陷
无创DNA产前检测技术(non-invasive prenatal testing,简称NIPT)	从母亲身上抽血来检测游离胎儿DNA	对胎儿没有危险,能够诊断几种染色体异常	还无法检测出所有异常,并且可能不如其他方法准确。研究人员已经使用NIPT识别出了整个基因组序列,这表明有一天NIPT可能会像其他侵入性更强的技术一样有效

来源:Akolekar et al., 2015;Fox & Kilby, 2016;Theodora et al., 2015.

（3）遗传障碍的产前治疗

发现基因或染色体异常时会怎样？遗传学和医学已经进展到可在产前对胎儿给予治疗,以减少许多基因异常的影响。例如,可以通过将针插入子宫给胎儿注射激素、其他药物以及输血。最引人注目的是,胎儿外科手术可以修复胎儿心脏、肺、泌尿道以及其他部位的缺陷。研究人员相信,或许有一天,我们可以通过合成正常基因来替代缺陷基因,从而治疗许多遗传疾病。也许有一天,我们可以从胚胎中对细胞进行取样,检测出有害的基因,然后用健康的基因代替它们,再把健康细胞还回胚胎并在那里健康繁殖,纠正潜在的遗传缺陷。目前,这种方法已被用于纠正某些动物的遗传性疾病,并有望用于治疗人类疾病。

第二节　遗传与环境

至此,我们已经了解了不少关于基因遗传的知识。然而,人类大多数特征受与环境影响协调作用的基因组合所影响。我们遗传自亲生父母的基因组成,由一系列复杂的遗传特征组成,即所谓的基因型。基因型对我们的所有性状具有生物学上的影响,从头发与眼睛的颜色到个性、健康和行为。然而,我们的表型,我们最终表现出的特征,如我们的眼睛或头发的颜色,并不仅仅由基因型决定。表型受基因型和我们的经验的交互作用所影响。

一、行为遗传学

行为遗传学是探究基因和经验如何协同影响人类性状、能力和行为多样性的研究领域。基因型本身并不决定人的性状、特征或个性,相反,发展是我们的基因遗传(基因型)在可观察特征和行为(表现型)中加以表达的过程。行为遗传学家认识到,即使是具有强大遗传成分的特征,如身高,也会受到环境影响而改变。而且,大多数的人类特征,比如智力,都受到多个基因的影响,而且每个基因通常都有多个变体。

1. 行为遗传学的方法

行为遗传学家设计了各种方法来估计特定性状和行为的可遗传性(或遗传力)。可遗传性是指人类某一具体特征上的差异在多大程度上是由遗传差异造成的。其余的变异则不是由遗传差异造成的,而是环境和经验的影响结果。因此,可遗传性研究可检查基因型的贡献,也可提供关于经验在决定表现型中的作用信息。行为遗传学家通过进行选择繁殖和家族研究来评估行为的遗传贡献。

利用选择繁殖研究,行为遗传学家通过有意改变动物的基因构成,检验遗传对特征和行为的影响。例如,在一项经典研究中,研究者证明他们可以培育出活跃好动或不爱活动的老鼠。他们选择性地只让高度活跃的老鼠相互交配,同样也只让活跃水平很低的老鼠相互交配。繁殖几代之后,高活跃水平的老鼠要比低活跃水平的老鼠活跃很多倍。在大鼠、小鼠和其他动物(如鸡)身上进行的选择繁殖实验表明,基因对许多特征都有影响,比如攻击性、情绪性、性冲动,甚至迷宫学习。

行为遗传学开展家族研究,对生活在一起但具有不同亲缘程度的人进行比较。双生子研究和收养研究是两种常见的家庭研究。双生子研究通过比较同卵双生子和异卵双生子,以估计某一特征或行为在多大程度上取决于基因。如果基因影响该特征,则同卵双生子应比异卵双生子更相似,因为同卵双生子基因完全相同,而异卵双生子只有50%的基因相同。领养研究则比较领养儿童与其亲生父母(50%基因相同)和领养父母(没有相同基因)之间的相似程度。如果这些被收养的孩子与他们的亲生父母有相似之处,鉴于他们不是由亲生父母抚养长大的，表明这些相似之处是遗传的。收养研究还揭示了环境对特征和行为的影响程度。例如，两个基因无关的孩子被一起收养，他们的相似程度指向了环境的作用。比较在同一家庭和不同环境下抚养的同卵双生子，也可以说明环境对表现型的影响。如果一起长大的同卵双生子比分开长大的同卵双生子更相似，则可推断出环境的影响。

2. 遗传对个人特征的影响

考察基因型和环境影响智力的研究发现，遗传对智力只有中等程度的影响。双生子研究表明，同卵双生子比异卵双生子有更高的相关。例如，一项关于超过 10000 对双胞胎的智力研究显示，同卵双生子的智力相关为 0.86，异卵双生子的智力相关为 0.60。表 2-5 总结了具有不同遗传关系的个体的智力得分比较结果。当一起被抚养长大时，所有亲缘水平的人之间的相关均较高，这支持了环境的作用；相关也随着共享基因的增加而上升。

表 2-5　来自一同或分开抚养的亲缘和非亲缘家庭研究的智力得分平均相关性

	一同抚养	分开抚养
同卵双胞胎（共享 100% 基因）	0.86	0.72
异卵双胞胎（共享 50% 基因）	0.60	0.52
同胞（共享 50% 基因）	0.47	0.24
亲生父母/子女（共享 50% 基因）	0.42	0.22
半同胞（共享 25% 基因）	0.31	—
无亲缘关系（领养）的同胞（共享 0% 基因）*	0.34	—
非亲生父母/子女（共享 0% 基因）*	0.19	—

注：* 既不共享基因也不共享环境的个体的估计相关性＝0。
来源：Bouchard & McGue, 1981.

基因对其他许多特征均有影响，比如社交性、焦虑、性情、肥胖、幸福感，以及对各种各样疾病的易感性（如心脏病和癌症、心理健康、身体攻击倾向等）。然而，即使是被认为受遗传影响很大的性状，也能够被物理和社会干预所改变。例如，生长、体重和身高在很大程度上是由遗传预测的，然而环境和机会会影响遗传潜能是否实现。即使是拥有完全相同基因的同卵双生子也不是 100% 相似，这些差异是由于环境因素的影响，环境因素以多种方式与基因相互作用。

二、 遗传—环境的交互作用

"你们两个太不一样了。小华、小凡，你们真的是双胞胎吗？"小李阿姨开玩笑说。作为异卵双胞胎，小华和小凡共享 50% 的基因，并在同一个家庭中长大。人们可能会认为他们应该非常相似，但基因并非发展故事的全部。在塑造我们的发展过程中，基因并不是单独起作用的。相反,基因和环境以复杂的方式共同决定我们的各种特征,包括身体、行为、认知、社会性以及健康等。基因与环境的相互作用是指我们的基因与我们的环境之间的动态相互作用。有几个原则有助于说明这些交互作用。

1. 反应范围(range of reaction)

每个人的基因构成均不相同,因此各以独特的方式对环境做出反应。另外,任何一种基因型都可以表现为多种表现型。某个遗传特征的潜在表达范围广泛,取决于环境提供的机会和约束,有一个反应的范围(如图2-4所示)。例如,身高在很大程度上取决于遗传,但依赖于所处环境的不同,一个人可能表现出系列不同身高。假设一个孩子是由两个非常高的父母所生,她可能有高的基因,但除非她有足够的营养,否则她不会完全实现她的身高基因潜力。假定在间隔一代人的时间里,人们的营养状况得到了急剧改善,在这样的社会里,孩子们比父母高大是很常见的。环境机会的增加,好比这里的营养增加,使孩子们得以实现他们的身高遗传潜力。因此,基因型为可能的表型范围设置界限,但最终表现出来的表型随着对不同环境的响应而不同(Manuck & McCaffery, 2014)。以这种方式,遗传设定发展结果的范围,而环境则在这个范围内影响一个人将会处于何种位置。

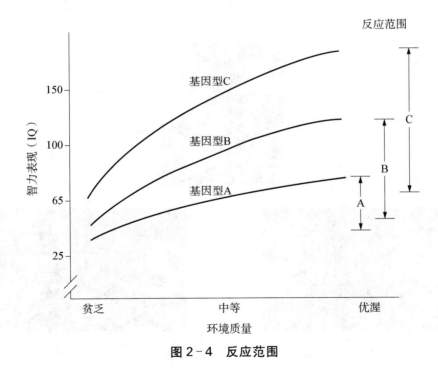

图2-4　反应范围

来源:Gottlieb, 2007.

2. 渠限化(canalization)

有些特征呈现出宽泛的反应范围,另一些特征则呈现渠限化现象,即遗传缩小了发展范围，只限于一个或几个结果。渠限化的特征是生物程序设定的，只有强大的环境力量才能改变它们的发展道路。例如，婴儿遵循一个与年龄相关的运动发展序列，从爬行，走路，到跑步。在世界各地，大多数婴儿在 12 个月大的时候就能走路了。一般来说，只有极端的经历或环境变化才能阻止这种发展顺序的发生。例如，在贫穷的罗马尼亚和埃塞俄比亚的孤儿院中长大的儿童，由于长期暴露在极端匮乏的环境中，表现出运动发育迟缓，一些儿童甚至到两岁时还不能行走。

然而，运动发展并不完全是渠限化的，因为环境中的一些微小变化可以略微改变发展的速度和时间进程。例如，练习有助于婴儿的踏步动作，防止生命早期出现的踏步动作消失，并导致更早出现行走。这些发现表明，运动发展这种高度渠限化的特征，尽管在很大程度上是通过成熟而展现出来的，也会受到环境因素的轻微影响。

3. 基因—环境相关性(gene-environment correlations)

遗传和环境是影响发展的两个重要因素，它们不仅相互作用，而且经常相互关联。基因与环境的相关性，意指我们的许多性状同时得到基因和环境的共同支持，基因产生与环境相关联的行为。有三种类型的基因—环境相关性，被动的、反应性的和主动的（如图 2 - 5 所示）。

图 2 - 5　基因—环境相关性

　　家中乐器的可使用性对应着孩子的音乐能力，孩子开始弹吉他（被动的基因—环境相关性）。孩子弹吉他时，唤起了他人的积极反应，从而提升了孩子她自己对音乐的兴趣（唤起的基因—环境相关）。随着时间的推移，她寻找机会来弹吉他，例如在观众面前表演（小生境选择）。

父母创造反映他自己的基因型的家园。由于父母在遗传上与子女相似，他们创造的家庭不仅符合自己的兴趣和喜好，而且也与子女的基因型相符合，这是一个被动的基因—环境相关性的例子。例如，父母可能提供使孩子易于发展音乐能力的基因，也可能提供支持音乐能力发展的家庭环境，如在家演奏音乐和拥有乐器。这种基因—环境相关性在儿童早期就可看到，因为儿童是在与其享有共同基因型的父母所创造的环境中长大的。

一个人自然地引起他人和环境的反应，就像环境和他人的行为引起这个人的反应一样。在一个引起共鸣的基因—环境相关性中，一个孩子的遗传特征（例如，包括经验开放性的个性特征）影响社会和物理环境，这些环境则以支持遗传特征的方式塑造发展。例如，积极、快乐的婴儿往往比被动或喜怒无常的婴儿得到更多的成人关注，甚至在同一家庭抚养的婴儿双胞胎中，更外向和快乐的婴儿会比较温和的婴儿得到更多的积极关注。这是为什么？快乐和喜欢微笑的婴儿经常通过唤起他人的微笑来影响他们的社交世界，这反过来支持了快乐的遗传倾向。通过这种方式，基因型影响物理和社会环境，使其以支持基因型的方式做出反应。喜欢破坏性游戏的孩子往往会在以后经历同伴问题。回到音乐的例子，一个有音乐天赋基因特征的孩子在演奏音乐时会引起愉快的反应（如父母的认可），这种环境支持反过来又鼓励了孩子的音乐特征的进一步发展。此外，一些个体可能由于其基因构成，更容易受到环境刺激的影响。

孩子们在塑造自己的发展过程中也扮演着亲身实践的角色。第一章曾述及，认识儿童发展的一个重要主题就是发现儿童在自身发展中的积极主动作用，这里就是一个这种模式的例子。随着孩子年龄的增长，他们在选择自己的活动和环境方面有了越来越多的自由。当孩子积极创造符合并影响自己的遗传倾向的经历和环境时，积极的基因—环境相关性就发生了。例如，具有音乐兴趣和能力遗传特征的孩子会积极寻找支持这种特征的经历和环境，如有相似兴趣的朋友和课后音乐活动。这种积极寻找与自己的基因倾向相容的支持性经历和环境的倾向，即所谓的小生境选择(niche-picking)。

被动的、唤起的和主动的基因—环境相关性的强度会随着发展而变化，如图 2-6 所示。被动的基因—环境相关性在出生时很常见，因为照顾者决定着婴儿的经历。他们的基因型和环境之间往往存在相关性，因为他们的环境是由具有遗传相似性的父母所创造的。唤起的基因—环境相关性也发生在出生时，因为婴儿的先天特征和倾向会影响他人，唤起能够支持他们遗传倾向的他人的反应。相比之下，主动的基因—环境相关性发生在儿童长大和更独立的时候。随着他们越来越有能力控制自己的环境，他们通过选择自己的兴趣和活动进行小生境选择，积极主动地塑造自己的发展。随着他们的成长，小生境选择促进了我们可在兄弟姐妹中看到的发展差异，包括异卵双生子之间的发展差异。但是随着时间的推移，同卵双生子倾向于变得更加相似，这或许是因为他们越来越能够选择最适合他们基因倾向的环境。随着年龄的增长，即使是那些分开抚养的同卵双胞胎，他们在态度、性格、认知、智力和偏好上都变得相似，同时他们也会选择相似的配偶和好友。

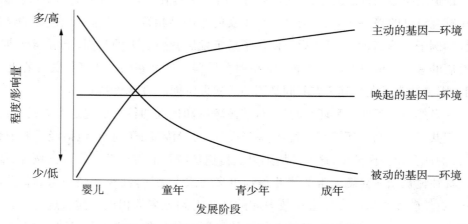

图 2-6　发展阶段和基因—环境相关性

三、表观遗传框架

我们已经看到，儿童发展的每一个方面都是遗传和环境动态相互作用的结果。毫无疑问，基因为发展提供了生物学基础，然而基因决不会单独决定儿童的特征。此外，在没有引起 DNA 序列变化的情形下，基因本身也可能表现出稳定的变化。这种发生于遗传与环境之间的动态相互作用被称为表观遗传框架（epigenetic framework）。从这个角度来看，发展是遗传与环境之间不断相互作用的结果。

基因为发展提供了蓝图，决定了反应的范围。根据环境条件的不同，特征可在这个范围内发展变化。然而，并非所有的基因都被表达，基因表达受表观遗传过程的影响。表观遗传学这个术语的字面意思是"基因之上"。表观基因组（epigenome）是一种分子，它记录着生物体的 DNA 和组蛋白的一些化学变化，这些变化可以被遗传给生物体的子代。表观基因参与基因的表达，决定它们如何表达以及它们的开启或关闭。表观遗传机制决定如何进行遗传指令，以确定表型。在出生时，我们体内的每个细胞只开启其基因的一小部分；在发育过程中，基因不断地开启和关闭，这同时也是对环境的反应。通过这种方式，即使是高度渠限化的特征也会受到环境的影响。许多环境因素，诸如毒素、伤害、拥挤、饮食以及父母的养育反应，均可能影响遗传特征的表达。

大脑发育就是一个例子。为婴儿提供健康的饮食和探索世界的机会，将有助于脑细胞的发育，而这种作用则由基因的开启或关闭所决定。大脑发育影响运动发展，后者反过来进一步支持婴儿对物理和社会世界的探索，从而促进认知和社会性发展。积极参与世界探索会促进脑细胞之间建立联系。接触毒素则会抑制某些基因的活动，从而潜在地影响大脑发育及其对运动、认知和社会性发展的级联效应。通过这种方式，就像其他方面的发展一样，大脑发育受到生物和环境因素之间动态相互作用的影响。

引发的基因—环境相关性和小生境选择说明了基因表达特征的方式可以影响环境。基因和表观基因组影响发展和经验,但基因表达也受到发展和经验的影响(如图2-7所示)。
这些复杂的基因—环境相互作用意味着人类发展并不能简单地归因为基因的作用。遗传和
环境之间的相互作用在整个发展历程中不断变化,就像我们在构建支持自己的基因型的环
境中所扮演的角色一样,影响着我们的表观基因组,并决定着我们会成为谁。有关表观遗传
作用的一个例子,请参阅专栏2-1应用发展科学。

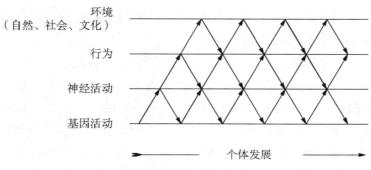

图2-7 表观遗传框架

来源:Gottlieb,2007.

专栏2-1

应用发展科学

改变表观基因组

图2-8 应用发展科学:改变表观基因组

这两只老鼠基因相同,都携带着Agouti(刺豚鼠)基因,但Agouti基因在黄色鼠体
内一直处于开启状态,而在褐色鼠体内处于关闭状态。

　　表观遗传学最早的例子之一是携带 Agouti 基因的刺豚鼠。携带 Agouti 基因的老鼠皮毛呈黄色，极度肥胖，模样酷似小靠枕，易患糖尿病和癌症。当刺豚鼠繁殖时，大多数的后代都和父母一样——黄色、肥胖、易患缩短寿命的疾病。然而，一项开创性的研究表明，黄色刺豚鼠可以生育出看起来非常不同的后代（Waterland & Jirtle, 2003）。图中的老鼠都携带 Agouti 基因，但是它们看起来很不一样；褐色老鼠很苗条、很瘦、患糖尿病和癌症的风险很低、能够活到老年。

　　为什么这些老鼠如此不同？表观遗传学可以解释这个问题。表观基因组携带的指令决定了你身体中的每一个细胞将成为什么，例如心脏细胞、肌肉细胞或脑细胞。这些指令是通过打开和关闭基因来执行的。

　　在黄色和褐色老鼠的案例中，褐色老鼠的表型已经被改变，但 DNA 保持不变，它们都携带 Agouti 基因，但在黄色鼠身上，Agouti 基因一直处于开启状态。而在褐色鼠身上，Agouti 基因处于关闭状态。2003 年，瓦特兰（Waterland）和杰托（Jirtle）发现雌性刺豚鼠的饮食可以决定其后代的表型。在这项研究中，雌性老鼠被喂食含有能附着于一个基因并将其关闭的化学物质的食物。这些化学物质存在于许多食物中，如洋葱、大蒜、甜菜、大豆和产前维生素中的营养素。黄色刺豚鼠妈妈喂食额外的营养物质，它们通过 Agouti 基因被传递给后代，但被关闭了。尽管这些老鼠携带相同的基因，但它们看起来与褐色鼠完全不同，而且更健康（瘦且不易生病）。

　　另一个例子支持这一发现，产前环境可以改变表观基因组并影响后代的终身特征。怀孕的老鼠暴露在一种化学物质中（在某些塑料中发现的双酚 A）。当雌性小鼠在受孕前两周被喂食双酚 A 时，带有黄色肥胖皮毛（标志着激活了 Agouti 基因）的后代数量增加。当怀孕的老鼠接触到双酚 A 和营养补充剂（叶酸和豆制品中的一种成分）时，后代往往更纤瘦并拥有褐色的皮毛，这标志着 Agouti 基因已经关闭。这些发现表明，产前环境可以影响表观基因组从而影响基因的表达，而营养物质或许能缓冲伤害。

　　然而，表观遗传学研究中最令人惊讶的发现是表观基因组在出生前会受到环境的影响，并且可以在不改变 DNA 本身的情况下由男性和女性世代相传。这意味着你今天的饮食和行为可能会影响表观基因组，进而影响你子辈、孙辈和曾孙辈的发育、特征和健康。

你怎么看？

　　1. 表观遗传学的许多研究都是针对动物的，但研究人类的工作也越来越多。你认为基于人类的研究结果与前面描述的动物研究结果会有哪些不同吗？解释一下。

　　2. 你可能会做什么来"照料"你的表观基因组呢？找出你认为可能影响你基因组健康的活动和行为。

第三节　产前发育与环境影响

值得注意的是,人类婴儿从受精到出生只需 266 天或 38 周。受孕(卵子和精子的结合)标志着产前发育的开始,受精卵进而经历胚胎期、胎儿期等几个发育阶段,最后离开母体成为新生儿。产前发育所经历的几个阶段,代表着发育过程中的几个重要转变。

一、 胎儿的发育过程

1. 胚种期(怀孕后的最初 2 周)

在胚种期,也称为合子期,新产生的受精卵沿着输卵管向子宫方向移动,并开始细胞分裂。受孕大约 30 小时后,合子从中间分裂,形成两个完全相同的细胞。进而两个细胞分裂成四个,然后是八个,依此类推。这种细胞分裂过程继续快速进行。

细胞分化。大约在受精 72 小时后,此时有机体由约 16 至 32 个细胞组成。分化意味着细胞开始特异化,不再完全相同。到第 4 天,有机体由大约 60 到 70 个细胞组成,形成一个呈中空球状的结构,称为囊胚。囊胚是一个充满液体的球体,细胞围绕着一个内部细胞团形成一个保护圈,胚胎就是从这些细胞团中发育而来的。

着床即囊胚钻入子宫壁,大约始于第 6 天,大约完成于第 11 天左右。第 2 周结束时,囊胚完全植入子宫壁,囊胚的外层开始发育成胎盘的一部分。胎盘是母体和发育中的有机体之间的主要交换器官,其使得母体与有机体可以通过脐带进行营养、氧气和废物的交换。同样从这个阶段开始,发育中的有机体被包裹在羊水中,而羊水能起到温度调节、缓冲和保护免受冲击等作用。

2. 胚胎期(孕后 3—8 周)

受孕后第 3 周,发育中的有机体开始可以称为胚胎了,这时开始了结构发育期,其间发生了产前期最为迅速的发育。所有器官和主要身体系统都是在胚胎期形成的。构成胚胎的细胞群发育成两层:外胚层,即上层,将发育成为皮肤、指甲、毛发、牙齿、感觉器官和神经系统;内胚层,即下层,将发育成为消化系统、肝脏、肺、胰腺、唾液腺和呼吸系统;上下之间的中间层,即中胚层,形成较晚,将发育成为肌肉、骨骼、循环系统和内脏。

在这第 3 周期间,大约在受孕后 22 天,内胚层折叠形成神经管,其将发育成中枢神经系统(大脑和脊髓)。这时可以分辨出头部了。以后将发育成为心脏的血管开始跳动,血液开始在全身循环。大约在第 26 天和第 27 天出现臂芽,继而在第 28 天到第 30 天出现腿芽。在发育的第 5 周,大脑发育得很快,头部比身体其他部位发育得更快。在第 6 周,眼睛、耳朵、鼻子和嘴巴开始形成,出现了上臂、前臂、手掌、腿和脚。胚胎对触摸表现出反射性的反应。

在第7周，蹼状手指和脚趾十分明显，它们完全分开要到第8周结束。其间出现一个脊状隆起，被称为未分化的性腺；它将发育成男性或女性的生殖器，这取决于胎儿的性染色体。男性胚胎的 Y 染色体指示它分泌睾丸激素，导致未分化的性腺产生睾丸。在女性胚胎中，没有睾丸激素被释放，未分化的性腺则产生卵巢。性器官的发育需要几周时间。外生殖器官要到大约12周后才显现。

胚胎期结束时，也就是受孕8周后，胚胎重约6—7克，长约1.6—1.8厘米。所有的基本器官和身体部位均已形成，尽管形态非常初始。胚胎表现出自发的反射运动，但它仍然太小，母亲尚未能感觉到这些运动。出现于胚胎期的严重缺陷常常导致流产或自然流产。实际上，大多数流产是染色体异常的结果。存在最严重缺陷的有机体的存活时间不超过怀孕的头三个月。据估计，高达45%的孕妇有过自然流产，且大多数发生在妊娠被发现之前。

3. 胎儿期（9 周至出生）

大约在第9周末进入胎儿期，标志是骨骼的出现。从第9周到出生，胎儿生长迅速，其器官变得更加复杂，并开始发挥功能。孕后第3个月结束，这时胎儿身体的所有部分可自发活动，能踢腿，并且胎儿可以吮吸拇指（无意识反射）。到第12周结束，胎儿的上肢几乎已经达到它们的最终相对长度，但是下肢比它们的最终相对长度稍微短一些。

中期妊娠（或妊娠中三月，14—26 周）。到第14周是妊娠中期的开始，这时胎儿的肢体运动是协调的，但是这些运动太轻微了，一直要到大约第17—20周，母亲才能感觉到。胎儿的心跳变强了。形成了眼睑、眉毛、指甲、脚指甲和牙蕾。最早出现的毛发是胎毛，一种覆盖在胎儿身体上的细绒毛，以后逐渐被人类的毛发所取代。皮肤表面覆盖着一种叫做胎儿皮脂的油腻物质，这种物质可以保护胎儿的皮肤免受因暴露在羊水中而产生的磨损、皲裂和硬化。21周时，快速眼球运动开始出现，标志着胎儿进入一个大脑生长发育的重要时期。大脑开始变得更加敏感，例如在22到23周的时候，有研究发现胎儿对于突然的振动和噪音有惊吓反应。在第21到25周期间，胎儿的体重会增加不少，并且其身体比例变得更像新生儿。胎儿身体的生长速度开始赶上头部，不过即使到出生的时候，他们的头部仍然不成比例地大于身体。

晚期妊娠（妊娠末三月，27—40 周）。在怀孕的最后3个月，胎儿的体重和长度大幅增长，具体来说，他通常增加超过4.5斤，增长18厘米。大约在受孕28周后，胎儿的大脑发育突飞猛进。大脑皮层发育出褶皱和皱纹，呈现出大脑特有的皱纹外观。胎儿的脑电波模式发生变化，偶尔会出现活动爆发，类似于新生儿的睡眠—觉醒周期。到30周时，胎儿的眼睛开始对光线会有扩大瞳孔的反应。在35周时，胎儿出现坚实的用手抓握行为，并自发地将目光定向于有光线的地方。

在妊娠晚期，孕妇及其照顾者通常特别注意婴儿是否会早产。虽然预产期是怀孕后266天或38周（从母亲最后一次月经期算起的40周），但有不少新生儿的出生早于这个时间。婴儿具备生存能力的年龄（先进的医疗护理允许早产儿在子宫外存活的年龄）始于受孕后约22

周。22 周以前出生的婴儿很少能活过几天,因为他们的大脑和肺部还没有开始发挥作用。虽然一个 22 至 25 周的胎儿可能在重症监护中存活,但是仍然处于危险之中,因为不成熟的呼吸系统可能导致婴儿早期死亡。在大约 26 周的时候,婴儿的肺部能够呼吸空气,如果给予重症监护,早产儿存活的机会更大。大约 80% 在 26 周出生、87% 在 27 周出生和 98% 在 32 周出生的早产儿能够存活下来。

大约在受孕后的第 266 天,胎盘会释放出一种激素,触发分娩反应。激素使母亲的子宫定期收缩和放松,有助于分娩。

4. 分娩

分娩过程经历三个阶段,具体过程如图 2-9 所示。

有时由于担心母亲或胎儿的健康或安全,不可能自然分娩,这时会选择剖宫产,即经腹部切开子宫取出胎儿的手术。如果分娩进展太慢、胎儿或胎位异常(如臀位、横位或异常头位)、头部太大无法穿过骨盆、胎儿或母亲处于危险之中,则需进行剖宫产。经由剖宫产分娩的婴儿可能会接触到更多因为手术而导致母体摄入的药物,并且相较自然阴道分娩分泌较少的应激激素,而这些应激激素是促进婴儿自主呼吸、大脑血液循环以及适应子宫外的世界所必需的,因此剖宫产新生儿需要临床给予恰当的评估和关注。不过无论是通过阴道分娩还是通过剖宫产分娩的婴儿,母亲和婴儿之间的互动关系都是相似的。

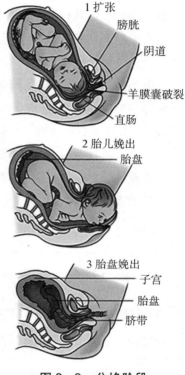

图 2-9　分娩阶段

表 2-6　分娩阶段

阶段	具体情况	持续时间
阶段 1:扩张	当孕妇经历每隔 10 到 15 分钟一次的有规律的子宫收缩时,分娩就开始了。在这一阶段,羊膜囊("羊水")随时可能破裂。宫缩逐渐变得更强、更紧密,导致子宫颈扩张,以便胎儿的头可以通过	生育第一个孩子时需要 8 至 14 个小时;第二次及以后生育,平均需要 3 到 8 小时
阶段 2:胎儿娩出	当子宫颈完全扩张到 10 厘米、胎儿头部位于子宫颈口时(胎头着冠)开始。当婴儿完全从母亲的身体里出来时结束	30 分钟到一个半小时
阶段 3:胎盘娩出	胎盘与子宫壁分离,并通过子宫收缩排出体外	通常发生在宝宝出生后 5 到 15 分钟,这个过程可能会持续半个小时

新生儿平均身长约 50 厘米，体重约 3 公斤。男孩往往比女孩稍微长一些，重一些。新生儿有一些独特的特点，包括头比较大（约占 1/4 体长）。他们的头骨还没有融合，要到 18 个月大的时候才会融合，这使得分娩过程中胎儿的头部可根据产道适度调节形态，便于顺利通过产道。健康的新生儿出生时皮肤发红且有皱纹，如果皮肤呈蓝色，则说明新生儿缺氧。一些婴儿出生时身上覆盖着胎毛，这种绒毛可以保护子宫内的胎儿皮肤。另一些婴儿在出生前就失去了胎毛。新生儿的身体上覆盖着胎儿皮脂，这是一种保护其免受感染的蜡状物质，不过在出生后最初几天就会干涸。虽然有些医院工作人员会洗掉胎儿皮脂，但有研究表明，这是一个免受感染的天然屏障，在出生时应该保留（Jha et al.，2015）。

出生后，新生儿会接受阿普加评分（Apgar scale）的常规筛查，这种评分可以简便快速地全面评估婴儿的即时健康状况。如表 2-7 所示，阿普加评分由五个子项组成，分别为外观（肤色）、脉搏（心率）、怪相（对刺激的反应）、活动性（肌张力）和呼吸作用（呼吸）。新生儿在每个子项中被评为 0 分、1 分或 2 分，总评最高总分为 10 分。4 分或 4 分以下意味着新生儿情况严重，需要立即就医。一般在分娩后 1 分钟和分娩后 5 分钟分别进行两次评估，这一时间安排能确保工作人员可在几分钟内监测新生儿的状况。

表 2-7　阿普加量表

指　标	评分（无—有）		
	0	1	2
外观（肤色）	青紫	躯干红润，四肢青紫	红润
脉搏（心率）	无	慢（100 次以下）	快（超过 100 次）
怪相（对刺激的反应）	无	轻微反应	咳嗽、哭泣
活动性（肌张力）	无力、松弛	虚弱、不活跃	活跃、有力
呼吸作用（呼吸）	无	不规律且缓慢	哭声响亮、呼吸均匀

来源：Apgar，1953.

5. 高危婴儿：低出生体重和足月小样儿

出生体重不足是导致婴儿死亡的主要原因之一，占婴儿死亡病例的 35% 左右。低出生体重的婴儿有两种类型：早产儿（预产期前出生）和足月小样儿，足月小样儿足月出生，但生长缓慢、比预期的胎龄小。婴儿出生时体重低于 2500 克被归类为低出生体重，其中"非常低"出生体重是指体重低于 1500 克，"极低"出生体重是指体重低于 1000 克或 750 克。极低出生体重的婴儿最容易出现发育挑战、障碍和生存困难。

低出生体重的婴儿在适应子宫外的世界方面处于劣势。出生时，他们经常经历呼吸困难，并可能患有呼吸窘迫综合征，即新生儿呼吸不规则，并且有时可能停止呼吸。他们的生存取决于医院对新生儿的护理,在那里他们被安置于与外界隔离的早产儿保育箱,该装置可帮助他们调节体温,利用呼吸器帮助他们呼吸,并保护他们免受感染。许多低出生体重的婴儿还不能从奶瓶中吸奶,所以他们是通过静脉注射喂养的。

低出生体重婴儿所承受的缺陷从轻微到严重不等,这与婴儿的出生体重密切相关,其中极低出生体重婴儿的缺陷最为严重。低出生体重的婴儿在发育不良、脑瘫、癫痫、神经系统疾病、呼吸问题和疾病方面面临更高的风险。较高的感觉运动和认知问题发生率意味着低出生体重儿童更有可能需要特殊教育,并且他们在童年、青春期甚至成年期可能表现出较差的学业成就。他们也常常在自我调节、社交能力和同伴关系方面遇到困难,包括同伴排斥和青春期受伤害。成年之后,低出生体重的人也往往较少参与社交活动,表现出较差的沟通技巧,并可能在焦虑测试中得分较高。

即使在最好的情况下,养育一个低出生体重的婴儿也是有压力的。这些婴儿在受到刺激时往往很容易不知所措,难以安抚;他们比正常体重的婴儿更少微笑和吵闹,更容易使养育者感到自己的努力没有得到回报。通常这些婴儿在开始社会互动方面比较迟缓,不会注意看护者,而是看向别处或者以其他方式抵制吸引他们注意的企图。因为他们往往不会对寻求互动的企图做出反应,因此与他们互动可能会令人沮丧,可能难以安抚他们,并且他们更可能难以与父母形成安全依恋。

父母对低出生体重婴儿的反应影响孩子的长期健康结果,这表明育儿情境对婴儿健康有重要影响。如果母亲们对孩子的发展以及如何促进孩子的健康发展有更多认识,参与到孩子的生活中,并创造一个具有丰富刺激的家庭环境,则低出生体重的婴儿往往会有良好的长期健康结果。例如,一项针对低出生体重儿童的研究表明,高敏感父母养育的儿童在执行功能方面改善更快,并且在5岁时与正常体重的同龄人没有区别,而那些低敏感父母养育的儿童则表现出持续的缺陷。同样,在积极敏感的育儿环境中成长的低出生体重儿童,其学业成绩在8岁时就能赶上正常出生体重的同龄儿童,但如果在不敏感的育儿环境中成长,其学业功能则不佳。纵向研究发现,在不稳定、经济条件差的家庭中长大的低出生体重儿童往往身材较小,经历更多的情绪问题,并在智力和学业成绩方面表现出更多的长期缺陷。

旨在促进低出生体重儿童发展的干预往往注重帮助父母学会应对策略,帮助他们与婴儿互动和管理压力。重点放在教导父母如何以治疗的方法按摩和抚摸婴儿以及增加与婴儿的皮肤接触的干预,与2岁时出现更好的认知和神经发育结果有关。在母亲可能无法进入医院的发展中国家,一种常见的干预措施是"袋鼠式护理"(kangaroo care),即将婴儿垂直放置在父母的胸部之下,置于衣服之下,提供肌肤接触。当父母进行日常活动时,婴儿会保持温暖和亲密,听到声音和心跳,闻到父母身体的气味,感觉到持续的肌肤接触。袋鼠式护理如此有效,以至于不少医院都为早产儿提供袋鼠式护理。早期接受袋鼠式护理的婴儿成长更快,睡眠更好,在健康测试中得分更高,并且在出生后第一年中表现出更多的认知能力提高。

二、 环境对产前发育的影响

绝大多数婴儿出生时都是健康的，但有些婴儿出生前就面临着阻碍其发展的环境障碍。致畸因子是对产前发育造成损害的物质，例如疾病、药物或其他环境因素，从而导致出生缺陷。畸形学领域试图找到出生缺陷的原因，以避免这些缺陷。卫生保健服务可帮助打算怀孕者和孕妇了解畸形原因，并尽可能避免这些原因，最大限度地提高生育健康婴儿的可能性。

1. 畸形学的作用原理

致畸因子可以通过许多方式影响产前发育，但是预测致畸因子所造成的危害并不总是那么容易。一般来说，暴露于致畸因子对产前发育的影响取决于以下原则。

（1） 关键期

在产前发育的关键时期，胚胎更容易受到致畸因子的伤害。暴露于某种致畸因子对产前发育的破坏程度取决于暴露发生时所处的产前发育阶段。一般来说，对致畸因子的敏感性始于受孕后 3 周左右。当身体某个部分正在发育时，如果胚胎暴露于致畸因子，这部分就可能出现结构缺陷。如图 2-10 所示，身体每个器官在发育过程中都有一个敏感期，在此期间最容易受到致畸因子的损害。一旦身体的一部分完全成形，它就不太可能受到致畸因子的伤害；然而，身体的一些部分，如大脑，在整个怀孕期间一直都是脆弱的。

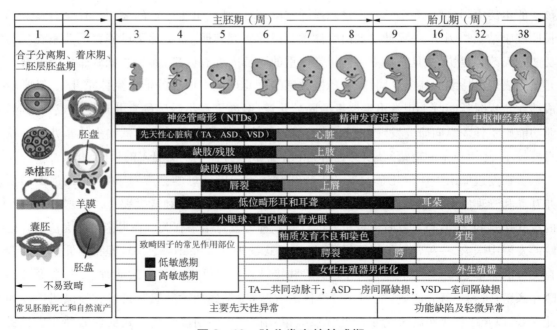

图 2-10　胎儿发育的敏感期

来源：Levine，L. E.，& Munsch，J.（2017）. *Child development：An active learning approach*（3rd ed.）. SAGE Publications，Inc.，p. 113.

（2）剂量

对某种致畸因子的暴露量（即剂量）会影响其效果。一般来说，剂量越大，对发育的损害越大。当然，不同致畸因子的剂量作用强度各不相同。有些致畸因子，比如酒精，表现出强烈的剂量与反应的关系，因此大剂量（更多、更频繁地饮酒）会导致更大的损害。

（3）个体差异

由于有机体和母亲的基因构成以及产前环境质量的不同，个体对特定致畸因子的易感性也各不相同。

（4）致畸因子对发展表现出复杂的影响

不同致畸因子可以导致同一出生缺陷，而同一致畸因子可以导致多种出生缺陷。此外，一些致畸因子的影响比较微妙，导致在出生时并不明显。例如，婴儿在出生前每天只接触一盎司（28 克）酒精，通常不会出现明显的身体畸形，但是到了儿童期，他们可能会出现认知迟缓。其他一些致畸因子则表现出睡眠者效应，这种效应直到许多年后才可见。例如，1945 至1970 年期间广泛使用的防止流产的激素，即己烯雌酚（DES），服用该药物的母亲所生的婴儿出生时都是健康的，但成年后他们的生殖系统更容易出现问题：服用 DES 的母亲所生的女儿更有可能患上某种罕见的宫颈癌、流产以及生下早产儿或低出生体重的婴儿。

2. 致畸因子的类型

产前发育可能会受许多情境因素的影响，包括母亲对非处方药（OTC）、处方药和休闲药物的消费，疾病，环境因素，以及更多（如表 2-8 所示）。虽然发育中的有机体容易受到许多致畸因子的伤害，但我们不应忘记，母亲的身体是为了保护发育中的胎儿而设计的。

表 2-8　对产前发育的危害

药物	
酒精	胎儿酒精综合征，智力低下；胎儿发育迟缓；关节异常；眼部异常
安非他命	早产；死产；新生儿易怒和喂养不良
抗生素（四环素、链霉素、土霉素）	早产；骨骼生长受限；白内障
巴比妥酸盐	胎儿嗜睡；大剂量会引起缺氧（氧气匮乏）、限制胎儿发育
可卡因	胎儿发育迟缓；早产，小头畸形；神经行为障碍；生殖器异常
海洛因	胎儿发育迟缓；早产；新生儿遭受戒断
锂	心脏和血管异常
大麻	阻碍胎儿发育

（续表）

烟草	胎儿发育迟缓；流产、死产；提升婴儿死亡率
产妇疾病	
艾滋病毒/艾滋病	发育迟缓；小头畸形；智力低下；母婴传播
风疹	在胚胎期，会导致失明和耳聋；在妊娠早期和中期，会导致脑损伤
环境污染物	
铅和汞	自然流产；早产；脑损伤
辐射	发育迟缓；小头畸形；智力低下；骨骼异常；白内障

来源：Moore, K. L., Persaud, T. V. N., Torchia, M. G. (2020). *The developing human*: *Clinically oriented embryology* (11*th ed*.). Elsevier Press, pp. 433 – 461.

　　有些致畸物可以通过行为选择来加以避免，例如，妇女可以选择不在怀孕期间喝酒或抽烟。不过，有一些疾病可能是非自愿的，无法做选择，如孕产妇疾病。有时，孕妇和她的医生可能不得不在放弃所需的处方药与将胎儿置于危险之间做出艰难的选择。而且，在一些情况下，女性可能不知道自己已经怀孕，直到已经过去了胚胎阶段的头几个星期。因此，在现实世界中，几乎没有任何怀孕是完全免于接触致畸因子的。幸运的是，每年大约有 97% 的婴儿出生时是没有缺陷的。

　　（1）**处方药与非处方药**

　　超过 90% 的孕妇在孕期服用过处方药或非处方药。可能成为致畸因子的处方药包括抗生素、某些激素、抗凝血剂、抗惊厥剂和一些痤疮药物等。在一些情形中，医生可能无意中开出药物来缓解孕妇的不适，结果却对胎儿造成了伤害。例如，在 20 世纪 50 年代末和 60 年代初，许多孕妇服用沙利度胺（thalidomide）来预防孕吐。然而，后来的研究发现，在怀孕 4—6 周后服用沙利度胺（在某些情况下甚至只是一剂）会导致孩子手臂和腿部畸形，并且在较少的一些情形中，发生耳朵、心脏、肾脏和生殖器的损伤。诸如减肥药和感冒药等一些非处方药也会造成伤害，但是非处方药的研究远远落后于处方药的研究，我们对许多非处方药的致畸作用尚知之甚少。

　　（2）**酒精**

　　有不少孕妇在怀孕期间饮酒，事实上，怀孕期间酗酒已被确定为导致胎儿发育障碍的主要原因之一。胎儿酒精谱系障碍（fetal alcohol spectrum disorders）是指接触酒精的影响的连续体，其程度随接触时间和数量而异。这个连续体的极端是胎儿酒精综合征（fetal alcohol syndrome，简称 FAS），这是一簇在产前大量接触酒精后出现的缺陷，大约每 1000 个新生儿中有 2 到 7 个婴儿会有此缺陷。与 FAS 有关的特征包括一个独特的面部特征明显模式（如小头围、短鼻子、小睁眼、小中脸），出生前和出生后的发育缺陷，运动协调、语言和认知发展缺陷，包括计划、集中注意力、解决问题和使用目标导向行为等综合能力方面的问题。子宫内接触酒精的影响会持续整个童年，并且有研究发现，这种影响与成年早期的学习和记忆缺陷有关。

即使是适度的饮酒也是有害的，因为孩子在出生时可能只是表现出一些影响，而不是所有的 FAS 问题或胎儿酒精影响。怀孕期间每周饮酒 7 至 14 杯与出生体形偏小、青春期的生长缺陷、注意力、记忆和认知发育缺陷有关。即使每天喝酒少于一杯，也会对胎儿发育产生负面影响，如 1 岁时的认知能力下降以及 5 岁时的行为问题。科学家们还没有确定是否有一个安全的饮酒水平，但是唯一能确保避免与酒精相关风险的方法就是在怀孕期间完全避免饮酒。

（3）吸烟

吸烟的母亲中，胎儿死亡、早产和低出生体重的发生率是不吸烟的母亲的两倍。在子宫内暴露于烟雾中的婴儿更容易患上先天性心脏病、呼吸系统疾病和婴儿猝死综合征，而且在儿童时期表现出更多的行为问题和注意力困难，在智力和成就测试中得分较低。此外，母亲在怀孕期间吸烟对后代具有表观遗传效应，影响了从童年到青春期晚期，甚至可能更长时间的基因过程和生长发育路径的展开。并且要注意的是，怀孕期间吸烟是没有安全标准的。

（4）大麻

大麻对产前发育的影响还没有得到很好的认识。怀孕早期吸食大麻会对胎儿的长度和出生体重产生负面影响。虽然从婴儿期到青春期的研究几乎没有一致的发现，但有研究发现，胎儿期接触大麻与 4 岁和 10 岁时的注意力、记忆力和认知技能损害、冲动以及青少年期的成就不良有关。无论如何，对孕妇来说，最安全的方法就是避免接触大麻。

（5）可卡因和海洛因

暴露于可卡因和海洛因的婴儿面临特殊的挑战，如成瘾的迹象和戒断症状，包括颤抖、易怒、不正常的哭泣、睡眠紊乱和受损的运动控制。产前接触可卡因和海洛因与出生时的体重减轻、体长变短、头围变小和运动能力受损有关。产前发育期间暴露于这些药物会影响大脑发育，特别是与注意、觉醒和调节相关的脑区的发育。曾暴露于可卡因的婴儿，出生一个月后难以调节他们的兴奋状态，表现出运动技能差、反射差，以及更高的兴奋性。

当然，尽管曾经普遍认为，曾暴露于可卡因和海洛因的婴儿会有终身认知缺陷，但新近研究表明，这种影响更为复杂和微妙。胎儿期接触可卡因对儿童晚期的注意力、行为控制和语言技能有小而持久的影响，但它与幼儿期、小学时期或中学时期儿童的整体发展、智商或入学准备的缺陷没有直接关系。此外，高质量护理可减少产前暴露于这类物质的长期影响。

确定产前暴露于毒品的影响的挑战在于，大多数暴露于非法药物的婴儿，如可卡因和海洛因，往往也暴露于其他物质，包括烟草、酒精和大麻，因此很难分离出每种药物对产前发育的影响。我们必须谨慎地解释关于非法药物使用和对产前发育的影响的研究结果,因为有许多其他的情境因素常常与药物使用同时发生,也对发展构成风险,包括贫穷、营养不良、社会隔离、压力和父母反应性降低等。想要理清产前接触物质、随后的养育以及背景因素各自的长期影响是具有挑战性的,但毫无疑问的是,试图改善产前暴露于药物的儿童发展前景,所建立的干预措施必须同时解决背景和养育相关的风险因素。

（6）*母亲的疾病*

有赖于疾病类型和疾病发生时间,怀孕期间母亲经历的疾病可能会对发育中的胎儿产生毁灭性的后果。例如,怀孕 11 周之前的风疹（也叫德国麻疹）会导致胎儿各种各样的缺陷,包括失明、耳聋、心脏缺陷和脑损伤,但如果是在怀孕头三个月之后,不良后果就不太可能发生了。一些性传播疾病,如梅毒,可能在怀孕期间传染给胎儿;其他一些疾病,如淋病、生殖器疱疹和艾滋病毒,可能在婴儿出生时通过产道或出生后通过体液传播传染给婴儿。因为有些疾病,诸如风疹,可以通过接种疫苗预防,所以对于那些正在考虑怀孕的妇女来说,与医生或卫生保健服务人员讨论她们的免疫状况是很重要的。

一些具有致畸作用的疾病,如寨卡（zika）病毒,其作用尚未被完全了解。感染寨卡病毒的妇女所生的孩子患小头畸形的风险更大（头部缩小）,他们也可能表现出一种现在被称为先天寨卡综合征的缺陷模式,包括严重的小头畸形,部分颅骨塌陷和眼睛后部损伤,以及关节和肌肉的运动范围受限在内的身体畸形。

（7）*环境危害*

出生前暴露在化学物质、辐射、空气污染以及极端高温和潮湿的环境,也会损害胎儿的发育。出生前暴露于重金属,如铅和汞,无论是通过摄入还是吸入,婴儿在认知能力和智力测试中得分均较低,儿童期患疾病的概率较高。暴露在辐射环境中会导致基因突变。在广岛和长崎原子弹爆炸和切尔诺贝利核电站事故后,母亲怀孕生下的婴儿表现出许多身体畸形、突变和智力缺陷。产前接触辐射与唐氏综合征、头围缩小、智能障碍、智力分数和学习成绩降低以及癌症风险增加有关。世界上大约 85% 的出生缺陷发生在发展中国家,这既源于发展环境通过环境危害直接影响产前发育,也通过因为缺乏教育、卫生和财政支持的机会和资源间接影响产前发育。

3. 母亲的特征与行为

当然,畸胎因子以及如何避免畸胎因子并非唯一决定婴儿健康程度的因素。孕妇的特征,例如年龄、怀孕期间的行为、营养和情绪健康等,都会影响产前发育结果。

（1）*母亲的年龄*

现代女性怀孕的年龄比以往任何时候都要晚。35 岁以上,特别是 40 岁以上生育的妇女,与年轻妇女相比,怀孕和生育出现并发症（包括流产和死产）的风险更大。她们更容易患与怀孕有关的疾病,如高血压和糖尿病,而且她们的怀孕会增加新生儿的风险,包括低出生体重、早产、呼吸系统问题，以及需要新生儿重症监护的相关疾病。例如，研究发现，新生儿患唐氏综合征的风险随着母亲年龄的增加而急剧增加，尤其是在 40 岁以后（如图 2-11 所示）。

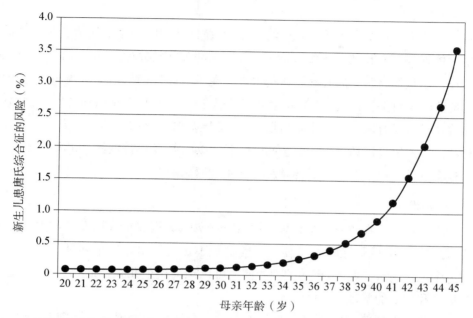

尽管患唐氏综合征的风险随着母亲年龄的增长而急剧增加，但无论母亲年龄如何，大多数婴儿出生时都是健康的。

图 2-11 母亲年龄和新生儿患唐氏综合征的风险

虽然并发症的风险随孕妇年龄呈上升趋势，但重要的是要认识到，大多数 35 岁以上的妇女所生的婴儿均是健康的。不同的环境和行为可能会弥补高龄产妇的一些风险。例如，长期使用口服避孕药可以降低生下唐氏综合征患儿的风险。另外值得注意的是，年纪较大准备要孩子的母亲往往比年轻母亲更注重健康，且饮酒和吸烟的比例也更低。

（2）**营养**

父母饮食的质量影响精子和卵子的健康。大多数妇女每天需要摄入 2200 至 2900 卡路里才能维持健康怀孕，但世界上有超过 10 亿人长期处于饥饿状态，而且更多的人处于粮食不安全状态。膳食补充剂可以减少许多由母亲营养不良引起的问题，但是充足的热量摄入对于健康的产前发育是至关重要的。

由于饮食不足而造成的某些缺陷是无法弥补的。例如，怀孕早期叶酸（一种 B 族维生素）的摄入不足会导致神经管闭合失败而形成神经管缺陷。脊柱裂发生于神经管下端无法闭合，脊髓神经开始在椎骨外生长，由此常常导致麻痹。对此，相关手术必须在孩子出生前或出生后不久进行，但是即使进行了手术，失去的能力也是无法恢复的。另一种神经管畸形是无脑畸形，当神经管的顶部未能闭合，大脑的全部或部分未能发育，可导致胎儿出生后不久死亡。随着研究人员了解并传播叶酸有助于预防这些缺陷的知识，神经管缺陷的发生率已经降至千分之一以下。然而即使如此,迄今仍有不小比例的人在怀孕期间没能摄入足够的推荐剂量的叶酸。

（3）情绪健康

虽然压力几乎是每个人生活中固有的部分,但在怀孕期间严重的压力会带来风险,包括胎儿低出生体重、早产和产后住院时间较长。母亲的压力会影响胎儿的产前发育,因为压力荷尔蒙会通过胎盘提高胎儿的心率和活动水平。在子宫内长期暴露于应激激素与新生儿较高水平的应激激素有关。因此,这类新生儿可能比低压力婴儿更易怒和活跃,可能在睡眠、消化和自我调节方面有困难。在童年后期,他们可能有焦虑、注意力缺陷（或多动障碍）和攻击性的症状。当家庭充满压力时,可能使父母更难以以温暖和敏感的态度和方式对待易怒的婴儿。社会支持可以减轻压力对怀孕和婴儿护理的影响。

（4）产前护理

产前护理是一套旨在改善怀孕结果,并且让准妈妈、家庭成员和朋友参与卫生保健决策的服务,对母亲和婴儿的健康至关重要。产前护理不足是低出生体重和早产以及第一年婴儿死亡的一个危险因素。此外,产前护理的使用可以预测整个儿童期的儿科护理,这是整个生命周期健康和发展的基础。

为什么一些女性延迟或避免寻求产前护理? 一个常见的原因是经济问题,例如缺乏健康保险,一些低收入母亲无法获得保健服务,或者缺乏如何利用可能获得的保健服务的信息。寻求产前护理的其他阻碍还包括难以找到医生、缺乏交通工具、需要照顾其他低龄孩子、怀孕的矛盾心理、抑郁症、缺乏关于产前护理重要性的教育、缺乏社会支持、以前在卫生保健系统中的不佳经历以及家庭危机等。

第四节　儿童的身体与脑神经系统的发展

儿童出生后,身体和脑神经系统快速发展,支撑着其他发展的各个方面。本节聚焦于早期身体发育与神经系统的发展,包括体形的增长、运动协调性的提高以及感知觉的改善。我们特别注意支持这些变化的生物和环境因素,以及它们与其他发展领域的密切联系。

一、身体成长

1. 身高体重的变化

儿童出生头两年体形快速增长,然后逐渐变成一个缓慢的生长模式。身高是反映骨骼发育的重要指标,是指头顶到足底的全身长度,一般年龄越小,增长越快。正常新生儿出生时的身高平均约为 50 cm,第 1 年内增长最快,约增加 25 cm。第 2 年内增长稍慢,大约(增加)10 cm,2 岁时身长约为 85 cm。以后平均每年增加 5 到 7.5 cm,2—12 岁身高的估算公式为身高＝7×年龄＋75(cm)。

新生儿平均出生体重为 3 千克,正常范围是 2.5—4 千克,女婴比男婴轻一些。出生后第 3—4 天,体重会减少 200—300 克,这叫做生理性体重下降,第 7—10 天则能恢复到出生时的体重。此后随着吃奶量和日龄的增加,每天增长 25—30 克左右,是人生中体重增长最快的时期。体重增长规律是月份越大,增长速度越慢,如出生后头 3 个月,平均每周增长 200 克左右,生后 4—6 个月,平均每周增长 150 克左右;半岁时体重为出生时体重的 2 倍,一岁时为 3 倍,以后每年增长 2 千克左右。

婴儿的身高体重增长不符合规律,除患病外,大都是由于营养不足或护理不当,应给予纠正。不过都存在个体差异,身高与种族、遗传、营养、内分泌和疾病等因素有关。男孩仍然略大于女孩。随着婴儿时期开始下降的"婴儿脂肪"的进一步下降,孩子们逐渐变瘦,女孩比男孩保留更多的体脂肪,男孩肌肉稍微多一点。随着躯干的拉长和扩张,内部器官整齐地收缩在里面,脊柱变直。到 5 岁时,头重脚轻、罗圈腿、大腹便便的幼儿已经成为一个更具流线型、腹部平坦、腿更长、头身更像成年人的孩子。这种姿势和平衡的改善,是支持儿童获得运动协调的重要变化。儿童身体大小的个体差异,在幼儿期比在婴儿期和学步期更为明显。

2. 骨骼的发育

骨骼发育始于婴儿期。由于婴儿发育有个体差异,婴儿体质也有所不同,所以婴儿的骨骼何时发育完全没有一个固定的时间。一般来说,婴儿骨骼发育到比较结实大概需要到 2 周岁之后。有助于婴儿骨骼健康发育的做法包括:平时适量给婴儿补充一些含钙食物;多晒太阳,适当活动;给婴儿睡有支持作用的床垫,有助于婴儿脊椎的发育;教婴儿走路时,牵手注意左右手交换;形成正确的坐立行姿势,并且不要让婴儿长时间保持某一姿势。

儿童的骨骼变化贯穿整个儿童早期。在 2 至 6 岁间,大约有 45 个新的骨骺或生长中心出现在骨骼的不同部位,其中软骨变硬成骨。其他骨骺会出现于童年中期。对这些生长中心进行 X 射线扫描,能够使医生估计儿童的骨骼年龄或身体成熟进程,也可为诊断生长障碍提供有用的信息。

学前期结束时,儿童开始失去初级牙齿或"婴儿"牙齿。换乳牙的年龄很大程度上受到遗传因素的影响,例如,身体发育方面先于男孩的女孩会更早失去乳牙。文化血统也会产生影响,例如北美的孩子通常在 6 岁半时长出第一颗恒牙,加纳的孩子在 5 岁多一点,中国香港地区的孩子在 6 岁左右。但是营养因素也会影响牙齿的发育。长期营养不良会使恒牙延迟出现,而超重和肥胖会加速恒牙的出现。

乳牙的护理必不可少,因为患病的乳牙会影响恒牙的健康。坚持刷牙,避免吃含糖食物,饮用含氟水,接受局部氟化物治疗和密封剂(保护牙齿表面的塑料涂层)可以预防龋齿。

另一个因素是防止接触烟草烟雾，否则会抑制儿童的免疫系统，包括抵抗导致蛀牙的细菌的能力。在免疫系统还没有完全成熟的婴儿和幼儿期，与这种抑制相关的风险最大。经常吸烟的家庭中，幼儿龋齿的可能性是同龄人的三倍，即使是在其他影响牙齿健康的因素得到控制之后。

虽然儿童蛀牙在过去的几十年里急剧减少，但在一些家庭比较贫困的学龄前儿童中，龋齿发展特别迅速，平均每年影响 2.5 颗牙齿。原因包括饮食不良和医疗保健不足，这些因素更可能影响到社会经济地位低的儿童。

3. 动作发展

新生儿出生伊始就已具备一定数量的反射，这是一种对刺激做出响应的非随意运动。一些较常见的反射如吸吮反射和觅食反射，对喂养很重要。抓握反射和踏步反射，最终会被更自主的动作所取代。一些条件反射在生命的最初几个月消失了，而其他一些条件反射，如眨眼、吞咽、打喷嚏、呕吐和退缩等条件反射，则一直保留下来，继续发挥重要作用。反射为儿科医生深入了解神经系统的成熟和健康提供了帮助。如果反射作用的持续时间超过所应起作用的时间，则可能妨碍正常发展。早产儿和有神经损伤的婴儿，有些反射在出生时可能就不存在；一旦出现，则它们的持续时间可能比神经健康的婴儿更长。

当婴儿从反射性反应转变到更高级的运动功能时，动作发展就开始循序渐进地进行。发展遵循头尾原则（cephalocaudal，从头到尾）和内外原则（proximodiastic，从中线向外）。例如，婴儿首先学会抬起头，然后学会在有人帮助的情况下坐着，然后在无人帮助的情况下坐着，接着是爬行、站立、扶行，然后在无人帮助的情况下行走。随着运动技能的发展，幼儿逐渐达成一些重要的发展里程碑。对于每一个里程碑，都有一个平均年龄以及达到该里程碑的年龄范围。一个具有里程碑意义的例子就是婴儿抬起头，婴儿平均在 6 周大的时候能抬起头，90％的婴儿在 3 周到 4 个月之间能做到这一点。平均而言，多数婴儿在 7 个月大的时候能独自坐着。坐姿涉及协调性和肌肉力量，90％的婴儿在 5 到 9 个月之间达到这个里程碑。如果孩子在几个里程碑上表现出延迟，则需要引起父母的关注，并与儿科医生讨论这个问题。发育迟缓可以通过早期干预来识别和解决。

动作技能是指移动身体和操纵物体的能力。粗大动作技能主要集中在控制头部、躯干、手臂和腿部的大肌肉群，涉及更大的运动（例如平衡、跑步和跳跃）。这些技能首先开始发展，就像早在 8 周大的时候，如果坐在一个不束缚臀部的婴儿车或其他设备中时，许多婴儿会在俯卧时抬起下巴，抬起胸部，手和膝盖前后摇晃；也包括用脚去踢或探索某个物体。这可能比用手去够一个物体要容易得多，因为后者尚需要更多练习。有时候婴儿在爬行时试图向一个物体移动，结果却惊讶地变成向后移动，这是手臂力量比腿部力量大的缘故。

精细动作技能集中在手指、脚趾和眼睛的肌肉以及细小动作的协调上（例如抓住一个玩具、用铅笔写字、用勺子）。新生儿不能随意地抓住物体，但确实会向感兴趣的物体挥动手臂。4 个月大时，婴儿能够着一个物体，不过首先是用两只手臂，几个星期后才能只用一只手臂。这个年龄的婴儿抓握物体时需要用到手指和手掌,而不是拇指。大约 9 个月时,婴儿可以用食指和拇指抓住物体。这时婴儿使用钳状抓握,这种能力大大增强了其控制和操作物体的能力。婴儿对这种新发现的能力感到非常高兴,他们可能花费数小时从地板上拾取小物件,并将其放入容器中。9 个月时,婴儿也可以观察移动的物体,并在它接近自己的时候抓住它。

儿童早期,新的运动技能出现了爆炸式增长(如表 2-9 所示),每一种运动技能都建立在蹒跚学步时更简单的运动模式之上。在学前阶段,孩子们继续将以前获得的技能整合到更加复杂的动态系统中。然后,随着他们身体越来越强大,中枢神经系统进一步发育,周边环境也对他们提出了新的挑战,以及在感知和认知能力提高的帮助下,幼儿设定了新的目标,并不断修正自己学习到的各个新技能。

表 2-9 儿童早期粗大动作技能和精细动作技能的变化

年龄	粗大动作技能	精细动作技能
2—3 岁	走路更有节奏;快走变成跑 跳跃、单脚跳、投掷和接物时上半身僵硬 用脚推动骑乘玩具;简单转向	穿脱简单的衣服 拉上和拉开大拉链 有效使用勺子
3—4 岁	上楼梯时双脚交替,下楼梯时一脚先行 跳跃时上半身弯曲 投掷和接物时上半身有些许配合 仍然用胸口截住球的方式接球 脚踏和控制三轮车转向	系上和解开大纽扣 自己吃东西,不需要他人帮助 使用剪刀 临摹垂直线和圆 用简单几笔画第一张人物画
4—5 岁	下楼梯时双脚交替 跑步更稳 用一只脚蹦跳 加快身体转动投球,重心转移到脚上;用手接球 三轮车骑得快,转向平稳	有效使用叉子 用剪刀沿着线剪 临摹三角形、十字形和一些字母
5—6 岁	跑步速度加快 飞奔更平稳;参与跳绳活动 表现出成熟的投掷和接物模式 骑带辅助轮的自行车	用刀切软的食物 系鞋带 将人物画成六个部分 临摹一些数字和简单的单词

当然,儿童达到动作发展里程碑的年龄存在着巨大的个体差异。一个身材高大、肌肉发达的孩子比一个身材矮小、健壮结实的年轻人动作更快,获得某些技能的时间更早。和其他领域一样,家长和老师可能会给那些具有基于生物学的运动技能优势的孩子更多的鼓励。另外,运动技能的性别差异在儿童早期也十分明显。男孩在强调力量的技能上领先于女孩。5 岁时,他们可以跳得稍微远一点,跑得稍微快一点,把球扔得更远。女孩则在精细运动技能

和某些需要良好平衡和脚步运动相结合的大运动技能方面有优势，如跳跃和跳绳。男孩拥有更大的肌肉群，前臂稍长，在投掷时有技能优势。女孩身体的整体成熟度更高，这可能是她们能够更好地平衡和进行精确运动的部分原因。

4. 身体成长不同步

需要注意的是，儿童身体不同系统的发育并不是同步进行的，即身体不同系统的发育模式不同。身体大小（以身高和体重衡量）和各种内部器官遵循一般生长曲线，婴儿期快速生长，儿童早期和中期增长较慢，青春期再次快速生长。生殖系统从出生到 4 岁发育缓慢，整个童年中期几乎没有变化，然后在青春期迅速成长。相比之下，淋巴系统在婴儿期和儿童期以惊人的速度生长，在青春期衰退。淋巴系统可帮助机体对抗感染和帮助吸收营养，从而支持儿童的健康和生存。图 2-12 展示了儿童身体不同系统的增长趋势，譬如在最初几年里，大脑比身体的其他部分增长得更快。

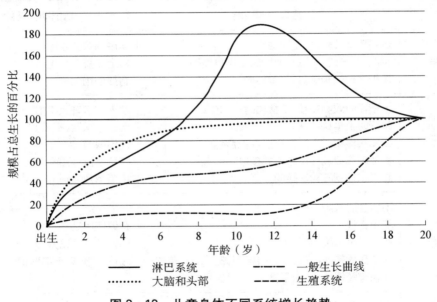

图 2-12　儿童身体不同系统增长趋势

三种不同器官系统和组织的生长与身体一般生长的对比。增长率是以出生到 20 岁的变化百分比绘制的。值得注意的是，到儿童时期结束时，淋巴组织的增长几乎是其成人水平的两倍，然后有所下降。（来源：Tanner, J. M. （1990）. *Foetus into man* （*2nd ed.*）. Cambridge, MA：Havard University Press, p. 16. ）

二、大脑发育

刚出生的婴儿大脑尚未完全发育成熟，出生后最初四个月，大脑发生急剧的变化，一些新的认知能力似乎在不知不觉中就发展起来了。在大脑通路形成的这几个月中，婴儿接受到许多外在的刺激，积累大量的经验。大脑的构造、通路和神经纤维都会受此影响。不仅以后的智力与此有关,而且发展的可能性和选择性也与此关联。从这个角度来看,这一婴儿发展早期的经验范围是至关重要的。宝宝出生以后,大脑就进入了质量增长的时期,脑细胞的体积和其他很多东西也会增长起来。出生之后,由神经细胞连接的"突触"开始形成,突触数量在 3 个月的时候达到高峰,到 3 个月时灰质脂肪沉积完成,6 个月时 DNA 含量停止增加,到 12 个月时,少突神经胶质细胞数量达到成人的 70%。

1. 最初两年的大脑

在婴儿期,一些最引人注目的生理变化发生在大脑中。我们的大部分脑细胞都是与生俱来的,也就是说,大约有 850 亿个神经元。虽然大部分大脑神经元在出生时就已经存在,但它们还没有完全成熟。在接下来的几年里,树突或者说是从其他神经元收集信息的分支,将经历一段繁荣的时期。由于树突的增殖,到两岁时,一个单独的神经元可能有数千个树突。突触的产生或者说神经元之间连接的形成,从产前期开始,在婴儿期和学步期间形成了数以千计的新连接。因此,这个神经快速生长的时期被称为突触骤增期。

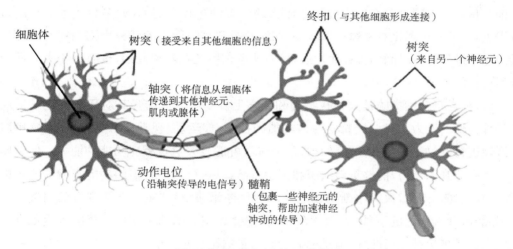

图 2-13 神经元的组成部分

突触骤增期之后是一个突触修剪期,大量神经连接会选择性地减少,而只保留并增强那些常被使用的连接。人们认为修剪突触能使大脑更有效地运作,从而掌握更复杂的技能。在这一过程中,经验的塑造作用十分重要,它将在这些连接中选择维持哪一个,失去哪一个。最终,这些连接中的大约 40% 将会丢失。骤增期发生在生命的最初几年,而修剪期则从童年持续到青春期,发生在大脑的各个区域。

中枢神经系统发生的另一个重要变化是髓鞘的发育,这是神经元轴突周围的一层脂肪组织。髓鞘有助于隔离神经细胞,加快从一个细胞到另一个细胞的冲动传递速度。这促进了神经通路的建立,改善了运动和思维过程的协调和控制。髓鞘的发育一直持续到青春期,但在生命最初几年最为显著。

　　婴儿的大脑发育得很快。出生时,婴儿的大脑大约是 250 克(半磅),1 岁时它已经是 750 克。与成年人的大脑相比,新生儿的大脑在出生时大约是成年人大脑的 33%;但仅仅 90 天后,它已经是成年人大脑的 55%。大部分的神经活动发生在大脑皮层。大脑皮层分为两个半球,每个半球又分为四个脑叶,每个脑叶之间由折叠分开,这种折叠被称为裂隙。如果我们从大脑前部开始向上观察大脑皮层,我们首先看到的是额叶(前额后面),它主要负责思考、计划、记忆和判断。额叶之后是顶叶,它从中部延伸到颅骨后部,主要负责处理触觉信息。接下来是枕叶,位于头骨的最后部分,负责处理视觉信息。最后,在枕叶的前面,在两耳之间,是颞叶,负责听力和语言。

　　虽然大脑在婴儿时期发育迅速,但特定大脑区域并非以同样的速度发育成熟。初级运动区的发育早于初级感觉区,而位于前额后方的前额叶皮层是最不发达的。只有随着前额叶皮层的成熟,孩子才越来越能够调节或控制情绪、计划活动、制定策略和拥有更好的判断力。但这在婴儿期和学步期并没有完成,而是会持续到整个童年期、青少年期和成年期。

　　偏侧化是指不同功能变得主要集中于大脑一侧的过程。例如,大多数成年人在语言产生过程中,大脑左半球比右半球更活跃,而在涉及视觉空间能力的任务中则观察到了相反的模式。这个过程随着时间的推移而发展,然而甚至在胎儿期和婴儿期,也有关于大脑两半球结构不对称的报道。

　　最后,神经可塑性指的是大脑在物理和化学上发生改变以增强其对环境变化的适应和补偿某种损伤的能力。对一些特定身体功能的控制,如运动、视觉和听觉,是在大脑皮层的特定区域进行的,如果这些区域受到损害,个体就可能丧失执行相应功能的能力。但大脑的神经元具有非凡的能力,能够重新组织和扩展自己,以执行这些特定的功能来响应机体的需要,并修复损伤。因此,大脑不断地创造新的神经通讯路线,并重新连接现有的路线。环境经历,如刺激和人体内的事件,如激素和基因,都会影响大脑的可塑性。年龄也是如此。成年人的大脑表现出神经可塑性,但是他们受到的影响比婴儿要小。

2. 2 至 6 岁的发展

　　2 至 6 岁间,儿童的大脑重量从大致为成年人脑重的 70%增加到 90%。与此同时,学前儿童在身体协调、知觉、注意、记忆、语言、逻辑思维和想象力等各种技能方面都有所提高。

　　除了重量增加外,大脑还要经历许多重塑和提炼。4 岁时,大脑皮层许多部分产生过多的突触。在某些区域如额叶,突触数量几乎是成年人的两倍。神经纤维的突触生长和髓鞘化共同导致了对高能量的需求,因此大脑皮层的能量代谢在这个年龄达到顶峰。过多的突触连接支持年轻大脑的可塑性,帮助儿童确保即使某些区域受损也能获得某些能力。突触修剪一般遵循这样的原则:很少受到刺激的神经元失去了连接纤维,突触数量减少;相反,当受刺激的神经元结构变得更加复杂,需要更多的空间,周围的神经元消亡,大脑的可塑性下降。到 8 至 10 岁时,大多数皮质区域的能量消耗下降到接近成年人水平。

使用脑电和功能磁共振成像测量各种皮质区的神经活动,结果显示,致力于注意、计划和组织行为的额叶区域在3至6岁期间增长极其快速。此外,对于大多数孩子来说,大脑左半球在3到6岁之间特别活跃,然后逐渐趋于平稳。相比之下,右半球的活动在整个儿童早期和中期稳步增加,在8到10岁之间有轻微的突增。图2-14显示了参与语言处理的左半球皮层三个区域(即初级听觉区、布洛卡区(Broca's area)和威尔尼克区(Wernicke's area))的突触密度随年龄变化的情况。要注意,突触密度在前三年是增加的,然后,作为修剪的结果,在10岁左右下降到成年人的水平。

这些发现与我们所知道的认知发展的几个方面非常吻合。儿童早期那些依赖于额皮层的任务取得显著进展,这些任务需要抑制冲动并代之以深思熟虑的反应。此外,语言技能(通常位于左半球)在儿童早期以惊人的速度增长,它们支持儿童日益增长的行为控制,这种行为控制也受额叶的调节。相比之下,空间技能(通常位于右半球),比如指路、画画和辨认几何图形,则逐渐发展于童年和青少年期。两个半球之间发育速度的差异表明它们持续在偏侧化。

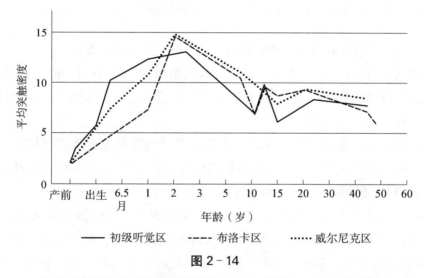

图 2 - 14

参与语言处理的三个区域的突触密度随年龄变化的情况。三个区域的突触密度在前三年中急剧上升,这也是儿童快速发展语言技能的时期。作为修剪的结果,突触密度在学龄前期和学龄期有所下降。在此期间,大脑皮层的可塑性降低。(改编自:P. R. Huttenlocher. (2000). Synaptogenesis in human cerebral cortex and the concept of critical periods, in N. A. Fox, L. A. Levitt, & J. G. Warhol, eds. , *The Role of Early Experience in Development*, p. 21. St. Louis, MO: Johnson & Johnson Pediatric Institute.)

3. 大脑发育的其他进展

除了大脑皮层,大脑其他几个区域的发育也在儿童早期取得进展(如图2-15所示)。这些主要表现在大脑各部分之间建立联系,增强中枢神经系统的协调功能。

大脑的后底部是小脑,这个结构有助于身体运动的平衡和控制。连接小脑和大脑皮层

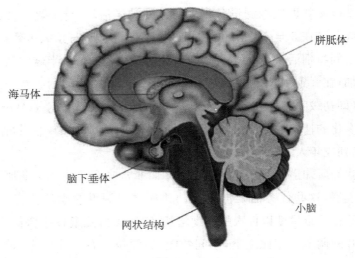

图 2-15

人脑的横截面,显示了小脑、网状结构、海马体和胼胝体的位置。在儿童早期,这些结构的发育取得了相当大的进展。图片还显示了脑下垂体的位置,它负责分泌控制身体生长的激素。

的纤维从出生到学龄前就开始生长和形成髓鞘。这种变化有助于在运动协调方面取得显著进展。学前期结束时,孩子们可以玩跳房子游戏,用组织良好的动作扔球。小脑和大脑皮层之间的联系也支持思维发展,小脑受损的儿童通常表现出运动和认知缺陷,包括记忆、计划和语言方面的问题。

网状结构是脑干中保持警觉和意识的结构,在整个童年早期和青春期持续产生突触和髓鞘。网状结构的神经元与大脑其他许多区域均有神经纤维连接,其中许多纤维与大脑皮层额叶相联系,有助于提高持续性注意和注意控制。

出生第一年的下半年,当婴儿出现回忆和独立移动时,一个在记忆和可帮助找到方向的空间图像中发挥着重要作用的脑内结构,即海马回,会迅速形成突触和髓鞘。在学前和小学阶段,海马及大脑皮层周围区域继续快速发育,彼此之间以及与额叶建立联系。这些变化使得儿童早期和中期的记忆和空间理解能力得以显著提高,他们开始逐渐具备利用信息存储和提取策略、自传体记忆的扩展以及绘制和阅读地图的能力。

胼胝体是连接两个大脑半球的一个巨大的神经纤维束。胼胝体的突触产生和髓鞘化在婴儿 1 岁时开始增加,在 3—6 岁时达到高峰,然后在童年中期和青春期以较慢的速度持续增长。胼胝体支持身体两侧运动的平稳协调以及思维的许多方面的整合,包括感知觉、注意力、记忆、语言和解决问题。任务越复杂,半球之间的交流就越重要。

三、 身体发育和健康的影响因素

在讨论儿童早期的成长和健康时,会遇到一些熟悉的主题。遗传与激素仍然很重要,但环境因素继续起着关键作用。

1. 遗传与激素

遗传对身体发育的影响在整个儿童期都十分明显。儿童身体的大小和生长速度与他们父母的身体大小和生长速度有关。基因通过控制体内激素的分泌来影响生长。位于大脑底部的脑垂体起着至关重要的作用，它通过释放两种激素来诱发生长。

第一种是生长激素（growth hormone，简称 GH），除中枢神经系统和生殖器外，所有身体组织的发育均需要该激素。缺乏生长激素的儿童平均成年身高只有 130—140 厘米左右。如果早期注射生长激素治疗，这些孩子会表现出追赶性生长，然后以正常速度生长，身高会比没有治疗时高得多。

人工合成生长激素的出现，也使通过注射激素治疗那些生长激素正常但仍显得矮小的儿童成为可能，以期增加他们的最终身高。成千上万的父母担心他们的孩子会因为矮小而遭受社会耻辱，所以寻求这种激素疗法。但大多数接受激素治疗的那些生长激素正常但仍显矮小的儿童只比他们之前所预测的成熟身高长高一点点。而且与普遍的看法相反，那些生长激素分泌正常但仍显得相对矮小的儿童并不一定就会缺乏自尊或存在其他方面的心理异常。因此，尽管社会中存在"追求身高"现象，但对身材矮小进行医学干预的理由很少，因为身材矮小仅仅是正常人类生物多样性的表现结果。

第二种激素是促甲状腺激素，可促进颈部的甲状腺分泌甲状腺素，这是大脑发育和生长激素对身体大小产生影响所必需的。先天性甲状腺素缺乏的婴儿必须立即接受甲状腺素治疗，否则他们会智力迟钝。一旦大脑发育最快的时期结束，甲状腺素过少的儿童的生长速度会低于平均水平，但中枢神经系统不再受到影响。如果得到及时治疗，这类儿童能赶上身体发育，并最终达到正常的身体大小。

2. 情绪健康

情绪健康对婴儿期及儿童期的成长和健康有着深远的影响。由于离婚、经济困难或父母失业等导致家庭生活压力很大的学前儿童，比其他儿童患有更多的呼吸道和肠道疾病以及意外伤害。

极端的情感剥夺会干扰儿童生长激素的产生，导致心理侏儒症。这是一种发育障碍，出现在 2—15 岁，典型的特征包括非常矮小的身材，生长激素分泌减少，不成熟的骨骼年龄及严重的适应问题。有研究发现，有幼儿因为出生于贫困家庭，大部分时间独自在家、没人监督，还可能受到身体虐待，结果被诊断出患有这种疾病。但是在被儿童福利机构发现并将其送到寄养家庭之后，幼儿离开了他们情感上极度不足的环境后，他们的生长激素水平很快就会恢复正常，他们也会迅速成长。但是如果延迟治疗，心理侏儒症则可能是永久性的。

3. 睡眠习惯和问题

睡眠有助于身体生长，因为生长激素是在孩子睡眠的时候释放的。得到良好休息的孩子能够更好地玩耍、学习，并对正常的家庭活动做出积极贡献。此外，孩子的睡眠不足会扰乱父母的睡眠，从而可能导致严重的家庭压力。

新生儿每天大约睡 16.5 个小时，且通常是多阶段睡眠，即在一天中的几个睡眠周期中累积了 16.5 个小时。以后婴儿每天的总睡眠时间趋于下降，2 至 3 岁儿童的睡眠时间约为 11 至 12 小时，4 至 6 岁儿童的睡眠时间约为 10 至 11 小时。幼儿园的幼儿通常在中午会小睡一到两个小时，尽管他们白天的睡眠需要差别很大。在一些文化中，白天小睡的习惯可以持续到成年。此外，新生儿的平均睡眠时间中有近 50% 的时间处于快速眼动（rapid eye movement，简称 REM）阶段，这一时间在儿童时期会减少到 25%—30%。

学龄前儿童的睡前仪式往往开始变得固定，比如上厕所，听故事，喝水，拿一个安全的东西上床睡觉，在关灯前拥抱和亲吻。这些长达 20 或 30 分钟的做法，可以帮助孩子们适应被独自留在黑暗的房间里的不安感。入睡困难在儿童早期很普遍。当这种情况反复发生时，通常是由于学前儿童的典型恐惧或父母在设定睡眠时间限制方面存在问题。强烈的就寝冲突有时是家庭混乱造成的，因为孩子们担心在他们睡觉时父母可能会出现冲突，因此不想睡觉而是试图盯着父母。在这些情况下，解决家庭压力和冲突是改善孩子睡眠的关键。

最后，大多数孩子会在夜间不时醒来，而那些不能自己再次入睡的孩子可能会遭受睡眠障碍。因为幼儿常常有生动的想象力，并且很难把幻想和现实区分开来，所以噩梦很常见。3 至 6 岁的孩子中有一半会时不时做噩梦。大约 4% 的儿童经常梦游，他们不知道自己在夜间四处游荡。对此情形，轻轻唤醒和把孩子放回床上可帮助避免儿童发生自我伤害。大约 3% 的幼儿受其影响会出现夜惊或夜惊障碍，这或许是最令父母不安的睡眠问题。在从深度睡眠中惊醒时，孩子可能会尖叫，身体剧烈扭动，说话语无伦次，心率和呼吸急剧上升，一开始对父母的安慰没有反应。梦游和夜惊障碍往往是家族倾向，这表明了遗传因素的影响。但它们也可能是由压力或极度疲劳引发的。

幸运的是，儿童早期的睡眠障碍通常在没有治疗的情况下就消失了。有少数儿童持续存在障碍，他们则需要进行医学和心理评估。睡眠紊乱可能是神经或情绪困难的信号，并且由此导致的日间嗜睡通常会导致注意、学习和行为问题。

4. 良好的营养

婴儿期向幼儿期过渡时，婴儿的食欲变得难以预测。学前儿童可能一顿饭吃得很好，下一顿饭几乎不吃东西。许多孩子变得挑食。学前儿童的食欲下降是因为他们的成长速度减慢了，他们对新食物的谨慎也是适应性的，因为如果他们坚持吃熟悉的食物，就不太可能在成年人不在身边保护他们的时候吞下危险物质。父母不必担心每顿饭吃的量会有差异，因为在一天时间里，学前儿童为了补偿上一顿饭吃得少，在下一顿饭会吃得多。

虽然他们吃得少，但学前儿童需要高质量的饮食，包括成人所需的相同食物，但数量较少。牛奶和奶制品、肉类或肉类替代品（如鸡蛋、干豌豆或豆类、花生酱）、蔬菜和水果、面包和谷物等均应包括在内。脂肪、油和盐则应保持在最低限度，因为它们与成年期的高血压和心脏病有关。高糖食物也应避免,其除了会导致蛀牙,还会降低幼儿对健康食物的胃口,增加他们超重和肥胖的风险。

社会环境对幼儿的饮食偏好有很大影响。孩子们倾向于模仿他们崇拜的人的食物选择和饮食习惯,不管这些人是成年人还是同龄人。例如,母亲喜欢喝牛奶或软饮料,崇拜母亲的女儿也可能有相似的饮料偏好。吃饭时的情绪气氛对孩子的饮食习惯有很大的影响。当父母担心学前期孩子的饮食不够好时,吃饭可能会变得不愉快和有压力。就像一些父母做的那样,"行贿式"奖励(如"吃完蔬菜,你就可以多吃一块饼干")会导致孩子们对健康食品的喜爱减少,而对点心的喜爱增加。虽然孩子的健康饮食取决于一个健康的食物环境,但父母对孩子饮食的过多控制可能会限制他们发展自我控制的机会,从而导致了过度饮食。

最后,确保儿童获得足够的高质量食品,对于他们的健康成长十分重要。婴幼儿期的饮食需要充足的蛋白质以及必需的维生素和矿物质,包括铁(用于预防贫血)、钙(用于支持骨骼和牙齿的发育)、锌(用于支持免疫系统功能、神经通讯和细胞复制)、维生素 A(用于维持眼睛、皮肤和各种内部器官)以及维生素 C(用于促进铁的吸收和伤口愈合)等。所有这些均是儿童早期不可或缺的营养要素。

本章小结

- **遗传传递原理**

发育始于父亲的精子与母亲的卵子结合成受精卵。正常的人类受精卵含有 46 条染色体(双亲各 23 条),每条染色体由数千条被称为基因的脱氧核糖核酸(或 DNA)组成;基因是受精卵发育成人的生物学基础。基因产生新细胞的产生和运作所必需的酶和其他蛋白质,并调节发育时间;内部和外部环境均会影响基因的功能。个人的基因型可通过多种方式影响表型;大多数复杂的人类属性,比如智力和人格特征,受到多基因的影响,而非一对基因。

- **遗传疾病**

有时候,儿童会遗传由基因和染色体异常引起的先天性缺陷。具体表现为染色体异常发生在个体继承的染色体过多或过少时;许多遗传性疾病可由未受影响但携带该疾病隐性等位基因的父母传给子女;基因异常也可能是由于突变。

- **遗传对行为的影响**

行为遗传学研究基因和环境如何影响个体的发育变异,主要通过家庭研究(通常是双胞胎设计或收养设计),通过亲属关系不同的家庭成员之间的相似性和差异性来估计各种属性的遗传性,并计算一致率和遗传力系数来估计各属性发展中的遗传贡献。行为遗传学家还可以确定一个属性的变异程度,并将其归因于非共享和共享环境的影响。

- **发展中的遗传与环境相互作用**

发展过程中遗传和环境的相互作用遵循一些主要原则,渠限化原则意味着基因将发育限制在某些环境难以改变的结果上;反应范围原则指出,遗传决定了一系列发展潜力,环境影响着个人在这一反应范围内的升降；基因可能通过三种途径影响我们可能经历的环境：被动的基因—环境相关性，唤起的基因—环境相关性，以及主动的基因—环境相关性；不同基因—环境相关性的相对影响在整个发育过程中发生变化。

- 产前期发育

产前期发育分为三个阶段：受精卵的胚种期约为 2 周，从受孕开始直到受精卵（或囊胚）牢固地植入子宫壁为止；胚胎期从妊娠第 3 周开始一直持续到第 8 周，这是所有主要器官形成和一些器官开始运作的时期；胎儿期从产前第 9 周开始一直持续到出生，所有器官系统在出生前都会整合起来，并为出生后的环境适应作准备。

产前发育期间存在许多可能影响胚胎和胎儿正常发育的因素；致畸物意指疾病、药物和化学品等可能危害发育中的生物体的外部因素，当身体结构正在形成以及致畸剂量较高时，致畸效果最为严重；一些母性特征、孕妇营养不良、严重的情绪压力、高龄孕妇和缺乏适当产前护理的少女孕妇，均可能诱发不良影响；分娩时使用一些药物，出现缺氧、早产或低出生体重的婴儿，也会导致出现潜在的发育问题。

- 出生后的身体与脑神经系统的发展

儿童出生后身体和脑神经系统快速发展，支撑着其他发展的各个方面。身体成长的外在表现主要体现在身高体重的变化、骨骼的发育以及动作的发展，儿童身体不同系统的发育并非同步进行；出生后婴儿大脑发生急剧的变化，但特定大脑区域并非以同样的速度发育成熟，一些功能区域的发育会持续到整个童年期、青少年期和成年期；遗传与激素、情绪健康、睡眠质量、营养等因素均持续影响着儿童身体与神经系统的发育。

思考与练习

1. 结合例子阐述显性基因和隐性基因如何影响个体遗传疾病的发生。

2. 如何理解儿童的先天素质是遗传基因和胎儿发育过程的环境因素之间复杂相互作用的结果。

3. 结合相关研究分析遗传和环境在个体发展中的作用，试阐述表观遗传框架的作用机制。

4. 试分析产前胎内环境的重要性及其影响准则，其对母婴健康有何指导意义。

5. 简述儿童出生后身体及脑神经发展的一般规律和特点，其对儿童心理发展有何重要作用。

延伸阅读

1. 劳拉·贝克. 儿童发展[M]. 邵文实，译. 南京：江苏教育出版社，2014.

2. Berk，L. E.，Meyers，A. B.（2016）. *Infants and children：Prenatal through*

middle childhood（*8th ed.*）. Allyn & Bacon, Inc.

3. Knopik, V. S., Neiderhiser, J. M., DeFries, J. M., Plomin, R.（2017）. *Behavioral genetics*（*7th ed.*）. Worth Publishers.

4. Kuther, T. L.（2018）. *Lifespan development in context*. Los Angeles: SAGE Publishing.

5. Meaney, M.（2010）. Epigenetics and the biological definition of gene x environment interactions，*Child Development*，81(1),41 − 79.

第三章　婴儿的认知发展

📑 本章导语 ▮▮

　　认知是组织和处理外界及内部信息的能力或过程。很多不同领域的学者都关心的一个问题是：人类的认知是如何发展起来的？欲回答这一问题，需要从人类的最初阶段即婴幼儿开始研究。与成人相比，婴幼儿的认知能力大多处于较低水平，尤其是婴儿。由于婴儿的反应活动有限，长期以来，婴幼儿认知研究领域都被"婴儿无能论"的思想所盘踞着。然而，随着研究方法和技术的革新，研究者发现即使是婴儿也拥有相当惊人的认知能力。

　　本章将介绍婴儿期的认知发展情况，关注不同的感觉、知觉和认知能力在何时出现，又是如何发展的。首先是感知觉能力的发展。感知觉是认知能力的基础，也可以看作广义上的认知能力中较低级的过程。有些感觉能力甚至在婴儿出生前便发展起来，并且在出生后快速发展，不久便可达到成熟水平。在感知觉和后天经验的基础上，婴儿似乎很早就获得了很多关于外部世界的认识，尤其是关于客体规律和客体关系的认识。

📍 学习目标 ▮▮

1. 掌握婴儿认知的常见研究方法。
2. 了解婴儿各种感知觉的发展特征。
3. 了解婴儿认知发展的核心内容。

第一节　婴儿认知的研究方法

　　对于已会说话并且精细动作已发展良好的儿童或成人来说，欲考察其认知可以直接询问相应的问题，让其回答或作反应即可。但是，对于尚不会使用言语或动作来表达自己感知经验的新生儿或婴儿来说，考察其认知能力就具有很大的挑战性了。如果基于他们的言语或动作反应进行判断，婴儿的认知能力几乎是一片空白的——这也引发了"婴儿无能论"观点的诞生。近年来，随着设计巧妙的研究方法的诞生以及各种先进的研究设备的出现，研究者通过观察婴儿在特定实验活动下的非言语反应（如注视时间），就可以很容易地发现婴儿早期所萌发的认知能力。

一、 认知发展研究中常用的婴儿反应

在婴儿认知发展研究中所采用的研究方法,常常需要关注婴儿一些可观察到的非言语反应,这些反应包括:

1. 身体动作和面部表情

基于身体动作可以初步判断婴儿对于外部刺激的感觉反应,比如当婴儿听到外部声音后,会把头转向声源,以此可以初步判断婴儿的听觉是否正常。同样,婴儿看到自己的母亲或熟悉的人时,会微笑并且咿咿呀呀,但是见到陌生人就不会如此,这说明婴儿已经可以区分熟人和陌生人。甚至是新生儿也已有一定的动作反应能力,他们在出生时已具备一套完整的先天反射装置。只要给予新生儿适宜的刺激,就能引发相应的反射行为。如轻轻抚摸新生儿的面颊,他(她)就能转头作觅食反射;用灯光刺激新生儿的眼睛,他(她)的瞳孔就会缩小。

2. 眼动特征

当婴儿对物体感兴趣时,会表现出长时间的注视,因此眼动特征可以反映婴儿的视觉注意活动。较早时期的研究者会直接观测婴儿对不同物体的注视时间,而近几十年来开始将婴儿置于实验室条件下,呈现一定的视觉信息,利用高级的眼动记录设备可以观测和记录到婴儿的瞳孔活动,从而判断婴儿在特定活动中具体的注视点以及眼动轨迹。比如,婴儿在注视面孔时,一开始更多关注于眼睛区域,接着是嘴和下巴区域,最后是外围区域。

3. 脑电活动

认知是大脑的机能,因此可以通过记录和分析大脑活动来辅助判断认知机能。大脑在运作时的基本单元——神经元——传递信息时采用电信号的方式,这些电信号会累积在头皮上形成很微弱的电压。通过在头皮的不同区域上放置电极,可以记录到不同脑区的电压变化,形成脑电波图,进而可以结合脑区机能推断婴儿的认知活动。一些研究也通过考察婴儿看到不同物体时是否产生不同的脑电波模式,从而判断婴儿是否能够分辨这些物体。

4. 生化特征

当婴儿进行认知活动时,其生化特征如吸吮频率、呼吸频率、心率、血氧饱和度等也会发生变化。比如当婴儿感兴趣地注视某个新奇玩具时,与注视其他熟悉玩具相比,呼吸频率会下降,心率也会变缓,我们称这种现象为定向反射,即由于外部情境的新异性所引起的一种无条件的行为反应模式。

二、 婴儿认知发展的主要研究范式

巧妙利用上述这些非言语反应,可以很容易地测量到婴儿的基本感觉能力。但如果要测量更为复杂的知觉和认知过程,则往往需要与其他研究方法结合在一起才能发挥其效力。

以下介绍婴儿研究中一些常见的研究方法和范式（即一套通用的方法和实验逻辑）。

1. 视觉偏好范式

最早采用视觉偏好范式考察婴儿的视知觉的是范茨（R. L. Fantz），他设计了一间观察小屋（如图3-1(a)所示），让婴儿躺在小床上，眼睛可以看到挂在头顶上方的物体。观察者通过小屋顶部的观测孔，观察并记录婴儿注视物体所花的时间。范茨假定，注视同样的两个物体花的时间应该一样长，注视不同物体所花的时间就不同，而注视时间较长，说明婴儿喜欢该物体（即视觉偏好）。

如此一来，研究者可以根据婴儿注视两种特定物体（如红色圆形和蓝色圆形）的时间是否相同来判断婴儿是否能辨别形状、颜色等特性，偏好何种特性的图形。采用视觉偏好范式发现，婴儿喜欢动图胜过静图，喜欢曲线胜过直线，喜欢三维图形胜过二维图形，喜欢面孔胜过几何图形。似乎图形越复杂、新颖、令人困惑或惊奇，婴儿注视的时间就越长（如图3-1(b)所示）。

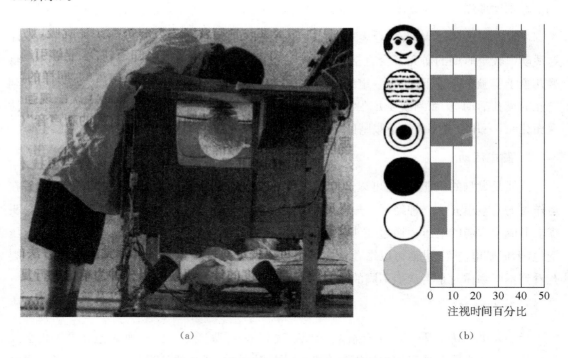

注视时间百分比

(a)   (b)

图3-1 范茨的"观察室"以及观察结果

2. 习惯化—去习惯化范式

如前所述，当新异刺激A出现，即使是新生儿也会产生定向反射。这时，婴儿的注意力会朝向刺激物，心率也会降低，其他正在进行的活动（如吸吮、身体动作）也会立即放缓甚至停止。如果间隔一段很短的时间，同样的刺激A反复呈现，那么引起定向反射的次数就会逐渐减少，最后就会使婴儿原先出现的反应减弱甚至完全消失，这种现象可以称为"习惯化"

(habituation)。这说明婴儿开始"认识"这个刺激,不再将其看作新异刺激。在个体对某种刺激 A 习惯化之后,如果看到一个新的刺激 B,这时个体又会产生类似先前初见刺激 A 时的行为反应,这种恢复了对新刺激、新事件的兴趣的现象称为"去习惯化"(dishabituation)。同时,如果婴儿看到 B 时发生了去习惯化,那么说明其已能将新刺激 B 与旧刺激 A 加以区别,否则看到刺激 B 时仍然会保持"习惯化"的状态。

研究者可以利用此范式,采用实验法操纵刺激 A 和刺激 B 的属性,来考察婴儿是否能区分刺激 A 和刺激 B 的不同属性。一般流程如下:①呈现刺激 A(如一个红色圆形),直至婴儿对 A 习惯化;②接着呈现刺激 B(如一个黑色圆形),如果婴儿看到 B 后发生去习惯化,则表明婴儿能区分 A 和 B(即能区分红色和黑色);相反,如果婴儿仍然对 B 习惯化,则表明不能区分 A 和 B(即不能区分红色和黑色)。这种范式是婴儿认知研究中最为重要的范式之一,在之后的认知发展研究中也会经常提及。

此外,在习惯化的过程中,有些婴儿只需要观看很少次数的刺激 A 就能出现习惯化,而其他婴儿可能需要观看更多的次数,即习惯化的速度较慢。婴儿期习惯化的速度可能反映了个体对于信息处理的效率。读者会在智力发展一章学习到,婴儿期的智力往往难以预测到童年期的智力,二者的关系甚至可能为零。然而,一些研究发现婴儿时期习惯化的速度越快,童年时期智力分数就越高(Bornstein & Sigman,1986)。

3. 违反预期范式

违反预期范式改编自习惯化—去习惯化范式。该方法主要考察婴儿是否潜在地拥有一些关于客观规律的潜在知识。违反预期范式一般遵循如下步骤。首先,让婴儿对所使用材料以及自然事件习惯化;接着,对婴儿进行测试,一般包括两个事件:一种是可能事件,即该事件符合有待检验的某种客观规律;另一种是不可能事件,其中主要场景违背了上述客观规律。

研究逻辑很简单:如果婴儿已经具有上述客观规律的知识,则会对事件有相应的预期。当看到违反了自己预期的不可能事件时,婴儿的注视时间会更长,表现出"疑惑"的表情;反之,如果婴儿注视不可能事件的时间越长,则表明婴儿很可能已经具备了其中蕴含的这种客观规律的知识。所以,研究目的主要是考察和比较婴儿对于可能事件和不可能事件的反应:如果婴儿对不可能事件感到"惊奇",出现类似于去习惯化的反应(如注视时间变长,心率降低等),则表明婴儿已经具有了其中所含客观规律的知识了。反之,婴儿看到不可能事件时,仍然是习惯化的反应,与可能事件相同,则说明婴儿尚未获得其中所含客观规律的知识。

4. 操作性条件反射范式

这种方法主要利用了行为主义理论中操作性条件反射的规律。在婴儿感知到外部环境出现刺激 A_1(一般是声音刺激)后,如果进行某个行为 B(如转头),外部环境就施加一个奖励(如玩具气球),如此一来,会增加刺激 A_1 后行为 B 发生的频率。如此多次后便会建立操作性条件反射，即婴儿察觉到 A_1，就会进行某个行为 B。在此之后，呈现刺激 A_2，观察婴儿的反应：如果婴儿仍然出现行为 B，说明婴儿无法辨认 A_1 和 A_2；相反，如果没有出现行为 B，说明婴儿可以辨认 A_1 和 A_2。

采用上述研究范式观测实验任务中婴儿的反应，便可以判断婴儿所具有的感知觉和认知能力。其中感觉的发展集中在婴儿期的第一年（尤其是前半年），而知觉和认知的发展则贯穿于婴幼儿期，并延续到童年中期和后期。

第二节　婴儿的感知觉发展

一、视感觉

新生儿具有先天的瞳孔反射，即瞳孔会随着光线的强度收缩或扩张以控制眼睛的进光量，一出生便能立即察觉眼前的亮光。虽然新生儿能区分不同亮度的光，但其敏感性远低于成人。第一个月末的新生儿所能识别光的绝对阈限（所能察觉的最微弱光的亮度）要比成人高约 60 倍。

新生儿出生后就可以用眼睛追随刺激。一些研究在新生儿头部的上方呈现一个 40 厘米的红环，由头的一边向另一边作水平方向的弧形移动，然后作垂直方向的移动。结果发现，刚出生的婴儿中，有 26% 的婴儿能立即用眼睛追随红环，出生后 12—48 小时的婴儿中，有 76% 的婴儿能做出同样的反应。新生儿也能察觉移动的灯光。有研究者向出生后 2—8 天的婴儿呈现来回移动的灯光（实验条件）以及静止的灯光（对照条件），观察婴儿在两种条件下的吸吮变化。结果发现在有灯光移动时，婴儿的吸吮活动显著地减少了。

不过新生儿的视觉调节机能较差，视觉的焦点很难随客体远近的变化而变化。一般情况下，视刺激在 60 厘米范围之内，晶状体的功能发挥最好，视刺激理想的焦点是在距眼睛 20 厘米处。成人可以通过松弛或收缩睫状体的方式控制晶状体的形状，使得来自物体的光线落在视网膜上。而婴儿要到两个月时才能自己调节视线的焦点，直到四个月时才能像成人那样调节晶状体的形状，以看清不同距离的客体。

对于婴儿来说，重要的视觉能力还包括区分对象形状和大小等微小细节的能力，这可以用视敏度和对比分辨性来反映。视敏度是根据个体对一定距离外图形的判断正确与否加以测定的结果，可用与平均视力的相对比例来表示。一个月内新生儿的视力在 20/200—20/600 之间，即意味着新生儿在 20 英尺（6 米）处看到物体的清晰度相当于视力正常的成人在 200—600 英尺（60—180 米）处所看到的。"近视"度数相当高，这就意味着抚养人的面孔距离稍远一些，新生儿看到的就是极其模糊的面孔轮廓了。不过，出生后六个月是视敏度迅速发展的关键期，此时婴儿的视敏度达到了 20/80，1 岁左右的婴儿的视力已接近成人正常水平，不过发展完全成熟要到 5 岁—青春期。

对比敏感性是指辨别光亮强度差异的能力。当我们看到一些黑白相间的条纹时，如果强度差异变小，即黑白条纹的强度都接近灰色，则很难再看清条纹。对比敏感性对于婴儿识别物体的边沿或轮廓以及细节来说显然很重要。新生儿的对比敏感性很差，只是成人的十分之一左右，因此黑白相间的国际象棋棋盘，在新生儿看来可能就是一团黑色或灰色而已。对比敏感性在整个婴儿期发展迅速，而完全成熟则要到8岁—青春期。

另外，关于颜色感觉的发展，研究证据表明，新生儿除了可以区分红色和白色外，几乎无法辨认彩色。这主要是因为1—2个月大时，婴儿视觉系统中的M和L视锥细胞开始发挥辨认中波和长波色（红色、黄色）的功能；直到3—4个月大时，S视锥细胞才开始发挥其辨认短波色（蓝色、紫色等）的功能。2个月大时，婴儿才能将橙色、蓝色、部分绿色、部分紫色与白色区分开，之后也逐渐将不同色彩区分开。还有一些研究表明，3个月大的婴儿喜欢长波颜色（红色、黄色）明显胜于短波颜色（蓝色、绿色），这与成人的偏好正好相反。大约到了4个月大时，婴儿的颜色感觉能力已经接近成人了。

与成人相同，婴儿在判断所感知到的颜色是否相同时，并非基于颜色波长的相近，而是基于颜色的类别。一些研究先让3、4个月的婴儿对一种颜色形成习惯化，然后再呈现类相同但色调不同的颜色（如先看深红，后看浅红），或者另一种颜色（如先看红色，后看黄色）。结果发现，尽管两种实验条件下前后呈现的两种颜色与最初颜色之间波长的差距完全相同，但后一种条件下婴儿更容易辨别，出现了去习惯化。

二、 视知觉

知觉是对感觉信息的组织和解释。早期婴幼儿的知觉发展主要体现在视觉领域，比如对于大小和形状的视觉恒常性、深度知觉、模式知觉、面孔知觉等。

1. 视觉恒常性

视觉恒常性是指客体的映像在视网膜上的大小或形状变化并不导致对客体本身知觉的变化。例如，一块积木和观察者的距离越远，在视网膜上的映像也越小，但观察者知觉到的积木大小并未变化，这是视觉的大小恒常性。类似的，一个盘子放正面观察时，在视网膜上出现圆形的映像，放在倾斜角度上被观察时，映像则是椭圆的。尽管同一种事物表现出了两种不同的映像，但对观察者来说，都认为它们是圆的盘状物，这就是视觉的形状恒常性。

鲍厄（T. G. R. Bower）曾经设计了一种独特的研究婴儿视觉世界的方法。他先让婴儿形成一个看到某个特殊的客体就会转头的条件反射。然后，改变那个使婴儿转头的客体。研究者设想，如果被婴儿观看的客体改变了，但婴儿对客体反应的频率（如转头的次数）很少变化，这就说明婴儿仍把第二个客体知觉为第一个客体；如果反应频率发生了变化，那就意味着婴儿把两种客体知觉为不同的客体。鲍厄的研究对象是6—8周的婴儿，他训练婴儿在看到1米远处一个30 cm长的积木时就会有转头的反应。鲍厄发现，当同样的积木放在离婴儿不同的距离上时，婴儿的转头反应频率变化不大。这就是说积木在婴儿视网膜上的映像大小虽然发生了变化,但婴儿仍把它看作是原来那块积木。另外,研究者改变积木的大小和积木与婴儿间的距离,使积木在婴儿视网膜上的映像大小保持不变。可是研究发现,婴儿对积木反应的频率明显地减少了。这个结果正说明出生才6周的婴儿已显示出了大小知觉的恒常性(如图3-2所示)。

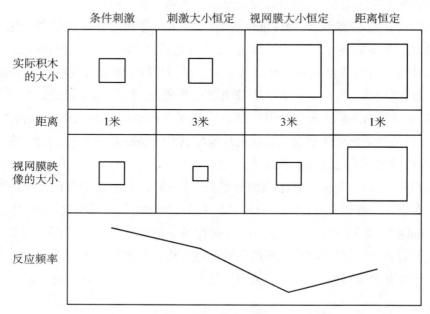

图3-2　婴儿大小恒常性的测试材料

同样有研究者训练婴儿对长方形做出一种反应。一开始,长方形在视网膜上的映像也是长方形的。当长方形旋转成一定的角度时,在视网膜上的映像就成了梯形。尽管视网膜上的映像发生了变化,但婴儿的反应频率并未改变,即表明婴儿将旋转前后的几何形状看作同一形状。但是,如果实验以梯形作为初始训练材料的几何图形,并以一定的角度呈现给婴儿时,使之在视网膜上的映像成为长方形,这时婴儿的反应频率反而发生了变化。基于这一研究结果,鲍厄等人认为,3个月大的婴儿就有形状恒常性,但是是针对有规则的形状而言的。

2. 深度知觉

视网膜是一个曲面,只能接受二维的刺激,而感知三维世界就需要深度知觉了。深度知觉即立体知觉或三维知觉,是对立体物体或两个物体前后相对距离的知觉。这种基本能力是人类生下来就获得的,还是在后天经验中学习的产物呢?早期的心理学家如铁钦纳、赫尔姆霍茨认为这些能力是后天习得的,皮亚杰也认为,婴儿通过自发动作及所察觉到的结果逐渐发展出对于空间的知觉。但之后一些关于婴儿深度知觉的研究结果则使得一些心理学家如吉普森相信,深度知觉最早可能在新生儿阶段就表现出来了。

测量婴儿深度知觉最简单的方法是刺激逼近,即向婴儿呈现一个以一定速度向其逐渐靠近的物体,观察婴儿的反应。一些实验为了避免物体在移动时产生空气流动线索,采用投影仪做出影像的刺激。结果发现1个月的婴儿对这种刺激做出眨眼反应,而3—4个月的婴儿有躲避反应。

另一个测量婴儿深度知觉的经典研究是"视崖"实验,由吉布森和同事(Gibson & Walk,1960)精心设计。实验装置如图3-3所示。一块大的玻璃平台,中间放有一块略高于玻璃的中央板。板的一侧玻璃上铺有一块格子形的图案布,因为它与中央板的高度相差不多,看起来像个"浅滩"。在中央板的另一侧离玻璃几尺深的地面上也铺上同样格子形的图案布,使儿童造成一种错觉——这里像"悬崖"。然后把6.5—14个月的婴儿放在中央板上,让孩子的母亲分别在"浅滩"和"悬崖"两边呼唤孩子。实验结果表明,36名婴儿中有27名愿意从中央板爬过"浅滩"来到母亲身边,但只有3名"冒险者"爬过"悬崖"。大多数婴儿见到母亲在"悬崖"一边呼唤时,不是朝母亲那边爬,而是朝离开母亲的方向爬,还有一些婴儿哭叫起来。这个实验表明,婴儿早就有了深度知觉,但还不能由此断定深度知觉是先天的,因为它很可能是在出生后的六个月中学会的。

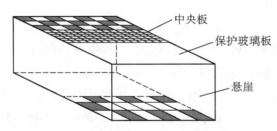

图3-3 视崖实验的装置示意图

坎坡斯和兰格等(Campos,Langer,Krowitz,1970)采用更为灵敏的技术研究婴儿的深度知觉。他们的实验对象是2—3个月甚至更小的婴儿,测定婴儿被放在"浅滩"和"悬崖"两边时的心率变化。结果发现,这个年龄的婴儿被放在"悬崖"一边时,其心率会减慢,而放在"浅滩"一边时,心率并未减慢,这很可能是由于婴儿把"悬崖"作为一种好奇的刺激来辨认而并未感到害怕,因此他们面部表情镇静,也未哭泣。如果把9个月的婴儿放在"悬崖"一边,其心率不是减慢而是加快了,因为经验已使他们产生了害怕的情绪。

3. 模式知觉

如前文所述,新生儿可以区分不同形状,如圆形、正方形、三角形等,但据此仍然不能说明新生儿便有了将所见视为模式的知觉能力。这是因为这些不同形状之间存在着多方面的差异,如夹角、边的数量、边的位置等,无法判断婴儿是将这些方面视为部分的集合还是整体的模式。斯莱特等人(Slater, et al.,1991)的一项研究简化了实验刺激,采用习惯化—去习惯化范式考察婴儿对于角度的知觉能力。角度由两条共同立角点的线组成,婴儿会将其视为两条线呢？还是识别为一个整体角呢？研究首先让婴儿习惯化于图 3-4 中的刺激(a)，即一个 45 度的锐角，接着呈现测试刺激(b)，即逆时针旋转 90 度后的刺激(a)，或测试刺激(c)，即将刺激(a)中倾斜边从水平边的一端平移到另一端从而形成的 135 度的钝角。研究发现，6周大的婴儿看到测试刺激(b)会发生去习惯化，即将刺激(b)和(a)看作不同的刺激，而看到测试刺激(c)发生习惯化，即将刺激(c)和(a)看作相同刺激；14 周大的婴儿正好相反。因此，6 周及更小的婴儿似乎还不能识别角度模式，而 14 周的婴儿已经可以识别角度关系，有了一定的模式知觉能力。

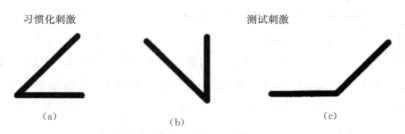

图 3-4　斯莱特等人(Slater, et al., 1991)所用的刺激

4. 面孔知觉

如上所述，新生儿出生后就偏好人类面孔胜过其他各种形状。确实，新生儿刚出生时就能识别出面孔，但仅限于面孔的轮廓。范茨在研究中给年龄较小的婴儿看三张轮廓相同的"面孔"图片（如图 3-5 所示），(a)是正常的简笔画面孔，(b)是(a)中各个部分打乱后的面孔，(c)是用两种颜色填充部分区域的面孔。结果发现，尽管不同年龄的婴儿注视(c)图片的时间明显较短，但注视(b)"面孔"的时间和(a)很相近，是(c)的两倍左右。

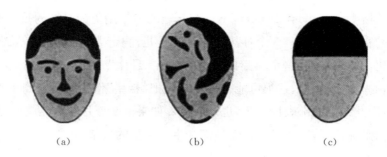

图 3-5　范茨的婴儿面孔知觉实验中所用的材料

新生儿偏好那些成人认为更具吸引力的面孔，这些面孔看起来像是面孔"平均"后所产生的原型，而非任何一个面孔。显然，这当然也表明婴儿可以区分人类的面孔。进一步的研究发现，6 个月大的婴儿不仅可以区分两个人类面孔，也可以区分两只猴子的面孔，但是 9 个月大的婴儿以及成人只能区分人类面孔，不能区分猴子的面孔。婴儿对于面孔知觉能力的这种发展模式类似婴儿的语音知觉能力（详见儿童语言的发展一章中语音知觉的内容），逐

渐变得特异化,只能处理所在物种、文化中的一些信息,这种效应被称为"知觉窄化效应"。

同样,在人类面孔中,3个月大的婴儿可以区分所有种族人类的面孔,但是到了9个月时,婴儿就只能辨认周围种族的面孔了(Kelly, et al.,2009)。很多国人容易将电影《指环王》中甘道夫的扮演者和"哈利·波特"系列电影中邓布利多的扮演者张冠李戴,"知觉窄化效应"可能是原因之一。但如果给3个月大的中国婴儿看两个演员的面孔照片,婴儿是有辨认能力的。显然婴儿对于面孔的知觉能力受到了后天经验的影响。还有一项证据支持这一观点,早先的研究发现,婴儿在刚出生后的几个月里总体上更偏好女性面孔而非男性面孔,这可能也是因为绝大多数婴儿的抚养人是女性,而主要抚养人是男性的婴儿则表现出对男性面孔的偏好。

三、　听觉的发展

由于人类内耳在胎儿期就开始发挥作用,因此听觉经验最早开始于胎内。早至怀孕后第25周,胎儿听到声音后就有身体运动。到了第28周,当有响亮震动声音靠近母亲腹部时,胎儿会紧紧闭上眼睑。研究表明,刚出生的新生儿已经表现出听觉反应,当听到类似蟋蟀叫的唧唧声时,新生儿可能会有眨眼、动嘴、睁眼、皱脸、扭头、转动眼球等听觉反应,并且大多数新生儿对声音刺激的反应较快。新生儿在出生几分钟后也表现出声音定位能力,但这仅仅是原始的反射行为,是由外部的环境刺激自动引发的。这种能力在婴儿2—3个月时会消失,然后在4—5个月时会再次出现——这时的定位能力更多是大脑皮层的功能,并随着年龄的增长而变得越来越精确。

婴儿出生时的听觉阈限(某种频率下能够听到的最低声音的分贝)要比成人高,如在250赫兹和2000赫兹下的听觉阈限分别比成人高约30分贝和70分贝。对于声音,新生儿表现出较强的辨别能力,能够区分不同频率、强度、持续时长的声音。研究表明,婴儿对高频声音的敏感程度更高,而对低频声音的辨识较差。6个月的婴儿对于高频声音的辨识能力与成人已经相差无几;然而要在2000赫兹以下发现频率发生变化,则比成年人更困难,可能需要两倍于成年人所能识别的变化量,婴儿才能察觉出来。如当声音频率变化1%时,成人便可以察觉出来;而5—8个月大的婴儿则在声音频率变化2%时才可察觉。

尽管人类自胎儿时就能听到声音,但由于胎儿处于羊水环境中,并且内耳和听觉神经系统的发展远不成熟,胎儿所听到的声音与声源可能相去甚远。有研究将麦克风植入子宫内(如母亲吞下微型麦克风)收音,发现外部环境中的一些声音确实可以传到内环境中,有响亮的噪声,也有母亲的说话声。不过,其中传递到胎儿处最清晰的声音是母亲的说话声。同时,这同样也是胎儿最频繁听到的声音,因此早期胎内环境的声音主要是母亲的言语。

新生儿刚出生后不久就表现出对母亲声音的偏好。一些研究表明,新生儿刚出生后两天,如果母亲朗读孕期后六周时读过的故事,新生儿会表现出偏好行为。但是如果这个故事是由其他陌生人读的,或者母亲朗读新的故事,新生儿都没有表现出偏好行为。因此,婴儿显然记住了他们在胎儿期听到的一些事物。但婴儿记住的可能仅仅是朗读故事的节奏和速度而已,绝不可能是故事的语义内容和情节。

此外,婴儿也表现出对人类语音的偏好,并且在最初几个月已经具有强大的语音知觉能力,相关内容将在本书语言发展一章作介绍。

四、 其他感觉的发展

1. 味觉

婴儿在品尝到甜味液体时,与其他味道的液体(如苦、酸、咸或中性味道)相比,吮吸频率更快,持续时间也更长。新生儿在尝到不同味道时的面部表情也不同:甜味会让婴儿停止哭泣并微笑,酸味则会让儿童紧皱眉头,撅起嘴唇,苦味会导致厌恶表情,并且这些反应会随着味道的加重而变得更为明显。也有研究发现,开始吃辅食的婴儿偏好的食物味道可能与母亲之前在孕期以及哺乳期所食用的食物有关。比如如果母亲在孕期后三个月以及哺乳期饮食中添加了胡萝卜汁,则她们的婴儿到了开始吃辅食时,与那些饮食中未添加胡萝卜汁的婴儿相比,更喜欢胡萝卜(Menella, et al. ,2001)。

2. 嗅觉

嗅觉感受器位于鼻腔顶端一个很小的部位。不少实验研究证明,新生儿已能区分好几种气味。当婴儿闻到不愉快的气味(如醋、臭鸡蛋等)时,会表现出厌恶的表情,并把头转开。在出生后几天,婴儿喜欢母乳的气味就胜过之前生活了九个月的羊水了。研究表明,出生才1周的婴儿已能辨别母亲的气味和其他人的气味。实验者把两个喂奶母亲用过的乳垫分开放在婴儿头部的上方,结果发现婴儿转过头来注视他们母亲用过的乳垫的次数多于注视陌生母亲用过的乳垫。这就是说,在出生后短短的几天内,婴儿已能认识自己母亲的气味。此外,当新生儿闻到母乳的气味时,大脑框额皮质处出现的反应模式与闻到配方奶或者其他气味时的不同(Aoyama, et al. ,2010)。

3. 触觉

触觉是新生儿很早就发育成熟的感觉系统之一,人类对触觉的分辨似乎在出生前几周就开始了。有证据表明,在怀孕32周后,胎儿的整个身体对触摸已经很敏感。新生儿一开始就表现出对抚养者温柔触摸的偏好,因此早期抚触可以安抚婴儿的情绪,平缓呼吸,改善其睡眠质量。世界卫生组织建议,顺产的婴儿出生后可以立即放在母亲的胸膛或肚皮上,即进行亲子肌肤接触(也称为"袋鼠育儿法")。这种肌肤接触不仅有利于亲子之间情感联结的建立,研究还表明(Moore, et al. ,2016),接受肌肤接触的新生儿血糖水平显著升高,心肺功能稳定性也得到了改善,到了1—4个月大时接受完全母乳喂养的可能性更高。

对于出生时有发展风险的新生儿,早期抚触可以有效降低其发展风险。有研究表明,与对照组相比,接受抚触的早产儿到了6个月大时智力和运动技能也更好,到了1岁时能够更好地应对与母亲的分离焦虑,到了2岁和5岁时对自我行为和认知活动的调节能力也更好。抚触对于低出生体重儿的体重增长也有一定的改善作用(Evereklian & Posmontier,2017)。

对于年龄稍大的婴儿,触觉对于早期语言的习得也有着重要作用。在抚养者与婴儿的早期互动中,抚养者往往会抚摸着婴儿的某个身体部位,然后说出相应的名称。这样触觉和听觉信息的同时出现,有利于婴儿理解和学习身体部位的词语。

4. 痛觉

基于研究伦理道德,研究者当然不会通过实验来考察婴儿的痛觉,但可以通过观察特殊情况下的反应来进行研究,如在进行例行验血、预防接种时。以往医生认为新生儿感觉不到疼痛,所以对新生儿做手术前倾向于不实施麻醉。事实上,婴儿天生就具有感受疼痛的能力。当他们受伤时,会心跳加快、出汗、面部表情痛苦,哭声强度和声调也会改变(Warnoek & Sandrin,2004)。新生儿感受到的疼痛似乎比较高年龄的婴儿更强烈,在接种疫苗时,年龄较小的婴儿与5—11个月大的婴儿相比,会感受到更强程度的痛苦。还有研究者观察一些出生后不久进行包皮环切手术的新生儿,发现他们对于手术中不同程度身体伤害的操作,哭声有显著差异。可以通过一种叫“感觉饱和”(sensorial saturation)的方法减轻婴儿的疼痛。即同时施加尽可能多的感觉刺激,如用声音吸引婴儿,用手触摸婴儿,在婴儿舌头上滴糖水。国内外均有研究表明,“感觉饱和”法可以有效减轻婴儿采集足底血时的疼痛。

五、 跨通道知觉

婴儿在生活中会同时从不同感觉通道接收信息,比如看到妈妈面孔的同时,也听到了妈妈的声音。那婴儿能否将不同感觉系统所接收的信息进行整合和协调呢? 这就需要跨通道知觉(cross-modal approach to perception)了。这里以视觉—听觉以及视觉—触觉为例来说明婴儿早期跨通道知觉能力的发展。

1. 视觉—听觉

婴儿似乎很早就表现出视觉和听觉之间的跨通道知觉能力。有研究为考察婴儿所见与所听不一致时的反应,设置了这样一个场景:1—2个月大的婴儿透过隔音玻璃看到另一个房间中的母亲在说话,而说话的内容可以通过放置于婴儿房间另一侧的音响来播放。结果显示,婴儿对于不是来源于母亲的方向的声音明显表现出疑惑。3—4个月大的婴儿将声音与不同视觉景象联系起来的能力发展得更好,比如不喜欢声音和影像不匹配的电影。他们甚至能通过整合视觉—听觉来判断距离,比如看靠近时声音变大、远去时声音变小的火车,而不是声音大小和运动方向不匹配的火车。

视觉—听觉的跨通道知觉能力还体现在婴儿对人类面孔和声音的整合上。一些研究(Bahrick & Lickliter,2012)发现,给4个月大的婴儿同时呈现男子和女子面孔,然后播放男声或女声,结果发现,当播放男声时,婴儿注视男子面孔的时间长,而播放女声时,注视女子面孔的时间长。4 个月大的婴儿甚至还会基于年龄进行匹配：当听到儿童的声音时，注视儿童面孔的时间较长；而听到成人的声音时，注视成人面孔的时间长。更为惊奇的是，有研究给婴儿呈现一段成人说话的视频，如果成人的口部动作与播放出来的声音是一致的，婴儿注视的时间更长。甚至，一些研究采用类似的方法考察婴儿对发音时唇动和声音的整合，比如当婴儿看到视频中展示成人分别发出元音/a/和/i/的画面，如果同时播放的声音是/a/，则婴儿更可能注视发出/a/音的成人。

2. 视觉—触觉

很多观众在第一次看 3D 版电影《阿凡达》时可能会有这样的经历：电影中有一个鸟飞过来的场景，其视觉效果如此逼真，以至于观众下意识地闪躲了一下——当然，即使不躲闪，也没有什么后果。观众看到飞来的鸟，然后预期会撞到自己，这就用到了视觉—触觉跨通道知觉。类似地，研究者给 1 个月大的婴儿佩戴立体眼镜，让婴儿观看到特殊技术呈现的物体虚像。当婴儿伸手触摸，但什么都摸不到时，会表现出受挫和伤心。这说明婴儿也很早就有了整合视觉和触觉信息的能力，当看到物体时会产生期望，如果触摸不到则会违反婴儿的预期。

在梅尔佐夫的一项关于视觉—触觉跨通道整合能力的经典研究（Meltzoff & Borton，1979）中，研究者把 1 个月大的婴儿分为两组，一组吸吮光滑的橡皮奶嘴，另一组吸吮表面上有多个小凸起的橡皮奶嘴，两组婴儿都看不到所吸吮奶嘴的样子。接着给两组婴儿呈现两个塑料球体，其中一个在视觉上与那个光滑奶嘴相似，另一个与有小凸起的奶嘴相似。结果发现两组婴儿倾向于更多地注视与他们吸吮过的奶嘴相似的球体。这说明 1 个月大的婴儿已能从看到的两种球体中认出自己曾吸吮过但未曾见过的那个奶嘴，这是将触觉的输入迁移到了视觉，用到的正是视觉—触觉跨通道整合能力。

显然，婴儿很早就能够整合来自不同通道的信息，这有利于婴儿形成对于物体的综合和整体的认识。

六、 早期经验对感知觉发展的影响

综上所述，婴儿的知觉能力相当惊人。出生前，婴儿的感觉系统就开始工作了，出生后感觉功能继续发展。当婴儿期结束时，婴儿主要的知觉发育已完成。婴儿的感觉和大脑共同完成并创造了一个由影像、声音、味道、气味和身体感觉构成的丰富多彩的世界。

婴儿知觉能力发展得如此之早的事实支持了"天性—教养"之争中"天性"起作用的观点，那么早期的感觉经验在知觉发展中有何作用呢？这一问题可以用出生时患先天性白内障的患儿的发展来回答。患先天性白内障的患儿，眼睛晶状体不透明，若不做手术就相当于盲儿。如果待患儿长大后再进行手术，结果患儿可能由于没有或很少有视觉刺激输入，导致视觉不能正常发展甚至不得不摘除晶状体。

专家认为出生后的 3—4 个月是视觉发展的敏感期（Lambert & Drack，1996）。在敏感期内，大脑需要接受来自双眼的视觉刺激。即使是经过手术已恢复视力的婴儿，最初也难以清楚地知觉视觉世界,约在一个月后其视敏度才明显提高。

早期经验对听觉也同样重要。若在生命早期能正常地接受听觉刺激,则能促进大脑结构的发展。同时,大脑结构的发展也促进了听觉技能的成熟。有儿童因为耳蜗的迂回旁路损害了内耳的神经细胞而进行耳蜗移植,需要几个月后才能理解经过移植的耳蜗传到大脑的信息。尽管大脑接收了信息,但是必须学习如何解释信号,否则,听觉刺激就是一团毫无意义的杂乱信号,比听不见更糟糕。由此可见,单纯的成熟是不够的,正常的知觉发展还须有正常的知觉经验。这也告诉我们,对于那些有视听问题的儿童要尽早地发现并治疗,尽早地接受外界的视听刺激。

总之,生物遗传和感觉经验两者共同起作用,才能保证基本感知觉及跨通道整合能力的发展。

专栏 3-1

感觉、知觉和认知的区别

感觉:感觉是信息与感觉器官——眼、耳、舌、鼻和皮肤相互作用时发生的。比如,规律震动的空气波被外耳收集,然后通过内耳的听小骨传导给听神经,这就产生了听觉。光线作用于眼睛,投射在视网膜上,然后由视神经将信息传递给大脑的视中心。

知觉:知觉是对感觉到的内容的解释和组织。如作用于耳朵的空气波可能被解释为噪音或被解释为音乐,而传递到眼睛视网膜的物理能量可能被解释为某种颜色、图案或形状。有时感觉和知觉统称为感知。

认知:认知是对感知到的信息的理解和处理。广义的认知概念(如认知的信息加工模型)往往也将感觉和知觉纳入其中。一个区别感觉、知觉和认知的例子是,你看到远处出现一个人,单单从视网膜上的影像来看,此人身高看上去可能跟你的一根手指长度差不多——这就是感觉到的信息。但是,你并不觉得这个人的身高有问题,而是会解释为你距离这个人比较远——这就是知觉到的信息,涉及大小恒常性的视知觉特征。接着,你根据此人的轮廓和相貌来判断其是否为熟人——这就是认知,涉及记忆的检索和提取过程。在婴儿阶段,知觉和认知往往密不可分。而到了幼儿阶段,二者的差异逐渐明晰。除了基本的感知觉过程,认知还包括了诸如注意、记忆、学习、思维、语言等一系列高级的能力或过程。

第三节 婴儿的认知发展

认知与感知觉相比更为复杂和深入,可以对感知到的信息进一步组织和解释,即使所感知对象不在感知觉范围内,认知仍然可以发生(感知觉与认知的区别可参见专栏 3-1)。本章的内容主要聚焦于婴幼儿对"物体"（客体）的认知上，而对于"心理"的认知可见本书第五章第三节"心理理论"相关的内容。客体认知主要涉及人类对于客体特征的内隐看法，比如客体与其他物体（如背景）相互区别而独立存在，并占据一定的空间；客体的存在独立于我们对他们的感知觉，当客体从视野中消失时，不会认为这一客体不存在了等。在出生后的第一年里，婴儿逐渐表现出对客体本质和规律的认识。

一、　婴儿对客体属性的认知

1. 客体独立性

物体独立于周围背景，也独立于其他接触的物体。识别物体的边界，将物体与背景区分开来，是认识物体特征和规律的首要前提。有研究者（Spelke，1985）给 3 个月大的婴儿看悬挂在蓝色背景前的橙色圆柱，使其习惯化，然后再呈现两种测试刺激之一：第一个是蓝色背景静止，而圆柱朝婴儿移动；第二个是圆柱被分成左右两半，其中一半与背景静止，一半向婴儿方向运动。结果发现，参与实验的婴儿看到第二个测试刺激时发生了去习惯化，说明至少 3 个月大的婴儿已经可以将物体与背景区分开来。然而，进一步研究采用二维的圆柱体图片作为材料，发现婴儿却不会对第二个测试刺激感到好奇。这说明 3 个月大的婴儿会在深度上将物体与背景区分开来。

那相互接触的两个物体，婴儿会将其视为一个整体，还是两个独立物体呢？研究者向 5 个月大的婴儿呈现颜色和质地相同、但大小不同的两块积木，小的在大的前面。一种情况为两者相互接触，另一种情况为两者间隔一条缝隙。对于两个明显不同的物体，婴儿会伸手去拿离自己更近的那个，而拿一个物体的典型做法是抓握物体侧面的边缘。因此，如果婴儿只感知到一个物体的话，他们会伸手去抓大积木的边缘，而如果感知到的是两个物体，他们会把手伸向较小的积木。结果发现，当物体分离时，婴儿去拿小积木，表明他们感知到了两个物体；但是，当物体相互接触时，婴儿拿的是大积木，说明其感知到的是单个物体。因此，如果两个相互接触的物体的颜色和质地相同，婴儿会将二者认为是一个物体。进一步研究发现，如果增加一些运动线索，比如两个接触物体之间有相对运动（相反方向移动、不同速度移动等），婴儿也会认为看到的是两个独立物体。

2. 客体同一性

生活中婴儿经常会看到物体被部分遮挡，看上去是"断裂的"，就像图 3 - 6（a）中的圆柱体一样。婴儿看到这种"断裂的"部分时，会将其知觉为一个整体，还是几个部分呢？如图 3 - 6（a）所示，研究者（Kellman & Spelke，1983）将木块置于木杆中间，让婴儿对此习惯化，然后给婴儿呈现两种测试刺激之一：第一个（b）是（a）中相同的木杆，而第二个（c）是（a）中未被遮挡的部分，即木杆首尾两个断裂的部分。结果发现，8 个月大的婴儿才会对测试刺激（c）去习惯化、对（b）习惯化，说明此时婴儿可以将被部分遮挡的物体部分视为一个完整的整体。在此基础上,增加一些运动线索,如(a)中木杆在木板后面左右移动,然后进行上述实验,结果发现,即使是 4 个月的婴儿也会对测试刺激(c)去习惯化,说明他们可以利用是否共同运动作为判断是否为同一物体的线索。一般认为,客体同一性在婴儿出生时未出现,在 2 个月大时开始出现。

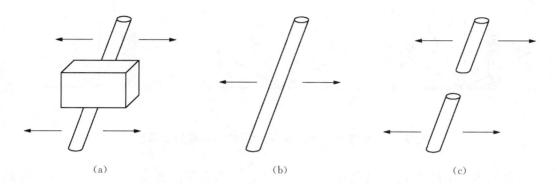

（a）　　　　　　　　　　（b）　　　　　　　　　　（c）

图 3-6　客体同一性测试材料

二、 婴儿的客体永久性概念

对于因遮挡而消失于视线的物体,我们知道它仍客观存在,并且知道其在遮挡物后面占据着一定位置。这就涉及客体永久性的问题了。客体永久性是指物体即便不在视线(或其他感觉)范围里仍然会客观存在,这是客体最基本的一种特性。虽然这对于正常成人以及幼儿来说再简单不过了,但对于婴儿来说可能就比较复杂了。较早的婴儿研究者注意到这样一种现象,当婴儿感兴趣的玩具突然在眼前被遮挡之后,婴儿的注意力会转移到其他地方,完全不会尝试去搜寻玩具,他们似乎认为玩具不存在了。皮亚杰采用这种方法发现,一直到 1 岁,婴儿才逐渐习得客体永久性。然而这种方法的问题在于要求婴儿能伸手去搜索,这种动作技能的要求显然会低估婴儿对于物体的认识。

之后的研究者巴亚尔容(Baillargeon, 1987)采用违反预期范式,给婴儿演示一个吊桥装置(如图 3-7 所示),吊桥可以在两端来回 180 度旋转。婴儿在右端观看吊桥的移动,使其习惯化。接着在另一端放置一个物体阻挡吊桥,使得吊桥从婴儿一端(图 3-7 每张图片的右侧)旋转时,只能达到大约 135 度的位置,然后让婴儿习惯化于这个事件。然后,以两种事件来测试婴儿的反应:在第一个事件中,吊桥仍然可以旋转到 180 度的水平位置,这是不可能事件,是在实验人员精巧设计的装置下才能做到的(如在吊桥上升至最高点时偷偷撤去阻挡物);在第二个事件中,吊桥旋转到 135 度的位置时停止,这是可能事件。从婴儿的角度来看,当吊桥上升至竖直时,阻挡物已经不在视线里了。如果婴儿没有发展出客体永久性,阻挡物看不到即不存在,那么吊桥将可以无阻碍地旋转 180 度(不可能事件);相反,如果儿童发展出客体永久性,那么吊桥只能旋转到阻挡物处,便会停止(可能事件)。研究者发现,3 个半月大的婴儿注视不可能事件(即图 3－7(b))的时间更长一些,表明婴儿觉得此事件更奇怪,违背了其关于客体永久性的认识。因此,客体永久性似乎已为早至 3 个半月大的婴儿所习得,远远早于皮亚杰所认为的 1 岁。此实验同样还验证了,3 个半月大的婴儿已经获得了客体不可穿透的特性。

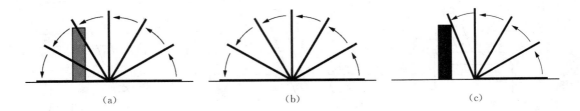

(a)　　　　　　　　　　(b)　　　　　　　　　　(c)

图 3－7　客体永久性实验中所用的吊桥装置示意图

即使物体不在视线里了,婴儿也会意识到它仍占据着所处的空间位置。在巴亚尔容(Baillargeon,1986)的另一项研究中,6 至 8 个月的婴儿观看如图 3－8 所示的实验装置,玩具车沿斜面滚下,接着挡板被放置于斜面前方再次演示,这时婴儿会看到玩具车滚下来,从挡板左端进入挡板后面,然而从挡板的右端再次出现。婴儿会多次观看,直至习惯化。然后,拉起挡板,在婴儿的注视下,实验者把一个盒子放在挡板后面。在第一种条件下,盒子放在汽车轨道的后方(明显不在轨道上,不会阻碍汽车滚下来),然后放下挡板,再次让汽车从一端行驶到另一端(可能事件);另一种条件下,盒子直接放在汽车经过的轨道上,同样放下挡板,汽车从挡板的一端行驶到另一端(不可能事件,实则是实验者在装置后方偷偷移开盒子)。婴儿对不可能事件的注视时间长于可能事件,表明他们不仅知道盒子继续存在,而且知道盒子在哪里,也就是说,他们从盒子的不同位置得出盒子对汽车具有不同的影响。

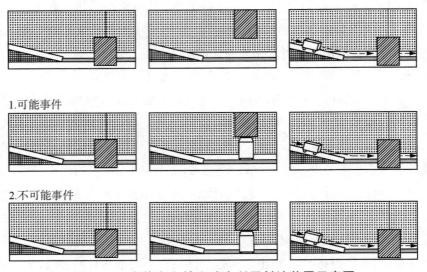

1.可能事件

2.不可能事件

图 3－8　客体永久性实验中所用斜坡装置示意图

后续的研究者（Kaufman，et al.，2003）采用脑电技术考察了婴儿对被遮挡物体的认识，实验情境更简单，婴儿会看到四种场景：物体移动到挡板后面，然后用手拿起挡板，物体出现（场景1：可能的出现），或者不出现（场景2：不可能的消失）；物体移动到挡板后面，然后从另一侧出去，然后手拿起挡板，物体出现（场景3：不可能的出现），或者不出现（场景4：可能的消失）。记录婴儿在挡板被拿起来后的脑电反应。结果发现，婴儿在看到场景2和场景4时脑电模式有显著差异，主要表现在：在不可能消失场景中，婴儿看到物体消失时右侧颞叶电极记录到的伽马波显著增强。这种波形模式在之前成人研究中也出现过，是成人在心里记住一个物体时的标记。因此，研究者推断右侧颞叶增强的伽马波活动可能与婴儿对消失物体的心理表征有关。

专栏3-2

A 非 B 错误

皮亚杰在研究中报告过这样一个有趣的现象：当婴儿看到研究者将物体 X 藏在盖子 A 下面，会高兴地移开盖子去抓取物体，如此重复藏起、找几次；然后，研究者极其缓慢而明显地将 X 藏于另一个盖子 B 底下，确保婴儿看到这个动作。结果发现，8—12个月大的婴儿总是立即再一次到盖子 A 底下寻找物体，如果在那里找不着物体就会放弃寻找行为。这一行为被称为 A 非 B 错误。

后来的研究者对婴儿的这个错误提出了很多可能的假设，其中最为经典的一个是德拉蒙德的抑制假设。她认为，原因不是婴儿记不住 X 存在于 B 的这一事实，因为婴儿显然具有这一能力，有研究表明婴儿对此的记忆至少可以保持 70 秒钟。最主要的原因在于，婴儿在之前的藏、找过程中形成了手伸向 A 的行为倾向，当隐藏位置发生变化时，婴儿需要抑制住伸向 A 这一行为倾向。她发现了一个更有趣的现象，婴儿在伸手去揭开盖子 A 时，视线却朝向了 B。所以婴儿的"所想"和"所做"之间发生了冲突，在二者之间，把手伸向 A 这一行为因之前受到了多次"奖励"变得更为强势，他们似乎无法抑制住更加强势的行为反应，即把手伸向 A。这种行为抑制上的困难源自大脑发展的不成熟，尤其是负责高级认知功能的额叶的不成熟。直到 1 岁到 1 岁半时，婴儿才能避免这种错误。

三、 对物体之间关系的理解

1. 因果关系

在上述对客体永久性的研究中，我们似乎也可以看到婴儿对于早期因果关系的理解。比如在巴亚尔容的车子从斜面滑下的实验中，婴儿预期盒子会阻碍车子，但车子却从挡板的另一侧出现时，这违反了预期。采用此方法的前提是，婴儿已经理解潜在的因果关系了。莱斯利的一系列实验直接考察了婴儿对于因果关系的理解。

莱斯利(Leslie & Keeble，1987)与同事制作了一部短动画，屏幕上有一块红色矩形自左向右移动，直至接触到静止的绿色矩形，这时红色矩形停止，绿色矩形开始向右移动。我们看到这个事件很容易发现其中的因果关系，即红色矩形似乎"触发"了绿色矩形的运动（很像一个台球撞击另一个台球）。相反，矩形之间缺乏恰当时空关系的事件，并不会引起因果关系的感受，例如，在没有绿色矩形时红色矩形停下，或者在两个矩形接触之后大约0.5秒钟，绿色矩形才开始移动。

研究表明，6个月大的婴儿在习惯化于上述第一个事件后，在看到完全倒放的影片时（即绿色矩形从右到左运动，然后"触发"了红色矩形的运动），表现出去习惯化；而习惯化缺乏适当空间关系的事件后，在看到倒放影片时，就没有表现出去习惯化，或者表现出较小的去习惯化。因此，早至6个月大的婴儿已经可以理解简单的因果关系，但此实验使用的是简单的几何图形（矩形），如果将其中的材料替换为玩具车，则要10个月大的婴儿才能成功。

婴儿不仅敏感于事件中的因果关系，而且敏感于因果关系中的量化属性。比如有研究(Kotovsky & Baillargeon，2000)给婴儿呈现这样一个场景，让婴儿习惯化：圆球A从斜坡上滚下来，在斜坡末端撞到一个小虫状的物体，然后圆球停下，小虫在水平面上继续移动一段距离。接着，用两个事件之一来测试婴儿：第一个事件中，一个看上去明显比A更大的球B从斜坡上相同位置滑下，在末端撞击小虫状的物体，小虫移动的距离明显更远；第二个使用了看上去明显比A更小的球C，小虫被撞击后的距离与第一个事件中的相同。结果发现，11个月大的婴儿只在看到第二个时发生去习惯化，说明婴儿眼中第一个事件是可能的，而他们看到第二个事件时则表现出了"惊讶"，说明婴儿"认为"圆球的大小与小虫被碰撞后移动的距离有关：作为原因的物体的大小也很重要，一个较小的物体所引发的运动要小于较大物体。

随着年龄的增加，10—15个月大的婴儿也可以理解复杂的因果链（如A推动B，B进而推动C）。但这仅仅是起点而已，婴儿对于因果关系的理解还未完全成熟，之后在此基础上逐渐形成对因果关系的理性认识。

在上述实验情境中，施动者（动因）和被动者都是客观物体，需要接触才能建立起因果关系。相比之下，如果施动者和被动者都是人，那么不需要接触也能建立因果联系。那婴儿能够理解这一点吗？那么其能理解机械动因和人类动因之间的这种区别吗？斯佩尔克(Spelke et al.，1995)的研究显示，早至7个月大的婴儿便能够区分动作的机械动因和人类动因。如图3-9所示，他们设计了一些"舞台剧"：在机械动因情境中，施动者和被动者都是无意义的几何物体，研究者躲在几何物体后面以正常步伐移动几何物体；在人物场景中，施动者和被动者是两个实验人员。

在机械动因情境中，首先把被动的几何物体放在屏幕挡板右侧，只显露一半。婴儿会看到施动的几何物体从左侧进入挡板后方消失，实验者继续向右移动直至接触被动的几何物体，然后开始向右移动被动的几何物体，这时婴儿可以看到被动几何物体完全移出挡板，向

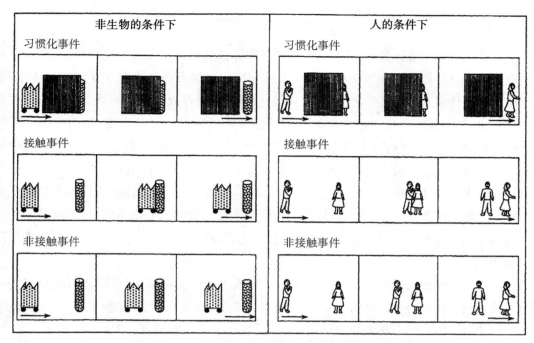

图 3-9　斯佩尔克使用的事件

右继续运动。让婴儿多次观看此事件，使之发生习惯化。然后使用两个事件进行测试：第一种事件是接触事件，拉下屏幕，然后把刚才的事件重现一遍，即施动的几何物体向右移动接触被动物体，然后被动物体开始移动；第二种事件是非接触事件，拉下屏幕，施动的几何物体向右移动，到明显与被动物体有一段距离时停下来，然后被动物体开始向右移动（另一实验人员在后方推动）。在任务情境中，以两名实验人员替换两个几何物体，重复上述流程。

在前述莱斯利的实验结果中，我们已经知道 6 个月大的婴儿在机械动因中看到非接触情境会发生去习惯化，而看到接触情境仍然是习惯化。如果婴儿不能区分机械动因和人类动因，那么在机械动因和人类动因情境中，婴儿对于接触和非接触事件的反应应该是完全相同的，即会对几何形状和人物的非接触事件发生去习惯化。如果婴儿能够区分，那么在人类动因情境中，婴儿对于接触事件和非接触事件都应发生习惯化。研究结果证实了后者，即 7 个月大的婴儿已经了解到这种作用力要接触才能传递的规律不适用于人类行为。

也有研究考察幼儿对于导致某一结果的真正原因的理解。高普尼克等（Gopnik et al.，2001）给 2—4 岁的幼儿呈现一个"布里奇"音乐盒，告诉儿童只有"布里奇"才能让它播放音乐。然后开始如下操作流程：第一，把一个正方体放在音乐盒上面，音乐盒开始播放歌曲；接着，把一个圆柱体放在音乐盒上面，音乐盒没有播放歌曲；最后，把刚才的正方体和圆柱体都放在音乐盒上面，音乐盒开始播放歌曲，此步骤重复一次。操作结束后，实验者拿出正方体和圆柱体，问幼儿哪个是"布里奇"。结果显示，即使是 2 岁的幼儿，也可以成功排除圆柱体，将正方体视为启动音乐盒的原因。

2. 分类

随着婴儿经验中客体数量的增加，如果这些客体及其特征只是简单堆积在记忆中，婴儿在提取相关信息时势必会频繁出现混乱。大脑记忆的解决方法是逐渐建立起分类体系，就像电脑中的文件多了利用文件夹进行分门别类一样。类别可以用最小的认知负担来存储最大的信息量，利用类别不仅可以在婴幼儿的认识中降低世界的复杂程度，帮助存储外部信息，还有助于他们对未来的陌生事物进行识别和预测。一旦形成类别，婴儿看待该类别中新成员的反应似乎就会与看到熟悉成员的反应相似。一些研究利用脑电研究技术发现，6 个月大的婴儿在重复看几张猫的图片，并出现习惯化后，在看到陌生猫的图片时，其大脑的反应与看刚见过的猫的图片的反应相同，但看到狗的图片时的大脑反应则不同，反而与最开始看到猫的图片的反应相同。因此，在形成类别后，婴儿看待陌生同类事物的反应与看待熟悉同类事物相同。

但婴儿是依据什么标准进行分类的呢？试想成人的分类标准，某个物体可能从属于不同水平的类别。比如哈士奇既属于大型犬，也属于犬类、哺乳动物类、动物类乃至于生物类。经典的罗施（E. Rosch）分类法将类别知识分为三个层级：上位水平、基本水平和下位水平。基本水平的类别是生活中使用得最多的，比如猫、马、桌子、杯子等。下位水平如哈士奇和泰迪属于狗这个基本水平，后者又属于动物这个上位水平。

既然生活中基本水平的类别使用得最为频繁，罗施认为人类最先建立的类别就是基本水平，然后形成上位水平，并分化为下位水平。但研究却表明，婴儿最早的类别可能是上位水平的类别，然后逐渐分化为基本水平的类别。比如研究发现，2 个月大的婴儿已经形成了哺乳动物的类别，可以将家具与之区分开，但没有将猫与狗、兔子和大象分为不同类别。因此，2 个月大的婴儿已经形成了上位水平的类别，但是还没有形成基本水平的类别。

专栏 3-3

生物和非生物类别

婴儿很早就表现出对生物和非生物这对比较特殊类别的分类能力。婴儿出生后就表现出对人类面孔的偏好，但其他对照的刺激往往是几何图形。婴儿在面对人类和玩偶时会不会也表现出差异呢？研究确实发现婴儿对人与其他玩偶（如会播放音乐的机器人、玩具猴子、人体模型等）的注视时间不同。2 个月大的婴儿会对着人微笑和咿咿呀呀，但是对做同样动作的木偶则不会如此。还有研究发现，早至 10 个月大的婴儿模仿人行为的频率要远远高于模仿机器人行为的频率（Legerstee & Markova, 2008）。除了模仿人类外，婴儿还可能会模仿动物。20 世纪 30 年代，有研究者尝试将自己 10 个月大的孩子唐纳德与 7 个月大的黑猩猩一起喂养，本来要研究黑猩猩向人类婴儿学习的能力，结果却发现，唐纳德居然模仿起了黑猩猩。

婴儿可能会通过很多方面的线索来判断生物与非生物。一是特征线索,如生物往往有面孔、腿,外表往往有特定质地等。新生儿偏好有面孔的简笔画胜过其他没有面孔的绘画;9 个月大的婴儿也会依据对象的轮廓和表面质地来判断,比如生物的轮廓往往是曲线,而非生物的往往是直线。二是动态线索,比如是否可以自发运动,是否可以朝着其他物体移动等。7 个月大的婴儿可以发现自发运动和其他物体引发运动的区分,当婴儿看到自行移动的发条玩具以及实验者推动的发条玩具时,注视前者的时间更长(Markson & Spelke, 2006),表现出困惑。还有一些研究者认为,婴儿依据运动模式来判断生物和非生物,于是设计了一些光点来显示人的运动。方法是在人的身体和关节处放置一些灯,然后在漆黑的房间里运动。成人可以马上通过光点的移动模式判断出走动的是人还是其他物体。研究表明,8—9 个月大的婴儿可以区分人移动时的光点模式和人造物(如汽车)的光点模式,甚至刚出后几天的新生儿也可以察觉到二者的区别。

随着经验中的物体越来越多,婴儿开始形成基本水平乃至下位水平的类别。一些研究考察 3—4 个月大的婴儿是否能够区别猫、马等类别。研究者采用了 12 张不同马的彩色照片作为一组材料,让婴儿观看这些照片,直至习惯化,接着利用视觉偏好范式给婴儿看三组测试照片:一匹新马和一只猫,一匹新马和一匹斑马,一匹新马和一头长颈鹿。结果表明,3—4 个月大的婴儿注视新类别动物(猫、斑马、长颈鹿)的时间更长,表明其之前已经形成了马的类别,并能将其他类别的动物与之区分开。在这个研究中,婴儿看到的是二维照片,因此只是借助视觉特征而已,而实际生活中婴儿还可以借助其他特征(如动作、叫声等)。

除了这些自然物外,研究还考察了新生儿与 4 个月大的婴儿如何对几何形状(如三角形、十字形、圆形、正方形)进行分类,结果发现新生儿形成的类别是开口(十字形)和封闭(圆形、三角形、正方形)的形状类别,而 4 个月大的婴儿则能够形成类似于基本水平的类别。因此,早期类别的发展同样遵循了从上位水平到基本水平的逐渐细化、分化的模式。

那么婴儿是如何形成分类,如何判断两个物体是否可以被归为同一类别的呢? 最初,婴儿很可能是根据知觉上的相似性来判断两个物体属于同类还是异类,但随着年龄的增加,幼儿逐渐能够根据概念上的相似性来进行判断。

在形成类别时,婴儿甚至可以察觉到物体不同特征之间的关联。有研究(Younger & Cohen, 1983)考察了婴儿在分类时是否参考物体的特征以及有关联的特征。实验用到了如图 3 - 10 所示的动物图形,这是在身体、尾巴、腿、足和耳朵五种特征上变化组合所产生的虚拟动物,每种特征有三种可能的表现,比如腿有两条、四条和六条,尾巴有马尾、羽毛尾、绒毛尾。每个动物图形都是五种特征在三种表现上的组合(如图 3 - 10 中 21112 五个代码表示牛身、羽毛尾、四条腿、鸭足、鹿角组合而成的动物)。实验采用习惯化—去习惯化的范式,先给婴儿看一组动物图片，这些动物五个特征中的三个（身体、尾巴、足）同步变化，另两个同步变化（耳朵、腿），使儿童对这些图片习惯化。然后测试婴儿对三种动物图片的反应：第一种遵循了刚才图片中的特征变化规律，第二种同步变化的特征不再遵循刚才图片中的规律，而第三种的所有特征完全是之前从未呈现过的。研究表明，10个月大的婴儿会对第一种图片发生习惯化，对第二种和第三种发生去习惯化，这说明他们已经可以察觉到不同动物图片中同步变化的特征，并形成了某种类别。

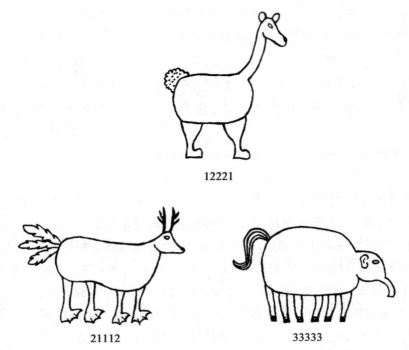

12221

21112　　　　　　　　　　33333

图3-10　杨格（Younger）和科恩（Cohen）所使用的动物图形举例

随着儿童年龄的增加，类别逐渐与语言结合在一起，形成了各种概念。儿童也开始利用概念语言线索来推断物体的特性。格尔曼（S. A. Gelman）和玛克曼（E. M. Markman）的研究考察了儿童是根据知觉相似性，还是根据概念同类别来推断事物的特性。其中一个例子是，给儿童看热带鱼和海豚的图片，接着告诉儿童两个动物各自的名称以及特性——热带鱼在水底下呼吸，海豚跳到水面上呼吸，然后呈现一张形似海豚的鲨鱼图片，告诉儿童这是鲨鱼，询问儿童鲨鱼会如何呼吸。研究发现，2岁半的儿童已经能通过概念（热带鱼、鲨鱼）而非感知觉特征（海豚、鲨鱼）进行推断，认为鲨鱼会像热带鱼一样在水底下而非像海豚一样在水面上呼吸。

幼儿甚至可以根据陌生的类别进行推理。高普尼克等人采用上文提到的"布里奇"音乐盒进行新的实验，考察幼儿在推断原因时是基于形状上的相似还是相同概念/类别。实验者将四个形状不同的物体摆在幼儿面前，其中第一个和第三个看起来很像，第二个和第四个看起来很像。实验者拿起前两个告诉幼儿这是"布里奇",而另外两个不是"布里奇"。接着把它们都放回原位,拿起第一个放在"布里奇"音乐盒上,音乐盒开始唱歌。然后,问幼儿剩余的哪一个形状也可以让音乐盒唱歌。结果发现,即使是 2 岁的幼儿,也更可能会选择名字与第一个相同的第二个,而非看上去很像第一个的第三个。

3. 符号的理解

符号是一种特殊的物体,是现代人类文化中最重要的载体。人类有意用符号来代表除自身外的其他物体,常见的符号有图片、照片、数字、文字、标识等。这些符号与具体物体相比,具有不同程度的抽象性。符号具有双重特性:一方面,符号是一种客观物体,另一方面,符号也代表了其他的物体。比如数字"2"既是一个具体的弯曲线条,也表示了抽象的数量(两个物体)。符号对于幼儿来说意味着什么呢? 幼儿是否能够理解符号的抽象含义呢?

图片是最基本的符号,婴儿看到图片会做出何种反应呢? 有研究表明,当给 9 个月大的婴儿看一张印有布娃娃的照片时,婴儿会轻拍、抚摸图片,仿佛它们是真实的一样;给他们看一张印有美食的照片时,婴儿会趴在图片上试图啃食。婴儿是不是将图片看作真实物体了呢? 进一步的研究表明,在婴儿面前呈现真实玩具和与真实玩具尺寸相同的彩色玩具图片时,绝大多数婴儿首先伸手触摸的是真实玩具。同时,婴儿在触摸到图片时,并未出现没有摸到真实物体的疑惑。这说明他们可以分辨图片和真实物体,毕竟二维图片和三维物体在深度上的差异很明显。研究者认为这可能是因为婴儿觉得图片很像一个物体,但又不能肯定,所以才会通过触摸、打、抓、捡等方式进行探索。然而,如果图片不是逼真的彩色照片,而是黑白照片或者简笔画,婴儿伸手探索的行为就会大大减少。

不过随着年龄的增加,婴儿在看到图片时的这种伸手探索行为频率逐渐减少,而指向图片的行为逐渐增加。19 个月大时,婴儿伸手探索的行为几乎完全被指向图片的行为所替代,同时,他们在指图片时还会发出一些声音,尝试命名图片。年龄较大的孩子还理解了创作的图画所包含的作者的意向性。2—3 岁的幼儿可以理解,图画是人类有意创造的物品。当他们被告知一幅画是由某个人不小心撞到色板而产生的结果时,他们不认为这是一幅画;而如果告诉他们某个人辛苦地创作了这幅画时,他们会认为这是一幅关于某个物体的图画。

婴幼儿对于在空间上更类似于真实物体的模型的理解会不会比图片更好呢? 德罗奇(DeLoache,1987)的研究设计了一个房间寻物实验,考察儿童是否能够根据模型关系去推断实物情况:实验者向幼儿展示一个房间和一只玩具狗,以及它们各自的除了尺寸之外外观完全相同的模型——一个微型房间和一只手指头大小的玩具狗,并告知幼儿模型与真正房间之间以及两只狗之间的对应关系:"这是大史努比的大房间,这是小史努比的小房间。看,它们的房间是一样的,房间里东西也一样……看,这是大史努比的大睡椅,这是小史努比的小睡椅。它们是一样的。"在儿童的注视下,成人将小史努比放在模型房间中的小睡椅后面,然后要求儿童在家具及其位置方面与模型房间相一致的真实房间中,找到"在同一个位置的"大史努比。

　　德罗齐发现,3 岁或 3 岁以上的幼儿会立即走到房间的睡椅后面找到大史努比。但是 2 岁半的幼儿对于要在何处寻找到大史努比显得无所适从;这并不是因为儿童忘记了小史努比所藏的位置,因为再回到模型房间时,她还能立即找到小玩具狗。

　　事实上,模型与图片相比更类似真实物体,但也正由于这个原因,幼儿可能对模型"是什么"产生了浓厚兴趣,而忽略了"代表什么"。如果淡化模型"是什么"的特征,是否会使通过上述寻物实验的幼儿的年龄降低呢? 答案是肯定的,一些研究在介绍模型时,将模型放置于玻璃窗后面,结果发现 2 岁半的幼儿也可以完成房间寻物实验。相反,如果增强物体"是什么"的特征,比如在介绍模型时,让幼儿自己把玩一会儿,则即使是 3 岁的幼儿也无法完成房间寻物实验。

　　因此德罗齐认为,如果幼儿要通过房间寻物实验,需要理解双重表征。这是指儿童要以两种方式思考符号,既作为一个物体,也作为一个符号,代表了其他物体。同样,学前幼儿可能无法理解地图的确切功能,他们可能不认为地图上的一条线表示现实生活中的一条路,因为它不够宽,车不能在上面走。与刚才的实验一样,儿童无法理解地图上线的双重表征——线既是线,又是路。

　　同样,低龄的幼儿在观看视频时,也可能很难将视频中的内容与真实生活场景联系在一起。有研究让 2 岁和 2 岁半的幼儿观看一段实验者在房间里寻物的视频,然后让幼儿在相应的真实房间中寻找相应物品,结果发现 2 岁半的儿童看视频后可以找到玩具,但 2 岁幼儿无法做到。即使另一名实验人员同时用言语和动作向看过视频的幼儿演示,自己看视频后找到了物品,幼儿仍然无法在视频与现实之间建立联系。然而,如果让 2 岁幼儿通过窗户直接看实验者藏物体,或者让幼儿相信显示器就是窗户,相信自己直接看到了实验者藏玩具的过程,则 2 岁幼儿的表现都有显著改善。研究者认为,可能是幼儿在更早的经验中对于视频的印象完全是无反应性、无互动性的,缺乏社会参照信息。在之后的研究中,他们考察了如果给 2 岁幼儿增加透过显示屏进行直播互动的环节,打通显示器中实验者与现实中自己的沟通,会不会改善幼儿的表现。结果与预期相同,"直播互动＋视频"组成功的概率要显著高于单纯"视频"组。

　　事实上,如果简化实验,让儿童相信符号即物体,更年幼的儿童也能通过房间寻物实验。幼儿既然相信圣诞老人和牙仙子,也应该会相信魔力的存在。在德罗奇等人的研究中,实验者先给参与的儿童介绍一个"收缩机器"(其实是大学物理课使用的实验仪器),然后演示它的功能:打开机器,把一个大玩具狗放在机器前面,然后和儿童在附近等待,倾听机器运作时发出的声音。当实验者和儿童返回时,一个微缩版的小玩具狗站在原来的位置上(当然是另一实验者提前准备好,悄悄更换的)。接着实验者演示让小玩具狗放大的过程,以及让房间模型变成真实房间的过程。除了一名儿童外,其他儿童都接受了"收缩机器"的"神奇"功能。

　　接着进行测试环节,儿童看着实验者将大玩具狗藏在真实房间里,然后机器把房间缩小,最后实验者要求儿童找出小玩具狗。与标准的房间寻物实验相比,儿童在这个实验中无需理解符号与所指物体之间的对应关系。结果也确实发现,儿童在此任务中的表现要远远好于在标准实验中的表现,甚至 2 岁半的幼儿也可以找到玩具狗。

这些关于幼儿符号理解的实验结果具有很大的启发性。一些父母在很早的时候(甚至 2 岁之前)就会给孩子玩一些字母、数字、汉字形状的符号玩具(如积木、卡片、珠子、冰箱贴等),期望孩子能够更早地认识这些符号。而实际上,3 岁之前的孩子很难理解符号与所指物体之间的对应关系;同时,如上述实验所述,如果给孩子玩这些符号玩具,实际上很可能让他们更难以注意到玩具"代表什么"的符号属性。另外,还有一些父母希望通过看教育视频的方式教不到 2 岁的幼儿学习一些生活常识、知识(字母、数字、汉字等)。尽管父母认为孩子确实学到了东西,但经过严格测试,实际上很可能并没有效果。

本章小结

- 婴儿感知觉与认知能力的研究方法

确定婴儿感知或知觉能力的方法包括:视觉偏好范式、习惯化—去习惯化范式、违反预期范式和操作性条件反射范式。

- 婴儿感官能力

听觉:年幼的婴儿听力非常好,即使是新生儿也能辨别在响度、方向、持续时间和频率方面不同的声音;他们喜欢自己母亲的声音胜过其他女性的声音,并且对自己听到的语音差别对比十分敏感。

味觉、嗅觉和触觉:婴儿天生就有明确的味觉偏好,喜欢甜食胜过酸、苦或咸的物质;回避难闻的气味,如果母乳喂养,他们很快就会仅凭气味认出自己的母亲;新生儿对触摸、温度和疼痛也相当敏感。

视觉:新生儿能看见图案和察觉到亮度的变化;以成人的标准衡量,他们的视力较差,但在最初的 6 个月内会迅速提高。

- 婴儿时期的视知觉

视知觉在第一年迅速发展:0—2 个月的婴儿偏好中等复杂、高对比度、会动的目标;2—6 个月的婴儿开始更系统地探索视觉目标,对运动变得敏感,开始感知视觉形状和识别熟悉的面孔;9—12 个月的婴儿可根据最基本的线索构建形态。

新生儿表现出一定的大小恒常性,但缺乏立体感,对深度图像线索不敏感,空间知觉不成熟;第一个月月底,开始对运动线索变得更加敏感,并能对若隐若现的物体做出反应;婴儿对双眼线索(3—5 个月)和图像线索(6—7 个月)敏感。运动发展经历使他们产生高度恐惧(如视觉悬崖),并能对大小恒常性和其他空间关系做出更准确的判断。

- 跨通道知觉

婴儿的感官与生俱来地具有跨通道特征,包括注视声源方向,伸手去拿看得见的物体,以及期望看到声音的来源或感受到他们所接触到的物体。

跨通道知觉是指通过一种感觉通道识别通过另一种感觉通道所已经熟悉的物体或经验

的能力，一旦婴儿能够通过两种不同的感官对物体进行处理，这种能力就成为可能。

● 婴儿认知能力发展

出生第一年，婴儿已逐渐表现出对客体本质和规律的认识。在对客体属性的认知上，婴儿很早就表现出对客体独立性和客体同一性的认识；他们也很早就表现出具有客体永久性的概念，尽管这时候的概念不同于年长儿童的概念。

婴儿在第一年也很快表现出对物理关系的某种理解，包括因果关系、类别关系、符号的理解等，但对于符号的理解要等到2—3岁以后。

思考与练习

1. 婴儿喜欢古典音乐还是电子音乐呢？利用本章所学习的测量婴儿认知能力的方法，你能设计一个实验对此进行探究吗？

2. 黑白卡有用吗？黑白卡往往充斥于婴儿早教市场中，卡片上面往往是一些由黑白两色组成的轮廓、图形或模式。一些服务商以婴儿偏好黑白图案胜过纯色图案为由，来为黑白卡的"早教效果"背书，声称其对于婴儿早期视力和认知发展有促进作用。根据本章学习到的内容，你觉得黑白卡有用吗？

3. 低龄幼儿看教育节目有用吗？一些家长觉得自己一两岁的孩子喜欢看教育类的动画片，于是给孩子播放一些好习惯养成的教育节目，希望孩子在生活中能建立起良好的习惯，你觉得家长通过这种方式能达到他们的预期吗？

延伸阅读

1. 鲁道夫·谢弗. 儿童心理学[M]. 王莉，译. 北京：电子工业出版社，2010.

2. 唐娜·威特默，桑德拉·彼得森，玛格丽特·帕克特. 儿童心理学：0—8岁儿童的成长[M]. 金心怡，何洁，译. 北京：机械工业出版社，2021.

3. Goswami，U. E. (2008). *Cognitive development：The learning brain*. Hove, East Sussex New York：Psychology Press.

4. Goswami，U. E. (2002). *Blackwell handbook of childhood cognitive development*. Malden，MA：Blackwell publishing.

5. Bremner，J. G.，Wachs，T. D. (Eds.). (2010). *The Wiley-Blackwell handbook of infant development，Volume 1：Basic research (Vol. 31)*. John Wiley & Son.

第四章　儿童认知发展：传统研究的视角

📝 **本章导语** ▬▬▬▬▬▬▬▬▬▬▬▬▬▬▬▬▬▬▬▬▬▬▬▬▬▬▬▬▬▬▬▬▬▬▬▬

　　试着坐下来，用几分钟时间静静地想一想你想要什么。你刚才在想什么？或许你会像许多人一样，听到一个小小的"声音"在你的头脑中清晰地表达你的想法。也许它会说："嗯，我想知道我应该想些什么。"

　　当婴儿和儿童思考的时候，他们的大脑中发生了什么？至少对于婴儿来说，他们尚未有言语，因此似乎很有可能并没有"脑海中的声音"在对他们说话，因此在某种程度上他们的思维或认知是与我们不同的。但有什么不同呢？你怎么知道有何不同？正如第三章所介绍的，心理学家想出了许多非常巧妙的方法来发现孩子的内心世界。那么学龄前儿童和年龄较大的儿童呢？他们的思维过程也和我们成人不同吗？

　　作为一个教育者或家长，没有人会去尝试教孩子们他们尚缺乏足够背景知识的科目，例如，你不会教一个还没有学过算术的孩子微积分。而且，倘若忽略了孩子的思维方式，即使他们的思维方式与你一样，你也可能同样无法接近孩子的世界。通过深化对儿童认知发展的认识，许多常见的养育和教育困难可以得到有效改善。

　　研究儿童认知发展的心理学家一直在问这些问题，并试图通过系统的研究提供答案。本章的主要目标就是向你介绍心理学家在认知发展方面的一些发现，你或许可以用这些知识来理解和改善与儿童的关系，并促进有关儿童教育实践的成效。

📍 **学习目标** ▬▬▬▬▬▬▬▬▬▬▬▬▬▬▬▬▬▬▬▬▬▬▬▬▬▬▬▬▬▬▬▬▬▬▬▬

1. 理解认知发展核心内涵。
2. 比较传统认知发展理论之间的异同。
3. 了解不同理论如何回答先天—后天、连续—非连续等问题。
4. 了解认知发展的科学认识可如何用于改善教育实践。

　　认知发展是从婴儿期到成年期儿童思维、学习和感知的变化过程。随着认知能力的发展，孩子逐渐可以利用以前建立的经验来帮助他们认识和探索周边的世界。儿童心理学及相关科学领域的研究人员不断探寻认知发展的实质，并致力于了解遗传倾向、大脑发育和环境因素之间的联系及这些因素如何影响认知发展过程。

　　皮亚杰、维果茨基和布鲁纳是研究儿童认知过程的先驱。虽然他们的一些具体研究结论被证实有问题,但他们的许多研究仍被广泛接受,而且这些研究发现和理论在很长时间里,一直在认知发展研究领域扮演着重要角色。本章聚焦这三位杰出人物,结合他们开展的一些具体研究,介绍他们所提出的认知发展理论及其在相关教育实践中的应用。当然,基于历史的视角,他们的认知发展研究也存在诸多局限,一些研究结果和论点也被新研究所否定,因此我们也尝试对各个理论所面临的挑战作简单探讨。

本章的学习,应着重了解不同研究途径所揭示的儿童认知发展特点和规律、各种理论的优势与局限,以及各具体领域研究的最新进展,在此基础上,深入思考儿童认知发展与教育的相互关系问题。

第一节　皮亚杰的儿童认知发展研究

皮亚杰对认知发展研究之巨大贡献,不仅在于他的许多开创性研究,还在于他为我们提出了第一个关于儿童认知发展的理论框架。不过,皮亚杰关于认知发展的思想常常非常复杂且难以把握,在试图将其思想整合为简短的概述时,尤其容易被歪曲、过度简单化或误解。因此,这里不再进行全面综述,而是试图简要介绍他关于认知活动和发展的一些重要观念。

皮亚杰的理论有时又称为"发生认识论"(genetic epistemology),之所以用"发生"(genetic)一词,是因为皮亚杰坚信无论处于什么样的文化环境,我们所经历的发展阶段和我们所利用的结构和过程,对所有人均是内置的真实存在。"认识论"实际上指的是关于知识的研究。从根本上,皮亚杰认为我们了解和适应世界的方式并不依文化和人种而异,并且总体上是以某种固定的顺序进行的。

皮亚杰理论的核心是儿童如何适应于一个持续变化的世界。他注意到,即使是年龄很小的儿童也充满好奇、在积极主动地探索着他们的世界。皮亚杰理论中最著名的是发展阶段理论,关于构成这些阶段之结构基础的论述也是其理论的重要特色。除了各发展阶段,皮亚杰理论的基本点还包括其他许多方面,诸如贯穿所有阶段用于认识环境的过程是恒定的(或他所喜欢使用的"功能不变性"(functional invariants))、格式(schemas)是构成认识之基础的内在表征。在介绍其发展阶段模型之前,我们先简要介绍皮亚杰关于认知机能和认知发展的基本假设。

一、 皮亚杰的认知机能模型： 同化—顺化

皮亚杰将人类认知视为一个复杂有机体在复杂环境中的一种具体的生物适应形式。他认为认知系统是极其活跃的,该认知系统在建构知识时,不是被动地对呈现于感官之前的各种信息进行简单复制,而是积极选择和解释环境信息。皮亚杰认为,心智总是主动对环境加以分析和解释,使之与自己已有的心理框架相一致。因而,心智既不是对世界进行复制,将

其作为现成的东西而被动接受；也不是无视客观世界，完全自顾自地创造出个人关于世界的心理概念；而是通过吸收外在环境信息，对其加以解释、转换和重组，进而构筑自己的知识结构。因此，在皮亚杰看来，知识的获得过程是一个积极主动的建构过程，在建构知识的过程中，心智必然与环境相互接触，而知识对机体来说总具有适应性。概而言之，按照皮亚杰的观点，心智是以一种主动和自我指向的方式面对环境的。

对于认知系统和外界之间的关系，皮亚杰持一种相互作用的观点，这很好地体现于他的适应概念中。类似于食物的吸收—消化这一生物适应过程，有机体既顺化于食物的特定结构，决定咀嚼的程度及何种消化酶以帮助消化；同时又对食物加以同化，使之适应于有机体自身的身体结构，改变食物外形，将之转化为能量。就像其他生物适应形式一样，皮亚杰认为，认知也总是表现出同时存在又互补的两个方面，即同化（assimilation）和顺化（accommodation）。同化指的是已有知识的应用，以个体所偏好的现有思考方式，对外界事物加以说明和解释。例如，幼儿将一块木块假想为一条船，就是将木块同化于他已有的关于船的心理概念，即将物体纳入他关于船的知识结构中。顺化，意指个体对特定事物做出反应，改变了自己已有的知识结构。例如，幼儿费劲地模仿他人的行为方式就是顺化，这时幼儿是通过调整自己的认识和运动姿势使之适应于他人的行为细节。因此，同化是使外在刺激适应于个体内在心理结构的过程，而顺化则是相反或互补的过程，使内在心理结构适应于外在刺激之结构的过程。

在认知适应中，个体既要顺化于认知客体的特殊结构，同时又将这些客体同化于他自己的认知结构。为便于论述，人们常常将它们视为性质不同的两个独立认知活动，但它们实际上是同一基本适应过程不可分割的两个方面，也就是说同化和顺化之间是相互依赖、不可分割的。例如，看到罗夏墨迹测验的一张图片时，你可能说这是一只蝙蝠。这时你不仅顺化于外在刺激（扫描墨迹图案），而且还利用预先存在的蝙蝠概念，对照墨迹所具有的特征形成一个完整的知觉结构（即同化）。相反，如果尚缺乏蝙蝠的概念，就不可能基于此搜索并加工墨迹中特定的结构信息并形成蝙蝠的形象；同样，如果墨迹缺乏与蝙蝠相一致的物理特性，你也不会把墨迹知觉为类似于蝙蝠的动物。用皮亚杰的话来说，这时经过了一个认知上的顺化，使之适应于墨迹的特征，同时以这些特征为基础，将墨迹同化为内在的蝙蝠概念。

因而，在皮亚杰看来，在个体与环境的认知冲突中，同化和顺化同等重要，二者必然一同出现，相互依赖。内在认知和外在环境之间持续的相互作用，在知识的建构和发展过程中起着至关重要的作用。

二、 皮亚杰的认知发展模型： 同化—顺化

皮亚杰也用同化—顺化模型来解释儿童认知系统如何随成熟和经验逐渐发展。如上所述，该模型可以很好地描述某一时刻认知系统与环境之间的相互作用。这一模型同样适合于描述认知系统如何通过与环境的不断交互作用而逐渐发展和改变自己的结构和内容。

例如，假想一位幼儿在家里的浴缸中玩玩具船，突然他注意到肥皂盒里有一小块木片，幼儿捡起这块小木片，想了一会儿，小心地将木片放到水里，这时，漂浮的木片也成了幼儿的舰艇之一。问题在于，幼儿的这一变化究竟经历了怎样的智慧建构（认知发展）过程？

毫无疑问，幼儿在开始洗澡时，已具有一定的有组织的知识，并且也已经感知到一些关于玩具船、小木片和水的具体特征，例如关于这些实体的外表、触觉特征以及当对其施予动作时这些实体的反应特征等。因此，就幼儿日常生活世界的微观领域而言，其认知已处于特定的发展水平。用皮亚杰的话来说，他能以特定的方式同化和顺化客体，这种方式如实地反映了他的认知发展水平。然而，由于他在这次洗澡中看到了新事物、从事了新活动，他的认知水平发生了微小变化，从而在以后，他在该微小领域的同化和顺化方式也将发生轻微的变化。

假定他发现（顺化）了一些新内容，如关于小木片能做什么以及不能做什么（浮在水面、只激起很小的水花、撞到大玩具船时不能推动玩具船），以及人们用它能够或不能够做什么（压到水中后放开又浮到水面、可以把它放在其他玩具船上）等方面的特征。在这一微小的发展过程中，幼儿认知系统在内容和结构上，及其对这一微小领域的分析和解释（同化）能力上也发生了微小变化。例如，他对船的功能分类，现在已经扩展到包括一些小而轻并且与典型的玩具船不是十分相似的物体上。这一概念结构的细小变化，使他能够进一步把其他类型的物体解释（同化）为可像玩具船那样玩耍。而且现在对他来说，船这类事物可以从功能上进一步划分为大而坚实的一类和小而弱的一类，而在此前这一概念结构则还十分笼统、没有分化。

因此，在努力顺化于相对不熟悉物体的一些未知功能特征的过程中，以及努力将物体及其特性同化于现存的概念和技能的过程中，儿童的认知系统有了稍许的扩展。反过来，这一扩展也稍微拓宽了幼儿将来同化和顺化的可能性。通过不断同化和顺化于特定环境，儿童的认知系统逐渐演化，这又进一步使新异的同化和顺化成为可能。这些微小变化构成了认知系统发展过程的细小增益，而发展的辩证过程正是这种一步一步逐渐进行的同化顺化。心智 1 水平（Mind1）（发展过程中的任意一刻）使同化 1 和顺化 1（特定心智 1 类型的同化和顺化）成为可能，在源自这一同化和顺化的产物的帮助下产生了心智 2 水平。而后，心智 2 水平（Mind2）使同化 2 和顺化 2 成为可能，这一同化和顺化在此产生新的信息，并为心智 3 水平的发展提供了一些原始素材，如此持续下去。图 4-1 表明了上述发展过程。

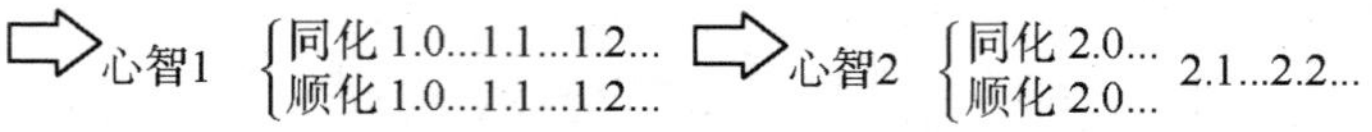

$\Rightarrow$ 心智1 $\left\{\begin{array}{l}\text{同化 } 1.0...1.1...1.2...\\ \text{顺化 } 1.0...1.1...1.2...\end{array}\right.$ $\Rightarrow$ 心智2 $\left\{\begin{array}{l}\text{同化 } 2.0...\\ \text{顺化 } 2.0...\end{array}\right.$ 2.1...2.2...

图 4-1　认知发展的同化—顺化模型

作为同化—顺化作用的渐变结果，心智 1 水平（如某一发展水平）逐渐转化为心智 2 水平（某一较高的发展水平）；这些变化依次源自适应环境的过程中这些心智功能的持续作用。

这一发展过程是缓慢而渐进的，其原因很明显。每一心智水平根植于前一个发展水平，又受其限制，仅能稍微超越前一发展水平。然而，在年复一年持续不断的心智对环境的同化和顺化中，人类认知系统所可能出现的发展变化，就会变得十分明显。因此，皮亚杰的同化—顺化模型，似乎既能够较好地描绘认知系统与环境的交互作用中该认知系统的活动过程，也能够较好地刻画我们认知系统在童年期的演化过程。这一模型将儿童期的认知发展视为不断进行着的认知活动过程的逻辑结果，并且这一成长过程是缓慢而渐进的；而如果从整个童年期的累积效果而言，则可以具有相当大的发展变化。

三、 皮亚杰的认知发展阶段

除了上述同化—顺化模型，皮亚杰还进一步用平衡化（equilibration）建构过程来解释儿童的认知发展：起初，儿童关于某一问题的认知系统处于某个较低发展水平的平衡状态；继而，儿童觉察到与其当前的系统相冲突的、该系统所无法同化或顺化的某物，从而使系统处于某种不平衡状态；最后，儿童通过修正认知系统，使得与原先的认知系统不协调的东西得以同化或顺化，从而使平衡得以在某一较高发展水平上重新确立。按照皮亚杰的理论，通过这种发展机制，儿童的认知系统经历了四个主要发展阶段（如表 4-1 所示）。

表 4-1 皮亚杰的认知发展阶段

阶　段	大致年龄（岁）	描　　述
感知运动阶段	0—2	婴儿通过外显的行为影响世界，以此来认识世界。他们的运动行为反映了感知运动格式——用于认识世界的概括化的动作模式，诸如吸吮格式。格式逐渐分化和整合，并且在阶段末，婴儿能够形成现实的心理表征
前运算阶段	2—7	儿童能利用表征（表象、图画、词、姿势）而不仅仅是动作来思考客体和事件。思维更敏捷、灵活和有效，但受自我中心主义限制，即专注于直觉状态，依赖于外表而不是潜在的实体，并显得刻板（缺乏可塑性）
具体运算阶段	7—11	儿童获得运算概念，这是构成逻辑思维之基础的内在心理活动系统。可逆的有组织的运算使儿童能够克服前运算思维的限制。习得守恒、类包含、观点采择以及其他概念。运算只能运用于具体的对象——现存的或心理上表征的对象
形式运算阶段	11—15	心理运算可用于真实情境，也能用于可能性和假设性情境；能用于当前情境，也能用于将来情境，以及运用于单纯言语或逻辑的陈述。青少年获得科学思维、假设—演绎推理及包括命题间推理的逻辑推理，能够理解高度抽象的概念

1. 感知运动阶段

按照皮亚杰的观点，婴儿期属于感知运动阶段，在这一发展阶段，婴儿有条理的感知动作能力随年龄的增长而变得越来越清楚和明确可辨识。婴儿所表现出来的是某种完全实用的、边感知边做的被动作束缚的智慧功能，尚没有表现出沉思和反省的信号操作能力。

在皮亚杰看来，婴儿的这种行为完全是一种无意识、没有自我觉知、非符号和无法符号化的认知。由于这种能力是内在的，并且只是体现于有组织的感觉和运动行为模式之中，因此，皮亚杰将婴儿的认知描述为前符号、前表征和前反省的"感知运动能力"。皮亚杰将感知运动阶段划分为六个分阶段。界定这六个阶段的依据，在很大程度上是婴儿的动作格式（action schemas）变化，即婴儿所拥有的认识和影响世界的手段的变化。这种变化包括各个格式自身的发展完善和各个格式彼此之间的逐渐协调和整合。

① 第一阶段，大致在0—1个月。婴儿出生时便具有各种先天反射，该阶段主要由这些反射的练习构成，任何时候只要环境提供机会，反射就以固定的、预先设定的方式练习。随着经验的重复，一组反射（如吸吮、抓握）开始表现出微小但具有适应性的变化。这些反射构成婴儿最初的格式。

② 第二阶段，大致在1—4个月。随着经验的积累，婴儿的各种格式变得越来越熟练，格式之间也变得彼此协调，产生了较大的行为单元。这一阶段开始发展的重要协调形式包括看—听、吸吮—抓握和看—抓握。这种发展使婴儿能对世界采取更有效的行为方式，但行为仍是自我中心的、"无目的"的，他们练习格式似乎只是因为这样做有乐趣，对行为的施与对象并没有真正的兴趣。

③ 第三阶段，大致在4—8个月。婴儿的行为具有更明显的认知和社会"外倾性"，他们对外在世界有了更多的兴趣，并出现更熟练的格式协调，从而使这一重要成就成为可能：通过不断重复可能导致感兴趣的结果（最初只是偶然得到的结果）的动作，以再现这些结果。但是，由于这种因果性是一种事后形成的认识，因此皮亚杰并不认为婴儿具有真正的意向性。

④ 第四阶段，大致在8—12个月。这一阶段的特征是出现了不会被误解的、有意图的目标指向行为。这种行为的本质是手段和目的的分离，即利用一个格式（如推开某个障碍物）作为手段，以达成作为目的或目标的另一个格式（如拿到一个玩具）。皮亚杰将这种有意的顺序视为一种特别值得注意的发展，将它们刻画为"最早的真正有智慧的行为模式"。

⑤ 第五阶段，大致在12—18个月。与上一阶段不同，该阶段的特征在于积极的试误性的探索行为，不管是对某个需要解决的具体问题的反应，还是仅仅在于想看看如果试试某些新事物将发生什么。这种探索常常导致新的行为手段的产生，因此皮亚杰将这一阶段称为"通过积极的试验以发现新的手段"。

⑥ 第六阶段，大致在18—24个月。该阶段的特征是出现符号/表征能力，即利用某物（如心理表象、词）以代表另外事物的能力。上一阶段的儿童需要真实而外显地试验所有可能解决某一问题的方法，而现阶段的儿童则可能内在地进行试验，在心理上对符号表征进行

各种转换和结合等操作。符号能力的出现使大量行为成为可能，最典型的是延迟模仿、象征游戏和语言等的运用。

感知运动智力并不会随婴儿期的结束而消失，而是贯穿人的一生。只不过随着表征能力的出现，逐渐出现了更高级的智慧形式。

2. 前运算阶段

按照皮亚杰的理论，大约在18个月到2岁期间，儿童在诸如延迟模仿和符号游戏等现象中，表现出越来越突出的心理表征迹象。皮亚杰将这些新的行为解释为儿童习得了能够思考不在当前情境中的客体和事件的能力，即以心理图片、声音、表象、单词或其他形式表征客体和事件。这种变化标志着感知运动阶段的结束，以及被皮亚杰称为"前运算阶段"的开始。

皮亚杰认为，前运算儿童尽管获得了这种符号思维，但是他们缺乏一些重要的逻辑认识形式，最突出的一点是他们的思维和言语常常是以自我为中心的，也就是儿童并没有认识到其他人具有不同的视角，或具有某种不同的观点。这种自我中心可能表现在儿童的言语中，儿童并不能根据听者的需要加以调节；皮亚杰用"三山任务"表明了另一种自我中心形式（空间自我中心）的表现。在皮亚杰和英海尔德设计的"三山任务"中，儿童面向桌子上的一个三座山的三维模型而坐，一个玩偶先后被置于围绕桌子的各个不同位置，研究者并为儿童呈示从各不同视角拍摄的玩偶看到的三座山的照片。任务要求儿童挑选出与玩偶的角度所看到的最吻合的照片。要成功完成这一任务，儿童必须想象从玩偶的视角会看到什么。研究者发现，7岁以下的儿童难以完成该任务，他们往往选择从他们自己的视角看到的三座山的照片。因此，他们似乎没有认识到，对于处于不同位置的人而言，所看到的情境将是不同的。

除了自我中心外，皮亚杰还认为这一阶段儿童的思维表现出其他三个特征：缺乏可逆性或灵活性、受知觉外表的支配（直觉性）以及在同一时刻只关注或集中于某一情境的一个方面（即中心化）。该阶段的儿童思维仍受外界而非自己的想法所支配，尽管他们已能利用日渐提高的语言使用能力对外界形成一些简单的内在表征，但尚不能执行运算。按照皮亚杰的观点，"运算"是某种心理原则，儿童可将其用于把客体或观念操纵成新形式，且更为重要的是，儿童能够将其操纵回原来的状态。由于前运算的儿童尚不能在心理上逆转事物，因此他们还不能做到这一点，因此称为"前运算阶段"。

3. 具体运算阶段

皮亚杰认为，大约在6—8岁之间，儿童进入了一个新的发展阶段，即具体运算阶段。皮亚杰将运算界定为某种用于转换信息的基本认知结构，该阶段的特征性成就是进行具有可逆性的心理运算的能力。例如，儿童认识到从一堆珠子中减去几个，可以通过加入同样数量的珠子而逆转。首先，儿童现在能够进行运算，并发展了逻辑思维，不过他们仍然需要具体的例子，尚不能基于抽象的术语进行思考。其次，具体运算思维能够去中心化，也就是能够同时将注意集中于某一客体或事件的几个属性，并认识到这些属性或维度之间的关系。他们认识到客体不止有一个维度,例如重量和大小,并且这些维度是可分离的。最后,从依赖知觉信息转而使用逻辑原则,其中一个重要的逻辑原则是同一性原则,即一个客体的基本属性不变;另一个与同一性原则密切联系的是等价原则,即如果 A 的某种属性等于 B,B 等于 C,则 A 必然等于 C。

皮亚杰认为,具体运算阶段的思维表现出三个重要特征:(1)可逆性(reversibility),指在心理上按相反方向(逆方向)执行某个动作的能力。这是守恒所不可或缺的,例如想象着将水倒回原来的烧杯。(2)守恒(conservation),使去中心化(decentre)能力成为可能。最早出现的是数量守恒(5—6 岁),继而是重量守恒(7—8 岁),最后是 11 岁左右出现体积守恒。(3)传递性(transitivity),这一阶段的儿童能对具体例子进行推理,例如,"张三比李四白,张三比王五黑。谁最黑?"具体运算阶段的儿童不能在心理上解决这一问题,而是需要三个孩子的玩偶或照片的帮助。类似地,A>B>C 的问题不同于具体的事例,由于需要抽象的思维,儿童将无法解决。皮亚杰的许多为人熟知的实验,就是集中在从前运算思维向具体运算思维转化的诸多现象上。

（1）守恒

皮亚杰著名的守恒实验,阐明了上述具体运算思维的三个特征:可逆性、去中心化、从知觉判断转向逻辑判断。在液体守恒实验中,如图 4-2 所示,向儿童呈现两个一模一样的杯子,两个杯子装有相同体积的液体;在儿童确认两个杯子装有相同体积的液体后,实验者将一个杯子的液体倒入一个比较细长的瓶子里,并问"这个瓶子(较高的)里的水与这个杯子(较矮的)的一样多、较少还是较多?"前运算阶段的儿童经常说较高的瓶子里的水比较多。具体运算阶段的儿童则认识到液体体积没有变化,尽管知觉外表发生了变化。

图 4-2　守恒任务举例

该实验的一个关键部分,是问儿童为什么液体是一样多或不同。具体运算阶段的儿童可能会说,"如果你将水倒回原来的杯子,它看起来还会一样"(可逆性),或"第二个瓶子比较高,但它也比较小(细)"(去中心化,维度间的关系),或者"你没有拿走任何东西,所以它必然是一样的"(逻辑同一性原则)。前运算阶段的儿童,即使他们偶然猜对"是一样多的",他们也可能解释不出为什么该答案是正确的,并且很容易受实验者的劝说而改变主意。

在体积守恒之前,儿童先掌握数量守恒(认识到客体数量并不因为其形状或排列的变化而改变）。在典型的数量守恒实验中，实验者先向儿童呈现两排一模一样的纽扣。在儿童同意两排纽扣的数量是一样的之后，将其中一排摊开。前运算阶段的儿童可能会说较长的一排纽扣比较多，因为他们专注于一个维度（长度），并且使用的是知觉线索而非逻辑原则，具体运算阶段的儿童则能够在心理上逆转运算（移动纽扣使其恢复原来的长度）、去中心化（既考虑长度也考虑密度），并且使用同一性原则而推论出重新排列并不改变一排纽扣的数量。

（2）序列化和传递推理

具体运算阶段的另一个特征，是按照诸如重量或大小等某种定量的维度排列客体的能力，即序列化。序列化是理解数目彼此之间相互关系的关键，因此在算术学习中起着重要作用。

序列化构成了儿童掌握另一个重要的逻辑原则，即传递性原则的基础，该原则表明在客体的质量之间存在固定的关系。例如，如果 A 长于 B，B 长于 C，则 A 必然长于 C。具体运算阶段的儿童认识到这一规则的有效性，即使他们从未看过 A、B 和 C。

具体运算阶段的儿童能够进行传递性推理的原因之一，在于他们认识到许多术语，诸如较高、较长和比较暗等，指的是关系而非绝对的性质。年龄较小的前运算阶段的儿童往往以某种绝对的术语思考问题，因此将比较暗解释为"非常暗"，而不是"比另一个物体暗"。如果向他们呈现两个明亮的客体，但其中一个比另一个更明亮，并要求他们拿出比较暗的一个，则他们可能不回答或说两个都不暗。

（3）类包含

儿童关于类包含的认识，阐释了范畴之间存在层级关系的逻辑原则。如果向 8 岁儿童呈示 8 个黄色的糖果和 4 个棕色的糖果，并问"是黄色的糖果多，还是糖果多？"他们通常会回答糖果多。但是当向 5 岁儿童提出同样的问题时，他们很可能会说黄色糖果多，即使他们能够计算糖果数量，而且知道什么是黄色的糖果和所有的糖果。皮亚杰认为，他们的困难反映了他们缺乏对层级关系的认识，以及不能同时对部分和整体进行推理。

第一，具体运算阶段的儿童认识到一些范畴是彼此嵌套的，例如，所有的橘子属于水果范畴，所有的水果属于较大的事物范畴。而且，他们能够进行某种运算，在心理上拆开和组织每一个客体范畴，因此食物是由所有水果和所有不是水果的食品构成。

第二，具体运算阶段的儿童认识到，同一客体可能属于多个范畴，任何时候均可能有多个关系，即所谓的多重类属或关系的原则。对于客体类属而言，"多重"意味着儿童明白了诸如此类的事实，香蕉既属于自然食品范畴，同时又属于甜食；面包既属于人工食品，又属于淀粉食品；一个人既可以是程序员，又可以同时是母亲。类似地，对于个体关系而言，"多重性"意味着一个雪球可以在重量上轻，又可以同时在颜色上明亮；一块岩石可以既重且暗。

尽管具体运算阶段的儿童在推理、问题解决和逻辑的能力方面优于前运算阶段的儿童，但是按照皮亚杰的看法，他们又尚未达到成人的水平。他们的思维大多数仍限制于此时此地的具体客体和关系。这一阶段的儿童已经形成了量和数的守恒，并且能够对实物加以排序和分类，但是他们不能就抽象、假设的命题或虚构的事件进行推理。

4. 形式运算阶段

按照皮亚杰的发展阶段，儿童在 11 岁左右进入形式运算阶段。皮亚杰使用"形式"，是因为这个阶段的孩子开始能够专注于某一论证的形式，而不被论证内容所分心。这一阶段的儿童的重要特征主要表现为：儿童开始能不受真实情境的束缚，将心理运算运用于可能性和假设性情境；既能考虑当前情境，也能够考虑过去和将来的情境；并且能够基于单纯的言语或逻辑陈述，进行假设—演绎推理及命题间的推理。

（1）现实与可能之间的逆转

皮亚杰认为，在思考问题时，具体运算阶段的儿童往往是从现实开始，以一种具体的注重实际的态度，采用各种具体运算技能，纯粹根据可觉察得到的现实（具体问题情境）去解决问题。因此，他们的思考离不开可觉察的经验事实这一基础。相反，形式运算阶段的儿童则更倾向于从可能性开始，然后进展到现实。因此在面临问题时，他们可能仔细考察问题情境，并试图确定事件的所有可能的解决办法或状态，然后在当前条件下系统检验哪一种解决方法才是现实的。与此同时，形式运算阶段的儿童将现实性视为更广泛的可能性的一部分，只是在某一特定问题情境中所展示出来的可能性的特定部分。在具体运算阶段，可能性则隶属于现实。

（2）经验归纳与假设演绎

如上所述，形式运算阶段的儿童在解决问题时，往往通过考察问题材料，假设某种理论或解释可能是正确的，并由此推论某一经验现象在逻辑上是否应该出现，然后通过检查现实情况下这些所预测的现象是否发生，以此来检验自己的理论。例如，对于可能发生的事情，他们可以编出一个似乎有理的故事；并推断若故事为真，在逻辑上推测现实中应发生的事情；通过检查或实验，看看事实上发生了什么；然后，据此接受、拒绝或修正自己的故事。在这种问题解决过程中，因充分利用假设和基于假设的逻辑演绎，所以也被称为假设演绎推理，这种推理完全不同于具体运算阶段非理论及非推理的经验归纳推理。

（3）命题内与命题间

具体运算阶段的儿童能够建构关于具体现实的心理表征，也能评价它们在各种环境中的经验效度。他们能产生、理解和验证命题，但在处理命题时只能个别地考虑命题，只能根据相关的经验材料逐个检验命题。由于在每一个命题的检验中，所证实或推测的只是关于外部世界的个别论断，因此皮亚杰将具体运算思维称为命题内思维，即限制在某个单一命题内的思维。形式运算阶段的儿童也基于现实检验个别命题，但他们还能够推论两个或更多命题之间的逻辑关系，因此，皮亚杰冠之以"命题间的"某种更精细、更抽象的推理形式。更为重要的是,形式运算思维在进行逻辑论辩时,至少在原则上可以不受现实和情感因素的影响。

皮亚杰用以考察儿童形式运算的经典任务之一是钟摆任务:即让儿童面对任务,要求他们发现是什么决定了钟摆的频率。具体运算者通常认为,是实验者对钟摆的推动所决定的,他们检验可能性时并没能控制其他变量。而形式运算者则考虑所有可能的变量,如推动、绳子的长度、摆臂的重量等,他们仔细分离变量并控制混淆变量。皮亚杰坚持认为每个人最终都将达到这个阶段,即使可能要经过更长的时间才能达到这一阶段。

四、 皮亚杰理论所面临的挑战

每一位伟大学者的理论均会引发修正、扩展和争议。皮亚杰也不例外。事实上,皮亚杰也一直修正和扩展自己的观点,直到他1980年逝世。此后,他在日内瓦的同事继续着这一进程。尽管出现了一些不同的看法,但该理论在激发研究方面仍然起着重要作用,所激发出来的这些研究产生了大量关于儿童认知发展的新知识。那些导致对皮亚杰理论做出重要修正的研究,对我们了解个体认知的发展无疑具有非常重要的价值。

1. 认知发展能否加速

对于儿童在诸如守恒等任务上的困难,人们常常提出的问题之一是,能否通过教学促进儿童在这些任务上的表现。按照皮亚杰的观点,对前运算阶段的儿童而言,像守恒这类基本认知技能的训练是不可能有效果的,因为真正的习得要求"有准备的"机体和恰当的环境之间相互作用。他预测,只有在儿童已准备向具体运算阶段过渡时,训练才有帮助,因为这时儿童在发展上已经准备好了接受这种训练。

但这些预测并没有很好地得到研究结果的支持。至今已有许多研究表明,前运算阶段的儿童能够受益于守恒及其他类型的具体运算思维的训练。而且,那些被认为已经准备好的儿童,并不比那些似乎尚未准备好的儿童从训练中学到更多的东西。经训练后,前运算阶段的儿童可能变得处于过渡期间,而过渡期间的儿童可能习得具体运算,二者均有了提高。从某种程度上说,认知发展是可以促进的。

2. 学前儿童能否表现出具体运算能力

如果学前儿童实际上能得益于具体运算技能的训练,许多研究者推论,或许甚至不需要训练,他们对守恒、类属关系等方面的认识也远远超过了皮亚杰所认为的。迄今已有大量研究证明了这一推论。

（1） 数的守恒

当给予某种简化任务时,年龄很小的儿童也表现出数的守恒。例如在"魔术游戏"研究中,给儿童呈示两个盘子,每个盘子上有一排玩具老鼠。一个盘子里有两只老鼠,另一个有三只,但两排老鼠的长度一样。然后,实验者与儿童进行游戏:将盘子盖起来,并在一系列的试验中要他们猜测哪个盘子将是胜利者(三只老鼠的盘子总是胜者)。然后实验者开始偷偷改变其中一个盘子,加入或拿走一只老鼠,加长或缩短其中一排。结果,甚至2岁半或3岁的儿童也能对数量的变化做出正确反应,而不管长度的变化。这些结果不仅与认为前运算阶段的儿童没有数量守恒的观点相矛盾,而且表明年龄很小的儿童也有了数的概念。

（2）类包含

在皮亚杰的类包含测验中,呈示给儿童的是诸如四朵红花和两朵白花等一些物体,并问"红花多还是白花多?"前运算阶段的儿童经常回答红花多,由此皮亚杰认为他们不能去中心化,无法考虑一个子类和一个类属。然而,其他实验则表明,4岁儿童能利用类包含进行推论。例如,当问题变成"山药是一种食物,但不是肉,山药是汉堡包吗?""木瓜是一种水果,但不是香蕉,木瓜是食物吗?"时,儿童回答这种问题的正确率达到91%。显然,他们对类属和子类已经有了某种认识。

（3）空间自我中心

研究也发现,学前儿童能够采择其他人的观点。例如,如果给予儿童一个内表面贴有照片的木制开口四方体,并要求儿童将照片呈示给坐在对面的人看。结果,几乎所有2岁和2岁以上的儿童都将四方体的开口转向成人,而不是面向自己。他们认识到成人的视角不同,因此必须调整四方体的位置,这样成人才能看到照片。

年龄稍长的学前儿童也能在比较复杂的情境中辨别其他人的观点,包括指出其他人和客体之间确切的空间关系。例如,儿童在"三山任务"观点采择情境中的错误,只发生于要求儿童从几张图片中挑出表明他人视角图片的时候。挑选一张图片实际上是一个十分容易使人迷惑的任务,因为儿童仍处于他原来的位置,表明处于其他位置的他人视角的图片与儿童实际所看到的房间主要标记并非完全一致。相反,当只是要求儿童回答什么离观测者近或远,什么在观测者的左边或右边时,3岁儿童也表现出高于随机水平的成功判断,表明这些儿童能采择另一个人的观点。

为什么探究相似论题的研究者得出了相反的结论? 事实上,仔细考察皮亚杰的早期研究和新近研究之间的差异,可以发现:

首先,皮亚杰的研究依赖于儿童对抽象语言的认识,如"较多""较少"和"相同"等。学前儿童常常被这些单词所迷惑,但他们能够理解要求他们挑出一个胜利者或执行一个简单指令的游戏。

其次,皮亚杰的任务往往比后来那些学前儿童也获得成功的任务复杂,即使它们要求儿童使用的是相同的基本原则。例如,与确认就某位观察者而言什么项目处于某一特定位置相比,在"三山任务"中挑选一张照片是一个更为困难的任务。

最后,新近的学前儿童研究采用了更为灵巧的方法,以测验儿童的内隐知识。当一个人能够使用某一原则而不能加以解释时,我们说他的知识是内隐的。灵巧方法的使用能引发儿童表现出他们关于数、类包含和其他原则的内隐知识,而皮亚杰认为这些规则的习得要到具体运算阶段。

3. 认知发展具有领域一般性还是领域特殊性

在皮亚杰的理论中，皮亚杰认为儿童在不同领域的任务中均使用相同的认知结构，因此发展阶段涵盖广泛的认知领域。然而，几十年的研究表明，发展很少表现出类似于这个意义上的阶段性。儿童可能在序列化任务上获得成功，但没能通过守恒任务；或者可能要在他们感知到数守恒之后的几年，才能感知到质的守恒。皮亚杰意识到这种现象，甚至为其创造了一个名称，即"水平滞差"（horizontal decalage），并相对含糊地将其归因于不同任务的不同属性，以及儿童对材料的兴趣和经验的不同。

但对于许多认知发展理论而言，这一问题远没有这么简单，因为它对认知发展阶段观构成了挑战。因此，有些理论提出，发展是以某种领域特殊性的方式出现的。也就是说，儿童独立地习得了关于特定知识领域的知识，如数、空间或温度等。关于某个领域的习得，并不总是导致关于另一个领域习得的增长。各个领域具有各自特异性的习得方式，具有自己特异的认知障碍。

五、 皮亚杰理论简评

尽管皮亚杰的认知发展理论只是他的发生认识论研究的一项副产品，但是正是这项副产品极大地推进了关于儿童认知发展的研究，并且它的许多基本假设迄今仍广泛地为我们理所当然地接受，因此可谓是无为而为之典范。

皮亚杰对儿童认知发展的影响无疑是划时代的，他为该领域带来了某种关于儿童本性，以及他们认知发展的内容、时间和方式的新视角。诚如弗拉维尔（J. H. Flavell）所言，"对于揭示迷人而重要的发展进步，皮亚杰无疑具有最为杰出的技能"。尽管当前很少有研究可被视为"经典的皮亚杰式的研究"，但该领域吸收了他如此多的观念，因而他对当前研究的贡献常常是无形的。正是受皮亚杰理论的影响，之后几乎所有认知发展理论均将儿童视为受内在激励和认知上积极主动的机体，他们从经验中选择对他们来说有意义的东西。另外，多数理论均假定存在某种处于限制内的变化，同时伴有重组过程，这类过程往往十分类似于皮亚杰的同化、顺化和平衡化过程。研究者也继续研究着许多皮亚杰所确认的内容领域：对于人类经验和知识的大部分主要形式，皮亚杰均曾系统地探究过，诸如空间、时间、数值等。甚至对于那些最平凡、最浅显的，我们往往不会考虑到的认知，他也揭示出了复杂的一系列初步发展形式和前兆，更不用说那些复杂的认知了。

当然，皮亚杰的认知发展理论并非无懈可击。许多人认为皮亚杰的理论不可能适用于任何认知发展情形，并且对认知变化如何产生所作的解释不够具体。或许是受他的认识发生的研究目的和研究方法的限制，皮亚杰对认知发展阶段的偏好甚于对认知发展过程的具体表述和解释。

我们认为，皮亚杰的认知发展理论的思想性甚于它的实证性。正是该理论丰富的思想性和启迪性，极大地推动了儿童认知发展研究的进步。20世纪七八十年代以来，一定程度上正是受到皮亚杰理论的启发和促进，儿童认知发展研究领域走向了几个富于成果的发展方向。在很大程度上，这些新理论并没有否定皮亚杰的理论，而是确认了发展的另外一些重要方面，或者说对皮亚杰眼中的变化提供了某种比较具体的解释。

第二节　维果茨基的儿童认知发展研究

维果茨基毕生从事心理发展问题研究，尤其关注人的高级心理机能的发生和发展。其心理学研究深受马克思主义影响，强调社会互动和文化的影响，强调社会文化对人的心理发展的重要作用，认为人的高级心理机能是在人的社会活动中形成和发展起来并借助语言实现的。维果茨基极富才华，提出了许多独具见解的理论观点，又创造性地进行了许多实验研究，他的理论和方法对思维和语言等高级心理过程的发展研究产生了尤为重大的影响，其思想至今仍影响深远。

一、社会文化理论与语言发展

维果茨基的重要心理学思想之一，在于强调社会活动对人类意识的重要性，认为社会环境对学习具有关键性的作用，正是社会因素与个人因素二者的整合促成了人类学习。他将心理功能区分为初级心理功能和高级心理功能，前者在出生时就已经出现，有如感觉和注意，它们只因经验发生微小的发展；后者是个体基于个体发展经验逐步发展而来的，有如问题解决和思维等功能。

从初级心理功能发展到高级心理功能，离不开社会文化环境的影响。社会文化环境通过符号工具影响到认知功能，符号工具指的是社会的文化物品以及它的语言和社会建构。因此，书本、教师、父母、专家以及任何能够传递知识的事物，都在维果茨基界定的社会文化之列。认知发展源于社会交互作用中文化工具的使用，源于将这种交互作用内化和心理转换的过程。因此，维果茨基的理论是一种辩证的建构主义理论，它强调人与周围环境之间的相互作用，而符号中介则是发展与学习的关键机制。

维果茨基最具争议的观点是他认为所有的高级心理功能都源于社会环境，其中语言过程最具影响。维果茨基认为在心理发展中，首先需要掌握传播文化和思想的外在符号过程，即掌握语言、计数和写作等过程；一旦掌握这些外在符号过程，下一步则是运用这些符号来影响思想和行为，以及对思想行为进行自我管理，在自我管理中，内部言语的使用具有重要功能。

因此，在维果茨基的理论中，语言和言语是交流知识和观念所不可或缺的要素，也是维果茨基理论中不可或缺的内容。要理解他的理论，必须要理解语言在思维中的作用。维果茨基认为思维和语言的发展经历了以下几个阶段：

第一，0—2岁，语言和思维彼此独立发展，儿童具有前言语思维和前智能言语。

第二，2—7岁，语言有两个重要作用，一是监督和指导内在思维（我们对自己说话的内部声音），二是与他人交流想法（大声说出来）；这个年龄的儿童会对自己大声说话，维果茨基将此视为儿童还不能区分二者的表现。

第三，7岁之后，儿童能够区分语言的这两种功能；私密语言用于思维，成为认知发展的核心；维果茨基认为语言和思维并行发展，我们利用语言的能力促进了我们的思维能力，反之亦然。

二、 高级心理机能的发展

维果茨基有关心理发展的研究，对于理解建构主义十分重要。面对心理现象的真实性与复杂性，维果茨基强调"意识（认知）"研究对心理学的重要意义。为客观研究人的心理特性，他提出了意识形成与心理发展的文化历史原则，认为应持历史的观点而不是抽象的观点，在个体与社会环境的交互作用之中去研究意识和心理发展。

维果茨基有关心理发展的文化历史观的重要假设之一，即认为心理过程的变化是以特殊的"精神生产工具"为中介的，其中最重要的就是各种符号系统，尤其是语词系统。在与社会文化环境交互作用的过程中，个体的心理过程受这些特殊中介工具的影响，能够在改变环境的同时，调控自己的行为和心理过程，从而使自己的行为调控更具有理性和自由度，由此逐渐形成了有别于其他动物的高级心理反映形式，即意识。维果茨基所揭示的心理发展规律与原理，提出了另一种动态观点，认为心理机能本身产生于人的心理发展过程之中，并随着心理生活形式的复杂化而逐步改变机能之间的关系。

维果茨基明确提出"意识"问题研究应作为心理科学头等重要的基本问题。维果茨基明确区分了"意识"与"心理"这两个本质上不同的概念："心理"概念适用于动物也适用于人，是人与动物共有的反映形式，而意识则是人所特有的最高级的反映形式；意识问题是有关行为结构的问题，意识从来都是某种整体，因此意识与高级心理机能之间的关系是整体与部分的关系；意识不仅具有机能结构，而且还具有意义结构。"机能"与"意义"在不可分割的联系之中，分别从心理形式与心理内容出发去探索意识问题。从"意识是统一整体"的观点出发，维果茨基采用"单元分析法"取代传统的"要素分析法"，试图把握心理发展过程的动态性、变化性。

三、 最近发展区理论

维果茨基重视心理科学基础理论研究与应用研究的密切结合，认为只有通过在生活各个领域中的应用，心理学才能获得真正的科学依据。基于这一认识，维果茨基对儿童认知发展与学校教学之间的关系问题进行了深入研究。针对当时已有的认为教学与发展相互没有关联的观点、把教学与发展混为一谈的观点，以及将上述观点简单合并的情况，他提出，在教学与发展之间存在复杂的关系。在关于这种复杂关系的研究中，维果茨基指出，儿童的全部心理过程是在交往过程中发展的，而表现为合作的教学正是最具有计划性与系统性的交往形式。正是这种教学可以促进儿童心理的发展，并创造出儿童全新的心理活动形式。这是因为，儿童今天不能独立完成的事，往往有可能在教师与伙伴的帮助下完成，而明天他就能自己独立完成。由此，他首先确定了儿童心理发展中的两种水平——"现有发展水平"和"最近发展区"。

诚如维果茨基所言，"……今天的最近发展区是明天的实际发展区，也就是说，在某些辅助下儿童今天能做到的，将是明天他自己能做到的"（Vygotsky，1978，p. 86）。所谓最近发展区，就是儿童实际的发展水平与潜在发展水平之间的差距；前者由儿童独立解决问题的能力而定，后者则是指在成人或更有能力的同伴的指导下能够解决问题的能力所决定；最近发展区则是在恰当的教学条件下，学生可能达到的学习量，这在很大程度上是测验学生发展的准备程度或特定领域内的智力水平，可将其视为智力概念的一种不同表述。

要让学习得以发生，教师应为儿童提供超越其能力水平同时又在他人帮助下能做到的能力水平内的挑战。因此，只有在他人的帮助下，儿童才能真正达到其潜力水平。成人给予的这种帮助，即发展支架（scaffolding）。重要的是，让儿童经历挑战而不是经历失败。因此，基于"最近发展区"的教学应在儿童的智力（认知）发展中起着主导性作用，教学的本质特征不在于"训练""强化"业已形成的心理机能，而在于激发、促进儿童目前尚未成熟的心理机能；因此教学应该成为促进儿童心理机能发展的决定性动力，只有走在发展前面的教学才是好的教学。

在最近发展区里，教师和学生共同完成一个任务，而这个任务的难度是学生所无法独立完成的；在共同完成任务的过程中，教师和学生共享文化工具，促成了基于文化中介的社会互动，当学生把这种文化中介的互动内化时，认知发展就产生了。最近发展区内的教学活动，是为学生提供大量有人指导的参与活动；在活动中，学生不是从这种交互作用中被动获得文化知识，也不一定必须要自动化或精确地进行反应，相反，他们对社会互动有自己的理解，并通过将这些认识与自己在具体情境中的经验整合起来，构建出自己的思想。

四、 维果茨基的研究在教育中的应用

维果茨基强调社会互动在教学中的作用，这是他最伟大的贡献之一。有效的教师，其学识应高于学生，且善用学生同伴的作用；教师需要为儿童提供发展支架，并能依照儿童的进展情况调整其帮助水平。维果茨基的理论直接推动了许多相关教育实践研究，这些研究主要围绕两个主题：

1. 最近发展区与发展支架

研究发现，为儿童设置的任务应处于恰当的水平，任务太难，则超出了儿童的最近发展

区,不管给予多少帮助和什么形式的支持,个中差距均无法衔接跨越;任务太简单,则无法激起儿童的学习动机。诚如伍德(Wood,1988)所言,如果儿童在某一任务上成功了,则成人的帮助可以减少;同样,如果儿童苦苦挣扎,则需要为其提供更大的帮助。伍德对小学课堂进行了研究,认为教师不可能对30个不同学生的最近发展区均有很好的认识,相反,他认为为学生提供某个情境下的发展支架更为恰当。布里斯等人(Bliss, et al. ,1996)考察了科学教育课堂中为7—11岁学生构建发展支架的不同方式,结果表明许多发展支架的构建均是无效的,并描绘了一些其称之为"假性支架"的帮助方式。

2. 同伴指导

支持性支架的建构也被成功应用于同伴指导领域。维果茨基强调,任何比儿童拥有更多知识的人均可以成为其老师,诸如成人、年长同伴或同龄但更有见识的孩子。在课堂情境中,学得好的孩子可以起着很好的指导者作用,因为其年龄相似、对被指导对象所处情境有更好的认识,而且往往处于同一最近发展区。塔奇等人(Tudge & Winterhoff,1993)发现,最好的同伴指导者应显著领先于他们的指导对象;但是,如果指导者缺乏信心或没能提供必要的支持支架,则指导是无效的。艾丽斯和高文(Ellis & Gauvain,1992)在比较北美土著的纳瓦霍人(Navahos)和欧裔美国人时,发现不同文化均存在对同伴指导的支持。虽然两种文化所使用的方法迥异,但是儿童均得益于同伴指导。

五、 维果茨基研究简评

不同于强调皮亚杰和其他认知发展研究者无视社会和文化在认知发展上的重要作用的立场,维果茨基的社会文化理论提供了一种不同的视角来理解认知的发展。维果茨基与皮亚杰理论比较如表4-2所示。

维果茨基的理论挑战了许多皮亚杰理论的基本假设,吸引了许多西方发展研究者的关注。但是他自己的有些观点如今也受到了质疑。有些研究者认为,维果茨基所强调的依赖于言语指导的参与性活动,在某些文化中或对于某些人来说并不那么适用。譬如,如何种植蔬菜,通过观察他人来学习,比通过言语指导和鼓励的学习更为有效。另外有研究者认为,他提出的同伴学习并非总是很有效,特别是当作为同伴的合作学习者对自己所掌握的知识也并不是那么确信时。此外,还有研究者认为,维果茨基过于武断地认为高级心理机能的发展与有机体结构的生物变化无关。

不过,同皮亚杰一样,维果茨基的理论观点的重要意义在于其思想性。以维果茨基、鲁利亚和昂杰列夫为主的社会文化历史学派对后来的其他研究者产生了深远的影响,比如下一节将要介绍的布鲁纳。如今,在其基础上发展出了社会建构主义(social constructivism)、社会文化认知观(social-culture congnition)和社会建构论(social constructionism)等不同的思想。

表4-2　维果茨基理论和皮亚杰理论的比较

维度	维果茨基的社会文化观	皮亚杰的认知发展观
社会文化环境	极其强调	不太强调
建构主义	社会建构主义	认知建构主义
普遍性(阶段)	认知发展在不同的社会和历史背景下是不同的;未提发展具有阶段性	认知发展很大程度具有普遍性,强调发展阶段(感知动作阶段、前运算阶段、具体运算阶段、形式运算阶段)
分析单元	个体发展的社会、文化和历史背景是分析的单元	个体是分析的单元
认知发展	认知发展是社会交互作用的结果(如在最近发展区的指导教学)	认知发展是儿童独自探索世界的结果
发展过程	社会过程变成个体心理过程(如社会言语转化为内部言语)	个体的、自我中心的过程变得更加社会化(如自我中心言语变为社会言语)
成人、同伴	成人非常重要(因为他们熟悉思维文化工具)	同伴尤其重要(因为儿童必须学会考虑同伴的观点)
建构知识	儿童和他们的父母、教师、同伴共同建构知识	每个孩子独自建构知识
语言作用	语言在思维形成中发挥了重要作用;思想依赖"内部言语","自我中心言语"是"内部言语"与"外部言语"的桥梁	认知先于语言,并指导语言的产生;语言出现后对认知起影响作用
学习与发展	学习先于发展(通过成人的帮助学习到的工具内化了)	发展先于学习(只有儿童掌握了必备的认知结构,才能做某些事)
教育观点	教育起着中心作用,帮助儿童学会文化	教育只是对儿童已经出现的认知技能予以提炼
教学启示	教师是促进者和引导者,不是指挥者;应创造学生与教师或能力较强的同伴一起学习的机会	教师是促进者和引导者,不是指挥者;应为儿童探索世界发现知识提供支持

第三节　布鲁纳的儿童认知发展研究

　　布鲁纳(J. Brunner)早期开展儿童发展研究时,行为主义正主导着思维研究领域。行为主义试图科学严谨地研究学习过程,以形成客观可测量的学习过程的解释方式。布鲁纳试图将类似的技术用于内在过程（包括学习）的研究，因此是认知心理学的早期先驱之一。布鲁纳深受皮亚杰研究的影响，之后又受维果茨基研究的影响，从他的理论中不难看出上述二者的影子。

一、布鲁纳的建构主义观

依照布鲁纳的观点，儿童的认知结构随年龄的增长而日渐成熟，从而能够以越来越复杂的方式思考和组织材料。这里我们再次看到了皮亚杰的影响，当然也有信息加工模型的影响。儿童也被视为是生来具有好奇心、渴求知识和认识。儿童自然适应于环境，其抽象思维发展于动作。与皮亚杰和维果茨基一样，布鲁纳认为儿童必须自己通过探究环境而学习，事实上，布鲁纳可被视为"极端的建构主义者"，因为他坚信我们所经历的世界是我们心灵的产物。我们所感知和认识的世界，作为符号加工的产物，是经由我们的心灵所建构的。布鲁纳拒绝皮亚杰所倡导以及维果茨基在一定程度上所支持的阶段观，其更关注儿童发展过程中知识是如何表征和组织的，而不是发展变化的年龄。

布鲁纳也强调文化对认知发展的影响，认为我们的文化决定了我们将成为哪类人，不可能有谁能独立于文化之外。文化为人类应如何发展提供了"指导"，而且这些指导代代相传。布鲁纳显然不认同皮亚杰认为儿童是彼此孤立、独自学习的观点，他认为儿童是与他人一道发展出思维框架，并且这种框架是文化依赖的。这里，我们看到了维果茨基的影响。

二、表征模式与认知发展

布鲁纳十分重视认知发展的研究，认为一个教学理论实际上就是关于怎样利用各种手段帮助人成长和发展的理论，视认知发展为讨论教学问题的基础；认为如果忽视认知发展以及它的各种制约因素和可能利用的机会，则教学就是无本之源了。在认知发展上，布鲁纳受到皮亚杰的影响，认为儿童的认知结构连续发展，具有从具体到抽象的趋势，但他反对皮亚杰学派以儿童的生理年龄划分儿童的认知发展阶段，而是以表征模式作为衡量认知发展的指标。表征模式指的是儿童操纵信息的方式。

模式的概念看似阶段，事实上却不同于阶段。当我们谈到皮亚杰的阶段发展时，意指儿童从前一个阶段发展到下一个阶段，其中十分关键的变化是儿童放弃了原来的思维或运算方式。而布鲁纳则认为，早先的思维方式持续为儿童所用，而且在以后对一些任务而言可能十分有用。依照儿童新出现的不同表征模式，布鲁纳认为儿童的认知发展可以分为三个时期。

1. 动作表征（enactive representation）（第 1 年）

这个时期类似于皮亚杰的感知运动阶段与前运算发展阶段的前半部分。儿童的心理功能稀缺，因此"思维只是身体动作"。知识是儿童动作所能操纵或所能做的，例如打结、指向等。在以后的生命历程中，这种动作表征可用于骑单车、游泳、驾车等。这些自动化的活动模式已经被"焊接"进我们的肌肉组织中，想象一下我们如何系鞋带或骑单车，对此我们很难用语言向别人解释清楚，因为它们是动作性的。

2. 形象表征（iconic representation）（第 2 年）

这个时期类似于皮亚杰的感知运动阶段和前运算发展阶段的后半部分。儿童开始有了心理表象，从而在刺激消失时儿童仍能保持图像，这时候儿童开始能够画画。这些形象或图像是建立在过去的经验基础上的，源于儿童大量接触类似的刺激和事件。我们所具有的"杯子"形象，并非基于见过一个杯子，而是基于见过许许多多杯子。不过，这个时期的儿童还缺乏解决问题的能力。

3. 符号表征（symbolic representation）（6 岁或 7 岁之后）

这个时期类似于皮亚杰的具体运算发展阶段。布鲁纳认为，符号可以是任何我们可以用来象征他物的东西，包括单词（语言）、音乐、数字等。这类表征发展的确切时间因儿童而异，尤其取决于儿童语言能力的发展。具备了符号表征，儿童能够开始归类、逻辑思维和解决问题。布鲁纳最感兴趣的问题在于儿童如何从形象思维过渡到符号思维。布鲁纳理论的一个重要影响，在于其强调通过符号使用的训练可以加速儿童的认知发展。许多研究证实了这一点，而这显然与皮亚杰认为阶段发展主要由生物决定的观点相左。

三、 语言发展与认知发展

关于语言发展，布鲁纳的观点与皮亚杰有重要差异，但显著受维果茨基的影响。布鲁纳认为，儿童从形象模式向符号模式的过渡主要源于儿童掌握了语言。如同维果茨基，布鲁纳认为语言有助于认知发展，然后两者相互交织在一起，相互支持共同发展。而皮亚杰则认为，语言只是某种工具，是认知发展的结果。布鲁纳认为，语言是儿童与可促进其学习的成人和年长儿童进行交流所必需的，它也是构筑发展支架所不可缺少的，因此语言是思维中所不可或缺的。布鲁纳认为语言训练是加速儿童认知发展的方法之一，这一观点迥异于皮亚杰的论点。

语言习得能力普遍存在于所有人类文化中，这导向了语言习得先天论，即认为语法习得的规则从根本上是人类大脑先天具有的。典型代表之一是乔姆斯基，他认为人类拥有一个语言习得机制（language acquisition device，简称 LAD），从而容许我们在接触到人类言语时快速习得语法规则。布鲁纳则认为我们拥有一个语言习得的社会系统（language acquisition social system，简称 LASS）。按照布鲁纳的说法，语言必须发生于社会情境，单纯听语言并不足以发展儿童语言，他们还需要接触会话发展所需要的眼神注视和轮流。对于一些环境剥夺儿童的语言发展不良问题，布鲁纳认为这是因为言语学习中缺乏社会互动。

四、　布鲁纳理论在教育中的应用

不同于皮亚杰和维果茨基，布鲁纳在其理论形成过程中，内心始终关注着教育过程。关于儿童学习，他始终强调儿童以及通常学习者是在积极主动地建构他们自己的知识。

1. 基本哲学

布鲁纳认为儿童学好一个科目关键在于掌握基本原则，而不仅仅是习得一系列事实。一般来说，儿童若掌握了这些原则，将较少依赖他人，并能超越其所接受的正式教导内容，进而形成他们自己的观点。重要的是，儿童自始至终是为自己而学，而其他人，诸如成人或能力更佳的同伴，能对他们的学习过程起帮助作用。不同于皮亚杰，布鲁纳认为认知发展过程可因老师的帮助而得到加速，并且像维果茨基一样，认为有更具能力的人所提供的支持支架是教学过程不可缺少的部分。因此，就像语言和交流的作用一样，老师在推动支架的形成和儿童语言使用（符号表征模式）发展方面也很重要。他强调儿童同伴合作小组的作用（类似于维果茨基的同伴指导）比皮亚杰的个人发现学习更重要；合作小组教学有助于促进学生的动机，从而为以学生为中心的学习有效性提供支持。

2. 认知发展加速

布鲁纳强调，教师可以加速学生的认知发展速度，主要通过促进语言习得、帮助学生从形象表征模式过渡到符号模式；由教师提供的刺激也将促进学生认知发展，特别是那些来自剥夺背景的学生。这里所指的是那些在家庭环境中获得较少心理刺激的背景不良的学生，若能在教育过程中为其提供丰富刺激，将使其受益更多。

3. 表征模式

在教育中，表征模式的影响类似于皮亚杰的阶段，教师需要认识到各个儿童所使用的表征模式，并围绕这些模式来组织他们的教学、资源和活动。例如，早期教育将围绕动作表征模式，因此更多的活动在性质上应该是动手的和实践性的。另外，相同知识的教授可以基于不同模式来组织，例如以有关恐龙的教学为例，组织的活动可以包括做恐龙模型（动作表征）、观察电视频道"恐龙在行动"（形象表征）、在互联网寻找有关恐龙的信息（符号表征）。

4. 电脑使用

布鲁纳认为，在课堂上电脑十分有用，因为电脑可以给学生提供支架。许多教育程序的软件均提供鼓励、系列"帮助"菜单和工具，从而提供足够数量的不同支架以适应不同发展水平学生的需要。学生也可以利用计算机来完成团队任务，从而促进社会互动以及随之而来的发展机会（如合作学习、语言使用等）。计算机使用也常使学生处于忙碌状态，这时容许教师进行巡视和观察，在需要时为学生提供支架，在学生需要额外帮助时提供干预和指导。

五、 布鲁纳研究简评

作为"认知革命"的重要一员，布鲁纳对于意义建构的强调，使以意义为中心的研究又重新受到心理学和社会科学的关注。他对维果茨基的社会文化理论的介绍，以及他自己一直试图在心理学和人类学之间直接建立起某种沟通联系，对我们理解文化和心理的最初关系做出了重要贡献，引起越来越多的研究者关注文化在心理发展过程中的作用，并因此对文化心理学和心理人类学研究产生了巨大影响。而他提出的语言习得社会系统强调社会情境和文化在语言发展中的重要作用，则为研究儿童的语言发展提供了一个很好的框架。

布鲁纳的理论最显著的影响就是对教育实践的指导。但也有人对他的观点提出了异议。比如，他强调学习在于掌握基本原则，这过分重视知识的结构化，忽略了知识与现实的联系。另外，他强调学生是在主动建构知识，这夸大了学生的学习能力，忽略了教师的作用。

本章小结

- **皮亚杰的认知发展理论**

皮亚杰的发生认识论（认知发展）将智力定义为帮助儿童适应环境的基本生命功能；皮亚杰将儿童描述为积极的探索者，他们制定计划，在思维和经验之间建立认知平衡。

认知格式是通过组织和适应过程加以构建和修改的。适应包括两个相辅相成的活动，即同化（试图使新的经验适应现有格式）和顺化（根据新的经验修改现有格式）。认知发展的结果是同化刺激顺化，从而诱导了格式重组，进而允许进一步的同化等。

- **皮亚杰的认知发展阶段**

皮亚杰认为智力发展是通过一系列不变的阶段进行的，这些阶段可归纳为：感知运动阶段（0—2 岁）、前运算阶段（大约 2—7 岁）、具体运算阶段（7—11 岁左右）和形式运算阶段（11 或 12 岁以上）。这些阶段彼此之间具有质的差异。

- **维果茨基的社会文化视角**

维果茨基强调社会和文化对认知发展的影响，认为所有高级心理功能均源于社会环境，强调心理过程的变化是以特殊的"精神生产工具"为中介的，其中最重要的就是各种符号系统，尤其是语词系统。每一种文化都将信念、价值观和偏好的思考或解决问题的方法传递给每一代人，因此文化教会孩子们什么是思考、怎样去思考。

儿童在与更有技巧的伙伴合作对话的背景下获得文化信念、价值观和解决问题的策略，因为他们逐渐将外在指导内化，以便在自己的最近发展区内掌握任务；当更熟练的合作者为其提供适当的支架时，学习就会发生得最好；儿童的私人言语是认知的自我引导系统，可调节问题解决活动，最终内化为隐蔽的内在话语。

- **布鲁纳的认知发展观**

布鲁纳认为感知和认识世界都是符号加工的产物，是经由心灵所建构的；同时也认为文化对人类应如何发展提供了指导,且这种指导代代相传。依照表征模式的不同,儿童的认知发展经历三个时期:动作表征、形象表征和符号表征;语言的掌握是形象表征向符号表征过渡的重要原因。

儿童学好某个科目的关键在于掌握基本原则,而非习得系列事实;儿童积极主动地建构他们自己的知识,认知发展可因他人的支架支持而加速;新教育技术的出现,如电脑的使用,可提供更多支架以适应不同发展水平学生的需要。

思考与练习

1. 皮亚杰认为认知发展的核心机制是什么? 皮亚杰的理论有何影响和局限?

2. 在维果茨基看来,认知发展的实质是什么? 为什么教育应走在发展的前面?

3. 关于学习与发展的关系,皮亚杰、维果茨基和布鲁纳三者的观点有何异同?

4. 为验证各自的理论假设,皮亚杰、维果茨基和布鲁纳的实证研究策略和方法各有何特点?

延伸阅读

1. 邓赐平.皮亚杰文集(第三卷):心理发生及儿童思维与智慧的发展[M].郑州:河南大学出版社,2021.

2. 列谢·维果茨基.维果茨基全集(第五、六卷)[M].郑发祥,等,译.合肥:安徽教育出版社,2016.

3. 布鲁纳.布鲁纳教育论著选[M].邵瑞珍,等,译.北京:人民教育出版社,1989.

4. 约翰·弗拉维尔,等.认知发展[M].邓赐平,刘明,译.上海:华东师范大学出版社,2002.

第五章　儿童认知发展与学习

📑 **本章导语** ||||||||||||||||||||||||||||||||||||||||||||||||||||||||||||||||||||||||||||||||||||||||||

　　"给你,小家伙!"马晓晓的叔叔一边说,一边把一个拨浪鼓放在他的手里。6个月大的马晓晓摇晃着玩具,把它放进嘴里,吸着玩具。然后他把拨浪鼓从嘴里拿出来,用力地摇了摇,把它扔到了地上。"晓晓! 你的拨浪鼓呢?"妈妈问。"无论什么时候,只要他放下了玩具,就不会去找它,"妈妈向他的叔叔解释说,"即使是他最喜欢的玩具。"随着年龄的增长,马晓晓很快就会对那些消失的东西表现出兴趣,比如他的拨浪鼓,他的思维会随着他早期认知发展和语言学习的进程而变得更加复杂。这些致使马晓晓一生中第一次改变他看待世界的方式。我们如何解释这些认知上的变化及其所产生的影响呢?

　　前述三种传统的认知发展观以不同的方式解决这个问题。皮亚杰的认知发展理论强调作为发展基础的认知结构变化以及思维内容和组织的变化。维果茨基的社会文化理论指出了情境和我们的交流需要对思维的影响作用。布鲁纳则强调意义建构及社会情境在语言和思维发展中的作用。在这一章,我们将从信息加工理论(强调加工能力变化和策略使用对认知变化的影响)和领域特殊的观点(强调认知发展具有领域特殊性并致力于就一些比较具体的认知变化问题做出解答)出发,审视认知发展变化问题。

📍 **学习目标** ||||||||||||||||||||||||||||||||||||||||||||||||||||||||||||||||||||||||||||||||||||||||||

1. 理解信息加工观对认知发展与学习的界定。
2. 信息加工观如何研究和解释认知发展与学习。
3. 了解领域特殊认知发展观的研究途径。
4. 了解核心知识领域的发展特点。

　　"认知"意指通过思考、经验和感官获得知识的心理活动或过程,所以认知是一个总括的术语,指的是与个体思维关联的所有心理活动。认知是一个由许多其他过程组成的复杂过程。广义地说认知就是学习,认知发展就是指我们的学习随着年龄的增长而变化的方式。认知发展意味着孩子们变得越来越能够思考、探索和理解事物,特别是随着知识、技能、解决问题和认知态度的发展,孩子思考和理解他们周围的世界。本章重点将放在正常发展的过程和认知能力的一般趋势和变化,当然不能完全忽略造成发展个体差异的相关因素,因为这些因素往往可以帮助我们确定哪些是促进发展的因素。

过去三十余年是儿童认知发展研究又一个重要发展时期。由于认知发展新理论的出现,以及各种新的研究方法的普遍运用,儿童认知发展研究取得了长足的进步,一些传统研究领域重新恢复了活力,并且出现了一些新的研究方向。限于篇幅,我们无法述及各方面的新进展,而是聚焦于两个最为重要的研究论题。

论题之一涉及认知发展的信息加工研究。20世纪六七十年代,随着认知心理学成为心理学研究的核心,信息加工研究亦逐渐成为认知发展的一个主要研究途径。本章第一节着重聚焦于认知发展的信息加工研究,介绍信息加工理论的基本观点,并探讨认知能力变化及策略使用如何影响认知发展与学习。

论题之二涉及认知发展理论的另一个重要发展倾向,即在过去二十余年里,认知发展研究领域的研究者日益强调认知发展的领域特殊性问题。本章第三节探讨认知发展的领域特殊性研究,并着重介绍两个具有十分重要影响的领域特殊性研究领域,即儿童心理理论的发展研究和儿童数能力的发展研究。

第一节 儿童认知发展: 信息加工理论的研究

随着年龄的增长,孩子们能更好地集中注意力吗? 他们是否能在学习过程中更有效地学习和记忆事物? 他们所具有的认识的性质是如何随着时间而改变的? 这些问题反映了信息加工理论的特点,该理论研究人类如何接收、思考、修改和记忆信息,以及在发展过程中这些认知过程如何发展变化。

信息加工理论出现于20世纪50年代末和60年代初,并在随后几十年间持续发展。起初,许多信息加工理论家认为人类的思维方式可能与计算机的运作方式相似,他们借用计算机术语来描述人类的思维过程。例如,他们将人们描述为在内存中存储信息,然后在以后需要的时候从内存中检索信息。然而,近年来理论家们发现人们的思维方式明显与计算机不同。许多信息加工理论现在持有与皮亚杰理论相似的建构主义色彩。换句话说,理论家认识到,人类积极地构建自己对世界的独特理解,而不是简单地像计算机那样以相对"盲目"的方式接收和吸收外部世界的知识。

一、 信息加工理论的核心论点

尽管在涉及学习和信息记忆的特定机制方面,研究者的意见不尽一致,但是大多人确实认同以下几个主要论点:

1. 环境输入为认知过程提供了原材料

人们通过视觉、听觉、嗅觉、味觉、触觉等感官接受环境的输入,随后将这些原始输入转化为更有意义的信息。这一过程的第一步是感觉,即探测环境中的刺激;第二步是知觉,即解释这些刺激。

因为即使是对某个环境事件作最简单的解释也需要时间，因此，许多理论学家认为人类记忆包括某种机制，这种机制允许人们在很短的时间内记住原始的感官数据（听觉信息可能需要 2 到 3 秒，视觉信息可能需要不到 1 秒）。这种机制有很多名称，我们称之为感觉登记。

2. 除了感觉登记，人类记忆还包括工作记忆和长时记忆两种存储机制

工作记忆是记忆的一个组成部分，当人们在心理上处理新信息的时候，他们会记住新信息。工作记忆是大多数思考或认知过程发生的地方，例如，人们试图解决问题或理解他们正在阅读的东西的地方。长时记忆是另一个组成部分，它使人们能够长期保留从自己的经历中学到的许多东西，诸如饼干放在厨房的什么位置、2 加 2 等于多少等知识，以及如何骑自行车和如何使用显微镜等技能。

工作记忆保存信息的时间很短（也许 20 到 30 秒），除非个体继续思考和积极处理这些信息，因此它有时被称为短时记忆。工作记忆似乎容量有限，它只有一个很小的"空间"，人们可在其中保持和思考事件或想法。举个例子，试着在你的大脑中计算下一个除法问题（46872÷56）。你是否发现，当你在处理问题的某些部分时，你记不住问题的其他部分？你能得出 837 这个正确答案吗？大多数人不能解决包括这么多数字的除法问题，除非他们能把问题写在纸上。工作记忆中根本没有"空间"来容纳你需要记住的所有数字，以便在脑海中解决这个问题。

与工作记忆相反，长时记忆可以无限延续。一些理论家认为，储存于长时记忆中的任何东西均可存在一辈子，但另一些理论家认为，信息可能会随着时间的推移而慢慢消失，特别是如果信息在储存之后没有经常使用。长时记忆被认为具有无限容量，一个人想储存多少信息都可以。

为了使用以前储存于长时记忆中的信息，人们必须在工作记忆中检索和检验它。因此，尽管人们在长时记忆中存储信息的能力可能是无限的，但是他们思考自己所存储信息的能力却局限于他们在任何时候工作记忆所能存储的东西。

3. 注意在学习过程中不可或缺

大多数信息加工理论家认为，注意在信息的解释和记忆储存中起着关键作用。注意是信息从感觉记忆进入工作记忆的关键。当人们不注意某件事情时，它基本上就从记忆中消失，因此以后不可能记住它。

4. 从工作记忆到长时记忆的信息传递涉及多种认知过程

注意是将信息从感觉记忆转移到工作记忆的关键，而如果人们要记住信息的时间超过一分钟，则需要其他更复杂的过程。一些研究者认为，一遍一遍地重复（复述）信息对于长期储存已经足够了。还有一些人认为，人们只有将信息与已经存在于长时记忆中的概念和想法联系起来，才能有效地储存信息。例如，人们使用已经知道的东西来组织或扩展（即阐述）

新信息。

5. 人们控制着他们处理信息的方式

几乎可以肯定,要确保一个人的学习和记忆过程有效地工作,某种认知的"监督者"是必不可少的。这种机制有时被称为中央执行,它监督着整个记忆系统的信息流动,对于计划、决策、自我调节和抑制非必要的思想和行为至关重要。虽然中央执行可能与工作记忆密切相关,但其确切性质尚未得到完全确认。

图 5-1 呈示了刚才所述的机制和过程如何组合成人类信息处理系统整体的模型。

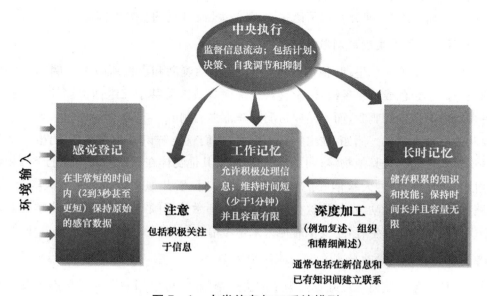

图 5-1　人类信息加工系统模型

二、 信息加工系统各组成部分的发展变化

信息加工理论拒绝皮亚杰的发展阶段的概念。相反,他们认为儿童的认知过程和能力的发展表现出某种稳定和渐进的趋势。接下来我们逐一介绍感知觉、注意、工作记忆、长时记忆及思考和推理的发展趋势。

1. 感知觉的发展

儿童了解周围环境(包括他们所遇到的物体和与之交流的人)的能力,取决于他们感知周围环境的能力。感知觉的发展大多发生于婴儿期。但是,由于婴儿无法描述他们所看到和听到的东西,研究人员不得不采用迂回的方法来研究婴儿的能力。

第一种婴儿研究的常见策略是观察婴儿喜欢看什么。两个视觉刺激并排呈现(可能呈现在婴儿床上方的屏幕),然后仔细监测婴儿的眼球运动;在随后的呈现中,两个刺激的相对位置随机安排。不管位置如何,如果婴儿更多地注视一个刺激物而不是另一个刺激物,那么我们就可知道其能够区分两个刺激物，并且明确偏爱其中一个。

第二种广泛使用的策略依赖于习惯化现象，即对于较长一段时间出现于环境中的刺激，人类和许多其他动物会"习惯于"该刺激并对其失去兴趣（即习惯化）。当一个刺激第一次出现时，婴儿可能会对其产生不同反应：可能注视着它，可能会更用力地吮吸放在嘴里的奶嘴，心率和血压会发生变化。随着新鲜感逐渐消失，他们的目光开始游离，他们的吮吸不那么集中，生理功能也恢复到早期水平。然而，一旦出现了一个不同的新刺激，则可能再次观察到婴儿会密集凝视和吮吸，以及生理反应增强。一旦婴儿以这种方式去习惯化，则说明他们能够区分当前感知到的刺激和以前感知到的刺激。

采用上述研究方法，研究发现了诸多关于婴幼儿感知觉的发展事实。

（1）婴儿对某些类型的刺激表现出一致的偏好

早在婴儿出生第一个星期，他们就被新的、有趣的刺激和事件所吸引。例如，他们喜欢复杂的设计甚于纯色或单一条纹，以及喜欢三维面具或人脸甚于二维面部图片。一般来说，婴儿更喜欢中等强度的刺激，而不是非常弱或非常强的刺激。

婴儿偏好社会刺激。例如，在出生后 3 天内，他们就能辨识母亲的声音；出生 1 个月，他们更喜欢看人脸而不是其他物体；到了 3 个月，即使其他物体在其他感知特征上十分相似，比如对称性和对比性，这种人脸偏好仍然存在；4 个月时，婴儿似乎也更喜欢看人类运动形式（如走路）而不是其他运动。当然，这种早期的社会刺激偏好倾向当然对婴儿非常有益，因为婴儿不仅要依靠他人来生存，还要依靠他人来学习语言和他们文化的其他重要方面。

（2）感知觉发展是生物成熟和经验的结果

婴儿在什么年龄获得深度知觉？为了解决这个问题，可使用一个视觉悬崖装置，一个大玻璃桌，一边的玻璃下面有图案布，另一边则是地板上有相同图案布。在吉布森和沃克（Gibson & Walk，1960）的一项经典研究中，36 位 6 至 14 个月大的婴儿被放置在视觉悬崖"浅"和"深"两侧之间的一个狭窄平台上。他们的母亲站在桌子一端，引诱他们爬过玻璃。结果有 27 位婴儿愿意从平台上爬到"浅水"一侧，但只有 3 位敢于爬到"深水"一侧；面对"深水"一侧，大多数婴儿不顾母亲的鼓励，要么哭泣，要么朝相反的方向爬行。说明到 6 个月时，婴儿就能明显感知深度，知道急剧下降有潜在的危险。

婴儿爬行时对高度的恐惧是生物学的结果还是经验的结果？吉布森和沃克的研究结果并没有回答这个问题。当然，神经系统的成熟在某种程度上与深度知觉有关，视敏度必须足够尖锐，视觉皮层必须足够发达，婴儿才能感知边缘和倾斜。一些出生后几乎能立即行走的物种（如小鸡、小山羊），在出生不到 24 小时就对视觉悬崖的深处表现出回避和恐惧，这表明天生的恐高在动物王国中相当普遍。但研究发现经验也很重要，有自我运动经验的婴儿，比没有这种经验的婴儿表现出更大的跌倒恐惧。

从进化的角度来看，遗传和环境都应该在感知发展中发挥作用，这是有道理的。由于对周围环境的感知对生存至关重要，人类物种无疑已经进化出了一些生物内在的感知机制。

同时,人类必须适应的特定环境因地而异,因此人类大脑已进化到能对当地环境做出适宜反应。

2. 注意的发展

注意的发展,部分是由于大脑的成熟,特别是大脑皮层在生命最初几年的持续发展。大脑皮层的参与程度越来越高,促成了以下发展趋势:

（1）注意最初受制于刺激和事件的物理特征, 后来也取决于儿童的先验知识

婴儿看到一个新刺激时,倾向于以某种方式对其做出反应(如吸吮或心率的变化)。当一个新的刺激出现时,人类(包括婴儿在内),往往会集中注意,并表现出相应的生理变化。在某些情况下,他们的注意会被一个特别强烈的刺激(如一个巨大的噪声、闪光或突然的移动)所吸引。一个新奇事物或事件也会吸引他们的注意,例如,他们可能全神贯注地看着他在纸袋里发现的五颜六色的玩具。

虽然孩子们的注意最初可能会被强烈的或不寻常的刺激所吸引,但是吸引他们注意的东西很快就会取决于他们已有的认识,特别是,婴儿更倾向于关注与他们所熟悉的事物和事件相对不同、但又没有太大不同的事物和事件。这种倾向与皮亚杰的观点相一致,即儿童只有在能够将这些刺激吸收到他们已有的格式中时,才能适应新的刺激并从中受益。

（2）孩子对人的关注不同于对无生命的物体

4周大的时候,婴儿开始表现出以独特的方式来关注他们的主要照顾者:他们关注的时间更长,并且可能会进入看一下、躲开,再看一下、又躲开这样一种重复的循环。毫无疑问,他们的注意受到这样一个事实的影响,那就是他们注意的焦点人物会对他们做出反应,例如通过活动、表露情绪,以及将行动与婴儿的行为协调起来。事实上,成年人经常努力吸引婴儿的注意力,并且婴儿和成年人的共同注意在认知发展中扮演着重要角色。

（3）随着年龄增长, 注意分散程度降低、持续注意增加

一旦被一个物体或事件所吸引,6个月的婴儿比其他情况下更不容易分心。幼儿的注意能持续多久在一定程度上取决于他们的气质,当任务是自己选择的、有趣的、不受他人干扰的时候,一些幼儿会变得相当全神贯注于一项活动。然而,总的来说,幼儿的注意倾向于快速地从一件事转移到另一件事。学前的孩子在自由玩耍时,通常只对一项活动保持几分钟热度,然后转向另一项活动。这种注意力不集中不一定是坏事,因为它可能会吸引幼儿参加其他具有潜在价值的学习活动。

随着时间的推移,孩子们能够更好地将注意集中并保持于特定任务上,也较少被无关刺激分心。例如,在一个实验(Higgins & Turnure, 1984)中,三个年龄组(学龄前、二年级和六年级)的儿童被给予与年龄相当的视觉辨别任务。有些孩子在一个安静的房间里工作,有些孩子在一个有一点背景噪声的房间里工作,还有一些孩子在背景噪声很大的房间里工作。学龄前和学龄早期的孩子,在嘈杂环境下难以持续注意特定任务,而小学高年级的孩子则相对可以忽略噪声的影响。

（4）注意变得越来越有目的

3 或 4 个月大时，孩子开始表现出某种能力，即预测一个感兴趣的对象将会在哪里，然后把他们的注意集中在那个方向上。在学前期，他们开始利用注意来帮助学习和记忆一些东西，并且他们有效利用注意的能力在小学和中学阶段持续提高。事实上，他们的学习越来越取决于他们认为他们需要记住的东西。举个例子，想象一下在你面前的桌子上有六张卡片，每张卡片有不同的背景色和不同对象的图片；然后你被告知只要记住这些卡片的颜色。现在卡片被翻过来，然后问及绿卡在哪里、紫卡在哪里等，进而要求说出每张卡片上的图片的名字。你记得住卡片的颜色(需要学习的信息)吗？你会记住这些物体的名称吗？会因为这是不需要学习的信息，所以可能没有注意到吗？研究表明，年龄较大的孩子更善于关注和学习他们需要知道的事情，他们不一定更善于学习与他们的需要无关的信息。

3. 工作记忆的发展

如前面所述，工作记忆是人类信息加工系统的组成部分，在该系统中可进行有意识的思考活动。随着孩子年龄的增长，他们能够同时思考更多的事情，并执行更复杂的认知任务。工作记忆的发展主要表现在三个具体方面。

（1）加工速度提升

随着年龄的增长，孩子们能够更快更有效地执行许多认知过程。例如，年龄较大的儿童可比年龄较小的儿童更快对类似刺激物进行比较，从长时记忆中检索信息，以及解决简单的问题。加工速度持续提高，执行许多心理任务所需时间继续减少，这一直持续到成年早期。

随着时间推移和练习，孩子们知道和能做的一些事情变得自动化了。换句话说，孩子们能够很快地完成一些心理和身体的任务，而且几乎不需要有意识的努力。一旦这些活动变得自动化，它们在工作记忆中只需占据很小的"空间"，因此，儿童可以将更多工作记忆容量用于其他可能更复杂的任务和问题。例如儿童的阅读能力随着时间的推移而提高，一开始，他们往往会花费相当大的脑力去辨认纸上的单词，所以他们可能对所读内容的意思记得很少；但随着越来越多的词汇识别逐渐成为一个自动化过程，孩子们能够立即识别所遇到的大多数词汇，因此他们可以集中精力(即把大部分工作记忆投入)阅读过程中最重要的部分，理解作者试图传达的想法。

自动化提高了儿童对特定情形做出特定反应的可能性。在许多情况下，孩子会练习对特定情形的最佳反应，直至反应自动化。由于不同环境和文化有时需要非常不同的反应，儿童需要在其成长环境中学习做出最有效反应的方式。因此，幼儿存在许多非自动化的认知过程，这在某种程度上可能是福气而不是祸害，这使得他们能够练习并最终使那些最有可能在他们的环境中为自己服务的过程自动化。

（2）儿童获得更有效的认知过程

儿童不仅加工信息的速度更快，而且随着年龄的增长，他们还会获得新的、更好的认知策略。例如,当学前儿童被要求在 5 个积木中加入 3 个积木,他们很可能会需要数出所有的积木来得到答案。相比之下,三年级学生在面对同样问题时,可能会从长时记忆中检索出"3+5=8"这个数字事实,这种策略所需的工作记忆容量要少得多。随着时间的推移,儿童掌握越来越多的学习和问题解决策略。

（3）　工作记忆的物理容量可能有所增加

儿童工作记忆容量的明显增加,更多可能是由于他们认知过程速度和效率的提高,而不是由于他们记忆"空间"的增加。对于工作记忆的实际"硬件"是否随着发展而增加并变得更有效率,研究者们持有不同意见,但是一些证据表明的确如此。例如,年龄较大的儿童比年龄较小的儿童更快地完成认知任务,而成年人则还能更快地完成这些任务,即使所有年龄组都对这些任务进行了广泛练习,因此可能均已经将它们自动化了。

4. 长时记忆的发展

工作记忆是一个活跃的加工中心,而长时记忆则是人们多年积累的信息和技能的储存仓库。长时记忆中的一些知识几乎可以肯定是具有普遍性的,例如,全世界的孩子很快就知道人通常有两条腿,而猫和狗有四条腿。当然,一些知识更多地取决于儿童的独特经历和他们成长的文化背景。一些与长时记忆有关的发展提高了儿童理解和回应世界的能力。

（1）　长时记忆存储信息的能力很早就已出现

孩子们似乎在出生前就有一定的学习和记忆能力。一项研究（DeCasper & Spence, 1986）要求孕妇在怀孕最后 6 周,每天两次大声朗读儿童读物（如苏斯博士的《猫与帽子》）中的一段文字。婴儿出生后,给新生儿含着一个连接着声音播放设备的人工奶嘴,婴儿的吮吸频率（快或慢）会决定他们能否听到出生前所听到的母亲读故事的录音。结果发现,尽管这些婴儿只有两三天大,但他们开始调整奶嘴吮吸频率,这样他们就能听到熟悉的声音,而这正是他们以前在子宫里听到的声音!

长时记忆的储存能力在婴幼儿期以各种方式表现出来。例如,把一个旋转移动玩具用带子绑到婴儿脚上时,即使是两个月大的婴儿,也很容易学会通过踢脚使玩具移动,并在几天内一直记住这个关系,其间如果偶尔得到这个动作的提示,记住时间甚至会更长。有证据表明,3 至 6 个月大的婴儿能记得他们看过的三个动作的顺序,6 个月大时也可以回忆和模仿24 小时前看到的动作,并且在接下来的几个月里,他们对这类动作的记忆时间持续增加。到孩子们 2 岁时,他们已能十分准确地辨认出他们以前看过的图片。

（2）　谈论对象和事件有助于他们的记忆

尽管有上述发现,但儿童通常很少能有意识地回忆起头两年发生的具体事件,这种现象即为婴儿健忘症,而且在那之后的几年里,对过去事件的回忆仍然相当粗略。早期的经历并不一定完全从记忆中消失,相反,它们可能只是以一种孩子们无法轻易恢复的形式存在。而且研究发现,与孩子谈论有关经历能够使孩子以（基于语言的）言语形式储存它们,从而提高他们以后能够通过言语回忆起它们的程度。

（3）长时记忆储存知识量持续增长

长时记忆是儿童积累信息和技能的宝库，它提供了知识基础，儿童在遇到、解释和应对新事件时可以从中汲取知识。随着他们知识基础的增长，孩子们可以越来越成熟地解释新事件，并对它们做出更有效的反应。当然，儿童在具体经历方面差异很大，这种差异导致儿童在学习新事物时建立独特知识基础的发展差异。

（4）儿童对世界的认识日益融合

孩子们早在3个月大的时候就开始对他们的经验进行分类。即便如此，孩子们对世界的了解大多是由各个单独的分离的范畴和事实组成的。相比之下，大一点的孩子的知识则包括许多概念和想法之间的联系和相互关系。这种发展变化无疑是年龄较大的孩子能够更有逻辑地思考和更容易地进行推论的原因之一，因为他们对周围世界的认识更具内在联系。

儿童和成人一样，有时把自己的知识组织成心理学家所说的图式和脚本。图式是关于特定对象或情况的一组紧密集成的概念，例如你可能有一个典型的马长什么样的图式（有一定高度、有一个细长的头、鬃毛、四条腿等）和一个典型的办公室的图式（可能有桌子、椅子、文件夹、书籍、办公用品等）。脚本包含与特定活动相关的可预测的事件顺序的知识，例如关于婚礼如何进行的脚本、去一家快餐店时通常会发生什么的脚本。图式和脚本帮助儿童更容易地理解他们的经历，并预测未来在熟悉的环境中可能发生的事情。

随着年龄的增长，儿童的图式和脚本的数量与复杂性都在增加。儿童最早的图式和脚本可能是行为和感知性质的，例如，远在具备描述自己正在做什么的语言能力之前，幼儿可能会用玩具表演典型的情景（脚本）。随着年龄的增长，这些心理结构与身体行为和感知特质的联系可能变得越来越少。不同文化之间的图式和脚本往往有所不同，因此文化差异可能会影响儿童理解和记忆他们所遇到的信息的容易程度。

（5）儿童不断增长的知识基础有助于更有效的学习

一般而言，较年长的孩子和成人比年龄较小的孩子更容易学习新的信息和技能。他们具有这种能力的一个关键原因是，他们拥有更多现有的知识（包括更多的图式和脚本），可以用来帮助他们理解和组织他们遇到的新内容。相反，如果当情况发生逆转，比如儿童对某一特定主题的认识多于成人时，儿童往往是那个更有效率的学习者。例如，当一位母亲与其五六岁的孩子一起读关于恐龙的书，会出现孩子总是比母亲记得更多的情况，因为孩子是"恐龙专家"，而母亲可能对恐龙及其他种类的爬行动物知之甚少。

5. 思维与推理

从信息加工的角度来看，思维过程中的许多发展变化反映了儿童用于学习和解决问题的心理策略的质变。总体而言，儿童的思维和推理表现出如下一些发展趋势。

（1） 思维变得越来越表征性

正如皮亚杰提出的，婴幼儿的认知主要是感知运动性质的，也就是说，他们的认知是基于行为和感知的。在接近感觉运动阶段的末期（大约18个月），儿童开始以符号、心理实体（如词语）的方式思考，而这些符号或单词并不一定反映所代表客体或事件的感知和行为特征。

皮亚杰认为关于物体和事件的感知运动表征先于符号表征的观点可能是正确的，但是从前者到后者的转变显然比皮亚杰想象的要更加缓慢。早在孩子们到达上学年龄之前，他们就已经开始使用诸如文字、数字、图片和微缩模型等符号来表征和思考现实生活中的物体和事件。象征性思维也反映在他们的假装游戏中，例如，他们把一个洋娃娃当作一个真正的婴儿，或者把一根香蕉当作电话听筒。但是当孩子们开始上小学的时候，他们在处理所遇到的各种各样的符号问题时，一开始可能经常存在困难。例如，小学教师经常使用积木和其他具体的物体来表示数字或帮助进行数学运算，但一二年级的小学生并非均能很快在物体及其表征概念之间建立联系；再如极具符号意义的地图，小学低年级的孩子们常常过于直白地理解地图，如认为地图上红色的道路实际上是红色的。随着孩子逐渐长大，他们使用符号来思考、记忆和解决问题的频率会越来越高，也越来越成熟。

（2） 逻辑思维能力随着年龄增长而提高

虽然大多数持信息加工观的学者不认同皮亚杰关于逻辑思维呈非连续的阶段发展的观点，但他们确实认同逻辑思维随着时间的推移而提高，并且经常发生质的变化。皮亚杰认为演绎推理出现在具体运算阶段的开始，但在现实中，即使是学龄前儿童，有时也会从他们所得到的事实中得出逻辑推论。然而，学龄前儿童和小学儿童并不总是能得出正确推论，而且即使是对自己所掌握的证据，他们也很难区分什么必定是真实的，什么可能是真实的。甚至青少年也很难评价他们的证据质量如何，他们的推理常常受到个人偏见的影响。虽然随着年龄的增长，趋势是朝着更具逻辑性的思维方向发展，但儿童或青少年的表现并不稳定，甚至在类似的问题上，在某些情况下的推理更符合逻辑，而在另一些情况下则表现不佳。

（3） 手势有时预示着更复杂的思维和推理的出现

早期的符号使用并不完全可靠。例如，当3至5岁的孩子被要求回忆最近一次去公园所发生的事情时，让他们把这次游玩过程"表演"出来，比单纯用口头描述，对过程的回忆更彻底。另外，当孩子们过渡到更高级的推理形式时，他们经常会先在他们的手势中表现出这种推理，然后在他们的讲话中表现出来。手势似乎为儿童提供了一种"实验"（认知）新想法的方式，并且当孩子们第一次开始尝试更复杂的思维方式时，使用手势还可以缓解儿童的工作记忆的压力。

三、 信息加工理论的影响

迄今信息加工理论在儿童发展心理学领域持续产生影响，其影响不仅涉及认知发展研

究领域,而且对许多儿童青少年发展的教育实践具有普遍性的影响,其中对儿童青少年的工作的启示包括:

1. 为婴幼儿提供多种选择

在生命最初的几年,孩子们通过直接接触,即通过观察、倾听、感觉、品尝和嗅觉,学到了许多关于物质世界的最初知识,因此,有各种各样的玩具和物体可供操作和玩耍,有一个可进行安全运动和探索的环境设置,将有助于婴幼儿的发展。孩子们需要足够的机会来选择活动和玩具,这些活动和玩具既在他们目前的能力范围内,同时又能鼓励他们的认知成长。这类选择对动机和认知发展均有重要影响。

婴幼儿的早期学习主要发生于游戏之中,因此许多学前教育项目往往安排相当多样化的游戏活动。游戏安排需要在活跃的和安静的活动之间平衡,以及在大群体活动和小群体或独自玩耍之间平衡。

2. 与孩子们谈论他们的经历

孩子们几乎从一开始说话就开始谈论他们的经历,到两岁时他们会经常这样做。对此成人应该加入其中,正如我们前面所述,与孩子们谈论共同经历可以增强他们对所看到和所做事情的记忆。而且这样的讨论也可以帮助孩子以文化上适当的方式解释他们的经历,并可以提高孩子的自我意识。

3. 在学龄期尽量减少不必要的干扰

注意力是学习的一个关键因素,信息加工理论认为注意是将信息从感官记忆转移到工作记忆的关键。然而,许多孩子,尤其是年幼的孩子,很容易因为周围的声音和景象分心。在课堂教学和其他需要他们集中注意力的情况下,保持房间相对安静,小组活动尽可能远离彼此,不把有吸引力但不相关的物体置于视线内,可帮助孩子们更容易地专注于手头的任务。

即使父母或老师尽了最大努力,儿童青少年也不能永远把他们的注意专注于一个单一的任务上。另外,一些年轻人也可能是因为体能、认知、情感或行为问题,比其他人更难集中注意力。基于这些事实,学校的日程表应安排足够的课间休息时间,同时老师也应尽可能地提供额外的精神"喘息机会",譬如可以通过交替安排相对久坐的认知活动和更多的身体活动来实现。

4. 认知容量有限,任何时候只能思考少量信息

尽管在童年及青少年期工作记忆的容量有所增加,但无论是年轻人还是老年人,每个人的大脑只能同时处理数量非常有限的信息。因此,教师和学生的其他指导者都应把任何新信息的呈现速度放慢,让学生有足够的时间来"处理"所有信息;也可以考虑在黑板写下复杂的指示或问题,或者让学生们把它们写在纸上,以降低其工作记忆负荷;当然,还可以通过教授学生更有效的学习和解决问题策略来实现这一目的。

5. 让孩子持续练习使用基本信息和技能

一些十分基本的信息和技能是学习与发展的基础,成长的孩子必须能够迅速而轻松地检索和使用它们。例如,为了阅读得好,孩子们必须能够快速识别一些主要字词,而不必把它们读出来或查字典;为了解决数学应用题,他们必须能顺口说出诸如"2＋4＝6"和"5×9＝45"这类数字事实。而且,儿童青少年必须通过反复使用和实践,才能使这些基本信息和技能的提取和应用自动化。当然这绝对不是说应该每天用孤立的事实和程序进行无休止的训练,而是只要将这些基础嵌套于各种各样有趣而有挑战性的活动中,自动化就很容易发生。

6. 确定孩子知道或适合学习什么

如前所述,孩子在能够流利地表述他们的思考或推理之前,经常用手势来辅助。他们所说的和所做的之间的这些差异表明,他们可能已经准备好发展新的思维和逻辑推理技能。因此,在某些情况下,成人可能通过要求孩子画画或其他做法,而不是描述他们所学的东西,来评估他们当前的知识。

7. 将新信息与已有知识联系起来

许多研究支持这样一种观点,将新信息与已有知识联系起来时,能够更有效地学习新信息。然而,儿童青少年并不总是自己建立有意义的联系。例如,他们可能没有意识到减法只是加法的反向,或者莎士比亚的《罗密欧与朱丽叶》预示着现代的美国种族主义和东欧的种族冲突。通过帮助孩子形成这种联系,不仅可以促进他们更有效地学习,而且还可以帮助他们发展一个更加综合的知识库。

专栏 5-1

不同年龄水平的基本信息加工能力发展趋势

不同年龄水平的基本信息加工能力			
年龄	你可能观察到的	差异性	做法
婴幼儿期(出生—2岁)	• 一些从出生起就显而易见的学习能力 • 出生后数小时内达到成人般的听力 • 第一年视力明显提高 • 偏爱适度复杂的刺激 • 注意很容易被强烈或新奇的刺激所吸引 • 新出现的分类技能(例如幼儿认识到不同种类的玩具被存放在游戏室的不同地方)	• 注意能持续多久部分取决于气质,但一直无法专注于任何一个物体可能表示认知障碍 • 探索倾向差异很大:一些孩子可能会不断寻求新的体验,而另一些孩子可能更喜欢熟悉的物体	• 定期更换一些玩具和材料,以捕捉婴儿的兴趣并提供新的体验 • 提供易于分类的物品(例如,彩色积木、玩具农场动物) • 允许在兴趣、注意力和探索行为方面存在差异;提供玩具和活动的选择

（续表）

不同年龄水平的基本信息加工能力			
年龄	你可能观察到的	差异性	做法
儿童早期（2—6岁）	• 注意持续时间短 • 易分心 • 对一些符号的理解和使用 • 用于解释新体验的知识库有限	• 信息加工方面的明显障碍（例如，注意缺陷多动障碍、阅读障碍）开始在儿童的行为中表现出来 • 儿童的先验知识因文化和社会经济背景而异	• 经常更换活动 • 尽量减少不必要的干扰 • 提供丰富儿童知识库的各种体验（图书馆、消防队等实地考察）
儿童中期（6—10岁）	• 关注重要刺激和忽略无关刺激的能力增长 • 思维和知识的象征性越来越强 • 基本技能逐步自动化 • 对家庭以外环境的接触增多，从而扩大知识库 • 学科主题的知识相对不完整，尤其是在科学和社会研究方面	• 许多有学习障碍或注意缺陷多动障碍的孩子注意力持续时间短，很容易分心 • 一些学习障碍儿童的工作记忆能力比同龄人要小 • 轻度认知障碍可能要到小学中高年级才变得明显	• 将久坐的活动与更多的体育活动穿插起来，帮助孩子保持注意 • 提供许多练习基本知识和技能的机会（例如，数字事实、字词识别），通常是通过真实、激励和有挑战性的任务而实现 • 开始探索各个学科概念之间的层次结构、因果关系以及其他相互关系 • 当学习或行为问题可能反映出认知障碍时，请咨询专家
青春期早期（10—14岁）	• 能够在一个小时或更长的时间内专注于一项任务 • 阅读、写作和数学方面的基本技能（例如，字词识别、常用单词拼写、基本数学事实）在很大程度上实现了自动化 • 与各种主题和学科相关的知识库不断增长（尽管组织得不一定良好）	• 许多信息加工困难的青少年在课堂时间里难以集中注意力 • 由于探索当地社区的机会较少，许多有感官或身体障碍的青少年（例如看不见或坐在轮椅上的青少年）的知识库比同龄人更有限	• 提供多样化的学习任务来保持孩子的注意 • 经常指出概念和知识在领域内和跨领域间是如何相互关联的 • 为确诊或疑似信息加工困难的孩子提供额外的指导和支持

（续表）

不同年龄水平的基本信息加工能力			
年龄	你可能观察到的	差异性	做法
青春期晚期 （14—18岁）	• 在很长的时间内专注于一项任务 • 在某些内容领域具有广泛且部分整合的知识	• 高中生在课程上有不同的选择，导致他们在不同领域的知识库上存在差异	• 偶尔布置要求青少年长时间专注于特定任务的作业 • 始终鼓励青少年思考他们所学内容的"方法"和"原因" • 以要求青少年描述知识之间关系的方式评估学习

第二节　元认知和认知策略的发展

作为一个接受过多年正规教育的成年人，我们都已了解很多关于如何思考和学习的知识。例如，我们知道，不可能在第一次读一本教科书的时候就吸收它的所有内容，根据已经知道的东西来理解信息而不是简单地死记硬背，这样的记忆效果会更好。元认知这个术语既指人们对自己的认知过程的了解，也指人们有意识地使用某些认知过程来提高学习和记忆能力。

随着儿童的成长，他们用来学习和解决问题的特定心理过程，即他们的认知策略变得越来越复杂和有效。他们对自己思维的认识、指导和调节自己学习的能力，以及他们对知识和学习本质的信念也发生了重大变化。下面我们将简单叙述这些方面的发展及其对儿童青少年学习的影响。

一、学习策略

18个月大的幼儿表现出一些有意识的尝试，他们试图去记住一些事情。例如，当被研究者要求记住一个大鸟玩偶被藏在他们家里的什么地方时，他们可能会盯着或指着它的位置，直到研究者能够找回它。然而总的来说，幼儿很少会特别注意去学习和记忆一些东西。例如，相比有意识地去记忆一组物品，4岁和5岁幼儿通过玩耍这些物品更能成功地记住它们。

在小学和中学阶段，儿童青少年形成了一系列学习策略来帮助他们更有效地记忆事物。这里我们介绍三种出现于学生时代的学习策略：复述、组织和精细加工，进而简单论述环境和文化对学习策略发展的影响。

1. 复述

如果需要记住一个电话号码几分钟时间,你会怎么做? 你是否会一遍又一遍地重复号码,将其保持在工作记忆中,直到你能正确拨号为止? 这一复述过程在学前儿童中很少见,但在整个小学阶段,复述的出现频率在增加,使用效果也在变好。

在不同的年龄,儿童可能采用不同的复述形式,就像下述例子所示:

要求学前儿童记住特定的一组玩具时,他们的做法往往是多看、说说玩具的名称和用手摸摸或理一理这些玩具,然而这些行为对他们的记忆似乎没有什么作用。

在 6 岁时,可训练孩子通过重复系列项目来帮助他们记住这些项目,但即使在这样的训练之后,他们也很少使用复述,除非特别要求他们这样做。

7、8 岁时,孩子们经常自发地复述信息,这可以通过在学习任务中他们的嘴唇动作和喃喃细语来证明。然而,他们倾向于逐个复述他们需要单独记住的每个项目。

到 9 岁或 10 岁时,孩子们会把各项目合并成一个列表加以复述。例如,如果他们听到这样一个列表"猫……狗……马",他们可能会在第一个项目之后重复"猫",听了第二个项目之后复述"猫,狗",听了第三个项目之后复述"猫,狗,马"。在复述过程中,把不同项目结合起来可以帮助孩子更有效的记忆。

当然,要记住的是,这里介绍的是年龄的平均水平,有些孩子比其他孩子更早形成各种形式的复述。

2. 组织

花一分钟时间学习并记住下面的单词,然后把它们遮盖起来,尽可能多地回忆一遍:

衬衫　桌子　帽子　椅子

萝卜　床　　南瓜　鞋子

裤子　土豆　凳子　大豆

你是按什么顺序记住这些单词的? 是按原来的顺序回忆起来的,还是重新排列了一下? 大多数人会把这些单词分成三个语义类别:衣服、家具和蔬菜,然后按类别回忆它们。换句话说,使用组织策略来帮助学习和记忆单词。研究表明,有组织的信息比无组织的信息更容易学习,记忆更完整。

使用习惯化—去习惯化进行的婴儿研究发现,3 个月大的婴儿就有能力对他们的经历进行分类;接近 1 岁生日时,婴儿开始在触摸物体的方式上表现出分类,例如,他们可能按照知觉相似的顺序触摸物体,比如球、积木或洋娃娃;2 岁时,他们可能会按照主题或功能进行分组,也许会使用诸如"用于穿的东西"或"厨房用品"等进行分类。

更一致和有意识地使用组织策略来促进学习和记忆,出现于稍后。在某些情况下,学前儿童会有意识地组织信息来帮助记忆。例如,假如实验者向你展示 12 个相同的容器、几小块糖果和几个木钉(如图5-2所示);实验者在每个盒子里放一块糖果或一个木钉,然后合上它,这样你就看不到里面的东西了。你怎么记得每个盒子里装的是什么? 一个简单而有效的策略是把容器分成两组,一组有糖果,另一组有钉子。许多4岁的孩子自发地使用这种策略。

图5-2　使用组织策略促进记忆示例

实验者将小糖果或小木钉随机置于12个盒子中并盖上盖子。你会用什么策略帮助你记住哪些盒子装有糖果? (修改自DeLoache & Todd,1988)

进入小学和中学后,儿童越来越多地通过组织信息来帮助学习。他们的组织模式变得更加复杂,反映的可能是基于语义的、等级化的并且经常是相当抽象的类别(例如,家具、动物等),另外,他们的组织方案也变得越来越灵活。

3. 精细加工

如果告诉你,一个人生活于江浙一带,你可能会得出这样的结论:这个人可能会听、说江浙一带的方言,平时比较习惯于吃米饭。在这种情况下,你所得到的不仅仅是实际给你的信息,你也往里增加了一些你自己提供的信息。这是一种精细加工的过程,即在你已经知道的基础上向新信息中添加额外的想法,其通常有助于学习和记忆,有时候效果非常显著。精细加工策略就是一种通过在新旧知识之间形成联系,使新信息更有意义,从而促进对新信息的理解和记忆的深层加工策略。

早在学龄前,儿童就开始对其经历进行详细的描述。然而,作为一种有意用来帮助学习的策略,精细加工的出现相对较晚,通常出现于青春期,并在整个青少年时期逐渐发展。即使在高中,也主要是那些学习成绩优异的学生会利用充分的已有知识来帮助学习新信息。

低成就的高中生也不太可能使用精细加工策略作为学习的辅助手段，并且对于不好理解的困难材料，各种能力水平的学生都会转而依靠复述策略。以下是对15岁的中学生的采访，她各门课程的成绩大部分是优，但对每门课程都非常努力地学习：

采访：一旦你有了一些你认为你需要知道的信息，你会做什么事情来让你记住它？

学生：我记笔记……（停顿）。

采访：你就做这些吗？

学生：通常是这样。有时候我会做抽认卡。

采访：你通常在抽认卡上放什么类型的东西？

学生：我写了我需要知道的单词。我写了日期和发生了什么。

采访：你通常怎样学习抽认卡或笔记？

学生：我的笔记，我读了好几遍。抽认卡片我看了一眼，试着记住另一面的内容和接下来的内容。

值得注意的是，一个学业优异的学生强调记笔记和学习抽认卡，这些方法很少或根本不需要精细加工。事实上，使用抽认卡不过是复述。

4. 环境和文化对学习策略发展的影响

环境似乎在决定儿童策略种类发展方面起着重要作用。例如，当得到老师和其他成人的指导和鼓励时，孩子们更可能使用有效的学习策略。当他们发现使用这些策略能够提高学习成功率时，他们也更有可能使用它们。相反，当年轻人发现布置给他们的学习任务对他们来说相当容易时，他们也就没有什么理由去习得更有效的策略。

文化也会对学习策略产生影响。比如与西方学校的学生相比，中国和日本的学生似乎更加依赖复述策略，或许是因为中国与日本的学校往往更加强调死记硬背和操练练习。西方学校的孩子似乎有更好的学习单词列表的策略（如复述和组织策略），可能是因为列表学习任务在西方学校环境中更常见。然而，这并不是说学校教育有助于所有学习策略的发展。例如，一项研究发现，澳大利亚原住民社区未上学的儿童比在澳大利亚学校上学的儿童更能有效地记住物体的空间安排，这是因为土著儿童生活在严酷的沙漠环境，几乎没有降雨，因此他们的家庭频繁地从一个地方搬到另一个地方以寻找新的食物来源。每走一步，孩子们都必须学会迅速地记住附近地标的空间布局，这样他们就可以从任何方向找到回家的路（Kearins，1981）。

二、 问题解决策略

12个月大的时候，婴儿们已经有了一些解决问题的能力，也有了一些思考如何解决问题的能力。例如，婴儿看到了一个她够不着的漂亮玩具；有一根绳子系在玩具上，绳子的另一端则系在婴儿手边的一块布上；但是在布料和婴儿之间有一个泡沫屏障。婴儿根据事实推断，意识到为了完成她的目标（得到玩具），她必须做几件事：移开障碍，把布拉向自己，抓住绳子,把玩具拖过来。这种将问题分解成两个或两个以上子目标并努力完成每个子目标的能力很早就已出现,并在学龄前和小学期间继续发展。

另一个早期出现的解决问题策略是利用一个客体(本质上是一个工具)来获取另一个客体。例如,1岁半和2岁的幼儿看到一个成年人用耙子去把一个想要的玩具时,幼儿可能会效仿这种做法,使用各种长柄物体(例如,手杖)来获取他们想要的东西。

随着年龄的增长,他们解决问题的策略不再局限于行为水平,而是变得越来越心理化,同时也变得更加强大和有效。例如,考虑下面的问题:如果我有2个苹果,你再给我4个苹果,我总共有多少个苹果? 即使在学校里还没有得到具体的指导,幼儿也往往可以解决这类问题。早期的一个策略是竖起两个手指,然后再竖起四个手指,数完所有的手指就能得到"6个苹果";稍晚一些,孩子们可能会开始使用最小策略,即他们从较大的数字开始(对于苹果问题,他们会从4开始),然后一个接一个地把较小的数字加上去(例如,数着"4个苹果……然后一共5个,6个……6个苹果")。当然,再后来,孩子们学习了基本的加法知识(例如,"2+4=6"),他们就能够绕过之前使用的相对低效的计算策略。

孩子们的问题解决过程有时涉及将某些规则应用于特定类型的问题,并且这些规则会随着时间的推移演变得更为复杂和有效。以图5-3所呈现的平衡任务为例,第一幅图片显示了一根支撑在支点上的横梁。因为支点正好位于横梁的正中间,所以横梁处于平衡状态,两边都不会下降。设想一下,如果我们在支点右边第四个挂钩上挂一个6磅重的砝码,在支点左边第九个挂钩上挂一个3磅重的砝码。横梁还会继续保持平衡吗? 还是会有一边降下来?

装置:天平和砝码

问题:

图5-3　没有重物的横梁以中心为支点处于平衡状态

当以图中所示的方式在横梁上挂上砝码之后,横梁还会继续保持平衡吗? 如果不再平衡,会向哪一边下降?

研究发现，孩子们学会了使用一系列日益复杂的规则来解决这样的问题（Siegler，1998）。最初（可能在 5 岁左右）他们只考虑横梁两侧的重量，比较 6 磅与 3 磅，从而预测横梁右侧会下降。后来（可能在 9 岁左右）他们开始考虑距离和重量，认识到距离支点较远的重量有更大的影响，但他们的推理不够精确，不能确保解决方案正确。如图中的平衡问题，他们只是猜测更大的距离可能会补偿更大的重量。最终（可能是 12 岁左右），他们可能会形成一个规则，反映重量和距离之间的乘法关系：为使横梁平衡，一侧的重量和距离的乘积必须等于另一侧的重量和距离的乘积。如果两个结果不相等，则结果较大的一侧将会下降。将这一规则应用于图中的问题，他们将确定左侧的乘积（3×9＝27）大于右侧的乘积（6×4＝24），因此正确地预测左侧将会下降。

三、 策略发展的叠波（overlapping waves）模型

研究已经发现，一种认知策略并不一定会一下子突然出现，相反它会随着时间的推移而逐渐出现。例如，孩子一开始只在偶然间使用学习策略（如组织和精细加工），只有后来他们才认识到这些策略的有效性，并有意识地使用它们来记住新的信息。一开始孩子们很少会使用新学到的策略，并且即使使用，也常常效果不佳，但是随着时间的推移和练习次数的增多，他们在处理具有挑战性的任务时，变得更善于成功、有效和灵活地应用这些策略。

上小学的时候，当孩子们在处理一个特定的学习任务或解决问题的任务时，通常有几个策略可供选择，因此他们在使用这些策略上可能会每天都有所不同。有些策略在发展上可能比其他策略更高级，但是因为孩子最初很难有效地使用这些策略，因此他们可能会更多地求助于效率较低但更可靠的"后备"策略。例如，当孩子们最初学习基本数字知识时，他们并不总是能够快速轻松地检索到这些知识，因此他们可能会转而依靠数手指，他们知道这种策略在处理简单问题时会得出正确的答案。然而，随着他们的新策略使用慢慢变得足够熟练，最后他们可以轻松地告别那些初始的低效率策略。

因此，从信息加工的角度来看，策略发展并不会呈现出离散的、一个时间一步的阶段。相反，每个策略都是缓慢发展的，在一段相当长的时间里，也许是几个月或几年，使用频率和有效性逐渐增加。随后，如果出现更好的策略来取代它，它可能会逐渐消失。西格勒（Siegler）使用图 5－4 中所描绘的叠波模型来描述这个过程。

正如同一儿童在不同场合使用策略存在差异一样，同一年龄段的儿童在特定情境下使用的策略也存在差异。例如，在一个高中课堂上，一些学生可能使用组织和精细加工来准备考试，而另一些学生则可能使用死记硬背的方式。存在这种个别差异的部分原因在于，一些儿童比其他儿童更早地掌握特定策略。其他因素也会产生影响，例如熟悉学习主题和感兴趣于手头任务，都可能促进更高级策略的出现。

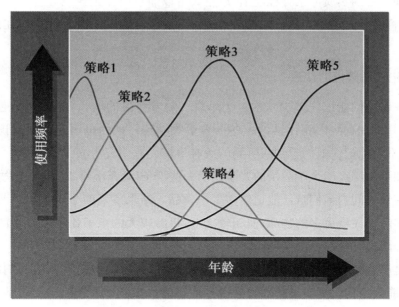

图 5-4 策略发展的叠波模型

儿童逐渐用更高级和有效的认知策略取代简单的认知策略。这里可以看到处理同一任务的五种不同策略的使用频率如何随着时间的推移而发生变化。来源：Siegler，R.（1998）. *Children's thinking*（3rd ed.）. NJ：Prentice Hall，p. 92.

四、元认知意识

除了获得新的认知策略，儿童还获得了日益复杂的关于思维本质的知识。这种关于个人自己的思维过程的反省能力即为元认知意识，其包括：①意识到思维的存在；②关于自己的思维过程的认识；③关于记忆局限性的认识；④关于有效学习和记忆策略的认识。

1. 意识到思维的存在

儿童到 3 岁时，他们意识到思维是独立存在的。然而他们对思维的最初理解相当简单，他们可能会说，一个人只有在积极参与一项具有挑战性的任务时才会"思考"，而且这个人的面部表情是深思熟虑的或者困惑的；他们也认为思考和学习是相对被动的活动（例如获取和持有信息，但不再做更多事情），而不认为思考和学习是一个积极的建设性的过程。

2. 关于自己的思维过程的认识

年幼的孩子对自己思考和知识的内省能力十分有限。虽然很多学前儿童在他们的词汇中已有了"知道""记住"和"忘记"这三个词，但他们并没有完全掌握这些心理现象的本质。例如，3 岁的幼儿使用"忘记"这个词仅仅意味着"不知道"，并没有认识到忘记的前提是早先知道某个信息。同样，刚教给 4 岁和 5 岁的孩子一条新信息，他们可能会说他们已经知道它很长时间了，他们对自己思维过程的认识还相对肤浅。

在小学和中学阶段，儿童青少年能够更好地反思他们自己的思维过程，因此越来越意识到他们思考和学习的实质。某种程度上，成年人可以通过与儿童谈论心智的活动，如什么是"思考状态"、将某个人描述为"走神"等来促进这种发展。让孩子们反思他们在想什么，可能也是有益的。

3. 关于记忆局限性的认识

幼儿往往对他们能记住多少东西过于乐观。随着年龄的增长，他们开始遇到更多类型的学习任务，并发现有些内容比其他一些内容更难学习。他们也因此开始意识到他们的记忆并不完美，不可能记住他们看到或听到的所有事情。有研究考察了这种变化趋势，研究人员向从学前期到 4 年级四个年龄组的儿童展示一些纸条，纸条上有 1 到 10 个物品的图片，要求儿童预测在短时间内他们自己能记住多少个物品。结果发现四个年龄组的儿童都预测自己会记住比实际记住得更多的物品，但相较之下，年龄较大的孩子比年龄较小的孩子更清楚自己记忆的局限性。

儿童对自己的学习和记忆能力持过于乐观的估计，实际上可能有利于他们的认知发展。特别是，这可能会给他们更多的信心去尝试各种新的困难任务。按照维果茨基的观点，这些挑战能促进认知成长，而如果儿童对自己的能力估计更现实一些，他们可能会回避这些挑战。我们经常看到年龄较大的儿童或青少年不愿承担具有挑战性的任务，可能仅仅是因为他们意识到自己的局限性，因此怀疑自己能否成功。

4. 关于有效学习和记忆策略的认识

想象一下：现在是 1 月，你生活于寒冷气候中。就在你睡觉前，一些朋友邀请你明天下课后和他们一起去溜冰。你可以做些什么来确保你明天记得带着溜冰鞋呢？年长儿童会比年幼孩子产生更多的策略来帮助自己记得带一双溜冰鞋去学校。然而，即使是 5 岁和 6 岁的孩子也常常能够找到一个或更多有效的策略，比如给自己写个便条、用录音机录下提醒，或把溜冰鞋放在书包旁边。甚或可能有富有创造力的孩子建议穿着溜冰鞋上床睡觉，第二天早上必然会记住带溜冰鞋。

如前所述，随着年龄的增长，孩子们会更多地使用内在的学习和记忆策略，比如复述、组织和精细加工。随着经验的积累，他们也越来越意识到在不同情形下什么策略是有效的。例如，当你第一次尝试没有学到什么东西时，你需要再次学习它。一个 8 岁的孩子可能会使用这种策略，但是 6 岁的孩子不会。同样，10 年级的学生比 8 年级的学生更清楚使用精细加工策略学习新信息的好处。即便如此，儿童青少年似乎还是相对不清楚哪种学习策略在哪些情况下最有效。

五、 自我调节学习

随着儿童和青少年对自己的学习和记忆过程的认识越来越深入，他们也越来越有能力自我调节自己的学习，即控制和指导自己的学习。自我调节学习包括一些重要方面：

① 为学习活动设定目标。

② 形成有效运用学习时间的计划。

③ 维持注意于学习的主题内容。

④ 确定和使用适当的学习战略。

⑤ 监测进展情况，评估学习策略的有效性，必要时调整目标或学习策略。

⑥ 评价从学习活动中获得的知识。

自我调节学习是一个复杂的多层面的过程。实际上小学生是不存在成熟形式的自我调节学习的，即使在中学阶段，也很少有学生能够有效地调节自己的学习。那些能够调节自己的学习的学生，往往在学业上最成功。

这里，我们简要了解自我调节学习的四个关键方面：注意控制、目标进展监控、学习策略有效性评价，以及共同调节与自我调节学习。

1. 注意控制

作为成人，你可能会做一些事情来让自己的注意力能集中在你想学习的主题内容上。也许你会确定一个时间点，这时你知道要想比较警觉并且容易集中注意，需要找一个安静的地方阅读，然后在学习的时候，试着让你的大脑清除无关的想法。这种控制自己注意过程的努力，对有效的自我调节学习是至关重要的。

许多孩子，尤其是年幼的孩子，很容易因周围的景象和声音分心，因此很难长时间集中注意。然而，孩子们可以通过自我对话来学会更好地控制自己的注意力，通过自我对话，容易冲动和分心的小学生可有效地学会放慢自己的速度，并思考自己在做什么。例如，在完成一项匹配任务时，即需要在几个非常相似的图片中找到两张相同的图片，儿童通过自我对话来调节自己的注意控制：

我必须记住，要慢慢来才能做对；仔细看这个，现在仔细看这些；这个不一样吗？是的，它有一片额外的叶子；很好，我可以排除这个；现在，看看这个；我想是这个，不过让我先看看其他的；很好，我慢慢来，我小心一些；好的，我想是这个。

2. 目标进展监控

学习的时候，你会做些什么来确保你的主题学习进展？也许你会问自己关于这些材料的问题，然后试着回答它们。也许你会和朋友一起学习，一起复习材料，对材料的不同解释进行对比。这些活动都是理解监控的例子，即在学习过程中定期检查内容理解过程。

贯穿整个学龄期，儿童理解监测能力在持续提高，因此，儿童和青少年越来越意识到他们是在什么时候真正知道某些事情的。年幼的孩子（例如小学低年级学生）通常在他们实际做某事之前就认为他们已经知道或理解某事，因此，他们不会尽可能多地学习需要学习的东西，而且当他们收到信息并不完整或尚存困惑时，他们通常也不会提出问题。即使是高中生甚至大学生，有时也难以准确地评估自己的知识状态，例如他们也会经常高估或低估自己在考试中的表现。

3. 学习策略有效性评价

儿童和青少年不仅经常错误地判断他们所学到的东西的程度，而且也经常无法评估正在使用的学习策略的有效性，因此，他们并不总是能够正确选择对自己最有效的学习策略。如果家长和老师多鼓励他们反思，并比较不同学习方法具有不同成功率时，他们更能选择并使用较好的学习策略。

4. 共同调节与自我调节学习

按照维果茨基的观点，我们可能有理由怀疑社会调节学习先于自我调节学习，并且后者根源于前者。起初，其他人（例如父母、老师）可能会通过为学习活动设定目标、让孩子把注意力集中在学习任务上、提出有效的学习策略、监控学习进度等方式来帮助孩子学习。随着时间的推移，孩子们在这些过程中承担了越来越多的责任，他们开始自己设定学习目标，在没有别人督促的情况下专注于学习任务、确定潜在有效的策略，并评估自己的学习。

从发展的角度来说，在他人调节学习和自我调节学习之间的一个合理桥梁是共同调节学习，在这一过程中，一个成人和一个或多个儿童共同负责指导学习过程的各个方面。例如，成人和儿童可就学习努力的具体目标达成共识，或者成人可描述成功学习的标准，然后让儿童根据这些标准评估自己的表现。最开始，成人可能会为孩子们的学习努力提供相当多的结构或支架支持，然后按照真正的维果茨基风格，随着孩子们变得能更有效地自我调节，逐渐移除这种支架支持。

六、 认识论信念

人们每天都在学习新事物，并且都对什么是"知识"和"学习"有自己的看法。这种关于知识的实质和知识习得的认识或信念被统称为认识论信念，具体包括人们对以下内容的看法：知识的确定性、知识的简洁性和结构性、知识的来源、学习的速度以及学习能力的本质等。

随着儿童和青少年的成长，他们在各个领域的观念大多都会发生变化，典型的变化如表5-1所示。例如，小学1年级学生通常相信知识的确定性，他们认为任何话题都有绝对真理在"外面"某个地方等着被发现。或许要等到进入高中或大学阶段，他们才开始意识到知识是一个主观性的实体，同一个主题的不同观点可能都同等有效。其他的变化也可能发生在中学阶段，例如，学生越来越相信知识包含复杂的相互关系，而不是离散的事实；学习是缓慢进展思维，而非一蹴而就；学习能力可以通过练习而提高，而不是一出生就固定下来的。但是总体而言，高中生对知识和学习的看法仍然显得比较肤浅。

表 5-1　认识论信念的发展变化

内容	儿童初始认识	随着发展,儿童最终认识
知识的确定性	关于一个话题的知识是固定的、不变的、绝对的"真理"	关于一个话题的知识(甚至是对专家而言)是不确定的、动态的;随着正在进行的调查和研究增加新的见解和知识,它会继续发展
知识的简洁性和结构性	知识是离散且孤立的事实的集合	知识是一系列复杂且相互关联的观念
知识的来源	知识来自学习者之外;也就是说,它来自老师或某种"权威"	知识是由学习者自己获得和建构的
学习的速度	知识是快速获得的,并且是以一种全有或全无的方式,因此人们对于某些知识要么完全知道,要么完全不知道	知识是随着时间逐渐获得的,因此人们可以对某个话题有或多或少的了解
学习能力的本质	人们的学习能力是与生俱来的(它是遗传的)	随着时间的推移,人们的学习能力会随着练习和使用更好的策略而提高

来源：Astington & Pelletier, 1996；Hofer & Pintrich, 1997；Schommer-Aikins, 2002.

　　学生的认识论信念影响着他们的学习和学习方式。例如,如果认为知识是由无可争议的正确或错误的离散事实组成的,一个人要么有知识要么没有,并且学习是一个相对快速的过程,那么学生就可能会专注于死记硬背学科知识,而如果他们发现自己很难理解知识时,则很快会放弃。相比之下,如果学生相信知识是一个复杂的信息体,是通过时间和努力逐渐学会的,则他们可能会使用各种各样的学习策略,并坚持下去,直到他们理解了他们正在学习的各种内容。因此,认识论信念更先进的学生往往在课堂上取得更高成绩也就不足为奇了。

　　更高的成就水平反过来可能带来更高级的知识和学习观。无论是科学、数学、历史、文学还是其他一些学科领域,学习者对一门学科的认识越是超越"基础"、对其深远影响的了解越深入,他们就越发现学习需要获得一套完整而有内在联系的思想,即使是专家也不能对一个主题了如指掌,关于世界如何运作的真正完整而准确的"知识",最终可能是一个无法实现的目标。

　　不过,不那么复杂的认识论信念对幼儿可能是有好处的。如果孩子们认为有绝对的不变的事实,他们很容易学会并记住,那么他们可能在一开始就更有动力去学习。而且对他们而言,依靠家长、老师和图书馆等作为所需信息的权威来源,往往是非常有效的。

七、 元认知和策略发展的影响

元认知是认知的核心，因此元认知发展是认知发展的核心。当儿童意识到他们在使用的策略，并且觉察到每个策略如何帮助他们实现目标时，他们更有可能去学习并使用各种有效的策略。以下是促进认知策略和元认知发展的几点建议。

1. 示范和教导有效的问题解决和学习策略

通过给孩子提供示范，可以培养他们学习更有效的问题解决和学习策略。学习策略可以很明确地进行教导。例如，可以教 4 岁和 5 岁的孩子将物品组织成类别，以帮助他们记住物品。当孩子们在学校和其他地方遇到越来越具有挑战性的学习任务时，单纯的分类当然是不够的，特别是到青少年上高中时，他们将需要更多的学习策略，比如精细加工、理解监控、目标设定、记笔记和时间管理等，而这些策略是可以被明确地教导的。已有研究证实，有关这些策略使用的明确指导，可促进学生更好地学习和获得更高的学术成就；而且在下列情形中进行策略指导，效果最佳：

① 在特定的学业主题情境内进行策略指导，而不是与实际学习任务相分离。

② 学生不仅学习各种不同的策略，而且学习各种策略适用的情境。

③ 学生经常在各种各样的学习和问题解决任务中联系使用新策略。

青少年一旦熟练掌握了更高级的策略，他们就会发现这些策略比诸如复述这类不那么复杂的策略更有价值。

小组学习和问题解决活动，特别是结构化地鼓励特定认知过程的活动，也可以促进更复杂的策略。促进更有效学习的一个方法是教会孩子们如何就他们正在学习的材料互相提出促发思考的问题。为什么合作学习活动能促进有效学习？第一，小组成员相互支持彼此的努力，在困难任务上相互提供帮助，并监督彼此的进展。第二，小组成员必须描述和解释他们的策略，从而允许其他人观察并且模仿他们。第三，按照维果茨基的观点，小组成员最终可能会将他们基于小组的策略内化，例如他们参与到互相提问中，最后他们可能会像他们在小组学习中一样，自己给自己提出同等挑战性的问题，并自己回答。

2. 经常给孩子反馈他们的进步，并帮助他们看到策略使用与学习成功之间的关系

只有当儿童认识到他们以前的策略是无效的时候，他们才有可能获得和使用新的且更有效的策略。例如，老师可能会要求学生以两种不同的方式学习两套类似的内容，譬如一套用复述的方法学习，另一套用精细加工的方法学习。然后，老师可能会评估学生对这两套内容的回忆，发现更有效的策略将促进更好的学习和记忆。通过反复、具体地比较不同策略的有效性，儿童将会逐渐放弃那些效果较差的策略，而选择那些对他们有好处的策略，并且帮助他们学习解决在未来的岁月里遇到的更具挑战性的任务。

3. 为儿童提供评价自己学习的机会，并帮助他们建立有效的学习评价机制

如前所述，自我调节的学习者会在整个学习任务中监控他们的进展，然后评价他们学习

上面的最终所得。为此,研究者提出了一些有助于促进自我监察和自我评价的建议:

① 指导儿童就正在学习的材料给自己提问题,然后回答问题。

② 让儿童为每个学习阶段设定具体的目标,然后描述他们是如何实现这些目标的。

③ 为儿童提供可用来判断其表现的具体标准。

④ 在某些情形下,延迟反馈,让孩子们首先有机会评价自己的表现。

⑤ 鼓励孩子实事求是地评价自己的表现,并在他们的评价与他人评价或标准相符时实时给予强化和鼓励。

⑥ 让孩子们编制包括自己作品样本的作品集,并对各个样本的质量和意义做书面反思。

通过不断进行自我监控和自我评价,孩子们最终将形成对自己的表现进行恰当评价的标准,并经常用这些标准来衡量他们的成就,而这是自我调节学习者的重要特征。

4. 随着时间的推移,期待并鼓励越来越多的自主学习

自我调节学习是一项复杂的事情,涉及许多能力(诸如目标设定、注意控制、灵活使用认知策略、理解监控等),需要多年时间才能真正掌握。贯穿整个小学和中学阶段,教师和其他成人都必须以适合年龄的方式鼓励和支持这种教育,例如,他们可能会提供一些问题例子(例如,"解释一下怎样……""什么是……的新例子?"),孩子们在阅读时可以用这些问题来监控他们的理解情况;他们可以提供一个孩子们在做笔记时可以遵循的一般组织框架;他们也可提供一个关于如何做好总结的指导(例如,"确定或构想一个主题句,……""为每个中心思想找到支持信息……")。当孩子学习的主题让他们自己觉得难以理解,但在使用恰当的元认知策略时则可理解时,换句话说,该主题处于他们的最近发展区内时,成人的这种支架式支持很可能最为有帮助。随着儿童逐渐掌握各种自我调节策略,这种支架则可以逐渐撤出。

5. 促进更复杂的认识论信念

为达成最好学习效果和学业成就,特别是在中学和中学以后,年轻人必须认识到知识并不是一套枯燥无味的事实,有效学习也不仅仅是一遍一遍重复这些事实的过程。促进更先进的认识论信念的一种可能方式是专门讨论知识和学习的实质。例如,将学习描述为一个持续不断地积极在各种思想之间寻找相互联系的过程,并最终构建自己对世界的理解。但一种也许更有效的方法是为孩子提供体验,引导儿童青少年发现知识是动态的而不是静态的,成功的学习有时只有通过努力和坚持才能实现。例如,老师可给学生一些没有明确对错答案的复杂问题,让学生阅读关于历史事件的相互矛盾的叙述和解释,或让学生比较对同一现象或事件的可能同样有效的几种解释。

让孩子们与其他人互动也可能会影响他们对知识和学习本质的看法。热烈讨论有争议的话题(例如死刑的利弊、对经典文学作品的解释或对科学现象的理论解释),有助于儿童进一步了解一个问题并不总是只有一个简单的"正确"答案。进而,作为一个团体围绕一个困难主题不断进行争吵辩论，孩子们可能会开始理解一个人关于某个主题的知识可能会随着时间的推移逐渐发展和提高。最后，必须记住的是，群体探究方法是成年人处理具有挑战性的问题和论题的一个关键特征。通过为孩子提供机会来阐述疑问和问题，讨论和批评彼此的解释和分析，比较和评估潜在的解决方案，这其实是让孩子练习这些至关重要的成人策略。

简而言之，我们需要注意到的是，虽然有些儿童经常有机会在家里与成年人交流思想，但有一些儿童，包括许多有学业失败和辍学风险的儿童，很少有机会在家里讨论学业问题。在学校和课外活动中讨论这些令人费解的现象或有争议的话题，可为这些孩子填补认知经验上的一个重大空白。

第三节　认知发展的领域特殊性研究

长久以来，人们普遍接受这样一种观点，认为在发展过程中，人类逐渐形成了一组一般的认知能力，能够用于各种认知任务，而不管任务的具体内容是什么，即领域普遍性观点。以此为指导思想的认知发展研究，强调认知发展普遍过程的存在，并致力于探寻解释儿童认知发展的一般机制。无论是皮亚杰的认知发展研究，还是信息加工阵营的认知发展研究，均秉承了这样一种指导思想。但近二三十年来，这种观点遭到了来自多个研究领域的挑战，越来越多的研究者认为，许多认知能力只能专门用于处理特定类型的信息，人类的许多认知能力具有领域特殊性（domain-specific）。在当代的儿童认知发展研究中，这种观点有着尤其重要的影响。

事实上，领域特殊性观念并非什么新鲜事物，其思想可追溯到笛卡儿和康德的认识论，及桑代克（Thorndike）和维果茨基等人的心理学思想。譬如，维果茨基曾提出：心理不是某种由诸如观察、注意、记忆、判断等一般能力所组成的复杂网络，而是一组特殊的能力，这些能力在一定程度上相互独立，并独立发展；学习不仅是思维能力的习得，而且是许多用于处理不同事物的特殊能力的获得；学习并不改变总的注意能力，而是形成各种将注意集中于不同事物的能力。近年来，领域特殊性问题吸引着发展心理学、认知科学、人类学和哲学诸领域的众多研究者。尽管这些研究者感兴趣的问题领域不同，但他们都共同持有一种看法，认为人类不可能以某种纯粹独立于领域内容的方式形成认识。

由于领域特殊性的研究者的兴趣和背景多样，他们对领域特殊性的性质和范围的看法不尽相同。但是在从不同领域中得出的基本论点和共同性方面，很大程度上独立于学术领域或研究方法。正因为如此，关于领域特殊性的研究成了一个无法界定范围的领域。而这或许正是领域特殊性研究中最激励人心的特性，它为将来的研究方向提供了宽泛而吸引人的可能性。

在儿童认知发展研究中，探讨领域特殊性的研究来自多个方面，包括来自乔姆斯基传统的自然语言语法理论研究、认知的模块理论研究、认知发展的生物制约研究、认知发展的朴素理论观、专业知识对认知技能发展的影响研究以及比较心理学研究等。这里我们着重介绍其中两个具有十分重要影响的研究领域，即儿童心理理论的发展研究和儿童数能力的发展研究。

一、心理理论的发展研究

人类区别于其他动物的重要特征之一，在于人类具有反省能力，甚至能够对心理和心理状态本身形成认识。这种关于心理状态的知识是人类最基本的认识领域之一。日常生活中，我们总习惯于对心理状态加以推断、推测他人的意图和信念，并通过推测心理状态而预测他人的行为。

1. 什么是心理理论

直觉的"心理理论"（theory of mind，简称 ToM）是指个体对心理现象和心理状态的认识，它建立在心理世界与客观世界相区分、信念和愿望是人类行为之源这样一种认识的基础之上。

有心理学家认为，在日常生活中使用的那些心理词语，并不仅仅是一些任意的、毫无联系的常识语，而是类似于一些理论概念，这些概念构成了一个更大的认识或理论框架。诸如"相信""认为"等词语的意义是由一套法则加以界定的，就像物理学理论中的理论术语一样，这些法则源于我们日常生活中使用的一些概括化的知识或原理。因此，所谓的心理理论，描述的是一系列心理状态及这些心理状态与世界间的因果关系。

儿童心理理论的研究起源于这样一个观念，即对心理状态的认识是我们日常生活认识中的核心，在日常认识中我们总是论及心理状态、推知他人的意图和信念、通过推测心理状态预测人们的行为。研究者感兴趣的是，儿童如何获得这种关于心理状态的知识，以及这种知识有何特定的组织和发展方式。关于儿童的"心理认识"或"心理理论"的发展研究，是当前发展心理学的重要研究领域之一。

2. 心理理论发展研究概况

（1）心理理论的研究起源

尽管皮亚杰曾对儿童的心理认识感兴趣，但当前关于该领域的研究热潮始于普雷马克（D. Premack）和伍德拉夫（Woodruff）对黑猩猩是否具有认识心理的猜测。普雷马克和伍德拉夫将"心理理论"界定为："说某个个体具有心理理论时，我们意指该个体对自己和他人（或对自己的同类或其他物种）做心理状态归因。这种推理系统之所以可以恰当地视为理论，首先是因为这种状态不可以直接观测到；其次，这种系统可用于对其他机体的行为具体地做出预测。"他们认为黑猩猩能够将心理状态归因于他人，因为他们的被试萨拉（Sarah）能够在某种实验情境中表现出关于心理状态的认识。因此他们推断，基于心理状态归因的行为认识，

"不是复杂的或高级的行为,而是一种原始的行为"。以后,研究者将该命题的探究延伸到人类的婴幼儿身上,并逐渐形成儿童"心理理论"发展这一研究领域。

（2）儿童对错误信念的认识

由于方法论上的原因,错误信念(false belief)的掌握往往被视为儿童是否认识到个体能够以不同方式表征同一客体或事件的证据,因此错误信念任务被视为检验是否具有心理的表征理论的某种"石蕊试剂"。

这类研究始于维默尔(Wimmer)和佩尔纳(Perner)的实验,他们的实验旨在探究儿童能否不受自己关于某一客体位置的错误信念的影响,而正确地预测他人行为。在他们的任务中,让被试观察用玩偶演示的故事：男孩马克西(Maxi)将巧克力放在厨房的一个碗柜(位置A),然后离开;他不在时,母亲把巧克力转移到另一个碗柜(位置B)。马克西因不在现场,因此不知道巧克力已被移位。要求被试判断马克西回厨房拿巧克力时,将在何处寻找。另一个实验任务情境是：实验者向被试出示一个从外观不难知道里面装有何物的盒子(如糖果盒),并问盒子里是什么。在被试回答为"糖果"后,实验者打开盒子表明里面装的是铅笔;然后将铅笔放回盒子,并问被试：其他孩子在打开盒子之前,认为盒子里装的是什么?

结果发现,在诸如此类的任务中,3岁儿童在进行错误信念推理方面的能力是有限的,甚至可能无法利用最显然的外表线索。相反,5岁儿童几乎克服了实验任务中所有的困难,他们能够更好地理解研究者所提的问题,能够追随故事线索,并且不会由于存在其他显得十分突出的因素而被问题所迷惑。

专栏 5-2

错误信念任务与幼儿的信念认识

20世纪80年代早期,奥地利心理学家维默尔和佩尔纳(Wimmer & Perner, 1983)设计了著名的错误信念经典任务之一,即意外转移任务,来考察幼儿能否基于他人所拥有的错误信念而正确预测其行为。在这种"意外转移"任务中,如马克西的巧克力任务或萨莉-安(Sally-Ann)错误信念。

任务(如图5-5所示)往往让幼儿观察用玩偶演示的故事：女孩萨莉将球放在篮子里,然后出去散步;她不在时,安把球转移到箱子里。萨莉因不在现场,不知道球已被移位,因此持有某种错误信念"以为球在篮子里"。任务要求幼儿判断萨莉回来时将在何处寻找球。只有认识到萨莉持有某种错误信念"球在篮子里"的幼儿,才能正确判断萨莉将在篮子里找球。许多采用这类错误信念认识任务范式的研究发现,能否认识到故事人物持有错误信念的儿童的年龄分界线为4—5岁。

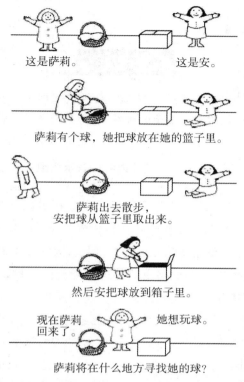

图 5 - 5 萨莉-安(Sally-Ann)错误信念任务示意图

这是萨莉。 这是安。

萨莉有个球，她把球放在她的篮子里。

萨莉出去散步，
安把球从篮子里取出来。

然后安把球放到箱子里。

现在在萨莉 她想玩球。
回来了。

萨莉将在什么地方寻找她的球？

另一经典的错误信念任务(即意外内容任务)验证了上述结果(Perner, Leekam & Wimmer，1987)。实验者向幼儿出示一个盒子(糖果盒，如图 5 - 6 所示)，从盒子外观不难知道盒子内的内容，并问幼儿盒子里是什么。在幼儿回答为"糖果"后，实验者打开盒子表明里面是铅笔；然后将铅笔放回盒子，并问幼儿：其他孩子在打开盒子之前，认为盒子里装的是什么？ 类似于在意外转移任务中的表现，小于 4 岁的儿童常常做出错误判断——"铅笔"。这种任务也用来要求儿童评判自己先前的信念(Gopnik & Astington，1988)，这时儿童也一样可能出现这种错误，在看到盒子里的真实内容后，断定自己一开始就认为盒子里装的是铅笔。

"这里面有什么？"

"这是什么？"

"你的朋友约翰尼（Johnny）会说里面是什么？"（Perner, et al.，1987）

"在我打开盒子前,你最初看到盒子的时候,以为里面是什么？"（Gopnik & Astington,
1988)

图5-6　意外内容任务示意图

不少研究对这种出乎意料的位置变化和出乎意料的内容任务进行了深入考察。
总体而言,有关错误信念的研究结果表明,3岁儿童在进行错误信念推理方面的能力是
十分有限的,并且常常无视最显然的外表线索;相反,大约5岁时儿童开始能够克服实
验任务中几乎所有的困难。他们能够更好地理解所提的问题,能够追随故事线索,并
且不会由于存在其他显得十分突出的因素而被问题所迷惑。儿童在错误信念问题上
的反应能力,3到5岁之间所发生的发展变化,已经为成百上千个独立研究所重复。

在错误信念任务中观测到的这种发展变化,常常被解释为在学前期间儿童形成某
种一般的表征认识（understanding of representation）的证据（Perner, 1991）。按照这种
观点,尽管儿童很早就觉知到内在的心理状态,但是这种初始的认识是非表征性的。
这时,儿童将信念理解为是对事实的直接而准确地反映。相反,当儿童形成信念的表
征性认识时,他们开始认识到信念不是对事实的简单反映,而可能随经验的变化而变
化,一个人在不同时间里或不同人对同一事实可能有不同的信念。当然,尽管表征概
念缺失的解释在该领域仍有巨大影响,但也不乏其他关于幼儿错误信念认识发展资料
的解释。

（3）儿童对其他心理状态的认识

在儿童认识到其他人可能具有错误信念之前,他们已经具有某种心灵主义式
（mentalism）的认识倾向,例如,3岁儿童已经认识到心理实体与物理客体或事件之间存在区
别,可能已经谈及其他心理状态,并且对于各种事件,他们似乎更偏爱某种心灵主义式的描
述,而不是行为主义的描述。

错误信念研究的结果有时被解释为儿童一般的心理认识,但不同心理状态相互不同,错
误信念并不代表其他的心理状态。在大量的心理理论发展研究文献中,除了关于信念和错
误信念的研究外,还有许多是关于儿童对其他心理状态的认识发展方面的研究。近年来,研
究者所探究的心理状态包括知觉、注意、愿望、情绪、意图、知识、假装和思维等。

（4）关于心理理论发展的理论解释

为解释儿童心理知识的发展，研究者提出了几种不同的理论。其中之一即所谓的理论论（theory theory），这种理论认为，像正式的科学理论一样，我们关于心理状态的知识是一种日常的"框架理论"（framework theory），因此是一种非正式的"理论"。这些研究者认为，要构成这样一种理论，这种知识必须具备三个基本属性：其一，这种知识必须明确一组只出现于某一领域的认识客体（实体或过程）；其二，这种知识必须使用一组同样为该认识领域所独特的因果原则；其三，这种知识中必须包含一个相互关联的概念和信念系统。按照这种理论论的观点，非正式的心理理论满足所有这三个条件。

这种理论认为，经验在心理理论发展中起着某种重要作用：经验通过不断为幼儿提供已有的心理理论所无法解释的信息，最终引起儿童修正和改进该理论。因此，经验的作用方式类似于皮亚杰的平衡化机制，新经验引发不平衡，并促进某种新的较高的平衡状态（某种新理论）的出现。

研究者们发现，儿童在朝向成人的心理理论发展的旅程中，有许多发展里程碑。例如，这一发展可能包括三个重要步骤：首先，大约在 2 岁时，儿童获得某种愿望心理学——主要按照愿望来解释行为；其次，大约在 3 岁时，儿童获得愿望—信念心理学，他们开始讨论信念和想法，但他们仍继续通过求助于愿望来解释行为，而信念只是处于某种辅助地位；最后，大约在 4 岁时，儿童获得类似于成人的信念—愿望心理学，开始认识到想法和信念影响着人们的行为。

第二种理论解释是模块理论（modularity theory）。这种理论有多种表述方式，但持该理论的研究者均不同意理论论的解释，例如莱斯利（Leslie）等模块理论家认为，幼儿心理理论的发展不是获得某种关于心理表征的理论，而是通过三个领域特殊性和模块化机制的连续神经成熟而获得。尽管经验在促发这些机制的运作上可能是必需的，但它并不决定它们的性质。这三个机制分别是形成于第一年早期、第一年后期和第二年的身体理论机制（theory of body mechanism，简称 ToBM）、心理理论机制 1（theory of mind mechanism 1，简称 ToMM1）和心理理论机制 2（theory of mind mechanism 2，简称 ToMM2）。

第三种重要的理论解释是拟化理论（simulation theory）。这种观点认为，儿童对他们自己的心理状态具有某种内省性觉知，并能够通过一种角色采择或拟化过程，利用这种觉知推论他人的心理状态。例如，在错误信念任务中，儿童能够通过想象或心理上拟化如果他们自己处于不知情的情况下，他们自己将如何想，以此来预测不知情的某个小孩将认为糖果盒子里装有什么。儿童所发展的是体现出越来越准确的拟化的能力。像理论论一样，拟化理论也假定经验起着某种重要的作用，但是他们特别强调儿童通过角色采择的练习，以提高他们自己的拟化技能。

另外，还有一些发展心理学家试图从其他角度解释儿童的心理认识的发展。例如，从儿童个体的知觉经验及对他人的情感经验、社会互动经验，以及其他一些更具有领域一般性的信息加工能力的发展等方面来解释幼儿的心理理论发展。

这些不同理论观点的倡导者均不乏支持自己观点及反对其他理论的论据和证据，但目前尚无法论断孰是孰非，或许它们都只解释了儿童心理理论发展中的某一方面。也许，不久就会形成一种更恰当的理论，其中将包含源自不同观点的合理成分，一些研究者也明确支持这一可能性。

3. 心理理论研究的影响

20 世纪 80 年代以前，社会认知发展领域的研究主要集中于婴儿期及学龄期，大量研究旨在探究婴儿社会行为的性质、对他人行为和情绪的敏感性等，也有大量的研究探究学龄儿童采择他人观点的能力，以及有关友谊、权威和公正等概念的形成和发展。而从婴儿期到学龄期的过渡期，则是一个相对缺乏研究的领域。但在过去的二十几年里，社会认知发展的这种研究状况发生了巨大变化，关于学前儿童"心理理论"的发生、发展研究，吸引了大量心理学家的注意。由于大多心理理论研究集中于学龄前儿童，因此学前期的社会认知发展不再是一个"缺乏探究的领域"。

心理理论并非一般科学意义上的理论，而是指儿童对自己和他人心理状态的理解和认知。研究者试图探究幼儿对于心理这一实体，由不同心理状态引发的行为，以及心理状态与感觉输入、行为输出及其他心理状态之间的因果联系有何认识。起初，这类研究相对狭小地集中于学前期儿童的某种关于心理活动的洞察力的发展（例如对错误信念的认识）。但随着心理理论研究的深入，它为更广泛地考察社会认知发展提供了某种理论框架；特别是源自心理理论研究的新观点，不仅有助于深入考察儿童的社会认知发展，而且为社会认知发展领域内的许多研究课题提供了某种联系纽带。例如，心理理论的观念和研究已对儿童关于情绪的认识、自我的发展、婴儿期的社会认知和孤独症儿童的社会认知发展等方面的研究产生了巨大影响。

关于心理的知识是人类最基本的认识领域之一，这种知识在我们的日常生活中具有举足轻重的影响：与他人的合作能力，责备、辩解和解释的行为倾向，预测他人行为的能力，影响他人行为的能力，无不涉及关于信念、期望、知识、需要、愿望、动机等心理状态的认识能力。由于这种关于心理的知识在社会认识中所具有的关键作用，儿童心理理论的发展必然与其道德发展、社会性发展以及交流能力的发展密切关联，并且必然对儿童在日常生活中与他人的互动，及其与朋友和家人的关系发展有着重要意义。

二、 儿童数能力的发展

儿童心理理论的发展研究是一个新近出现的领域。与此不同，数概念的研究则有着长远的历史。儿童数能力的发展之所以吸引人，有几个方面的原因。在学校，人们年复一年地把时间用于提高这些技能，并依赖这些技能；离开学校后，他们在日常生活中又时时刻刻要用到这些基本技能。结果，不仅心理学家，而且各类教育者和父母均对此予以极大的关注。

认知发展研究者之所以对数能力特别感兴趣，原因还在于儿童在尚未接受正式的学校教育前，便常常自然而然地学会了其中一些概念和技能，并主动进行广泛的练习。

基本数能力发展的许多早期的开创性研究，是由皮亚杰及其合作者所开展的。但在皮亚杰的眼里，学前儿童几乎是"低能的"，在数能力方面也不例外。在皮亚杰的各种任务中，例如数的守恒能力，幼儿似乎处处表现出理解上的混淆和缺陷。但新近的研究表明，尽管学前儿童对数的认识毫无疑问仍是不完善的，却也绝不像经典的守恒研究文献所认为的那样贫乏。这些研究已令人信服地证实，学前幼儿在数领域拥有丰富的知识和技能。

格尔曼（R. Gelman，1980，2009）认为，儿童早期已经具备一定的数抽象能力和数推理原则知识。数抽象能力指的是儿童抽象和表征数值或一系列物体的数量的过程。例如，儿童能够数一系列物体，并获得其包含"四个"物体的表征。数推理原则，则使儿童能对以不同方式进行操作或变换之后的项目集合的数值加以推测。例如，这些原则使儿童能推断，仅仅把一组物体铺开，该组物体的数值保持不变，但往集合中添加一个或多个物体时，集合的数值则发生了变化。因此，铺开是一个与数无关的变换，而添加是一个与数有关的变换。简而言之，抽象能力帮助儿童形成数值概念，而推理原则帮助他们对已经确立了的数值进行推理，以及进一步加工。

1. 计数原则

格尔曼特别关注计数的数抽象过程。她的研究表明，幼儿主要利用计数作为获得数目表征的方法。她指出，幼儿的计数活动受五个计数原则支配和限定。前三个原则告诉儿童如何恰当计数，第四个原则告诉儿童有哪些东西可加以计数，第五个原则包含对前面四个原则特征的综合。

① 一对一原则（the one-one principle）。根据这一原则，对于要计数的每一个项目，计数者必须逐次给予一个并且只能有一个区别性的数名称。第一个项目被记为"一"，下一个为"二"，以此类推至整组对象。计数者不可跳过任何一个应当计数的项目，对任何项目的计数不可超过一次，相同的数名称只能用一次，必须确切地在数到最后一个项目时停止计数。显然，准确地计数是个复杂的过程，要求在相继产生的数名词和相继指出待计数项目名称之间精确协调。尽管学前儿童的确常常违背该原则，特别是在计数较多一组项目时。但研究发现，即使是2岁半至3岁的幼儿，也可能对一对一原则至少有部分的内隐的掌握。例如，当他们自己违背该原则时，他们有时能够注意到并加以改正，而且也能觉察到他人是否违背该原则。因此，他们之所以出现这种错误，可能是由于操作问题，而非知识的缺乏问题。

② 稳定—次序原则（the stable-order principle）。当计数一组项目时，应该总是以同样的次序复述数值名。例如，一个人不应有时把三个项目数成"一、二、三"，有时则数成"三、一、二"。格尔曼发现，幼儿一般能够遵循这一原则，尽管在他们的计数能力中存在其他方面的局限。

③ 基数原则（the cardinal principle）。这一原则限定，某一计数系列最后所说出的数值名称，就是该项目组的基数值。例如，我们可以用这种方式累计至此已经描述过的计数原则："一、二、三—三。"格尔曼的研究发现，像一对一原则一样，第一，当他们较好地掌握了相关的数字词时，在计数项目时，尤其是数目少的项目时，幼儿的确常常遵循基数原则；第二，计数的信息加工要求有时可能会干扰原则的使用，从而导致我们低估了幼儿对原则的把握。

④ 抽象原则（the abstraction principle）。这一原则假定，任何事物都是一个有可能加以计数的对象，我们可以计数的对象包括事件、非生物体、生物体以及触摸不到的抽象物等任何一种实体。我们可以发现，幼儿似乎十分乐于计数某一房间里的所有对象，而不管这些对象具有什么性质（如把生物体和非生物体归并在一起），并且为了计数起见，往往还把它们都当成等同的、没有特征的"事物"。

⑤ 次序无关原则（the order-irrelevance principle）。这一原则规定，在计数时，以什么次序对计数对象进行计数并不重要。例如，在对包括一条狗、一只猫和一只耗子的集合计数时，不管你是从狗数起，称之为"一"，还是数到狗结束，称之为"三"，你均以相同的数结束计数。稳定—次序原则表明，数字名称的次序是不可更改的；次序无关原则则说明，运用这一具有稳定次序的计数过程加以计数的项目次序是不重要的，对这些项目你愿意按什么次序计数都行。格尔曼的研究发现，5 岁儿童已有相当明显的关于次序无关原则的知识，甚至 3 岁儿童也可能内隐地理解了这一原则。

近年来，相关的研究很多。一般而言，这些研究基本上支持格尔曼的两个最重要的结论，即：年龄很小的幼儿已能利用计数作为一种估计数值的方法；年龄很小的幼儿在其计数行为中也表现出了一些知识和技能。但在一些比较具体的关于发展水平的确定和解释等问题上，例如儿童从什么时候开始具有特定的某种知识或技能，出现了一些不同看法。不过，这些研究进一步明确这一事实，即这些最初的能力在学前期的确发生了重要的发展变化：3 岁儿童在估计数值方面可能比我们过去所认为的要熟练，4 岁时他们更加熟练，而 5 或 6 岁时则又进一步得到发展。

2. 数值推理原则

在儿童早期，儿童不仅习得了数抽象能力，也习得了数推理原则。到这一时期末期，他们可能已经认识到，仅仅改变一组项目的颜色或特性，并不改变集合内的项目数。他们也很可能认识到，与此相反，增添项目增加了集合内的数值，取走项目则减少了集合内的数值，并且先增添一个项目后取走一个项目，集合内的数值不变。他们也能够决定两个集合项目之间数值上的相等和不等关系，例如他们能够推断，集合 A 和集合 B 是否包含相同的项目数，集合 C 是否比集合 D 包含更多的项目。他们主要依靠计数来确定这些关系，并且就像在数抽象过程中一样，当集合内包含的项目少且易于计数时，他们一般在数推理上表现得更好。

那么,在皮亚杰的守恒任务上,学前儿童为什么常常以失败告终呢? 新近的研究认为,这种失败并不一定意味着儿童在面临知觉变化时,完全不能对数值的不变性加以推理。研究发现,在儿童所熟悉的比较简单的情境中,甚至 3 岁幼儿也表现出某种将数值与外表相分离的能力。

3. 数能力的习得

在儿童中期和青少年期,儿童的数能力继续完善和扩展,部分源自学校的正式教育,部分则始于生命早期儿童对数的自发学习的延续。在儿童早期显得原始并受情境束缚的技能,随着儿童的发展,会变得更加有效及具有更广泛的适用性。3 岁儿童可能只认识到某些简单情境中的数值不变性,7 岁儿童则能够处理他们所可能遇到的任何数量守恒任务。儿童关于如何抽取和推断数值的知识,随着发展也变得更加外显。年龄较小的儿童有时能够觉察出计数或数值推理中的错误,较大的儿童则可能进一步反思这些错误,并明确指出这些错误的原因、它们对结果有何影响以及类似的认识。

4. 早期的基础

3 岁和 4 岁儿童具有如此丰富的数知识和数能力,可能使我们颇感惊讶。而更令人惊异的是,新近的研究表明,甚至婴儿也对数这个维度具有敏感性,并且他们甚至可能进行简单的算术活动。

有研究者利用习惯化/去习惯化技术研究婴儿对数的敏感性。例如,首先为婴儿呈现一系列包含有三个项目的幻灯片,直至婴儿习惯化,然后为他们交替呈现一系列三个项目和两个项目的幻灯片。结果发现,婴儿对呈示新数值的幻灯片(包含两个项目)的注视时间长于显示旧数值(三个项目)的幻灯片。也就是说,对于显示三个项目的幻灯片,他们似乎持续表现出注意的习惯化;但对显示两个项目的幻灯片,则表现出去习惯化。这说明,他们似乎已经能够感知到两类幻灯片之间的差异。这种对项目数很少的集合的辨别能力甚至出现于新生儿的身上——到 4 个月时,婴儿已表现出能够辨别包含 4 个和 5 个元素的集合。

近年来,一些研究还发现,婴儿的数值敏感性似乎不只局限于辨别差异的能力。例如,温恩(K. Wynn,1992)认为婴儿不仅能够进行数的抽象,而且能够进行数的推理。具体地说,她相信婴儿能够进行简单的加减法。温恩采用了违背预期的研究范式,来证明她的这一推断。图 5-7 呈示了加法问题和减法问题的一个例子,两种结果之间的差异在于:一个是可能事件(1+1=2,2-1=1),一个是不可能事件(1+1=1,2-1=2)。如果婴儿理解了所包含的算术运算,则他们应能预测在移开屏幕时,将期望看到某一数量的玩偶;当违背了这一预期时他们应感到奇怪,因此对不可能的结果注视的时间将更长。结果发现,对于加法和减法,5 个月的婴儿均对不可能的结果有更长的注视时间。这一研究似乎清楚地表明,对于往一个集合中增加或减少物体时所应出现的结果,婴儿已经有所认识。但仍然不清楚的是,这种知识和由此而来的预期有多精确。

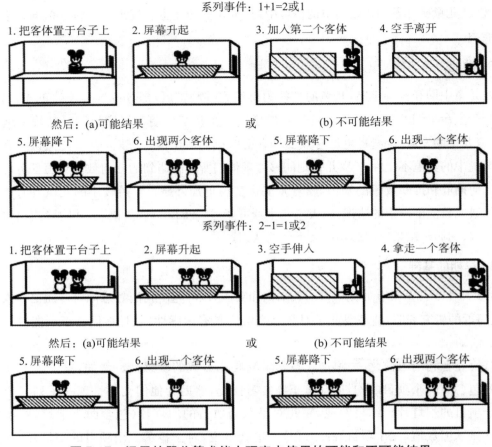

系列事件：1+1=2或1

1. 把客体置于台子上　2. 屏幕升起　3. 加入第二个客体　4. 空手离开

然后：(a)可能结果　　　或　　　(b) 不可能结果

5. 屏幕降下　6. 出现两个客体　5. 屏幕降下　6. 出现一个客体

系列事件：2-1=1或2

1. 把客体置于台子上　2. 屏幕升起　3. 空手伸入　4. 拿走一个客体

然后：(a)可能结果　　　或　　　(b) 不可能结果

5. 屏幕降下　6. 出现一个客体　5. 屏幕降下　6. 出现两个客体

图 5-7　温恩的婴儿算术能力研究中使用的可能和不可能结果

上述研究构思灵巧，执行审慎，所得结果的各个方面已为许多实验所重复。但在这些结果的解释问题上，仍争议颇多。因此就目前而言，关于婴儿的数能力，特别是算术能力，仍是一个有待进一步研究的论题。

5. 基本的数技能：人类的自然能力？还是社会影响的结果？

格尔曼等人以婴儿实验为证据，认为基本的数能力可能是我们人类成员普遍具有的自然能力。在格尔曼看来，在这一点上，数可能与语言一样，是一组种系范围内广泛具有的能力，人类在进化过程中已逐渐形成某种特殊的习性和倾向，用以习得这种能力；与客体知识和语言的发展一样，数能力的发展构筑于某种由先天具有的领域特殊性的原则所构成的框架之上，这种原则本身不是习得的，而是使学习成为可能的起始点。

不过，无论先天基础是什么，没有人会认为数能力的发展仅仅是生物学上编制好的能力程序在没有任何经验的情况下自然展开的结果。格尔曼也极其反对这一看法。正如我们所看到的,儿童时常自发地练习算术技能,并且他们显然得益于这些经验。各种各样的数概念,也是学校耗费成千上万个小时加以直接教导的重点。如果所有的数知识都从出生开始就已经安排好,则儿童和老师的生活都将省事得多。

事实上,跨文化研究也表明,尽管基本的数学原则毫无疑问地具有普遍性(在每种文化中都是 $1+1=2$),但不同文化之间,用以表述和处理数值的符号系统可能存在巨大差异。例如,在新几内亚的一些地区,人们使用的是一个用躯体的各个部分表示不同数值的计数系统,计数从一只手的大拇指开始,在到达另一只手的远侧之前,要经历 29 个不同的位置。其二,某种文化中用以表示数值的符号方式,可能影响个体发展过程中数值运算的掌握速度,以及处于成熟水平时,执行这些运算的难易程度。例如,依靠躯体部位计数方法的新几内亚儿童,在数抽象和数推理技能两个方面的发展,通常均慢于西方国家的儿童。类似地,中国儿童在计数的某些方面优于美国儿童,可能是因为汉语比英语使用了某种更一致且易于理解的方式,来表示相关的术语(在英语中,"十几"的数值尤其容易出现问题)。最后,除了单纯的数字系统影响外,文化经历也可能促进或阻碍算术技能的发展。例如,在巴西大街上卖糖果的小孩,由于面对大量必须在高度竞争的环境下又快又准地得到解决的数值任务(买进糖果、确定销售价格、改变价格、适应通货膨胀),因此儿童形成了某种数学计算的敏捷性,这种敏捷性是我们多数人所难以企及的。

三、 领域特殊性研究简评

从近一二十年的认知发展研究的进展中,我们可以看到,随着皮亚杰的理论和信息加工理论影响的逐渐衰退,认知发展理论出现了多元化、具体化的发展倾向,它们往往不再把整个认知发展的过程作为自己的解释对象,不再寻找核心原则,而是相对局限于某个探究领域,致力于就一些比较具体的问题做出解答。在这种领域特性理论的指导下,新近开展的许多认知发展领域特殊性研究,继承了皮亚杰及信息加工理论指导下的认知发展研究的合理成分;但与传统的认知研究相比,它又不囿于寻求领域普遍性的认知结构观,更加强调领域的特殊性和知识经验的作用,这无疑是观念上的一个重大发展;而且该领域的研究者更加重视在实际情境中的实验研究,因此也体现了发展心理学中日益强调研究的生态效度的发展趋势。

由此导致的结果是,在认知发展研究的各个领域,出现了多个相对独立、较小的认知发展理论。毫无疑问,在这些相对专门化的理论指导下,各个领域的实证研究颇有成效,成果倍出,引人注目。但这种专门化的代价是,各个认知发展领域的研究者之间在相互交流的问题上出现了不少困难。源于此,一些学者认为,由于研究的进一步发展需要各领域之间的相互交流和合作,因此,认知发展研究有必要寻找新的认知发展理论的元理论。

本章小结

● 信息加工理论核心论点

环境输入为认知过程提供原材料；工作记忆和长时记忆为信息加工提供两种存储机制，且两种机制之间的信息传递涉及多种认知过程；注意在信息的解释和记忆储存中起着关键作用；中央执行系统监测着信息加工过程。

● 信息加工理论解释认知发展

儿童认知发展源自他们的认知过程和能力发展表现出某种稳定和渐进的趋势，具体表现在他们的感知觉、注意、工作记忆、长时记忆以及推理能力等都有相当的发展变化。为更好地促进儿童学习，学习任务和过程需要符合他们认知能力的发展水平。

● 元认知与认知策略的发展

儿童认知加工变得越来越高效，还源于他们对自己的认知过程越来越了解，进而有意识地使用某些认知过程来提高学习和记忆能力；这种发展具体体现在他们习得了一系列学习策略来帮助有效记忆事物，问题解决策略越来越丰富且有效，这些策略的发展呈现为叠波模型；元认知意识、认识论信念、元认知策略的发展使他们成为更好的自我调节学习者。

● 认知发展的领域特殊性研究

许多认知能力只能专门用于处理特定类型的信息，具有领域特殊性；儿童认知发展中的许多研究传统致力于探讨认知的领域特殊性问题，他们不探寻解释儿童认知发展的一般机制，而是领域特殊的发展变化。

心理理论意指个体对自己和他人心理状态的理解和认知，以及通过推测心理状态而预测他人的行为的认识或能力系统，其被认为是人类知识的核心领域（core domain）之一；发展心理学感兴趣于儿童如何获得这种关于心理状态的知识，以及这种知识有何特定的组织和发展方式，这也是社会认知发展的重要研究内容。

儿童早期如何具备数抽象能力和数推理原则知识及其如何进一步发展，是另一个领域特殊性视角下的认知发展研究例子。儿童早期数值知识和推理原则的实质，及其与以后日益抽象和复杂化的数学发展之间有何关系，是研究者最为感兴趣的话题。

思考与练习

1. 结合儿童注意与记忆的发展研究，论述认知发展的信息加工研究与皮亚杰的研究有何异同。

2. 结合事例阐述你如何理解认知发展领域普遍性观点和领域特殊性观点，心理理论发展研究和儿童数能力发展研究如何为领域特殊性观点提供支持。

3. 假定你希望研究婴儿期至青少年期儿童日常记忆活动的发展特点，你将如何设计研究方案并着手收集证据？

4. 通过本章的学习,你对儿童认知发展与教育之间的关系有何看法?

📖 延伸阅读 ||||||||||||||||||||||||||||||||||||||||||||||||||||||||||||||||||||||||||||||||||||||||||||||||

1. 邓赐平. 儿童心理理论的发展[M]. 杭州:浙江教育出版社,2008.

2. Galotti, K. M. (2016). *Cognitive development:Infancy through adolescence (2nd. Ed.)*. SAGE Publications, Inc.

3. Bornstein, M. H., Lamb, M. E. (2011). *Cognitive development:An advanced textbook*. NY:Psychology Press.

4. McDevitt, T. M., Ormrod, J. E. (2020). *Child development and education (7th ed.)*. NJ:Pearson Education, Inc.

5. Houdé, O., Borst, G. (2022). *Cambridge handbook of cognitive development*. Cambridge, England:Cambridge University Press.

第六章　儿童语言的发展

📋 **本章导语** ||||||||||||||||||||||||||||||||||||||||||||||||||||||||||||||||||||||||||||||||

　　不知怎么的,在短短几年的时间里,那些既不会说也听不懂任何语言的新生儿变得可用他们周边的人都能理解并使用的语言来评论、质疑和表达他们的想法。这种变化显然不是一蹴而就的。起初,新生儿的哭声让位于咕咕声和咿咿呀呀;继而婴儿开始表现出理解的迹象,比如当他们听到自己的名字时会转身;然后,婴儿变成蹒跚学步的小孩,会说"再见"和"没了",并开始给周围的人和物以称谓;随着词汇量的不断增长,他们开始组合单词;渐渐地,孩子们的不成熟的句子被更长更成熟的句子所取代;当孩子们学会说话时,他们的理解能力也会得到发展,并且他们的理解通常要早于言语产生。当孩子们掌握了语言,他们也成了运用语言来满足自己需要的大师。1 岁大的孩子只会指指点点,大惊小怪地要求某些东西,而后这样的孩子变成了会说"请"的 2 岁小孩,后来他们变成了颇具语言交际能力,能够说出"我妈妈说我现在必须回家了"来逃避某个事情的 4 岁小孩。

　　令人惊讶的是,孩子身上发生了什么变化? 他们为何具备这样的能力? 本章将探讨这些问题,关于语言内容发展和变化时间的问题,即在语言发展的过程中,什么发生了变化? 在什么时候发生了变化? 也将探讨如何变化和为什么变化的问题,即儿童是如何学会说话的? 为什么语言的发展是人类发展的普遍特征?

📍 **学习目标** ||||||||||||||||||||||||||||||||||||||||||||||||||||||||||||||||||||||||||||||||

1. 知晓语言的主要成分及其内涵。
2. 了解语言发展对相关基础研究和应用研究的意义。
3. 了解语音、词汇、句子和语言发展的典型特征和发展趋势。
4. 比较并评述各种语言习得理论。

第一节　语言及语言发展概述

　　每个人在特定的语境中都会有自己的语言使用方式。想想你自己,在不同的交流环境中语言使用方式在一天中有多少变化。如打电话、帮助朋友学习、在餐厅点菜、参与课堂讨论等场景,然后再想象一下,如果从一个语境到另一个语境你的语言不能改变,如从非正式到正式,从个人到非个人,从家庭到课堂等,这会不会妨碍你的交流?

　　平时你会花多少时间去思考你所说的语言?大多数时候,你应该与大多数人一样,可能根本不会考虑这个问题。对于我们大多数人来说,说话就像每天醒来一样自然,这是一种我们很少注意到自己正在做的无意识行为。因此,我们通常不会把我们的语言想象成是某种能够发挥力量、引发争论甚至引发冲突的东西。然而,事实上,语言确实具备所有这些功能,语言在我们的生活中扮演着重要的角色,我们能够用语言来交流知识、信念、意见、愿望、威胁、命令、感谢、承诺、宣言、感情,只要我们想象可及之处皆可交流。令人惊讶的是,我们何时具备了这些能力?

一、　语言的成分

　　语言是复杂和多面的,学会一门语言意味着获得了识别和产生一系列声音的能力,并学会了如何将这些声音组合成可能的词、短语和句子。到了成年,一个人通常掌握了数以万计的词汇,这些词汇知识包括对每个词的意义及其与其他词组合的可能性的了解;也逐渐了解到语言的各个部分能否系统地组合成单词和句子的多种方式;也会知道如何将句子组合成更大的话语单元,如讲故事或进行对话。当孩子们学习一种语言,他们还学会用这种语言以适合社会的方式进行交流。他们获得了与他人分享想法和感受的方式,以及与同龄人和祖父母以不同方式分享想法和感受的技能。在一个有文化的社会里,孩子们也学会了使用书面形式的语言。他们既掌握了书面符号和意义之间的一套复杂的对应关系,又掌握了文学风格的语言使用。

　　儿童同时发展这些不同类型的语言知识,这些不同领域的发展之间存在着许多相互影响。语言学据此将语言知识区分为四个基本成分,即语音、语法、语义和语用。语言习得与发展进程,主要表现为这些成分在数量上逐渐增加(例如声音、单词和句子长度)和精细化,以及认识到各种更微妙和更复杂的用法。语言发展领域有海量的研究文献,读者可自行阅读以便更好地理解丰富的语言发展内涵;言语和语言病理学也是该领域的重要文献资源,有助于确定儿童的语言是否正常发展,以及何时需要评估和提供干预支持。

1. 语音

　　某一语言中的言语语音结构,包括基本的语音单位模式和可被接受的发音规则。构成某一门语言的最小语音单位叫做音素。音素分为元音与辅音两大类。例如汉语音节啊(ā)只有一个音素,爱(ài)有两个音素,代(dài)有三个音素等;再如英语单词"that"包含三个音素,"th"代表一个音素/ð/,"a"映射到短音/æ/,"t"映射到基本音素/t/。

2. 语法

　　语法指语词构成和使用的法则以及基本的意义单位如何组合成句子。在交流时,词汇被组合在一起使用,我们必须遵循语言的语法规则。正是由于掌握了句法知识,我们才能认识到以下两个句子虽然包含了不同的语序和复杂程度，但意义却是相同的："男孩击中球""球被男孩击中"。语素是最小的语法单位，也就是最小的语音、语义结合体。在不同的语言体系中，语素的表达形式也各不相同。汉语的语素大多数是单音节的，如"人、手、究、吗"，也有一些是多音节的，如"疙瘩、逍遥、巧克力、奥林匹克"等。有的语素能单用，是成词语素，如"我、跑、琵琶"，有的语素不能单用，是不成词语素，如"民、历、们"。

3. 语义

语义指语言表达意义的方式。语言的语法结构不仅提供了理解所需的线索，而且我们还拥有丰富的比喻性语言和丰富的描述，为我们的交流增添了色彩和细微差别。正是我们对语义的理解，让我们认识到"嫉妒得脸红"的人并没有改变肤色，或者"脚冷"与我们腿脚末端的附属物关系不大，更多地与我们对新体验的焦虑有关。由于语义超越了词语的字面意义，并且依赖于文化，因此对于非母语人士，甚至是来自不同文化、使用独特方式表达意义的人来说，这是语言最困难的方面之一。任何试图用自己的方言与青少年交谈的人都能体会到共享一个能够清晰沟通的语义基础的重要性。

4. 语用

语用意指通过使用语言来实现目标的方式。我们与父母说话的方式和与兄弟姐妹互动的方式是不一样的，正式演讲使用的语言可能与我们与朋友共进午餐时听到的语言没有多少相似之处，日常互动的对话方式与给幼儿读故事书时使用的语言也大不相同。了解不同语体的差异以及何时使用哪种语体是语用学的本质。对语言的熟练掌握对社会交往至关重要，通过口头和书面语言与他人有效沟通的能力是教育系统的最终目标之一。

表 6-1　语言的基本成分

成分	子成分	描　述
语言的结构或形式	语音	由音素组成的语言声音系统，使用音素及其惯例组合
	语法	词法：构造有意义字词的规划或惯例，例如，在单词末尾添加-s/-es 以表示复数（duck/ducks） 句法：构建有意义词组或句子及其关系的规则或惯例，例如，词序是"Daddy go there"而非"There Daddy go"这种非典型的英语结构
语言的内容	词汇	词汇量
	语义	字词之间的关系、代表普遍概念的符号、词义（例如，涉及客体、对象、动作、状态、属性或位置）、抽象概念的含义和关系（例如成语和谚语）
语言的使用	语用	以适合社会和文化的方式，在适合情境下使用语言的规则或惯例，例如轮流说话、眼神交流、在谈话中维持一个话题

来源：Patel，2006.

习得一个人所处文化中的语言是一个极其复杂和具有挑战性的难题。为了有效地理解和使用一种语言,儿童必须掌握语言的四个基本成分。首先,他们必须掌握音韵学,即他们必须知道单词是如何发音的,并能够产生构成任何给定单词的声音序列。其次,他们必须掌握语义学,掌握大量词汇的意义。再次,他们必须有一个良好的语法,可以合乎规则地组合,形成可理解的短语和句子。最后,儿童必须掌握语用学,使用社会惯例和说话策略,以便与他人进行有效的交流。对于任何一个孩子来说,掌握语言的这四个组成部分都是非凡的成就。

二、 语言发展时间顺序概述

在第二节我们将详细描述语言发展的过程,并探寻孩子们是如何完成这一惊人壮举的。在这里作为概述和预览,我们描述语言发展的大纲。

图 6-1 列出了每个语言组成部分在不同时间发展的主要里程碑。如果你从左到右扫描所有四条时间线,就可以看到,从出生到 1 岁的儿童,他们在交流行为和声音产生方面发生了变化。他们从出生时的不理解单词,到 6 个月时认识自己的名字,到 8 至 10 个月时理解一些其他的单词。平均而言,孩子们在大约 1 岁时开始学会说话。然而,我们从实验研究中知道,这些看似前语言的婴儿在出生后的第一年里学到了很多关于他们语言的声音、单词,甚至是语法特性的知识。

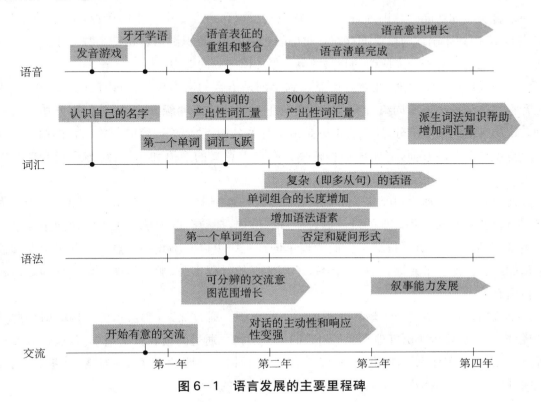

图 6-1　语言发展的主要里程碑

在儿童 2 岁时，词汇方面的发展最为明显。孩子们通常从第二年一开始时产生他们的第一个单词，到年底他们已能产生约 300 个单词，并正在产生单词组合（Fenson, et al., 1994）。他们的话听起来不像是成年人说的。发音能力和潜在的语音表征在第二年都发生了变化。孩子们也变得更善于交流了。他们交际行为的频率和会话的关联性都在增加。

在人生的第三年，最明显的发展就是孩子们对语法的掌握越来越多。通常情况下，孩子们从这时候开始，能在名词和动词上使用两个或三个单词的肯定陈述句，这些句子缺乏语法结尾，比如复数标记和过去时标记。到了第三年年底，孩子们能够写出完整的句子，包括疑问句和大多数语法手段到位的否定形式。词汇量不断增加，发音的清晰度不断提高，儿童开始对自己语言的音韵特性有了认识——例如，他们对押韵的鉴赏就是明证。孩子们的谈话技巧提高了，他们开始在谈话中引入对过去事件的简短叙述。

3 至 4 年的时间主要是提炼和进一步发展已经掌握的技能。最明显的新发展发生在语法领域，孩子们开始产生复杂的多从句句子。因为对于大多数 4 岁的孩子来说，他们的语言能力中没有什么是完全缺失的，所以人们普遍认为语言习得是在他们出生后的头 4 年完成的。尽管这种说法有一定的道理，但在 4 岁以后，语言技能每一个领域都在不断提高。清晰度，词汇量，句子结构和交际技巧都得到了发展。随着儿童从家庭进入学校环境并学习使用语言的新方法，也出现了一个重大的转变，识字能力的发展与语言知识的变化进一步联系在一起。我们将在以后的章节中介绍这些发展。

大概在六七岁的时候，儿童开始出现比较明确的元语言意识。儿童的元语言意识是儿童对语言实质和功能的意识理解，例如，它包括意识到语言是由较小的单位（单词、音素等）组成的，意识到印刷词与口语词存在一对一的对应关系，意识到语言是一个独立于其意义的实体。它也包括对一个人所说的与其实际意思加以区分的能力。

学前后期或小学早期，儿童开始意识到单词是语言的基本单位、口语词由音素组成、不同音素往往与单字或单词组合有关。随着他们进入小学高年级和中学，他们也开始能够识别并说出言语的组成部分，这至少部分是由于有关名词、动词等内容的正式教育的结果。元语言意识更复杂的方面，诸如识别和解释具有多重意义的短语和句子，在整个青春期持续发展。

元语言发展的理论解释几乎完全集中在经验的影响上。一个可能促进元语言意识的因素，是玩押韵、儿歌、笑话、双关语等语言游戏。例如，押韵有助于孩子发现发音和字词之间的关系，笑话和双关语可帮助孩子们发现单词和短语可以有不止一个意思。儿童早期阅读书籍的经历也促进了元语言意识。给孩子们读书的过程本身，能帮助他们认识到印刷语言与口语有关。

正式的语言教学进一步培养儿童的元语言意识。通过探索词类、句子结构等诸如此类的成分，儿童和青少年更好地掌握了语言的基本结构。通过阅读和分析诸如诗歌、古典文学等，他们逐步发现作家可能用来传达多层意义的各种机制（明喻、隐喻、象征等）。最后，两种或两种以上语言（双语）的知识，也可促进元语言意识的发展。

因此,语言游戏、阅读经验、正式教学和双语等均是促进元语言意识发展的因素,其对语言教学和儿童工作均有指导意义。

三、 语言发展研究的缘由

1. 语言发展是一个重要的基础研究课题

一个学会语言的孩子意味着已经获得了一个难以置信的复杂和强大的系统。如果深入了解了孩子们是如何完成这项任务的,我们就有可能知道一些关于人类大脑如何工作的实质性的东西。现代的语言发展研究领域出现于 20 世纪 50 年代,当时人们清楚地认识到,语言习得可以作为检验关于人类行为变化是如何发生的两种对立理论的试金石。在 20 世纪 50 年代,行为主义和认知主义这两种心理学理论相互对立。根据行为主义,行为的改变是对先前行为结果的反应。激进的行为主义认为所有的行为都可以用这种方式来解释。行为主义的一个核心原则认为,没有必要为了解释行为的变化而去辨别脑子里在想什么,因为行为可以从外在的事物中得到充分的解释。

认知主义的观点恰恰相反,他们认为如果我们不理解产生这种行为的有机体的大脑内部正在发生什么,我们就无法理解行为。大约从 20 世纪 30 年代到 50 年代早期,行为主义主导了美国心理学。但是在 20 世纪 50 年代开始了一场"认知革命"。在接下来的二十年里,行为主义被认为是不充分的,对人类行为解释的研究重点转移到了内部心理过程。语言研究在认知革命中发挥了重要作用。说话和理解语言的能力是非常复杂的,孩子们在获得这种能力的过程中并没有得到符合语法句子的正面强化。那些可以很好地解释为什么老鼠会推动杠杆、为什么狗会在看到喂它们的人时流口水、为什么人坐在牙医的椅子上会紧张的简单理论,都无法解释孩子们是如何学会说话的。当认知主义取代行为主义时,关于如何理解人类行为的理论争论并没有结束。事实上,认知革命产生了一个新的跨学科领域,即认知科学。

认知科学家现在同意,为了解释人类行为,有必要了解大脑是如何工作的,但他们对大脑是如何工作的看法不一致。语言习得研究仍然在人类认知特征的争论中扮演着核心角色,正如语言习得在认知革命中扮演着核心角色一样。也就是说,很难解释为什么语言习得是可能的,以至于不准确的认知理论很难通过语言习得的解释这个测试。语言习得是认知科学领域的竞技台:如果你能在那里获得成功,你就能在任何地方获得成功。

2. 语言发展也是一个应用研究课题

对于许多语言发展的研究者来说,他们的目标也许没有发现大脑是如何工作的那么宏伟,但是更直接。在现代工业化社会中,成功取决于良好的语言技能,而获得社会所需要的语言技能对一些儿童来说可能是有问题的。例如,一些少数民族儿童和一些来自社会经济地位较低阶层的儿童,在入学时已经掌握的语言技能可能远低于主流学校的大多数教师所期望的水平,因此他们在学校遇到了困难。因此,语言发展研究的另一个重要领域,是侧重于了解语言使用中存在的文化差异的本质，以及如何设计教学实践以最好地服务于具有不同语言使用风格的儿童。

对许多孩子来说，语言习得涉及学习一种以上的语言（或许包括方言）。在某些情况下，儿童在家里学习的语言不是学校的语言，因此他们进入学校时必须学习一种新的语言。在一些情况下，儿童从出生起就接触并学习两种或两种以上的语言，在另一些情况下，儿童移民或被收养到一个有新语言的新国家。许多儿童的多语言经历的社会现实提出了一个有趣的问题，即儿童如何获得一种以上语言的能力，这对负责教育这类背景儿童的学校系统构成了挑战。

对于那些患有各种相关疾病的孩子来说，譬如智能障碍、听力障碍或脑损伤等，获得足够的语言技能也是个问题。有些孩子在明显没有任何其他类型的障碍的情况下，也出现了很难学会语言的结果。有大量的研究集中在试图理解这些儿童语言学习困难的问题的本质，以及寻找帮助这些儿童获得语言技能的技巧。

语言发展研究中的基础研究和应用研究并不是完全分开的，两者之间有着重要的衔接点，例如，关于正常语言发展过程的基础研究被应用于设计各种发展干预措施，以帮助有语言习得困难的儿童，关于阅读过程的研究为成功的阅读干预措施提供了重要的理论基础。有时，语言障碍方面的工作也会影响到基础研究，例如，有证据表明，即使患有严重的交际缺陷，孤独症儿童也能习得语言结构，这表明学习语言不仅仅是学习如何满足交流的需要。研究语言发展的各个学科之间也有重要的联系点，例如，人类学家对没有人和婴儿交谈的文化的描述与发展心理学家的工作有关，后者研究母婴互动是如何促进语言发展的。

3. 如今的语言发展研究

当前的语言发展研究包括了更广泛的话题和更广泛的人群。许多新方法也已成为试图理解人类语言能力本质的研究的一部分。研究人员现在从语言处理过程中的大脑活动图像和人类基因组图谱中寻找语言的基础。关于语言发展过程的假设亦在计算机模拟中被测试。双语发展的研究和识字的研究都有所增长。跨文化和跨语言的研究已经发展起来，并成为这一领域的中心。语言与思维、语言发展与认知发展的关系已经成为一个重要课题。目前，语言发展研究是一个多学科关注的领域。

语言发展研究是以当前的语言理论为指导的。我们可以把语言发展看作是学习交流的过程，就像社会或文化群体中的成年人所做的那样。从这个角度看，语言是一种社会行为，而语言习得实际上是语言的社会化。语言社会化研究的目的是描述儿童在不同年龄阶段的语言使用情况及其对语言作为社会交往工具的基本理解，并找出影响儿童语言发展过程的因素。这项工作包括，诸如研究性别差异和文化差异的语言使用风格，以及研究儿童如何叙述故事、谈判冲突、讲笑话等。

语言除了是一种社会行为，也是一个复杂的系统，即声音（口头语言）与意义之间的映射系统。如果把语言发展看作是这个系统的习得，那么研究的问题是，孩子是如何做到这一点的？也就是说，人类学习说话的能力背后的心智能力是什么？这个问题可用以下方式来概念化（模型如图 6-2 所示）：人类的语言能力是一种存在于人类大脑中的装置，它将环境中的某些信息作为输入，并将产生说和理解语言的能力作为输出。乔姆斯基（N. Chomsky）把这种能力称为语言习得装置。并不是所有研究者都会使用这个概念，因为它与一个乔姆斯基开展的特定的研究领域有关，但是每一位对儿童如何获得语言系统这个问题感兴趣的人，本质上都在问这样一个问题：人类语言习得能力的本质是什么？

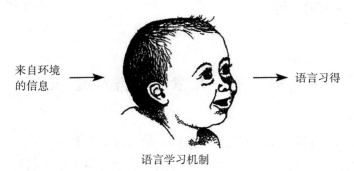

来自环境的信息 → 语言习得

语言学习机制

图 6-2　语言学习能力研究模型

对于这个问题的答案，研究人员并非一开始就完全中立。科学家必须总是从事物如何运作的一些想法开始，然后他们的工作就是检验这些想法。目前关于语言发展的研究可以按照研究人员所采用的四种不同方法进行有效的组织，每种方法都有一个不同的前提，这一前提涉及语言习得装置的性质及其他所产生的语言发展。这些方法包括生物学方法、语言学方法、社会学方法和领域一般的认知方法。我们在这里仅做简要概述，具体的介绍将在第三节进行。

生物学方法始于这样一个前提，即最好将人类的语言能力理解为一种生物现象，而将语言发展理解为一种生物过程。基于这个前提引导研究，调查语言和语言发展在多大程度上共享其他生物过程的标志特征。这方面的研究寻找语言发展的普遍特征，寻找语言能力的遗传基础，寻找基于生物学的发展时间表的证据等。此外，受生物学驱动的研究导致了对语言发展的大脑结构和过程的研究。

语言学方法的重点是描述儿童先天语言知识的本质。这种方法的前提是，语言习得装置必须包含一些语言结构的知识，以便能够习得语言。这种先天的知识不能特异化于任何特定的语言，因此，它是普遍语法（universal grammar，简称 UG）。语言学方法试图描述普遍语法以及它如何与语言经验相互作用从而产生具体的语言知识。

另外两种方法拒绝接受先天语言知识是必要的这一前提。社会学方法从语言本质上是一种社会现象、语言发展是一个社会过程的前提出发，试图描述产生语言习得的社会过程。这方面的研究侧重于作为语言习得相关经验的互动的社会方面，以及作为相关学习能力的儿童的社会认知能力。领域一般认知方法的前提是，语言习得是一个与其他学习问题没有区别的学习问题，儿童用解决其他学习问题的方式来解决这个问题。这方面的研究试图通过儿童如何采用领域一般认知过程对输入信息加以学习来解释语言。

目前还有另一种研究语言发展的方法，很难纳入上述框架，即动态系统方法。它拒绝认为语言是一个静态知识系统和语言发展为获取这种知识系统的前提。根据动态系统理论，语言的出现是系统成分与环境不断相互作用的结果。该理论用自我组织的过程解释孩子的语言能力如何随时间发展变化以及孩子形成话语时发生的即时处理过程。该理论直接关注到了为其他一些方法所忽视的某些现象，例如包括儿童表现的变异性和即时状态对儿童语言表现的影响。

第二节　儿童的语言发展

儿童最早的交流方式是哭泣，不久之后他们开始通过微笑和咕咕叫来交流，继而他们又通过指指点点来交流。一般来说，他们在第一个生日前后开始使用一些可辨认的词汇，并且在第二个生日前将这些词汇组合在一起。在学前期，他们的词汇量大幅增长，他们的句子也变长了；到五六岁上小学时，他们使用的语言在许多方面看起来已经十分像是成人的语言。然而，在整个小学和中学时期，儿童和青少年学习了数以千计的新单词，他们变得能够理解和生成越来越复杂的句子。他们也继续发展与他人适当交谈的技能，并且他们获得了对语言本质的更好的理解。本节我们将探讨儿童语言发展的各方面。

一、语音发展

1. 语音知觉

最近的研究发现，婴儿对言语刺激是非常敏感的。不到10天的新生儿就能区别语音和其他声音，并对之做出不同的反应。如原先已停止吸奶的婴儿，在听到一段语音后又开始用力吸，并且吮吸速率大大增加，而对非语言的乐音则增加不多。另有研究发现，一个正在听成人讲话的出生才1个月的婴儿，其肌肉运动的停顿和成人语流的停顿同步。这些都表明了婴儿对言语刺激的敏感性。

婴儿的语音知觉和成人的语音知觉一样，具有范畴性。语言中同一个音（如[b]）在不同的情况下，即使是由同一个人发出，也都不完全相同。但我们都把它们知觉为同一个音，把它们归为同一个范畴，以区别于其他的音。人类婴儿从很小的时候起，就具有这种范畴知觉。

研究表明，1个月的婴儿就能在吮吸速率的变化上表现出对[b]和[p]这两个属于不同音位范畴辅音的辨别能力。研究者给婴儿听一个人工合成的音[b]，几分钟后，婴儿对此感到厌倦了，吮吸速率就会下降。这时改变原先的声音，使改变了的声音和原来的声音有的属于同一个范畴，有的属于不同范畴，然后根据吮吸速率有无变化来推断婴儿有无范畴知觉。研究者分三种情况改变音节：(1)改变音节的 VOT(即唇松开和声带颤动之间的间隔时间)以致[b]变成了[p]；(2)改变原先的 VOT,但仍和原先的[b]属同一语音范畴；(3)用相同的声音。这样的实验表明,在第一种情况下,婴儿吮吸奶的速率有明显增加,而在后两种情况中则没有变化。在第二种情况中吸吮速率没有变化的事实表明,这两个音虽有变异,但儿童忽视了这种变异。这说明 1 个月的婴儿已显示出语音范畴知觉。另一个研究表明,2 个月的婴儿能分辨[ba]和[ga]两个语音范畴,但不能分辨同一语音范畴内两个音的区别。

语音范畴知觉在理解语言的过程中具有重要作用,因为只有忽略大量的语音范畴内的变异才能使语言的理解成为可能。否则,我们就无法理解别人的语言。

跨语言的研究还表明,婴儿在没有什么语言经验的时候,能区分所有的语音,包括母语中没有的或在母语中不加区分的音。但长大成人后,人们就只能辨别母语中各个语音的差别。例如,日语中,[l]和[r]是不加区别的。日本成人不能或难以分辨这两个音,而日本婴儿却能分辨。据此,许多学者认为,人类在出生时,就先天具有普遍的、各种语音的范畴知觉,能区分所有的语音对比。语言环境和语言经验加强了其中某些语音的区别能力,同时也削弱了其他某些语音的区别能力,以至于最后完全忽略了这些语音的内部差异。这种转变大致发生在生命第一年结束时。不过经过训练,这种能力可在一定程度上恢复,训练效果随年龄的增长而减少。

2. 语音产生

(1) 反射性发声和牙牙学语

新生儿出生的第一个行为表现就是哭。最初的哭是婴儿开始独立呼吸的标志,是对环境的反射性反应,或者是由生理需要引起的对任何身体不舒适的一种自然的反应。如饥饿、口渴时,新生儿就会全身抖动,加深呼吸,引起生理上的哭叫反射。

婴儿的哭声可分为两种：分化的和未分化的。1 个月以内的新生儿的哭声是未分化的,虽然引起哭的原因有好几种,但所引起的哭声基本上并无差别。

国外曾有人做过这样的实验(注意：这种实验如今可能不被道德伦理所允许)：把这个时期的婴儿分成四组,用不同的方式引起他们哭。用针尖刺激第一组婴儿,把第二组婴儿的手脚束缚起来不让其动,在第三组婴儿处于饥饿时不及时给予喂食,把第四组婴儿抱到一定的高度然后迅速下降,并分别录下他们的哭声,请教师、医生、学生等辨别这些哭声有无差别。结果表明,这些哭声基本上无差别,音调也差不多。

1 个月后,婴儿的哭声逐渐地带有条件反射的性质,出现了分化的哭叫声。不同原因引起的哭叫反射在口舌部位,音高及声音的断续上有了分化,但分化仍很粗略。母亲主要还是根据各种不同的线索来推断哭叫原因,如根据上次进食的时间推断出宝宝可能是饿了。

约从第 5 周起,婴儿也开始发生一些非哭叫的声音,先是发音器官的偶然动作,随后因玩耍自己的发音器官而发出许多非哭叫的声音。最初发出类似于后元音的 a、o、u、e 等,随后出现辅音 h、k、p、m 等。这些声音都是反射性的、零乱的,对于儿童来说不具备信号意义。这个阶段的儿童只能发这些音，这与其舌、唇等发音器官尚不够发达有关，因为这些音大多是一张开嘴，气流从口腔中出来就能发出的，只是随张嘴的大小而形成不同的声音，并不需要舌、唇的复杂运动。凡是需要舌、唇部位复杂运动的音，如卷舌音，在这个阶段就没有出现。由于这个阶段的婴儿尚无长牙，所以也就没有齿音。但这些音都还不是语音。

大约5个月左右的儿童进入了牙牙学语的阶段，所谓牙牙语就是类似于成人语言中所使用的那些音节的重复。这个时期的儿童出现和语音极为相似的声音，并能将辅音和元音相结合连续发出，如把辅音b、m和元音a相结合连续发出，形成ba-ba-ba，ma-ma-ma，类似于"爸""妈"等单音节语音。其实这些声音对婴儿毫无意义，他们只是以发音做游戏而得到快感。此时婴儿能发出的声音很多，不限于母语的声音，而且不同种族和生长在不同社会文化环境下的所有婴儿发出的声音都很相似。聋儿在此时期也会像正常婴儿一样发出牙牙语，只因他们缺乏听觉反馈，故其牙牙语停止得比正常儿童早。

婴儿约自第9个月起，牙牙语的出现率达到高峰，已能重复不同音节的发音，还能发出同一音节的不同音调。中国儿童此时除了第一声外，其他三声均已出现，如ēn-én-ěn-èn等。同时开始模仿别人的发音，近似于词的发音增多，如jiě-jiě、mèi-mèi等。这时的婴儿还能调节自己的发音以适合当时的情景，当婴儿在小床内看一个运动着的物体和坐在妈妈腿上看这个物体时，其发音不同；坐在妈妈腿上比坐在爸爸腿上的发音又要高些。虽然牙牙语听起来像语音，并常具有升降调，但它们仍然是无意义的，是不能被理解的。

从牙牙语期开始，儿童在发音方面需要经过两个相辅相成的过程：一方面要逐步增加符合母语的声音；另一方面又要逐步淘汰环境中用不着的声音。10个月以后，生活在不同语言环境下的儿童的牙牙语逐渐分化。到1岁左右，大多数儿童开始产生第一个能被理解的词。这时牙牙语的出现率开始下降。

关于牙牙语和随之而来的儿童第一批可被理解的词的语音之间的关系，存在着各种不同的观点。一种是早期行为主义的观点，这种观点认为，儿童在牙牙语时产生了不限于自己母语的语音，父母通过注意或认可，有选择地强化那些在自己的语言中使用的语音，从而使儿童的语音逐渐接近成人的语音。这种观点有两个无法解决的问题：①儿童在早期的牙牙学语中常出现成人语言中的某些音，如[g]和[k]，但在牙牙语的后期和最初说出的词中，这些音反而很少出现了。②牙牙语中音的出现次序似乎不是父母强化的结果。即使强化能使某些音的出现频率增加，但产生的音的范围、种类不能随强化而改变，即强化不能使儿童发出他原先不能发出的音。另一种较有影响的观点是雅可布森（R. Jakobson）的语音发展理论。他的理论认为，牙牙语是不受限制的，是儿童对他能发出的音的一种游戏性探索。而真正的词是按要求而发出的，是特定的音的计划和执行。因此，儿童的牙牙语和以后获得的成人语音无关。最近的研究表明，这种观点也有问题。因为牙牙语越来越接近成人的语音结构，牙牙语的发音特征，特别是后期的牙牙语和早期语言的语音特征之间存在着连续性。开始时，儿童的牙牙语不受周围语言的影响，各国婴儿的牙牙语都很相似，但到后期，我们就可辨别不同国家婴儿的牙牙语。但是，这种现象也不是强化学习所能解释的。有人提出，可能是儿童发音器官的成熟和周围人们对儿童发音的反应这两个因素共同决定了儿童早期语音的发展。牙牙语虽然是一种发音游戏，但同时它也是练发音器官的活动，学习如何控制发音。不过，牙牙语的主要作用不在于儿童通过牙牙语掌握特殊的感觉运动技能，学会发某一个特殊的音，而是学习如何调节和控制发音器官的活动，获得一般的发音能力和操作原则。这是以后言语活动中发音的一种准备。

（2）儿童的语音学习和语音规则

我国心理学工作者吴天敏等人记录到 1 至 1.5 岁的幼儿连续音节和近似词的音节增多，无意义的连续音节减少，个别儿童已出现齿音，如发 bù-chī，近似"不吃"。

儿童以什么单位来获得语音以及人们应该以什么来作为儿童语音发展的研究对象呢？20 世纪 70 年代前，大部分学者把音位作为儿童语音的获得单位并以此作为研究对象。结果表明，儿童能发出的音位越来越多，它们的出现大致有一个秩序。但这种研究途径带来很多问题，主要是一个音位有很多变体，它们的困难程度不同，很难确定各变体掌握到什么程度才算掌握了这个音位。

还有人认为儿童是通过掌握区别性特征来掌握语音的，一旦儿童掌握了两个音位间的区别性特征，他们就能迅速把它扩展到所有按这种特征来区别的音位中去。如果学会了[p]和[b]的对比，同时就学会了[d]和[t]的对比，因为它们都是按是浊音还是清音相区别的。

现在有不少心理学家认为，在语言发展的早期，儿童不是学习个别的、孤立的单音，而是学习如何说出一个词，他们是通过学习词来学习语音的，是在语音的相互关系中学习语音的。有人提出，儿童必须先掌握相当数量的主动词汇，然后才能建立他们的语音系统。

在儿童的语音发展到一定的时候，大约是 1 岁半以后，他们的语音能力经历了很大的变化。大部分一、二个音节的词，儿童只需听到几次后就能发出。这时儿童获得了把听觉模式转换成自己发音的方法。有人称之为儿童的语音规则或语音过程。这些语音规则是儿童简化语音的程序。儿童用它们把复杂的单词语音简化到自己可发出的水平，因此儿童可能发生许多发音上的错误。儿童语音的进一步发展，就是这些简化过程的逐渐减少，直至说出的单词与原型相符。这些规则或过程可分为两类：改变和选择。改变包括替代（如把"茶"发成 ta，把"鸡"发成 ti 或 ki）、同化（把一个词中的两个音变成由同一发音部位或用同一方式发出，如把 dog 说成 gog，book 说成 gook）和删除（省略词中的一个音）。选择是避免发某一个音或偏爱发某一个音。此外，在这个阶段，儿童的语音是不稳定的，同一个词可能在不同的时候有不同的发音，常在变化，甚至有倒退的现象。据此，不少学者认为儿童不是在被动地模仿成人的语音，而是在主动地探索，在对语音输入进行各种加工处理，从而形成自己的语音体系。

二、词汇发展

八九个月时，婴儿已开始表现出能听懂成人的一些话，并做出相应的反应。如果母亲抱着婴儿问"爸爸在哪里"时，婴儿就会把头转向父亲。父亲对他说"拍拍手""摇摇头"，他就会做出相应的动作。这种以动作来表示回答的反应最初并非对语词本身的确切反应，而是对包括语词在内的整个情境的反应。而且，在这个时期内，词在这个情境的一切成分中是最不起作用的。因此，对八九个月的婴儿来说，只要保持同样的音调，保持习惯情境的一切成分，其中一些常用的词就可以用其他任何词来代替，婴儿也能做出相应的反应。在这里，词是无关紧要的。这说明婴儿还不能把词从复合情境中区分开来。通常到 11 个月左右，语词才逐渐从复合情境中分解出来，作为信号而引起相应的反应，这时才开始真正理解词的意义。

这时的婴儿虽然开始能理解词义，但还不能说出词。这种不能主动说出的语言也叫被动性语言，被动性语言不能和成人交际。只有当儿童出现主动性语言时，才标志着符号交际的开始，这大约发生在 1 岁左右。

1. 儿童词汇的增加

一般儿童在 1 岁后开始能说出第一批词，这时儿童才能用语言作为交流的工具。要学会说一个词，必须做到：①能识别一个相应的概念；②能识别一个语言单元；③在它们之间建立联系。因此，儿童能说出一个词的标准是：①该词是儿童自发产生的，即不是即时模仿的结果；②有稳定且接近成人的语音；③有比较明确、稳定的意义，在某一对象或情境出现时前后一致地使用某一个词，它具有一定的概括性。儿童最初的词汇量增加缓慢，1 岁半到 2 岁后儿童能使用的词汇迅速增加。这时儿童往往对所有看到的事物都要给予一个名称。国外曾有人统计过儿童从 1 岁开始产生词以后逐年的词汇量，但由于研究者采取的标准和使用的方法不同，所以结果相差很大。国内目前尚无系统的研究。

国外不少研究者认为，儿童最初能发出 50 个词是一个重要的发展时期，因为儿童此后就开始能把词组合起来，形成"句子"了。这 50 个词几乎包括所有的词类，其中名词和动词占多数，主要是普通名词。根据纳尔逊（R. Nelson）对美国 18 个儿童的研究，最初 50 个词中普通名词占 51%，其余依次为专用名词、动词、修饰词、个人—社交词、功能词。其他大部分人的研究也都表明，儿童最初的词汇中普通名词最多。但也有人得到不同的结果。例如，有人对 10 个中国儿童的研究发现，在 22 个月时，有 9 个儿童的词汇中，名词和动词的量相同或动词多于名词。目前尚不清楚这个差别是由于研究的标准和方法的不同，还是由语言和社会文化造成的。不过，一般来说，很少见到幼童的词汇中动词数量超过名词的。

学前期儿童的词汇量发展迅速，往往只需经过一两次接触，儿童就能掌握一个新词的意义或部分意义。当儿童遇见一个新词时，这个词总是出现在某一个特定的情境中，它指的是什么，它的意义是什么，可以有许多可能。儿童为什么能立即知道这个新词的意义，而不需等它运用在各种不同的情境后，经过概括逐渐地确定它的意义？有人提出，这是因为儿童具有一些原则，它们限制了许多可能的假设，使儿童只考虑其中的一个或少数几个可能。这些原则有：①新词指整个客体，而不是指客体的某一部分或某一特征。例如，儿童在听到"兔子"这个词时，知道它是指整个兔子，而不是指它的头或尾巴，也不是指它的白色。②新词是指客体的类别。儿童知道兔子这个词不是指某一个个别的兔子,而是指这一类动物。儿童也知道它不是指兔子和与兔子有关的物体,如兔子在吃萝卜。因此,儿童就能把这个词使用到兔子这一类物体的各个成员上,而不使用到与兔子有关的物体上。③相互排斥。儿童认为客体只有一个名称,每个名称只指一类客体。因此儿童总是把新词和他不知道名称的事物联系起来,认为新词是指他还不知道其名称的事物,而不把新词当作他已知道其名称的物体的第二个名称。

有人认为,这些原则实际上是儿童在某一个时期形成的一种倾向和策略,儿童并不是在任何场合下都必然遵循这些原则。而且,在儿童的发展过程中,他们会发现这些原则和许多实际情况并不相符,因而逐渐地放弃它们。

除依靠这些原则外,句法信息也常在词汇发展中发挥引导作用。儿童可根据句法信息了解一个词的意义。如从句子的语法框架中了解词的大致意义(听到"把××给我",知道××是一个物体的名称);从语法标记(ing, s, the, a)中知道某个词是表示物体还是动作;从某些动词了解与它相关的名称的意义(如"喝"这个词的主语是一个生命体,宾语是液体)。研究表明,动词的学习常依靠句子的句法结构,句法信息在帮助儿童识别新动词的意义中常起主要作用。

2. 儿童早期词汇使用的扩大和缩小

儿童早期词汇的一个特点是词的使用范围的扩大,例如,把所有四只脚的小动物都叫作狗,把许多水果都称之为苹果。克拉克(E. Clark)认为,词的使用范围的扩大以物体的外部特征为根据,知觉在词义掌握中起重要作用。而纳尔逊(K. Nelson)认为词的使用范围的扩大以物体的动作和功能为根据,如不仅称狗为狗,而且把牛、马、羊等能走动的四足动物都称为"狗"。她认为在词义掌握过程中起重要作用的是物体的活动或儿童对物体施加的动作。实际上,知觉特征和功能关系在某一水平上往往很难区分。儿童扩大词的使用的范围非常广泛,如有的儿童看月亮是圆的,就把窗户上或墙上的圆形图案、圆的饼等圆形物体也都叫作月亮。

儿童产生词的使用范围扩大的原因,一个可能是在认知上,即儿童不能区别类似的几个事物,如不能区分狗和猫等几种小动物。另一个可能是儿童语言发展的不足。现有的研究表明,扩大主要出现在词的使用上,而在同样一些词的理解上则很少出现混淆的现象。可见,这时儿童对词的使用范围的扩大,其原因不在于认知的缺陷。至于是儿童语言上的哪些问题导致儿童产生词的使用范围的扩大,学者们也有不同的解释。克拉克早先提出的语义特征假设理论认为,对于成人而言,一个词的意义可分成很多小的特征,有些特征有的是一般的特征(和其他词共同具有的),有些是特殊的特征。儿童最初学习词时不是一下子掌握所有的特征,儿童并不知道成人关于这个词的全部含义,而认为一个词的词义只是其中的某些特征,这样就出现了词的使用范围的扩大。如对"狗",只知"四足"和"能行走"两个特征,因此儿童将全部具有该两个特征的物体都归属于"狗"的名下。以后儿童所掌握的词义特征逐步增加,每一个新的特征限制了这个词的使用范围,直至最终掌握词的完整意义。斯劳宾(D. Slobin)则认为,主要由于当时在儿童的主动词汇中尚无"马"和"羊"等词,而这些动物都具有类似于狗之处,因而临时借用已知词"狗"来称呼,即用旧的形式表达新的意义。

儿童有时还以比喻的方式来使用词。如称蛾眉月为"香蕉",实际上,他已掌握了"月亮"一词,仅因半月形像香蕉而以此称呼。可见儿童早期的称谓不仅仅通过扩张来填补词汇的空隙,而且以新颖巧妙的方式来选择物体名称,表现出一定的创造性。

在儿童词义的发展中,还出现一种和扩张相反的情况,即把词的使用范围缩小,对事物作过分严格的区分。如"桌子"一词单指自己家里的方桌,"妈妈"则仅指自己的妈妈。而对某些概括程度较高的词如"动物""蔬菜"等,往往只能应用于该范畴中最典型的对象而排斥非典型的对象。如把"狗"和"猫"称为"动物",而不承认蝴蝶也是"动物";称青菜、菠菜为"蔬菜",而不认为辣椒也是"蔬菜"。其原因是儿童对某类事物的基本属性尚未达到适当的抽象概括水平。

词的使用范围的扩大和缩小在 2 至 6 岁的儿童中普遍存在,以后随知识经验的积累和抽象概括能力的发展,儿童对生活中常用的具体名词词义的理解渐趋完善,但对抽象名词词义的理解尚需长期学习。

3. 儿童对几种词类的掌握

上述的一些原则和现象主要表现在儿童学习名词和动词的过程中,以下部分叙述儿童对其他几种词类的掌握,主要是介绍我国学者在这一领域的研究。

（1） 形容词

形容词的出现比名词晚。3 岁前的儿童在听到一个形容词时倾向于把它理解为客体的名称,而不是客体的特征。即使在形容词和客体特征间建立了联系,最初也不能把它扩展到其他客体上,如猫的白色不能扩展到牛奶的白色。而且扩展也有一个过程,先是扩展到同一类事物,然后才扩展到其他事物,即它的概括性不断提高。因此,虽然 2 岁后儿童使用形容词的数量随年龄的增长而发展,但从 4.5 岁开始才增长较快。

儿童使用形容词的发展过程有如下特点:

从物体特征的描述发展到事件情境的描述。儿童最早使用的是描述物体特征的形容词。首先,颜色词出现较早,但各种颜色词不同时出现,其顺序大致为:①红;②黑、白、绿、黄;③蓝;④紫、灰;⑤棕。其次使用的是描述味觉、温度觉和机体觉的形容词。在描述味觉的词中,出现顺序依次为:①甜;②咸、苦;③酸;④辣。描述温度觉的词出现顺序依次是:①烫;②热和冷;③凉。描述机体觉的词出现顺序依次为:①痛、饱、饿;②痒、馋。接着使用的是描述动作(快、慢、轻轻地)和人体外形的词(胖、瘦、老年、年轻、高、矮)。最迟使用的是描述情感及个性品质的词(高兴、快乐、好、凶、坏、认真、勇敢)和描述事件情境的词(安全、危险、难)。

从出现频率看,凡使用越早的词,其出现频率也就越高,反之亦然。

从单一特征到复杂特征。以人体外形特征中"胖、瘦"与"老年、年轻"两对形容词为例，前者 3.5 岁就能使用，后者则到 4.5 岁、5.5 岁才先后能使用。胖和瘦是单一的特征，而老年、年轻则是人的外形的多种特征的综合。

从形容词简单形式到复杂形式。汉语的形容词有简单形式和复杂形式之分。简单形容词是形容词的基本形式，包括单音节形容词（如红、快、好等）和一般双音节形容词（如干净、整齐等）；复杂形式包括叠用形容词（如红红的）、加词于形容词前后（如雪白、红彤彤）、形容词中嵌入数字或配音字（如乱七八糟）等形式。儿童在语言发展过程中一般先学会使用形容词的简单形式，而掌握复杂形容词往往落后很久。

国内外对儿童获得空间维度形容词的研究的结果基本一致：

空间维度形容词大/小、长/短、高/低等的获得有一定的顺序。中国儿童的获得顺序为：①大小；②高矮、长短；③粗细；④高低；⑤厚薄、宽窄。这与国外的研究结果大同小异。这种获得顺序的普遍性可能取决于两个因素：一是形容词词义的复杂性，二是形容词在成人和儿童语言中的出现频率。空间形容词都是对一个或一个以上维度的物理延伸程度的描述。其中"大小"能指谓任何一个维度或全部三个维度的物理延伸，是最简单最普遍的一对，其余各对因只能对某一特定维度加以描述，使用时必受限制，故"大小"一对首先获得。

成对的两个形容词不一定同时获得。成对的形容词表现出两极性的特点。通常把用来表示延伸度大的一端的词称为积极形容词，另一端的词称为消极形容词。如在大/小、高/矮、长/短中，大、高、长为积极形容词，小、矮、短为消极形容词。儿童在对各维度的选择和辨别作业中，往往倾向于选择词对中积极的一方，即大/小中大的一方，高/矮中高的一方。其原因可能有以下几个方面：第一，儿童最先获得的是一对成对反义词所属的范畴，如长/短属长度，高/矮属高度。而对同一范畴两个词的相对意义不能区分。第二，在成人词汇中，积极词的频率高于消极词，人们习惯说"A 比 B 高""C 比 D 长"，而非"B 比 A 矮""D 比 C 短"。第三，由于积极词所描述的是延伸度大的一端的物体，容易引起儿童的注意，使儿童产生一种优先选择显著对象的非语言倾向。

儿童在词汇发展过程中容易发生不同维度形容词的混淆，如以"大"代"高"，以"小"代"短"，以"短"代"矮"等。

（2）时间词

表示时间阶段的词。3 至 6 岁的儿童首先理解今天、昨天、明天，然后向更小的阶段如上午、下午、晚上、上午×时、下午×时、晚上×时，以及更大的阶段如今年、去年、明年逐步发展，到 6 岁时已全部掌握。

表示时间次序的词。儿童对于"正在""已经""就要"这三个常用副词的理解，是以现在为起点，逐步向过去和将来延伸，先理解"正在"，然后理解"已经"，最后为"就要"。

在一般情况下，单一的时间词"先""后"比合成时间词"以前""以后"先掌握。但同一个词由于所处的语言环境不同，儿童在理解上有难易之别。凡句子中动作者出现的次序和实际动作的次序相一致的顺向句，如大娃娃先走，小娃娃后走，就容易被儿童所理解，而二者次序不一致的逆向句，如小娃娃后走，大娃娃先走，就不易被理解。

（3）空间方位词

国内已有的研究表明：儿童获得空间方位词的过程体现了一个逐渐分化的过程。儿童最初把几个表示不同维度的词混淆在一起，以后逐渐分化出表示各个维度的空间词，最后又在各个维度表示相反方位的词之间分化。

儿童掌握空间方位词的水平随年龄的增长而提高，提高最快的是在 3 至 4 岁。首先获得空间方位词的大致顺序为"里""上""下""后""前""外""中""旁""左""右"。其原因可能是受"语义复杂性"和儿童的"非言语策略"的影响。如词表示的是简单位置的词，而不涉及两个物体按某特定方向相联系的概念，该词的获得就早，反之则迟。其次，如词所表示的意义和儿童的"非语言策略"相一致，在这种情况下，儿童要学习的东西就相对少些，词义也就变得相对简单而较早获得。如不一致，儿童对词的正确反应就必须放弃"非言语策略"，这似乎又相对增加了词义复杂性，获得就要晚些。最后，儿童对空间词汇的理解先于产生，越是年幼的儿童，其理解和产生的差别就越大，大约从 4 岁起，两者的差别逐渐缩小。

（4）指示代词

指示代词的指称对象是不固定的，需随语言环境的变换而转换。同一个对象或处所，当它和说话者相距较近时，就用"这"或"这边"指称，而相距较远时，就应该用"那"或"那边"指称。就交谈双方的相对位置来说，如果说话者和听话者以一定的距离相对而坐，则说话者用"这"或"这边"所指称的对象，听话者就应当用"那"或"那边"来指称。因而，对指示代词指称意义的真正理解应该表现在能根据语言环境的变化随时调整参照点，从而正确判断词所指的对象或方位。

我国的有关研究发现，幼儿对"这""这边""那""那边"的理解没有先后差异，而语言情境的不同及儿童的自我中心对指示代词的理解具有明显的影响。当幼儿作为听话者和说话者坐在同旁时，对指示代词的理解最好，作为旁听者坐在说话者和听话者中间时，理解成绩居中，作为听话者坐在说话者对面时，成绩最差。其原因是，当幼儿和说话者坐在同旁时，这时以说话者作为参照点和以他们自己作为参照点是不矛盾的，不需要作任何转换，这正好符合自我中心的表现特点，因而作业难度最低。而当幼儿和说话者面对面坐时，被试必须作参照点的逆向转换，即必须把对方所说的"这"或"这边"理解为自己的"那"或"那边"，这对有自我中心和选取近物倾向的幼儿来说，和作业要求矛盾太大，所以难度最大。当幼儿坐在说话者和听话者中间时，既不可能完全以自己为参照点，不作任何转换，也不需要作逆向转换，其难度介于其他两种语境之间。研究表明，幼儿真正掌握这两对指示代词在各种语言环境中的相对指称意义是有较大困难的，即使是 7 岁组的儿童，在和说话者面对面坐时，对四种指示代词的理解正确率还是很低。

（5）人称代词

人称代词中的"我""你""他"，以及与之相应的物主代词"我的""你的""他的"所指意义和一般名词不同，具有明显的相对性，需随语言环境和交谈者角色（说话者、听话者、第三者）的变化而变化。要理解这些词，儿童不仅要有相应的语言能力，还须进行复杂的智慧活动，要随时调整和转换理解的参照点。

我国朱曼殊等人考察了儿童在各种情境下对人称代词的理解，结果表明：幼儿不论其作为其他三人交谈的旁观者或是自身实际参加三人交谈，充当听话者和第三者的角色，都对"我"理解最好，"你"次之，"他"最差。当幼儿参加交谈充当第三者时，对人称代词的理解要比充当听话者时差。特别是在自身参加交谈充当第三者时，即使是5.5岁左右的儿童也难以理解别人所说的"他"就是指自己。这说明不同的语言环境要求儿童作不同程度的参照点转换时，转换程度越高，理解成绩就越低。

（6）量词

量词是表示事物或动作单位的词。它按表示事物单位和表示动作单位的不同而分成物量词和动量词两大类。物量词又可根据其使用特点分成个体量词、临时量词和集合量词等。

量词运用的普遍化和多样化是汉语的一大特点。我国已有研究表明，各年龄阶段的儿童对三类量词的掌握是不平衡的，表现出一定的发展顺序。四五岁的儿童最初掌握的是个体量词，其次为临时量词和集合量词。

物量词的使用必须遵从"数词＋量词＋名词"的公式。三四岁的儿童仅能使用少量高频量词如"只""个"，并表现出对它们的过度概括。实际上他们尚未对量词和名词的搭配加以注意。5岁左右的儿童虽已开始注意到量词和名词的搭配，但还没有掌握正确的搭配方法。他们常采用的一种策略是，根据名词所指事物的动作或功能，将动词作为量词来使用。如将"一辆自行车"说成是"一骑自行车"，将"一朵云"说成"一飘云"。另一种策略则是根据名词所指事物的状态，用形容词作为量词，如将"一桶水"说成"一满水"。他们还常常错误地使用量词，如将"一列火车"说成"一条火车"。

6岁儿童已能初步根据事物的共同特征进行分类，因此不少儿童就根据事物的类别标准来选择量词。如把"车""飞机"等统统以辆计量，因为都是交通工具。

7岁儿童开始认识事物间的简单关系，在临时量词的测查中，多数儿童已了解到与名词搭配的量词需要借用表示容器的名词，说明已掌握了临时量词的使用规则，因而能正确地选择相应的量词。例如，有些儿童不会对"一筐菜"这张图片中的"筐"进行命名，当主试告诉他这是筐时，他就会说"一筐菜"。

三、句子发展

1. 句子的产生

大约在1岁半时，当掌握了一定数量的单词以后，儿童就开始把两个词组合起来形成"句子"，这是儿童语言发展中的又一个里程碑。这时儿童对词的组合已遵循一定的规则，而不是任意的。因此，一般认为这是儿童句法的开始。在开始的一个阶段，儿童一次只能说一个词，用来表达成人要用一句话表达的意思，这可称之为单词句（单词语）。以后，儿童句子的完整性和复杂性逐渐增加。按儿童所讲的语句结构的完整性和复杂性，句子可分为不完整句、完整句和复合句几个层次。

（1）不完整句

不完整句指表面结构不完整，但能表示一个句子的意思。这里主要指单词句和电报句。这种句子的出现频率在 2 至 6 岁范围内随儿童年龄的增长而逐渐下降。

单词句。儿童在 1 岁到 1.5 岁左右开始说出有意义的单词，看到父母时能分别叫"爸爸"和"妈妈"。已能在不同情况下正确称呼一些经常接触的人和物，表现出一定的分化和概括。但最初这些单词只是作为事物或动作的一般标志，随后不久就出现了单词句。

单词句是指儿童用一个单词来表达一个比该词意义更为丰富的意思。如儿童用单词描述某个情境、事件，或表达自己的愿望、感觉状态等，往往是成人需要用一个句子才能表达的内容。中国儿童在学单词和使用单词句时习惯用叠音词，如"球球""抱抱"等。当儿童说"球球"时，在不同的情境下可能表示几种不同的意思。如"这是球球""我要球球"，或"球球滚开了"等。儿童有时还能用不同语调来表示描述、请求、提问等各种语用意图。

单词句具有以下特点：一是和动作紧密结合。当儿童用单词表达某个意思时常伴随着动作和表情。如要妈妈抱时，在说出"抱抱"的同时，会向妈妈的方向伸出两臂，身体前倾。因此有人称单词句为"言语动作"。二是意义不明确，语音不清晰。成人必须根据非语言情境和语调的线索才能推断出意思。三是词性不确定。虽然儿童最先学到名词，但使用时不一定当名词用。如"嘟嘟"既可作名词来称呼汽车，又可作动词表示开车。又如"老奶奶""小白兔"，按语法说，"老""小""白"都是形容词，但单词句阶段的儿童实际上是把整个词组作为名词使用的。由此可见，在单词句时期，儿童实际上并没有关于句子结构和语义范畴方面的知识，只不过是用单词对整个情境作笼统的表述。

电报句。约从 1.5 岁到 2 岁开始，出现了由双词或三词组合在一起的语句，如"妈妈鞋""娃娃排排（坐）"等。这种句子在表达一个意思时虽较单词句明确，但其表现形式是断续的、简略的、结构不完整的，好像成人的电报式文件，故统称为电报句。这时的儿童主要使用名词、动词、形容词等实词，而具有语法功能的虚词，如连词、介词等很少使用。

双词句的发展起先是缓慢的，而以后发展急剧增加。布雷因（M. Braine）从一个儿童语言发展的研究中看到自 18 个月起，儿童每月的双词句总数分别是 14、24、54、69、350、1400、2500……，在较短的时期内出现了词的大量组合。

关于儿童在电报句中的组词根据，目前最有影响的一种假设是"语义关系说"。布朗（R. Brown）认为儿童在电报句中所表达的是以儿童早期对事物间关系的认知为基础的语义关系。儿童用一定的词序来表达一定的语义关系。说英语和说汉语的儿童，在施事和受事的关系中,施事在受事之前;在所有者和所属物的关系中,所有者在所属物之前。这说明儿童不仅知道两个词的孤立意思,也知道其间的关系。儿童不是在学习特定的顺序,而是在学习怎样处理语义关系。布朗从许多语种儿童的电报句中发现其中所表达的语义关系具有高度的一致性。在双词句中所表达的有十一种关系,按性质可分属为两大类。第一类为指谓形式,包括称呼(这狗狗)、再现(还要糖糖)、不存在(饼饼没了)、指示物体(那个本本),这与称呼类似。第二类为关系形式,包括施事和动作(弟弟吃)、动作和受事(开车车)、施事和受事(妈妈<穿>鞋鞋)、动作和位置(坐椅椅)、物体和位置(糕糕桌)、所有者和所属物(妹妹球球)、物体和属性(大皮球)。这些语义关系都是以儿童早期对外界事物间关系的原始的、普遍的认知为基础的。至于儿童在此时期是否真正具有施事—受事、所有者—占有物等语义范畴的知识,则尚无充分的事实根据。

（2）完整句

在单词句和电报句阶段,儿童能运用词或把两个词组合起来粗略地表达语义关系。下一步,儿童要学会区别和表达意义的细微差别,要作意义的调整,这种调整能大大增加意义表达的精确性。这些差别对各种语言来说是不一样的,因此在后期的语法发展中,则会随着各种语言结构的差异而表现出不同语种儿童在掌握句法上的差异。对此我国心理学工作者做了大量的研究。研究表明,完整句随年龄的增长而增长,2岁儿童的话语大部分是完整句,3岁儿童的话语已基本上都是完整句。句法发展的过程是从无修饰语的简单句到有修饰语的简单句再到复杂句。

简单句。简单句是指句法结构完整的单句,包括没有修饰语和有修饰语两种。没有修饰语的简单句有主谓句(他觉觉了,意思是：他睡觉了)、主谓宾句(妹妹读书)、主谓双宾句(阿姨给妹妹糖)。1.5岁到2岁的儿童在说出电报句的同时开始能说出结构完整而无修饰语的简单句。2岁儿童在句子中极少用修饰语,有时即使形式上似有修饰语,如"老伯伯""大积木"等,实际上是把整个词组当作一个名词来使用的。随着儿童年龄的增长,儿童无修饰语的简单句逐渐减少。

有修饰语的句子包括简单修饰语和复杂修饰语两种。2.5岁的儿童已开始出现一定数量的简单修饰语,如"两个娃娃玩积木""我也要升大班"等。3岁左右的儿童已开始使用较复杂的修饰语,如名词性结构的"的"字句："我玩的积木",介词结构的"把"字句："小朋友把钢笔交给阿姨",以及其他较复杂的时间、空间状语句："我家住在很远很远的地方。"3.5岁的儿童使用复杂修饰语句的数量增长最快,约为3岁儿童的两倍,达14.03%。这说明使用复杂修饰语的能力从此开始显著增强。以后直到6岁,虽逐年有所增长,但增长幅度不大。

复杂句。复杂句指由几个结构相互联结或相互包含所组成的单句。中国幼儿语言中出现的复杂句有以下三类：一是由几个动词性结构连用的连动词。即句子中几个动词共同说明一个主语,动词表示的动作由同一主语所发出：如"小朋友看见了就告诉人民警察","小红吃完饭就看电视",2岁的儿童开始能说出连动句。二是由一个动宾结构和一个主谓结构套在一起,动宾结构中的宾语充当主谓结构中主语的递系句。如"老师教我们做游戏"。2.5岁的儿童开始能说出这样的句子。三是句子中的主语或宾语中又包含主谓结构的句子。如"两个小朋友在一起玩就好了"。三类句子中第一、二类的出现频率较高。儿童在2.5岁时已开始使用这几类结构,但数量极少,以后逐年增长。这些句子的发展将延续到入学以后。

（3）复合句

复合句。复合句是指由两个或两个以上的意思关联比较密切的单句合起来而构成的句子。中国儿童在2岁时开始说出为数极少的简单复句,4至5岁时发展较快。

复合句主要有联合复句和主从复句两大类。联合复句是儿童比较容易掌握的,在联合复句中出现最多的是并列复句。如"爸爸排排坐,颖颖饭饭""我没有看过电影,我只看过电视"。其次是连贯复句和补充复句。连贯复句指前一分句和后一分句说明的事是连续发生的,前后分句的次序不可调换,如"吃好饭以后,我在家里找小华玩了一会儿,就看电视了"。补充复句,如"我搭东西,我搭桥"。主从复句反映了较复杂的逻辑关系,因此对儿童来说是较难掌握的。在主从复句中出现较多的是因果复句,如"这个本子坏掉了,不好玩了""小朋友看到小佳好玩,就都喜欢她"。在各年龄组间复合句的复杂程度有差异,年龄越大结构越复杂,但在句型分布上没有明显的差异。

幼儿的复句中最显著的特点是结构松散,缺少连词,仅由几个单句并列组成。虽然多数汉语的联合复句允许省略连词,但主从复句多半需要连词。儿童在3岁时开始使用极少数连词,以后虽逐年有所增加,但直到6岁,使用连词的句子仍不多,仅占复句总数的四分之一左右。

复句中连词使用的发展不仅表现在出现频率上,还表现在所用词汇的丰富性和复杂性上。三四岁儿童使用最多的是"还""也""又""以后""只好"等,到五六岁时出现了"因为""为了""结果""要不然""如果"等说明因果、转折、条件假设等关系的连词,也出现了"没有……只有……""如果……就……"等成对连词。

研究发现,儿童各类结构的话语出现的次序和发展的趋势大致为:不完整句→主谓、主谓宾、主谓补句→主谓双宾句、简单修饰句、简单连动句→复杂修饰语句、复杂连动句、递系句、宾语中有简单主谓结构句→复合句、宾语中有复杂主谓→主语中有主谓、联合结构。

2. 句子的理解

在语言发展过程中,句子的理解先于句子的产生。儿童在能说出某种结构的句子之前,已能理解这种句子的意义。未满1岁的儿童还不能说出有意义的单词,却已能听懂成人说出的某些词语,并对之做出恰当的动作反应。1岁以后,在尚不能将单词组合成双词句时,已能按照成人的要求做出相应的动作。如对"摸摸小兔子""敲敲小鼓""亲亲娃娃"等指令都能正确执行。这些指令中所使用的名词和动词均不相同,儿童能做出区别性反应,可见此时已不仅是对句子中某个单词做出反应,而是能听懂话语中的多个词义和它们之间的关系了。

二三岁的儿童喜欢和成人交谈,喜欢听成人所讲的简短童话、故事、儿歌,并能记住它们的内容。这时儿童不但能理解和直接感知与事物有关的话语内容,而且能理解对其未直接感知而熟悉的事物的描述内容。因此,成人能利用语言作为向儿童传授知识经验的工具。

（1）儿童对复杂句子的理解

四五岁的儿童已能和成人自由交谈,但对一些结构复杂的句子,如被动语态句(珍珍被小明推)和双重否定句(小朋友没有一个不来)则还不能很好地理解。儿童到 6 岁时才能较好地理解常见的被动语态句,11 岁时对各种类型的被动句都能理解。儿童 4 岁前已经能理解简单的否定句,但对基本的双重否定句则要到六七岁才能理解。随着双重否定句的句法、语义复杂性的增加,理解的年龄还要延后。

儿童对各种复合句的理解也有一个过程。国内的一些研究表明,4 岁儿童能理解并列复句("还""不是……而是"),6 岁儿童基本上能理解递进复句("不但……而且"),不过他们还不能理解选择复句("或者……或者""不是……就是")。稍后,他们能理解条件复句("如果……那么""只有……才")和因果复句("因为……所以")。让步复句("虽然……但是")要到七八岁时才能理解。理解的顺序主要取决于各种复句所表达的事物关系的复杂程度和理解这种关系所需要的认知活动的困难程度。同时,句子的句法复杂性、句中所用连词的特点对复句的理解也有一定影响。

（2）理解策略

儿童常采用策略去理解他们听到的句子。这些策略是他们从知识经验和语言经验中概括出来的一些简便的方法、一些规则。在使用策略理解句子时,儿童并没有仔细地分析句子的结构和词与词之间的关系,就可迅速地对句子做出解释。因此儿童能理解一些他们并没有掌握其结构的新句子,但有时也会因此而产生错误的理解。儿童理解句子的策略大致有下列几种,不同年龄阶段儿童使用的策略往往会发生变化。

事件可能性策略。这是年幼儿童在开始理解句子时采用得比较多的一种策略。它指儿童只根据词的意义和事件的可能性,而不顾句子的句法结构来确定各个词在句子中的语法功能和相互关系,如动作实施对象、动作实施者等。例如当要求儿童对"人拍球""球拍人"这对句子用玩具进行操作时,2 至 3 岁的儿童同样做出人拍球的动作。在理解不可能句,如"用小羊打鞭子"时,儿童常根据两个名词的有无生命从而把它理解为"用鞭子打小羊"。"事件可能性策略"使得儿童把本来描述为不可能事件的句子当作可能性事件来处理。他们只对词与词之间的意义关系做出反应而不顾及词序,因而这种策略也是语义策略。

词序策略。词序策略指儿童完全根据句子中词的顺序来理解句子。它出现在事件可能性策略之后。国内外的研究发现,五六岁的儿童在经常使用主动语态句的过程中,已形成一种把句子中出现的名词—动词—名词的词序当作施事—动作—受事来进行句子加工的策略,因此常将被动语态句"女孩被男孩推倒"理解为主动句"女孩推倒男孩"。词序策略也常被儿童应用来理解双宾句和描述事件出现顺序的句子。前者如把"给娃娃一只猫"理解为把娃娃送给猫。后者如把"在大娃娃上车前小娃娃先上车"理解为大娃娃先上车,小娃娃后上车。词序也影响儿童对与格可逆句的理解。4.5岁和5.5岁的儿童对三种动名词序句(动词、名词、名词;名词、动词、名词;名词、名词、动词)的理解存在着显著的差异。除了动名词序外,介词词序也可影响儿童对句子的理解。如5.5岁至7.5岁的儿童,对介词在第一个名词前的与格可逆句("送给小狗花猫")的理解和对介词在第二个名词前的与格可逆句("花猫送给小狗")的理解存在显著差异,他们在理解部分与格句和工具格句时常使用将句子中第一个名词作为移动物的词序策略。

（3）非语言策略

儿童在理解句中某些词的词义时常使用一些非语言策略。如克拉克在一个关于"in"/"on"和"under"的理解研究中,给年幼的儿童一些玩具和参照物,要求儿童按实验者的指导语把玩具放在参照物的适当位置。结果表明儿童是按以下两个非语言策略放置的:如果参照物是容器,儿童就喜欢把玩具放在它里面;如果参照物有一支撑面,儿童就喜欢把玩具放在它上面。这种非语言策略往往容易使人们以为儿童已经掌握了in和on。

"预期"也是非语言策略的一个方面。儿童在具有了关于周围世界的知识以后,在理解时就要受到知识的影响,也就是说理解前有个预期。他们往往不顾句子的结构和实际内容,而只是根据自己对事物间关系的比较稳固的看法来做出主观预期的回答。如对"张老师被小华背着去教室,他的腿跌伤了"。要求回答谁背谁时,7岁左右的儿童仍认为是张老师背小华,小华的腿跌伤了。国外的研究表明:儿童对和预期相符的句子回答得要比和预期相反的句子好。对年龄较大的儿童来说,首先起作用的是预期。在同一预期水平内,才是语言结构起作用。

根据国外的研究,儿童最初常用事件可能性策略理解句子,句子的句法结构对他们的理解几乎不起作用。他们只注意句子中的几个实词,把这几个实词根据事件可能性加以组合,从而解释句子的意思。3岁后开始产生词序策略,从句子的表面结构中获取句子的语义信息。到一定年龄(有的研究说是4—5岁,有的研究结果是5—7岁),儿童有强烈的词序策略倾向。在儿童能根据句法结构理解句子以后,他们对句子的理解仍会受语义内容的可能性和预期的影响。儿童通过这些策略的使用,逐渐发现对一些语言结构复杂或特殊的句子,如使用这些策略往往会导致错误的理解,因此,需要学习新的规则,并把一切规则组成一个系统。在遇到句子时,根据各种信息线索,确定采用何种规则对句子进行分析、解释。

四、 语用技能的发展

语言是一种交际工具。为了达到交际的目的,人们除了必须掌握语音规则、句法规则和词汇外,还必须掌握应用的知识技能。因为语言中的许多现象并非都能由句法和语义来解释,它和说者、听者的条件以及交谈时的具体情境有关。因此,语言应用的技能,即语用技能的发展也是儿童语言发展的一个重要方面。在语言习得的过程中,儿童在学习语言符号系统本身规则的同时,也在学习如何根据社会和交往的要求使用这个符号系统。除了学习说出正确的句子外，还要学习如何说得合适。儿童的语用技能问题从 20 世纪 70 年代后，逐渐受到研究者们的重视，但相对于儿童语言的其他方面，研究成果还比较薄弱。

研究发现，儿童在获得语言之前，已能用别的方式与他人交流。成人用姿势来和儿童进行交流，常以指着一个物体的动作来引起 7 至 8 个月婴儿的注意。随后不久，婴儿也能用指点和姿势作为早期交流方式。到第一年末，婴儿不仅能用指点、姿势说明物体的存在和"请求"得到某个物体，同时还能检查自己的姿势能否引起成人对该物体的注意。如用力拉着不在意的父母的手或衣服并再次指着该物体。到了单词句和双词句阶段，词和姿势结合而成为有效的交流方式。同时还能用不同语调来表示自己的意图，如以升调表示提问、降调表示命令或要求。

随着儿童认知和语言能力的发展，以及社会交往能力的发展，儿童不仅能用语言作为交流的工具，而且他们的语用技能也逐渐发展完善。

1. 选择和调节

由于交谈的场合不同，听者的知识、能力和当时的需要不同，以及说话者和听话者关系的不同等，说话的内容和形式都应该有所不同，这样才能够达到有效交流的目的。做出这样的选择和调节，要求说话者对情境状况做出判断，对听者已经知道什么，需要了解什么等进行假定，然后根据这些判断和假定改变信息的内容和形式，这是语用技能发展的一个重要方面。

皮亚杰在提出儿童的自我中心问题时，就涉及儿童的语用技能。他认为，由于儿童的思维是自我中心的，因此妨碍他们在说话时考虑听者的情况。儿童在一起时，每个儿童都在讲自己正在做或准备做的事，既不注意别人说什么，也不关心自己的话语是否被别人注意、理解。在一个研究中，实验者对儿童讲一个故事，要求儿童把这个故事讲给另一个儿童听。这时，五六岁的儿童也常会遗漏很重要的信息，因此成人往往不能理解他们的讲述，但他们自己却以为讲得很好，听的人也以为自己已经理解了。皮亚杰把儿童的这种言语称为自我中心言语。2—6 岁儿童的自我中心言语往往多于社会性言语。有人验证了皮亚杰的观点，认为学前儿童说话时还不能考虑听者的特点和需要。到七八岁后才能用不同的方式对不同的听者解释游戏规则。

但是，有许多研究都证明学前儿童已经能根据语言、非语言情境和社会交往的要求来调节自己的话语。

国外的一个研究发现，2 岁儿童已表现出巧妙的交流能力。第一，他们对有效交流具有决定意义的情境很敏感。儿童选择与之交谈的对象有几类：当时正在相互交流或在一起玩的；当时没有和其他人发生联系的；能相互看到或距离不远而对方正在注视自己的；双方对所谈及的事物都较接近的。由于他们能较谨慎地选择交流情境，故能有效地引起对方的注意。第二，儿童能知觉到交流情境的困难并对谈话作出相应的调整，如当视觉上有障碍物时就比情境顺利时讲得较详细些。第三，儿童还能根据听者的反馈对谈话作适当的调整，当发现听者没有作任何反应时，会以一定的方式重复所讲的消息。

国外有人发现4岁儿童就已能适应听者的能力而调整其谈话内容。当4岁儿童分别向2岁儿童和成人介绍一种新玩具时，其语句的长度、结构和语态都不相同。对于2岁儿童，话语简短，多用引起和维持对方注意的语词，如"注意""看着"，谈话时表现自信、大胆、直率。告诉他的是有关的事情，给他们指导，如怎样玩玩具。对于成人则话语长，结构较复杂，较有礼貌和谨慎。所讲的往往是自己的想法，想从成人那里得到信息或帮助。可见4岁儿童已初步学会了有效交流的基本规则之一，即必须使自己的话语适应听者的水平。

我国的一项研究表明，幼儿园大班6岁儿童也具备这种能力。教师用七个标准句向儿童讲述玩具的玩法，然后要求他们分别对教师、同班同学和中、小班儿童进行介绍。结果儿童除采用这些标准句外，还增加了一些补充说明，但对教师的补充说明最少，对小班儿童的补充说明最多。他们对教师多用陈述句，语气较礼貌，对同班儿童陈述句减少，祈使句、疑问句增加，对小班儿童陈述句更少，祈使句更多。

良好的语用技能还要求说话者根据事物所处的具体情境调节自己的言语。例如同一个物体，在不同的情境中应该有不同的称呼。国内的一项研究表明，同一块黄色圆形积木，五六岁的儿童就能根据在它旁边有些什么其他积木而改变对它的称呼，但还不够完善；7岁的儿童能在比较复杂的条件下对自己的表达方式进行调节，有时称这块积木为黄积木，有时称它为圆积木，有时称它为黄的圆积木，甚至大的黄色圆积木。

研究还表明，儿童在叙述自己不熟悉的事物时，他们在根据听者的情况选择、调节自己言语这一方面的表现不如他们在叙述熟悉的事物时。这是因为儿童的信息加工能力有限，在要求儿童叙述不熟悉的事物的情况下，他们的语言产生本身比较困难，这时，儿童集中注意于如何正确表达，就不能同时应付语用方面的要求。这可能是各人研究结果不同的原因之一。

2. 会话和连贯

语言的使用主要表现在会话、交谈中，在会话时，会话双方需用一些规则发起并维持谈话，说话者需依靠从听者那里得到的反馈调节自己的言语。

说话者首先要引起对方的注意，并知道对方是否在听自己说话。儿童在3岁前就开始学会了其中的某些方法。他们在开始说话前先叫对方的名字（如"妈妈""妈妈"），使对方注意到他们的说话。有时他们用问题（如"对吗？"）确定对方是否在听。在会话中他们还必须了解对方是否理解自己的话语，根据对方是否理解的反馈，及时调整会话的内容和形式。有人与17至24个月的儿童进行交谈，发现他们已经能对成人的不同反馈做出不同的反应。例如，对儿童的请求，成人或者提"什么"问题，或者不顾儿童的请求，把儿童的请求不恰当地改成一句陈述句。儿童能对这两种反馈给予区别对待。对"什么"问题，儿童多用重复原句，而对成人的后一反馈，儿童有时重复原句，有时则改变表达形式。但另一项研究发现，当听者发出不理解的反馈时，学前儿童多半是沉默或多次重复，小学生才能把原句修改，做出更详细的陈述。研究结果的不同,是由于交谈内容、反馈方式条件的不同。同时,这也说明儿童这方面的能力有一个逐渐发展的过程。

在交谈中,说话的人还需利用前面话语的语义和句法信息,使自己说的话和前面的话语保持同一话题,有时还需具有共同的语言形式,使双方的话语具有连贯性。这种能力在儿童2至3岁时有很大进步。这时,不论前面是问题句还是陈述句,在语义上和前面的话有关的话语明显增加。如儿童在成人对他们说话之后,常接着说与成人的话语有同一动词的话语,对说话的话题加上新的信息,替换成人话语中的疑问词,在成人的句子中加上一些成分等。

在交谈中,保持连贯的另一种手段是省略,即考虑到前面的话语而有规则地删除一些多余的一个或几个成分。如问"谁在骑自行车?"这一问题,儿童回答"小弟弟在骑"或"小弟弟",而不必说"小弟弟在骑自行车"这样完整的句子。儿童早期的句子也是片段的,常缺少句子的某些成分。但这不是省略,因为这不是由于考虑到前面的句子而消除多余。这时他们还不会说完整的句子。为了区分儿童早期的单词句、电报句和真正的省略,国外有人做了专门的考察。结果发现,儿童的平均句长在 1.00 到 2.50 个单词时,他们的话语中还没有成人交谈中的那种句法省略,不知道什么时候应该说完整的句子,什么时候可以省略。这时成人的话语常常为儿童提供记忆的支持,促使他们产生较长的句子,这种句子常有多余的成分。所以,在儿童的语言发展中,儿童除了要学习如何说出结构完整的句子,也需要学习如何运用语境,在句子的片段也能被理解的情况下,只说句子的部分成分。

第三节　语言获得理论

儿童为什么能在短短的几年内掌握各种复杂而抽象的语言规则?儿童的语言知识和能力是先天具有的还是后天习得的?在获得语言的过程中,是单纯语言能力的发展还是和一般认知能力的发展有关?在语言获得的过程中,儿童是主动的创造者还是被动的接受者(或模仿者)?语言是否为人类所独有?这些问题已成为发展心理学家和心理语言学家热烈讨论的问题。学者们对这些问题解释不一,从而形成了各种关于语言获得的观点和理论。各种理论的分歧主要表现在对语法规则系统获得的解释上。这些理论的分歧,实际上还是关于儿童心理发展理论的分歧,是有关儿童心理发展理论争论的继续。

一、学习论

学习论强调后天的环境和学习对语言获得的决定性影响。学习论有以下几种。

1. 模仿说

模仿说强调模仿在儿童语言学习中的作用。1922 年就有学者说过:在语言的习得过程中,特别是形成句子的早期,起重要作用的是重复、仿效人们对儿童说的话。1924 年,著名心理学家阿尔波特(F. Allport)在《社会心理学》一书中正式提出语言是通过模仿习得的观点。这种观点在 20 世纪 20 年代至 50 年代一直都很流行,许多学者都把模仿看成是语言习得中一个特别重要的因素。儿童通过重复、模拟他所听到的话语,逐渐接近他周围成人的语言。他们还把模仿和强化这两个因素联系起来,认为模仿是强化的必要和先决条件,儿童成功模仿了新词或新的句子形式,因此得到了强化,于是就习得了语言。而且,模仿本身也可以成为强化,它是一种自我强化。

20 世纪 60 年代以后,模仿说受到了很多批评:①儿童早期的话语,常具有"独创性"。这些话语没有范型,显然,它们不是通过模仿而习得的。②支持模仿说的实验基本上都是在实验室条件下进行的,这些实验的结果大部分都说明模仿可改变言语行为的水平,如增加某一种语言形式的使用频率,但不能说明一种新的语言形式可通过模仿而习得。③根据乔姆斯基的转换生成语法,儿童获得的不是句子的表层结构,而是一套语言规则,因此重复模仿语言的表层结构对语言获得不起多少作用。④许多事实说明,如果要求儿童模仿的语言结构和儿童已有的语言水平存在着较大的差距,儿童常根据自己已掌握的句子形式改变范句的句型。例如,一位妈妈和她的儿子有如下的对话:

儿子：Nobody don't like me.

妈妈：No，say "Nobody likes me".

儿子：Nobody don't like me.

妈妈：Nobody likes me.

如此反复了七次,最后儿子说:

Oh，nobody don't likes me.

因此,很多学者认为模仿对语言获得既非必要,亦非充分。不能把结果和过程、机制混同,不能看到儿童的语言和成人的语言越来越相似,就把它归因于模仿。

但后来学者们又对语言习得中的模仿问题进行了重新研究和思考。结果认为不能完全否定模仿的作用。我国的一项研究也表明,对成人语言的模仿是 11—14 个月的儿童语言习得的重要途径,但不是唯一的途径。国外还有一种观点,认为应对模仿的性质有新的正确理解。例如,有人提出:儿童能够把范句的句法结构应用于新的情境以表达新的内容,或将模仿到的结构重新组合成新的结构。例如有一天,几个成人在聊天,一个 2 岁的孩子突然说:"你们几个人围成一个圈圈在说话。"经了解,原来有一次这个孩子在看小人书时,书中有几个小朋友围成一个圈圈做游戏的情境,爸爸讲给他听了,他就将"围成一个圈圈"的话用到了上面的情境里。

和传统的模仿说相比,这种模仿具有两个特点:一是示范者的行为和模仿者的反应之间具有功能关系,即二者不仅在形式上,更重要的还在功能上相似。因此模仿者对示范者的行为不必是一对一的临摹。二是这种模仿不是在强化和训练的情况下发生的,乃是在正常的自然情境中发生的语言获得模式。模仿者行为和示范行为的关系,在时间上既不是即时的,在形式上又非一对一的。这样获得的语言既有新颖性,又有学习和模仿的基础。

目前,有关这个问题比较一致的看法是:①模仿在语言习得中起一定作用,语言习得部分依赖于模仿,但它不是唯一的、必要的。②模仿受儿童本身认知、语言、成熟水平的制约。③语言的各个方面,在儿童的各个年龄,模仿的重要性不同。

2. 强化说

从巴甫洛夫的经典条件反射和两种信号系统学说到斯金纳的操作性条件反射学说,都认为语言是一系列刺激反应的连锁和结合。它和其他行为没有根本的区别。在刺激和反应联结的形成中,强化起关键作用。儿童语言发展并不需要特别的机制,它只是更广泛的学习系统中的一个部分。斯金纳曾专门写了《言语行为》,提出了如下论点。

① 环境因素,即当场受到的刺激和强化历程,对言语行为的形成和发展具有决定性影响。他主张对言语行为进行"功能分析",即辨别控制言语行为的各种变量,详述这些变量如何通过相互作用来决定言语反应。也就是说,只要能弄清外界刺激因素,就能精确预测一个人会有什么言语行为。

② 强化是语言学习的必要条件,也是使成人的言语反应继续发生的必要条件。强化的原则在语言习得过程中起着最主要的作用。强化刺激的出现频率、出现方式,或者停止出现,对于言语行为的形成和巩固非常重要。

斯金纳在《言语行为》一书中还广泛应用"强化"一词来解释各种言语行为,并提出"自动的自我强化"这一概念。如"一个幼儿听到别人的话之后,独立在别处发出同样的声音,就会自动地强化自己那个试探性的言语行为"。"一个孩子模仿飞机、电车等的声音,会自动地受到强化"。总之,他似乎用强化来解释一切言语行为。这与行为主义严格的强化概念是有区别的。

在斯金纳的后期著作中,特别强调用"强化依随"的概念来解释各种行为(包括言语行为)的形成过程。强化依随是指强化的刺激紧跟在言语行为之后,它有两个主要的特点:一是最初被强化的是个体偶然发生的动作。如婴儿偶然发出[m]声,母亲就笑着来抱他、抚摸他等。反应和强化之间只是一种时间上的关系,并非"目的"或"意志"的作用。二是强化依随的程序是渐进的。若要儿童学习一个复杂句子,不必等待他碰巧完整地说出这句话以后才给予强化,只需他所说的稍微接近那个句子就给予强化,然后再强化更加接近该句的话语,通过这种逐步接近的强化方法,儿童最终能学会非常复杂的句子。

刺激—反应连锁和强化说对心理学和语言学都产生过重大影响。但从 20 世纪 60 年代后受到越来越多的批评。主要的批评意见是:第一,行为主义语言学理论的重要概念都来自对动物所做的实验,不能把这些概念推广、引申到人类言语行为中去。即使是他们对人类成人和儿童所做的实验,也只能说明强化能增加已有语法形式的使用,能加速学习,但不能证明新的语言形式是通过强化习得的。第二,儿童在学习语言的过程中,受到强化的是一个个语句,是语言中某些个别的成分,而不是语言的规则。但实际上儿童习得的是语言规则,这不是强化的对象。而且,儿童的语言具有"创造性",他们说出的话语,有些从未得到过强化,不可能有很强的习惯力量。第三，有的研究者，如布朗观察到，成人对儿童句子的表达形式常常并不介意，他们关心的只是句子内容的正确性、真实性。只要儿童说的话内容正确、真实，即使语法错误，也会得到成人的强化。这种强化难以解释儿童语言最终向成人语言的转化。

概言之，对于儿童如何习得语言的解释，这些早期学习理论没有经受住研究的仔细检查。幼儿语言包括很多周围的人既不说也不强调的短语，另外，父母通常强调孩子的陈述事实上是否准确，而不是语法上是否正确。即使在小学和中学阶段，儿童语言中仍可能有许多语法错误没有得到纠正。有时尽管周围人试图帮助矫正孩子的一些句子，但孩子们还是会继续产生语法不正确的句子，例如："妈妈，你工完作了吗？""妈妈，我吃我的饭，你工你的作"。显然，无论是模仿还是强化，都不能充分解释儿童最终是如何习得完整的母语的。

二、先天论

先天论否定学习和环境是语言获得的决定因素，强调先天禀赋在语言获得中的作用。

1. 乔姆斯基的先天语言能力说

乔姆斯基

在先天论中，语言学家乔姆斯基的理论有巨大影响。他的理论认为虽然通过模仿、强化，儿童的语言环境和经验都对儿童语言获得起一定的作用，但它们都不能说明儿童是如何获得语言的，不能说明儿童语言获得的根本原因，也无法解释儿童在短短几年中，不经过专门的学习训练就能获得复杂的语言规则系统。而且，获得各种不同语言的儿童，他们的语言发展过程是基本相同的。环境所提供的只是个别情境中的个别句子，而儿童获得的却是规则系统。儿童如何利用这些有限的输入材料，推论出各种语言的语法规则呢？乔姆斯基认为主要依靠儿童本身的内在因素——一种特殊的语言能力。

乔姆斯基认为，所有语言都共享有一种通用语法，他假设人脑中有一种先天的、与生俱来的语言获得机制。这是人类特有的语言加工器，它包括人类语言的普遍语法和对语言材料进行操作的程序。语言获得机制根据这一普遍语法和操作程序，对原始语言输入进行加工。它先提出语言规则和结构的初步假设，把这些假设同语言输入材料进行对照、匹配，对这些假设进行检验、评估和选择，接受彼此相符的假设，修改或放弃与材料不符的假设，并提出新的规则假设。这样，就使儿童的语言越来越接近成人的语言，最终建立起母语的规则体系。因此，语言获得过程是普遍语法向某一种语言（如汉语、英语）语法的转化。这个过程是儿童自己完成的，不是周围成人给予、强加的。乔姆斯基也承认语言经验和外部环境的作用，但它们不是决定性的，它们的作用不是产生语言，而是激发先天已经具有的语言结构，把这种潜在结构转化为现实的语言。因此,是已有的语言知识决定儿童的学习,而不是通过学习获得语言,语言知识、能力不是语言经验的结果,而是语言经验的前提。

以后,乔姆斯基又对普遍语法的组成部分和如何从先天的普遍语法的初始状态,通过接触某一种语言的材料后,逐渐发展到最终的稳定状态,即某一种语言的特定语法,做了进一步的具体说明。

有几个方面的研究汇集在一起,共同支持语言具有生物起源的认识。首先,来自不同文化和语言背景的儿童往往在相似的年龄达到语言发展的里程碑。几乎所有的孩子,即使是那些从来没有听到过人类声音的天生耳聋的孩子,平均在 6 到 7 个月大的时候就开始发出牙牙语,产生像言语一样的音节。一般来说,经常接触某种特定语言的儿童(无论是口头语言还是手势语),均在产生有意义的单词并将它们串联成恰当的可解释的顺序方面取得类似的进展。

第二个证据来自大脑研究。对于大多数人来说,大脑皮层的左半球控制着言语和语言理解。大脑左半球皮层有两个特定区域似乎专门负责语言功能(如图 6-3 所示)。布洛卡区位于近前额处,在言语产生过程中起着关键作用。威尔尼克区位于左耳后,主要介入到言语理解过程。但是要记住的是,没有任何单一的心理活动(包括语言)是一个半球或另一个半球的专有领域。大脑右半球积极参与到对一个模棱两

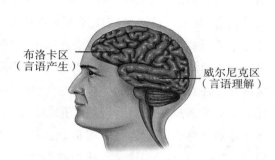

布洛卡区
(言语产生)
威尔尼克区
(言语理解)

图 6-3　大脑中主要的语言特定区域

可陈述的多种可能意义的筛选、幽默和讽刺的感知,以及手语的使用中。另外,在相当数量的左撇子及 1 岁前左脑严重受伤的儿童中,右脑在语言活动中占主导地位。

先天论观点的证据还来自这样一个发现,即语言发展的某些方面似乎存在一些敏感期(sensitive periods)。在早期很少或根本没有接触任何语言的儿童,以后即使通过密集的语言教学,他们往往也会在语言习得中遇到困难。如果第二语言的学习过程始于童年或青春期早期,而不是青春期晚期或成年期,那么学习第二语言的语音和句法技能通常会更容易。年轻人通常只有在青春期中期之前,或者更好的是在学前或小学早期,才能学会完美的二语发音。如果在生命的头 5 到 10 年内沉浸于语言,他们可能会更容易掌握第二语言复杂的句法方面的知识。

乔姆斯基的先天语言能力说提出后,在学术界引起了巨大反响,学者们展开了激烈的争论,它掀起了研究儿童语言获得问题的热潮,改变了儿童通过被动的方法习得语言的传统看法,注意到了儿童本身的内在因素在语言获得中的作用。对他的理论,学术界也存在着许多批评意见,其中主要有:①乔姆斯基的理论完全是思辨的产物,他提出的语言获得机制、普遍语法等概念,都只是一种推论、假设,缺乏实证性研究结果的依据。②忽视了语言环境和语言经验的作用,忽视了儿童和他人语言交流在儿童语言发展中的作用。③儿童的语言发展

有一定的顺序，具有自己的特点和模式，儿童语言不是成人语言的翻版。所有这些是认为儿童先天就存在的一套现成的普遍规则系统且儿童和成人使用的完全是同一些语言规则的假设所不能解释的。

2. 语言的可学习性理论和否定证据问题

在儿童的语言获得问题中，有人提出应区分语言的正面的、肯定的证据和否定的证据。正面证据是某一种语言中合乎规则的句子，如父母说的话语。否定证据是不合语法的信息，如父母对儿童不合语法的语句的纠正。他用数学方法证明人类语言不可能在很有限的时间内被仅仅具有一般学习机制的学习者习得，除非有纠正错误的反馈。以后，韦克斯勒（K. Wexsler）和平克（S. Pinker）等人进一步发展了这个思想。韦克斯勒认为，因为对所听到的语言有许多可能的假设和规则可加以解释，所以如果没有不正确、不允许的信息，即什么是错误的信息，儿童就不可能在短期内达到对正确规则的掌握。但实际上，儿童听到的都是正面的信息，是某一种语言的规则所允许的结构，而没有什么是不可接收的信息。因此，学习者必定具有相当数量的先天性语言知识，即有些规则是先天具有的，有些规则先天就被排除了。只有这样，语法才能获得，语言才是可学习的。平克认为，如果你对儿童和成人使用的实际句子注意、研究得很少，你可能会说一般的学习机制，如规则的抽象，能完成语言获得的任务。但你若试图说明语言规则是如何获得的，这种说法就变得无用了。它迫使我们去寻找儿童有哪些先天的语言学习机制。换言之，儿童获得语言，不仅要知道可以说什么、怎么说，还必须知道什么不能说，从而避免错误。但在儿童的环境中，没有人告诉他们什么是错误的。因此，儿童语言获得理论面临着儿童如何在缺乏否定证据的条件下获得语言的问题。于是，他们提出了儿童先天具有的对语言输入材料进行加工处理的一些原则、策略。例如，儿童有两种语言形式的意义不可能完全相同的观念；儿童会注意到输入中没有的形式，并知道这些没有的形式就是不合语法的，也就是说，语言中实际上存在着间接的否定证据等。他们用观察到的材料来论证这些原则和策略，得到了一些肯定的结果，但也发现不少与他们提出的假设不相符合的材料。

有人对这种理论的基本假定，即儿童没有得到语言的否定证据这一假定提出了质疑。成人对儿童正确的话语和错误的话语的反应可能不同，而且儿童对成人的这些反应是很敏感的。因此，实际上存在着否定证据。同时，这些研究者提出的儿童在缺乏否定证据的条件下，如何获得语言的一些假设，也没有得到完全的证实。

三、信息加工理论

信息加工理论关注的是儿童在习得语言时所使用的特定认知过程。从信息加工的角度来看，语言学习的基本要素之一是注意。婴儿从很小的时候就开始关注人类的言语和言语相关事件。出生后的几天内，他们就表现出对人类声音的偏爱，能够区分熟悉的人和陌生人的声音，并且在某些情况下，他们会花费相当大的努力以图听到熟悉的声音。婴儿也更可能去注视经常使用的简短、简单、有节奏的语言的说话者,成人经常会用这种语言对幼儿说话。孩子周边的成年人也似乎知道(可能是无意识地知道)注意对语言学习至关重要,例如当与年幼的孩子交谈时,他们倾向于指向正在讨论的人或事物,并确保孩子们看向正确的方向。

推理是语言发展的另一个关键因素。例如,幼儿似乎会根据词语使用的上下文来对词语的意思形成假设。例如有研究向学前儿童展示一种陌生动物,并称之为"mido";随后,展示一组奇形怪状的动物(包括一些"midos"),并要求孩子们在集合中找到一个"theri"。虽然没有任何信息指导孩子们做选择,但他们总是会选择"mido"之外的某种动物。显然,他们推断因为 midos 已经有了一个名字,所以 theri 必然是一种不同的动物。

工作记忆也是影响儿童习得和使用语言的一个重要因素。有效的沟通不仅涉及关于口语的知识,还包括适当的眼神接触、手势和语调。由于工作记忆容量有限,一次简单的对话可能涉及太多的技能需要协调,以至于无法进行有意义信息的交换。但幸运的是,孩子们很快就能自动化加工语言的许多方面(如单词发音、简单句法、检索常用单词的含义),从而释放出工作记忆容量来完成更复杂的语言任务。

一些研究者认为,婴儿期和幼儿期基本语言技能的自动化,部分涉及对语言特定方面的神经特异化,换句话说,大脑逐渐将特定的大脑回路用于特定的语言任务,如识别特定的声音、发出这些声音等。信息加工理论使用自动化概念来反驳先天论的观点,即第二语言学习的敏感期反映了生物学上固有的时间框架。特别是,信息加工理论提出,在生命早期就熟练掌握母语的声音和其他结构要素,可以提高母语使用的自动化程度,但这是以牺牲快速习得第二种完全不同的语言为代价的。那么,看起来似乎是预先设定的学习语言特定方面的"最佳"时间,或许仅仅是大脑快速地适应其特定语言环境的结果。

四、 相互作用论

1. 认知相互作用论

以皮亚杰为代表的学派主张从认知结构的发展来说明语言发展,认为语言是一般认知结构的一个部分,儿童的语言能力仅仅是大脑一般认知能力的一个方面,而认知结构的形成和发展是主体和客体相互作用的结果。他们的主要观点如下:

① 语言是儿童许多符号功能中的一种,符号功能是指儿童应用一种象征或符号来代表某种事物的能力。语言同延迟模仿、心理表象、象征性游戏、初期绘画等符号功能一样,都出现在感知运动阶段的末尾,即约 1.5 到 2 岁之间。儿童在开始发出语音时,是把一个对象的"名称"当作该对象的不可分割的一部分来看的。随后发展到能用语词称呼那些当时不在眼前的事物,能把作为符号的语词和被标志的事物加以区分,这时,就开始有了语言。

② 认知结构是语言发展的基础,语言结构随着认知结构的发展而发展。由于儿童的认知结构发展顺序具有普遍性,相应地,儿童的语法结构发展顺序也具有普遍性。

③ 个体的认知结构和认知能力既不是环境强加的,也不是人脑先天所具有的。它来源

于主体和客体之间的相互作用。因此，语言也是在个体和环境相互作用的过程中逐渐发展起来的。主体作用于客体的活动、动作是一切知识的源泉。1975年，皮亚杰与乔姆斯基在法国有过一次面对面的争论，也有人对他们进行过访问笔谈。皮亚杰学派的学者多次指出他们和乔姆斯基在语言获得理论上的根本分歧在于，乔姆斯基是预成说（先验论），而他们是后成论。皮亚杰也承认遗传的作用，认为从遗传得来的"先天格式"是最初认知发展所必需的，但他不承认人类儿童有一个独立的先天语言能力，因为最初的语言是感知运动智慧发展的结果。他们特别强调主体作用于客体的活动和动作的意义。皮亚杰认为动作协调即感知运动智慧是认知结构的基础，也是语言的基础。

皮亚杰学派从主客体相互作用来说明儿童认知能力和语言能力，强调认知发展和语言习得的关系，有其合理的方面，为许多人接受。但他的支持者所进行的关于儿童认知发展和语言习得之间关系的研究，都只能说明两者之间存在相关，而不能说明它们的因果关系。甚至这一学派的一个重要成员辛克莱尔（H. J. Sinclair）也说："直接把他的认知发展理论进行移项是不可能的，如何在皮亚杰理论框架内说明语言习得的认知前提也不很清楚。"其次，不少研究表明，语言和认知发展可分离、脱节，有的儿童认知发展较快而语言发展缓慢，有的则相反。这些都说明语言发展相对独立于认知，不能简单地把语言看成是认知的一个部分。

2. 社会相互作用论

20世纪70年代后，国外一些心理学家特别重视儿童和成人的交往在儿童语言获得中的作用。他们认为语言发展受到先天的、社会的多种因素的影响，其中儿童和成人的语言交流是语言获得的决定性因素。语言结构产生于语言的社会交往功能，只有在交往中发挥实际的功能，这种结构才能习得。如果从小剥夺儿童和成人的语言交流，儿童就不可能学会说话。有研究者发现，一名听力正常而父母是听障人士的儿童，父母希望他学会正常人的语言，但由于他身体不好，不能外出，只能整天在家里通过看电视学习正常人的语言。由于只能单向地听，没有语言交流实践，缺乏应有的信息反馈，这个儿童最后终究没有学会口语，而只能使用从父母那里学来的手势语。

持这种观点的人强调语言环境和语言输入的作用。他们研究了儿向语言（infant-directed speech），也称妈妈语，发现当妈妈和其他成人使用特殊的语言形式向不同年龄的儿童提供适合其水平的语言材料时，能促使儿童的语言发展。这些儿向语言有一系列的特点，例如句子较短，往往不是完整的，只是句子的一些片段；语法结构比较简单；疑问句、祈使句较多；音调较高且多变等。它们使儿童在语言水平很低的情况下，也能和成人进行有效的交往。通过这样的交往，儿童的语言向高一级水平发展。另一方面，儿童的反馈又决定了成人对儿童说话的复杂程度。如果儿童发出不能理解的信号，成人就自觉或不自觉地简化、修正自己的话语。如果儿童做出理解的反馈，成人就继续使用这种语言结构并将它们逐渐复杂化。可以说，成人的言语部分取决于儿童的反应。因此，儿童和他人的语言环境是一个动态系统，儿童在这个环境中不是一个被动的接受者，而是一个主动的参与者。

不过，不少学者认为，这是一种折中的观点，虽然易为人接受，但它还不足以说明儿童如何在交往中、在语言输入的基础上形成和发展语言。它不能解释儿童语言获得中的许多问题，也不能排除儿童具有先天的语言能力。其次，对儿向语言的性质和作用，研究者也提出了不少疑问。如，这些话语大部分是简单句，儿童怎么会从中获得复杂的语言结构呢？虽然有些研究表明，儿向语言能促进儿童的语言发展，儿向语言中高频出现的词，在儿童的话语中也经常出现，但也有不少研究表明，儿向语言和儿童的语言发展没有关系。因此，儿向语言在儿童的语言获得中究竟是否起作用、起什么作用等，都还存在不少问题。

总之，关于儿童语言获得问题的争论和研究，使我们对这个问题有了越来越深入的认识。特别是先天论观点提出了一些值得我们进一步思考的问题。现在，各派观点逐渐接近、融合。大家都同意，先天、后天的各种因素都在儿童语言获得中发挥作用，持极端观点的人已经很少。不过，各人强调的重点仍有不同。先天论也有其合理的成分，因为各种因素的相互作用必须以儿童大脑的特点为基础、前提。问题是儿童先天具有的是什么？比较能为大家接受的观点是，人类儿童先天具有的，不是如同乔姆斯基所说的那种现成的普遍语法规则系统，而是一种对语言输入特有的敏感性和加工处理原则、策略，也可说是一种特殊的语言加工能力。不过，这种特殊的语言加工能力是什么，它如何和语言环境、语言经验等各种后天因素相互作用，各种因素在儿童语言获得中各起什么作用等问题，还有待进一步的探索。很可能，对语言的各个成分，在儿童的各个年龄，以及从各个不同的角度考察儿童的语言，上述问题的答案都有所不同。

关于儿童的认知发展和语言习得的关系问题，现在一般认为，人类语言既和认知能力有关，又是一种特殊的能力。儿童的语言习得需依靠一般认知能力的发展，但一般认知能力的发展还不足以使儿童习得语言的规则系统，它还需依赖特殊的语言能力，语言能力具有它自身的特点。而且两者的关系不是直接的、单向的。

五、　机能主义论

语言习得另一个重要的问题涉及动机：为什么孩子们会想学习他们所处社会的语言？一些心理学家认为，在进化的进程中，人类发展语言技能在很大程度上是因为语言能提供几种有用的机能，因此人们谓之机能主义。语言帮助孩子获得知识，建立有用的人际关系，控制自己的行为和影响他人的行为。从很小的时候起，孩子们似乎就意识到语言在控制他人行为方面的力量，在这个过程中可帮助他们满足自己的需要和欲望。

机能主义者指出，语言发展与其他领域的发展密切相关，事实上，语言发展对其他领域的发展至关重要。例如，语言在几个方面促进认知发展：通过提供符号，儿童可以在心理上表征和记忆事件，允许儿童与他人交换信息和观点，并使儿童能够将其在社会交往中首先使用的过程加以内化。语言对社会性和道德发展也是必不可少的。通过与成年人和同龄人的对话和冲突，孩子学会了社会上可以接受的对待他人的方式，并且在大多数情况下，最终建立起一套指导他们进行道德决策的原则。

语言对人类来说是如此重要，以至于孩子们似乎不仅有能力学习语言，而且还有能力创造语言。有一项关于尼加拉瓜听障儿童的研究发现，在来到学校之前，孩子们很少或根本没有接触过手语，而学校的老师主要集中于教他们如何唇读和说西班牙语。虽然许多孩子在西班牙语方面进步甚微，但他们却越来越善于通过各种手势与他人交流，而且他们不断地把这种手语传给新来者。经过二十年的时间，儿童的语言变得更加系统和复杂，形成了各种各样的句法规则。但这类语言的创新主要来自 10 岁或 10 岁以下的儿童，这一研究发现进一步支持了年幼者更精通语言习得方面的观点。

六、 语言发展理论简评

比较上述各种理论观点，可以发现各理论各自关注的重点不同：先天论主要关注句法发展，信息加工和社会文化理论更关注语义发展（社会文化理论也考虑语用技能），机能主义则考虑动机如何融入整体发展图景。因此，理论家常常从一个视角转换到另一个视角，或者将两个或多个视角的元素结合起来，这取决于他们所讨论的语言发展的特定方面。

争议的一个关键来源在于，大多先天论者认为儿童遗传了某种机制，其唯一的功能就是促进语言的习得，而其他理论家（特别是那些采取信息加工或机能主义方法的人）则认为语言发展源于更一般的认知能力，这些一般认知能力可促进广泛领域的学习。许多研究表明，至少是语言习得的某些方面存在着语言特异的学习机制。所有文化中的孩子学习语言的速度都很快，而且他们都习得了复杂的句法结构，这增强了他们表达意思上的细微差别的能力，即使这些结构对于他们与他人交流想法和需要并非必需。

此外，一般智力水平非常低的儿童在语言发展方面表现出明显的差异，这取决于儿童所具有的特殊障碍。例如，比较一下患有唐氏综合征的孩子和患有威廉氏综合征的孩子，后者是一种遗传性疾病，其典型特征为明显与众不同的面部特征、肌肉张力差以及循环系统异常。患有这两种疾病的儿童智商得分通常较低（通常在 50 到 70 之间），处于同龄人群体最低的 2%。但是，唐氏综合征患儿通常语言发展迟缓（与他们的认知发展相一致），而威廉氏综合征患儿则经常拥有良好的语言技能，以至于他们最初很可能被认为拥有正常智力。在这个意义上，只有假定某种引导语言发展的语言特异机制在某种程度上独立于认知发展的其他方面，两组之间的语言技能差异才有意义。

其他一些与语言发展相关的理论问题也没有得到解答。以下是两个对教师、儿童照料者及其他实践者有潜在影响的但又悬而未决的问题：

首先，语言理解与语言产生，何者先出现？研究语言发展的心理学家经常会对接受性语言技能和表达性语言技能进行区分。接受性语言是一个人理解自己所听到和所读到的东西的能力，换句话说，它涉及语言理解。相比之下，表达性语言是进行有效的口头或书面沟通的能力，换句话说，它涉及语言产生。

考虑到在说话和写作中,儿童在使用单词和句子之前必须理解它们的含义,假设接受性语言技能必须先于表达性语言技能是十分合理的。但是,一些理论家并不认为接受性语言和表达性语言之间的关系如此明确,孩子们有时会使用一些他们并不完全理解的词语和表达。譬如,大概是在类似的上下文中听过别人使用某个词后,一位 3 岁学前儿童使用了"配置"一词来谈论她的钱包。尽管在这种情况下这个女孩恰当地使用了这个词,但她并不完全理解它的内涵。也就是说,她的产生早于她的理解。从根本上,接受性和表达性语言可能是携手发展的,语言理解促进了语言产出,语言产出也促进了语言理解。

其次,儿向语言在语言发展中起什么作用? 前述提及,婴儿似乎更喜欢成年人在与其交谈时使用的简短、简单、有节奏的语言。儿向语言在几个方面不同于正常的成人语言,具体包括:发音更慢、更清晰,音调也更高;有点重复,使用的词汇量有限,由很少的句子和简单的语法结构组成;包含有助于传达说话人信息的语调的夸张变化;通常关注发生于时间空间上非常接近于儿童的物体和事件。

在与婴幼儿交谈时,成年人经常使用儿向语言,并会根据听者的年龄调整其具体特征。从逻辑上讲,这样的言语应该有助于语言的发展,因为它在单词之间有清晰的停顿、简单的词汇和句法、夸张的语调以及频繁的重复,应该能使孩子更易于理解他们所听到的。这个假设的问题在于,儿向言语并不是一个普遍现象。在一些文化中,成年人并不认为年幼的孩子是合适的谈话伙伴,所以极少和他们说话。尽管如此,这些文化的孩子们还是成功地掌握了他们社会的语言。

如果儿向语言不是语言发展的必要条件,那么它的目的是什么呢? 一种可能是,这是一种有效的方式,成人可用来有效提高他们与幼儿交流的能力。许多父母经常与他们的婴儿和刚学走路的孩子互动,毫无疑问,他们希望自己能被孩子理解。儿向语言也可能是父母和其他成年人试图与孩子建立和保持亲密关系的一部分。

本章小结

- 语言与语言发展

　　语言知识包括语音、语法、语义和语用四个基本成分;语言习得与发展主要表现为各成分数量逐渐增加和精细化,以及认识到各种更微妙和更复杂的用法。在认知科学的基础研究领域,语言习得的解释被视为认知理论的"石蕊检验试剂";语言教学及相关障碍干预实践也关注语言习得的研究。

- 儿童的语言发展

　　儿童语言发展包含语言理解和语言产生两个方面,通常语言理解稍领先于产生。在出生第一年,婴儿的语音理解和产生均发生重要变化,但对其中一些重要现象,如牙牙语的内在机制仍存诸多争议。始于八九个月,婴儿的词汇开始快速增长,其对词汇意思的掌握可能出现过度扩展或过度缩小的情况,且对不同词类的掌握时间不同步。句子发展始于 1 岁半左右,从非完整句逐渐发展到完整句,一些语言和非语言因素影响该发展过程。随着认知、语言能力及社会交往能力的发展,儿童的语用技能也逐渐发展完善。

● 语言习得的理论解释

语言是非常复杂的结构系统,但所有正常儿童都能在出生后四五年内未经任何正式训练而获得听说母语的能力,其发展速度是其他复杂心理过程所无法比拟的。儿童如何获得语言、什么因素起决定作用,这两个问题引起了各种不同的理论解释。各理论的分歧主要表现在对语法规则系统获得的解释上。如今仍扮演重要角色的理论解释包括学习论、先天论、信息加工理论、相互作用论和机能主义论等。

思考与练习

1. 什么是儿童的语音范畴知觉?

2. 儿童词汇使用范围过度扩大的原因是什么?

3. 观察记录一个2岁儿童和母亲一起看图画书时的言语(至少半小时),分析这个儿童所说的话语(长度、句子结构、类型等)。

4. 设计一个考察学前儿童是否能根据听者的不同而调节自己话语的实验。

5. 评述儿童语言获得的各种理论。

延伸阅读

1. 李宇明.儿童语言的发展[M].武汉:华中师范大学出版社,1995.

2. 许政援.儿童语言发展和有关理论问题的研究[M]//中国心理学会.当代中国心理学.北京:人民教育出版社,2001.

3. 朱曼殊.儿童语言发展研究[M].上海:华东师范大学出版社,1986.

4. Bavin E. L.（Ed.）.（2012）. *Cambridge handbook of child language*. NY:Cambridge University Press.

5. Becker, M., Deen, K. U.（2022）. *Language acquisition and development: A generative introduction*. MIT Press.

第七章　儿童智力的发展

📝 **本章导语** ⫿⫿⫿

　　有人聪明,有人笨拙;有人拥有优秀的音乐天赋,有的人则拥有出色的绘画才能;有人一生成就非凡,有人却碌碌无为。一个人聪明与否,到底决定于什么? 学习成绩高,或者精通某种职业技能,或者在运动场上摘金夺银,是否意味着智力高? 智力的本质是什么? 是解决问题的能力抑或是适应环境的能力? 对此心理学界迄今仍有颇多争议。人们通常用智力测验的结果来界定一个人的智力高低,但智力测验测到真正的智力了吗? 婴儿的智力和成人的智力相似吗? 一个人在各种能力上的表现都是一致的吗?

　　儿童智力有个体差异,日常生活中很容易发现这一现象。有的儿童发展快,常被称为早熟儿童;有的儿童发展较慢,被称为晚熟儿童;有的儿童学习快,聪慧过人,常被誉为天才儿童。有的儿童记忆力很好、过目不忘,有的则前学后忘;有的儿童观察力很强,有的则很经常视而不见;有的儿童能很好地进行逻辑推理,有的则思维混乱。是什么造成了这种差异,遗传、环境,抑或两者兼而有之?

　　显然,要回答这些问题并不容易。本章首先阐析有关智力概念的界定,介绍智力的几种传统理论,以及近年来基于认知科学和神经科学的一些新的智力理论;然后介绍儿童智力发展的一般趋势及智力的稳定性与可变性,并从智力发展的个体差异和群体差异角度探讨智力发展的差异问题以及智力发展的影响因素;最后探讨有关智力测量的问题,介绍几种有代表性的智力测验。

📍 **学习目标** ⫿⫿⫿

1. 掌握智力的不同界定及重要的智力理论。
2. 了解智力发展的一般趋势及智力发展过程中的个体差异。
3. 了解影响智力发展的内部和外部因素。
4. 了解使用智力测验的条件,掌握几种智力测验工具。

第一节　智力的一般概念

一、智力的定义

　　智力意指一般能力。什么是"一般能力"? 就是无论你做什么工作,从事什么活动都需要的能力，比如感知能力（看、听）、注意能力、记忆能力、思维能力等都属于一般能力，你做任何事都离不开这些能力。心理学家一直在试图解释什么是智力，但还没有哪一种定义是所有心理学家都认同的。正如《中国大百科全书·心理学》对"智力"的论述："智力一词的含义看起来好像是人人皆知的，实际上却很难提出一种完全令人满意的定义。"但归纳起来可以看出，心理学家们不外乎是从智力的结构和功能上来加以阐释。

在研究早期，心理学家较多地从智力的功能上来加以解释。例如，美国心理学家桑代克认为，智力表现为学习的速度和效率；德国心理学家斯腾（W. Stern，1871—1938）和法国心理学家比纳（A. Binet，1857—1911）都认为，一般智力就是有机体对于新环境的适应能力；美国心理学家推孟则认为，智力与抽象思维能力成正比。而另一位美国心理学家韦克斯勒（D. Wechsler，1896—1981）在20世纪50年代较全面地定义了智力，它"是个人行动有目的、思维合理、应付环境有效的聚集的或全面的才能"。同样也是来自美国的心理学家考夫曼（A. S. Kaufman，1944—　）认为，"智力是个体解决问题及信息加工处理方式的过程"。

以上这些对智力的看法都是比较笼统的抽象定义。随着心理学对智力的性质不断深入地探讨，人们越来越多地从智力的构成上去了解智力，于是形成了各种有关智力的理论。

在心理学对智力的研究初期，人们更多地把智力等同于某种能力，如有的心理学家认为，智力就是学习能力；也有人认为智力是对于生活和新的场面自己适应的能力，还有人认为智力是逻辑思维能力等。随着社会的发展和人们对智力认识的不断深刻，这种把智力看作是单一能力的观点越来越不受青睐了，取而代之以智力是由多种能力合成的观点。但智力又由哪些能力所构成至今仍是众说纷纭，国际上比较流行的有三种主要的观点：一是把智力看作是理解和推理的一般能力；二是把智力看成是具有正相关的各种特殊能力的总称；三是把智力视为以抽象思维能力为中心的多种认识能力的综合。

二、智力的理论

1. 二因素论

C.E.斯皮尔曼

早期的心理学家通常采用因素分析方法来探索智力的构成，即能合成一个因子的项目都是测量同一种心理能力，以此来区分不同的能力，并在此基础上提出了不同的有关智力结构的理论。

最早按因素分析结果提出智力理论的是英国心理学家斯皮尔曼（C. E. Spearman，1863—1945），他对当时社会上所流行的智力测验进行了因素分析，提出智力是由两大因素所构成的观点，这就是后来人们所命名的二因素理论。二因素是指一般因素（简称G）和特殊因素（简称S）。所谓一般因素（G）是所有智力活动普遍共有的因素，但因活动的不同，所含一般因素的分量各不相同。如果两种活动较大程度涉及这种共同因素,那它们之间的相关就较高。而特殊因素(S)则是某一种智力活动所特有的,所以它只出现在特殊的活动领域中,例如,完成数学作业需要 G+S1,完成音乐作业需要 G+S2,完成美术作业需要 G+S3,完成这三种作业都有一个共同因素 G 和不同因素 S(S1,S2,S3)。G 因素使三种作业有一定的正相关,S 因素则使这三种作业之间不完全相关。由于特殊能力在每个人身上不同,数量上也有多有少,所以斯皮尔曼把一般因素看作是可以区分人与人之间智力不同的标志,于是它就成为智力测验的主体,因为它是在各种不同的场合中都表现出来的。

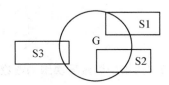

图 7-1　能力的二因素理论模式图

2. 多因素论

二因素理论提出后遭到其他一些心理学家的批评,例如美国心理学家桑代克认为,智力含有多种因素,也就是由各种类型的能力构成,它们相互独立,所以不构成一般因素。桑代克认为智力至少由三种大的因素构成,即社会智力(对人)、具体智力(对事)和抽象智力(对数和符号)。各个因素在不同的活动中具有不同的负荷量。这种理论后来被桑代克的学生凯利(T. L. Kelly)正式命名为多因素论。持多因素理论者特别反对一般因素的观点。虽然他们也承认各种能力之间有共同因素,但这些共同因素不是什么一般能力,只是各种特殊因素偶然相同而已,因而他们只承认特殊因素,而不承认一般因素。

3. 群因素论

美国心理学家瑟斯顿(L. L. Thurstone,1887—1955)借助多因素分析方法,提出了他的基本能力学说,认为人的智力可分成若干种基本能力因素,这些基本能力因素的不同搭配,就构成每个人独特的智力。瑟斯顿把基本因素概括为七个组群,即言语理解、语词流畅、数学运算、空间关系、机械记忆、知觉速度、推理能力,每个组群是由一些更小的、相互有关联的能力所组成,而组群之间是相互独立的。这就是后来的群因素论。

4. 因素的层次结构理论

英国心理学家弗农(P. E. Vernon,1905—1987)于 1971 年把上述提及的各种因素做了一个层次结构的安排,提出了因素的层次结构理论。其中最高层次的是一般因素,第二层分为两个大因素群:言语教育的和操作的、机械的,每一个大因素群又可分成若干小因素群,每一个小因素群下又有许多特殊因素。

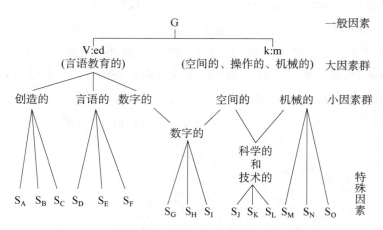

图 7－2   弗农的因素层次结构理论模型

5. 流体智力和晶体智力

R. 卡特尔

美国心理学家卡特尔（R. B. Cattell，1905—1998）用因素分析方法区分出两种性质的智力，一种是先天的以生物学为基础的，其随神经系统的成熟而不断发展，相对不受环境和教育等因素的影响，卡特尔称其为流体智力，如机械记忆、分类、图形关系和反应速度等；另一种是后天的，通过教育、文化和社会环境等因素而发展起来的智力，被称为晶体智力，如词汇、理解、常识、概括等。这两种智力经历了不同的发展历程，从出生到青春期，这两种智力都呈迅速增长的态势，但过了青春期以后，两者出现了分化，流体智力到达顶峰后开始逐级衰退，而晶体智力到达顶峰后能一直保持至老年期。

6. 智力的三维结构理论

美国心理学家吉尔福特（J. P. Guilford，1897—1987）从三个维度的视角来分析智力的结构。第一个维度是内容，即智力活动的对象，可以分成符号、图形、语义和行为四类；第二个维度是操作，指智力活动的过程的方式，它包括记忆、认知、发散思维、聚合思维和评价思维五种；第三个维度是成果，即智慧活动产生的结果，它有单元、类别、关系、系统、转换和蕴涵六种。假定每一种智力需要有一个内容、一种操作和一个成果，那么按照吉尔福特的理论，智力的结构就是一个 $4\times5\times6$ 的组合，共有 120 种智力的因素。

7. 多元智能理论

20 世纪 80 年代以来，关于智力的性质及结构的研究发展到了一个新阶段，心理学家们越来越多地应用认知心理学的研究发现去重构智力。

美国心理学家加德纳（H. Gardner，1943—）于 1983 年提出了智力的多元理论。这是一种研究智力构成的全新视角。他认为过去的各种智力理论和智力测验都把重点放在与学业有关的那些能力上，所以可以称其为学术能力，人的智力应该有更广泛的含义。他基于自己的研究提出了存在八种智能的思想，这八种智能分别是语言智能、数学逻辑智能、空间智能、音乐智能、身体运动智能、人际关系智能、自我认识智能和自然认知智能。并且随着研究的深入，可能还会鉴别出更多的智能类型，或者可能会对原有智能分类加以修改。

H. 加德纳

他认为每个人都有长项和短处，所以不能笼统地评价一个人是聪明的，而另一个人是不聪明的。我们只能说这个人在这些方面能力强，而另一个人可能在另一些能力上表现出色。在加德纳看来，传统的心理学家所编制的用以测量一个人的聪明程度的智力量表，其衡量的核心是语言能力和抽象逻辑思维能力。而逻辑能力只是思维能力的一种形式，因此这种智力测试的最大错误在于其把逻辑能力与综合智力相混淆，还把语言能力与综合能力相混淆。

表 7-1 列出了在不同智能方面有优势的个体将来可能从事的职业，请你对照自己，你认为自己在哪些智能方面比较突出？你觉得自己是否充分发展了自己的优势智能？

表 7-1　不同智能成分适合的职业

智力	核心成分	可能从事的职业
数学逻辑智能	对逻辑和数学模式进行识别的敏感性和能力	科学家、数学家
语言智能	对声音、韵律以及词语含义的敏感性；对言语不同功能的敏感性	诗人、记者
音乐智能	对旋律、音高以及音色的产生和欣赏能力；对音乐表达方式的欣赏能力	作曲家、钢琴家、歌手
空间智能	对可视空间世界的准确觉察能力，以及由它导致的心理表征的操作能力	航海家、设计师
身体运动智能	对自己身体运动的控制能力以及娴熟操纵客体的能力	运动员、舞蹈家
人际关系智能	对情绪、性情、动机以及他人的期望的识别能力和适宜性反应能力	商人、谈判专家
自我认识智能	对自己情感的了解能力；对自己的优点、缺点、愿望以及智力的认知和了解	诗人、作家
自然认知智能	对自然的运行方式和秩序的探究能力	自然科学家、生物学家

来源：加德纳，1999.

8. 三元智力理论

同样，另一位美国心理学家斯滕伯格（R. J. Sternberg，1949—　）也认为，传统的智力概念太狭窄，不能涵盖人类的所有智力，它们只看到个体的内部世界，而不注意其发生的外在条件。有的人可能智力很高，但由于外部条件不佳，不能得到发挥；有的人智力只是一般的水平，但由于外部条件好，则能百分之百地发挥。如果对这两类人进行智力测验，结果可能是智商相同，但这种相同不是真实的。也就是说，传统的智商概念只是一种对智力的静态理解，而非动态的，因而他提出了三元智力的理论，期望由此来超越而不是替代现有的智力理论。

斯滕伯格的三元智力是指成分亚理论、情境亚理论和经验亚理论。成分亚理论阐述了智力活动的内部结构和心理机制，它又可分成元成分、操作成分和知识获得成分，其中元成分是用于计划、控制和决策的高级执行过程，如确定问题的性质、选择解题步骤，调整解题思路，分配心理资源等；同时，元成分也统领另两个成分，是成分智力的核心。操作成分表现在任务的执行过程中，包括接受刺激，将信息保持在短时记忆内进行比较，负责执行元成分的决策。知识获得成分是指获取和保存新信息的过程，负责接收新刺激，做出判断与反应以及对新信息进行编码与存储。情境亚理论是智力指向有目的地适应、选择、塑造与人生活有关的现实世界环境的心理活动。经验亚理论表现为在不同的环境中把已有智力表现出来，它又分成应对新任务和新环境时所要求的能力、信息加工自动化的能力两种。

9. 智力的 PASS 模型

J. P. 戴斯

加拿大心理学家戴斯（J. P. Das，1931—　）基于神经心理学和认知心理学的研究基础，将智力分为计划、注意—唤醒和信息加工三个功能系统，它们各司其职，但又相互协调。这就是现代智力理论中著名的 PASS 模型，即"计划—注意—同时性加工—继时性加工"模型（planning-attention-simultaneous-successive processing model）。

其中，P 代表计划系统，它是这个模型中最高层次的部分，执行的是计划、监控、评价等高级的功能。A 代表注意—唤醒系统，主要功能是使大脑处于一种适宜的工作状态。它是心理加工的基础，其功能如何将直接影响另两个功能系统的工作。S 表示编码加工，两个 S 分别代表了同时性加工和继时性加工，它们负责对外界输入的信息进行接收、解释、转换、再编码和存储，智能活动的大部分操作都在这一系统里发生。同时性加工又称并行加工，属于编码加工系统，是对输入的信息片段进行加工并整合成一个有意义整体的过程。若干加工单元同时开始对信息进行加工，从输入信息的各个片段的联系中产生一个单一的或整合的编码，将其放入同一群组或图式中,是一种可观察的概括。几何关系的理解、问题的心理表征的形成以及对特殊问题所适合的一般模式的识别,应用题的解决和对个别数字和数字形式的即刻识别都涉及同时性编码加工。例如:"请画出一个许多长箭头指向在大圆里面的小三角左边的大菱形的图形",这就需要个体能够将这句话中的所有信息整合起来形成一个整体的概念和表征。继时性加工又称序列加工,它与同时性加工都属于编码加工系统。继时性加工是指将刺激整合成一个特定序列从而形成一个链状层级的心理过程,其作用在于将刺激整合成一个特定的序列,它对序列信息的获得、贮存和提取有着重要影响。例如:在日常生活中个体要记忆一串电话号码,个体必须要按照一定的顺序去记忆才可以,否则加工就会失败,无法解决实际问题。在数学领域,当涉及对基本数学事实的存储和提取时,例如,当儿童演算 $8+7=15$ 时,他(她)要把这一信息当作逐次出现的信息流进行学习,这时,继时性加工就发挥着重要的作用。

研究发现,PASS 过程的测评结果可用于预测儿童的语文数学的学业成就,评估和鉴定各类特殊儿童的认知缺陷以及一些临床神经心理功能评估,表明其相较传统智力在构念及测量上均具有重要优势。

关于智力的理论不胜枚举,要判断孰优孰劣让人勉为其难,因为每一种理论都有其合理之处。不过,随着心理学对智力的研究不断深化,人们总能对此有更多共识。

第二节 智力的发展

一个人出生时很多东西都不懂,很多事都不会做,因而可以说,那时的智力水平是很低的,而随着年龄的增长,身体功能的不断发育完善以及社会经验的日益丰富,智力水平也不断地提升。那么儿童的智力发展有什么特点? 他们的智力是均匀等速增长的吗? 它受到哪些因素的影响? 不同儿童的智力是相同的还是有差异的? 本节将探讨这些问题。

专栏 7-1

随着社会发展,人会越来越聪明吗? ——弗林效应(The Flynn Effect)

智力在个体生命历程上会发展变化,那么,随着历史的前进,人类的智力会不会发展变化? 比如,20 世纪 40 年代的某一年龄群体与 90 年代的同龄群体或如今的同龄群体,他们之间的智力存在差异吗? 这一问题深深地吸引着诸多心理学研究者。

弗林(J. Flynn, 1934—2020)是研究这一问题的先行者。他收集了历史上大量的智力测验数据资料,经过系统研究发现,自智力测验发端以来,智力测验平均成绩在不断上升,这种现象被称为弗林效应。弗林的结论是,从 1940 年开始,智力测验的平均成绩(IQ 的平均分数)在以每 10 年 3 个百分点的速度递增,这意味着现在智力测验测得的 106 等同于 20 年前测得的 100。而且不止于此,群体智力测验平均分数上升的速度有加快之势。有研究表明,1972 至 1982 年间,荷兰 19 岁青少年的平均智力测验成绩就提高了 8 个百分点,这种差异将近半个标准差。

　　弗林效应受到以美国心理协会下辖的科学事务委员会为首发起而组成的一个智力研究特别工作小组的关注,并将其列为智力心理学今后应着力解决的一个问题。他们认为,弗林效应的存在可能与人们的经验不断丰富、人们营养状况不断提高和对智力定义的变化等有关。但是对这个问题的研究才刚刚开始。

一、 智力的成长曲线

　　人类智力是随年龄而不断发展的,尤其是在儿童期,智力呈快速增长的态势。但在整个儿童期,智力增长的趋势不是等速的,而是一条先快后慢的发展曲线。推孟认为,儿童在 10 岁前智力呈直线向上的走势,这段时间里智力每年都增长很多,因而相隔一年,甚至几个月,智力都有明显的增长;而 10 岁以后呈负加速的态势,即随着年龄的增长,智力增长的速度逐渐放慢;18 岁以后智力则停止增长。另一些心理学家,如贝利(Nancy Bayley,1899—1994)和韦克斯勒等人则认为,13 岁之前是智力快速发展的时期,25 岁以后智力停止增长。虽然人与人之间在发展时间上会有个体差异,但这条智力的成长曲线则是基本相同的(如图 7-3 所示)。

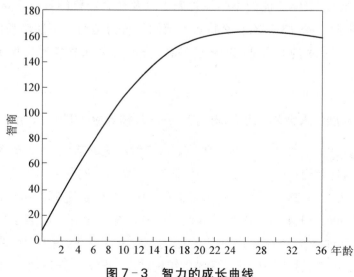

图 7-3　智力的成长曲线

大量的研究结果发现，儿童期确实是智力成长的重要时期，尤其是从出生至 5 岁是智力发展最为迅速的时期，如布卢姆(B. S. Bloom，1913—1999)收集了大量儿童智力发展的追踪材料和测验数据，分析发现，假如 17 岁时的智力为 100，那么 4 岁时约为 50，8 岁时约为 75，12 岁时约为 90。其他心理学家如皮亚杰和布鲁纳等人也持基本相同的观点，他们也都认为，从出生到 5 岁是智力发展最快的时期。而整个儿童期智力都在不断地增长。

当然，在智力的不同方面，发展是各不相同的，比如感知和运动智力方面，婴幼儿时期的发展是最快的，其他诸如语言和形象思维的能力 3 岁以后加快发展速度，而抽象思维的快速发展在 12 岁左右等。随着年龄的增长，复杂的、高级的智力成分占据越来越重要的地位，所以，儿童之间智力的个体差异也更多地表现在这些成分上。

这里所说的智力是指智力的绝对值，它会随着年龄的增长而不断发生变化。而我们通常所说的智商则是代表一个人智力水平的相对值，它在儿童的发展过程中呈现怎样的发展态势呢？接下来探讨智商的稳定性与可变性问题。

二、 智商的稳定性与可变性

所有的智力测验都会用智商分数来表示一个人的智力水平，那智商是一种什么样的分数呢？将比纳和西蒙编制的智力测验进行修订并引入美国加以使用的推孟是这样解释的，智商是一个人的测验结果(智力年龄)与他年龄(生理年龄)之比所呈现出来的关系。如果智龄比年龄高，智商分数也会大，说明这个儿童聪明，反之亦然。这就是智力测验历史上最早的智商概念，后人称其为比率智商。而韦克斯勒提出了另一种智商计算的方法，他把一个人的测验分数与同龄人的平均值去相比较，这样得出了另一种智商，即离差智商。我们可以看出，不管是哪一种智商，都是把测验结果与一个年龄参照相比照，所以这是一个相对分数。这样的分数一般不会随着个人年龄的增长而变化，所以智商具有稳定性的特征。

许多心理学研究的结果也证实了智商是相对稳定的，如果把两个不同时期所测得的智商分数求相关，这个相关系数一般都比较高。

表 7-2 不同年龄阶段智商的相关(1)

年龄(岁)	与 10 岁(S-B 量表)相关 r	与 18 岁(韦氏量表)相关 r
2	0.37	0.31
2.5	0.36	0.24
3	0.36	0.35
4	0.66	0.42
6	0.71	0.61
8	0.88	0.70

表7-3   不同年龄阶段智商的相关(2)

年龄(岁)	3	6	9	12	18
3		0.57	0.53	0.36	0.35
6			0.80	0.74	0.61
9				0.90	0.76
12					0.78

注：S-B量表指斯坦福—比纳智力量表；韦氏量表指韦克斯勒智力量表。

从表7-2和表7-3中可以看出，各个年龄的智商与以后的年龄之间都有一定程度的相关，所以我们可以认为智商表现出稳定的特征，也就是小时候的智商分数在一定程度上能预示长大以后的智商分数。

但我们从上述表格的结果中也可看出，智商的稳定性具有两个特点：其一，年龄越大，所测到的智商分数越稳定，也即与以后所测到的智商相关越高；其二，两次测验的间隔时间越短，相关越高，而间隔时间越长，稳定性程度就会逐渐下降，尤其是第一次测验是幼儿期的时候。所以幼儿时期测得的智商分数预测性较差。

智商的相对稳定性并不表示每个人的智商是一成不变的，每个人的智商都可能发生变化，这既因为人本身在改变，而且测验时也会受到各种因素的影响，智商分数不可能做到完全一模一样，一般会在一个不大的范围内波动。但也有一小部分人的智商会发生很大变化，这主要是由于他们的生活环境发生了明显的改变，或者有的人的智力发展速率与众不同，即不是先快后慢的发展趋势，这都可能会影响到智商的稳定性。

三、 智力发展的差异性

（一）智力发展的个体差异

一个人群中智力水平会有很大的不同，高低可以相差很悬殊，有智力很低的智障儿童，也有智商很高的天才儿童，而大多数人的智力水平处于中等地位。根据一般的智力测验结果来看，大多数人的智商处于100左右，而智力特别低和特别高的都是极少数，这就是所谓的正态分布（如图7-4

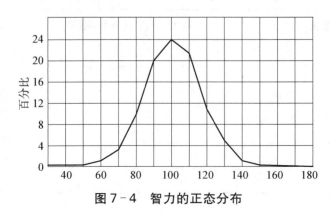

图7-4   智力的正态分布

所示）。

韦克斯勒对各智力水平及其人数分布的描述可参见表 7-4。从表中可以看出，智商在 100 附近（80—120）聚集了大多数的人，大约占总人口的 80％以上。两端的人数较少，而且越向两个极端，人数越少。位于这两个极端的就是我们通常所称的智力超常者和智力落后者。他们在智力上都有别于一般人，从理论上讲，他们都应该接受特殊教育。

表 7-4　智力水平分类

IQ	类别	百分比	
		理论分布	实际样组
130 以上	极优秀	2.2	2.3
120—129	优秀	6.7	7.4
110—119	中上	16.1	16.5
90—109	中等	50	49.4
80—89	中下	16.1	16.2
70—79	边缘	6.7	6.0
70 以下	智力缺陷	2.2	2.2

1. 智力超常儿童

智力超常儿童有时也被称作天才儿童，他们的智商在 130 或 140 以上，通常他们无论在能力上还是在学业上都比同龄人更优秀。推孟曾用其修订的斯坦福—比纳智力测验挑选出 1500 名智商在 140 以上的儿童，并对他们进行了长达 40 年的追踪研究，结果发现超常儿童表现出如下一些心理品质和行为特征：

① 大脑机能特征。大多数超常儿童的大脑神经类型属于强灵活性和稳定性，这使他们有可能迅速、准确和高效地接受大量信息，导致他们思维敏捷、记忆力强且精力充沛。

② 心理与身体特征。他们记忆力极强，识字比一般儿童多，对各种事物观察入微，努力探求各种问题的正确答案，并且想象力丰富，才智超群。他们有独立、独创、幽默、机敏、稳重、充满活力等人格特征。他们的身体比同年龄、同性别的儿童高且结实，在幼儿时期较早学会讲话，同时较早进入青春期。

③ 人际交往方面。他们喜欢与年纪大的儿童一起玩，比同年龄儿童更具有丰富的游戏方法和知识。经常还能充当团体首领（但智商特别高的，如 160 以上，当首领的反而少了，这可能是因为兴趣与众不同而不受拥护）。

④ 家庭背景、性别和出生次序。来自社会经济地位及教育文化水平较高家庭的超常儿童较多；超常儿童男女性别比例大概在 120∶100 左右；有 2/3 是老大或独生子女，可能因为他们拥有更多的家庭资源，但这一情况可能会随着社会经济发展而产生变化。

⑤ 学业方面。超常儿童的学业成绩一般也优于普通儿童，并且他们的兴趣也比较广泛。

超常儿童长大后通常表现出以下状况：

① 进入大学的比率远高于一般人，取得博士学位者的数量也数倍于普通人群。

② 学术成就方面也很出色，如在 1950 年还能保持联系的 800 人中，出版专著 67 本，学术论文 1400 篇，文艺作品 200 篇，获得发明专利 150 种以上，入选 1955 年《美国科学家名录》77 人，入选 1958 年《美国名人录》33 人。

③ 婚姻家庭的生活适应方面较一般人好，离婚率较一般人低。

④ 他们子女的智力一般也较高，平均智商在 130 左右。

对于超常儿童，应该给予他们更多的受教育机会，并为他们制定更高的学业目标，这样能有助于他们保持对学习的兴趣，并能进一步促进其智力的发展。接受不到足够挑战的超常儿童会对成就失去兴趣，对学校心灰意冷，有的还会调皮捣蛋，甚至自我迷失。

2. 智力落后儿童

按照国际上的标准，智商在 70 以下、在社会适应性方面也有障碍者，可以被认作是智力落后。根据智商分数，还可以进一步把智力落后者分成五种不同的水平（如表 7-5 所示）。

表 7-5　智力落后的分类

等阶	类别	标准差（SD）	韦氏量表（SD= 15）	S-B 量表（SD= 16）
五	边缘	-1 至 -2	84—70	83—68
四	轻度	-2 至 -3	69—55	67—52
三	中度	-3 至 -4	54—40	51—36
二	重度	-4 至 -5	39—25	35—20
一	极重度	-5 以下	25 以下	20 以下

智力落后儿童绝大多数属于轻度，这些儿童仍能学习文化知识，但需要不同于一般儿童的教学方法和教学进度。中度落后的儿童只能接受简单劳动技能的训练，重度落后的儿童可以接受生活自理能力的训练。

智力落后诊断除了智商低于 70，一般还需要做适应性行为测验，因为智力测验更多涉及与学习有关的能力，日常生活中的智慧不是智力测验能测出来的，所以再用一个测量生活中智力的适应性行为测验来确认是很有必要的。

表 7-6　适应性行为水平的分类

等级	类　别	标准差(SD)
五	无负偏差(适应不发生困难)	-1.00 以上
四	轻度负偏差(轻度不良适应)	-1.00 至 -2.25
三	中度负偏差(中度不良适应)	-2.26 至 -3.50
二	重度负偏差(重度不良适应)	-3.51 至 -4.75
一	极重度负偏差(完全不能参加社会生活)	-4.75 以下

即使都是中等智力水平的个体,也不表示他们的智力是完全相同的,智商只是各种能力的总和,每个儿童在智力的不同领域会表现出差异,在某些方面的活动要比其他方面更好,所以要全面了解一个儿童的智力状况,不能只看那个单一的智商分数,更应该关注各种能力的分数,这样才能比较完整地了解一个儿童。

另外智力还有发展时间上的差异,有的人发展比较早,也就是早期发展比较快,这类人有两种表现,一是后期发展仍比一般人好,许多天才儿童都呈现出这种特征,如中国历史上的李白、白居易,国外的歌德、莫扎特等;还有一种人后期发展很一般,这种人被称为早慧,如中国宋代的方仲永,六七岁就能写一手好诗,但十二三岁时就没有突出的表现了,到 20 岁时连诗都写不出了。还有人早期发展比较慢,但后期却加速了,这就是所谓的大器晚成,中国有齐白石,国外有爱迪生、爱因斯坦等。

专栏 7-2

学习困难就是智力落后吗?

我们经常会听到这样一种说法:孩子学习成绩好就说明孩子智商高,反之就会觉得这个孩子智商不行。可是孩子成绩落后真的代表智力落后吗?

事实上,普通人的智力大多分布在 90—110 之间。智商超过 130 的孩子属于智力超常,达到 140 的就是天才,低于 70 分的可能是智障孩子。我国曾对儿童青少年人群的智商做过统计研究,研究报告显示:智商低于 70 或高于 130 的学生,仅占所有学生的 2%。根据这个比例,在一个 40 人的班级里,几乎只有极个别甚至都很难找出一个智商过低或过高的学生,也就是说,在非特殊教育的学校里,每个班的孩子的智商大致都处于相同水平。所以孩子如果成绩落后,并不能推断其智力落后。那么问题来了,处于同一智力水平的孩子,在同样的学校教育环境下,为什么成绩有好有差呢?

有一类学生,我们称之为"学习困难"。1988 年美国学习困难联邦委员会(national joint committee on learning disabilities,简称 NJCLD)把学习困难定义为:与理解或运用语言、说、写等有关的一个或多个基本心理过程上有缺陷，可能表现出听、说、读、写、推理和计算等方面能力的缺乏。但是学习困难的学生，并不都是由于视觉、听觉、智力落后、情绪障碍等因素而造成的。导致学生学习成绩落后的原因有很多，根据上述定义我们不难发现，学习成绩落后的学生，他们的智力并不一定存在缺陷。

导致学习成绩落后的原因除了认知因素，还包括非智力因素，而这一点经常受到人们的忽视。学习成绩落后的非智力因素包括学习动机、学习兴趣、学业情绪，比如学生的情绪具有易变性、冲动性和爆发性，正因为他们的情绪不稳定，所以难以保证其智力活动的正常进行。除了上述个体内部原因之外，外界环境因素对于成绩落后的学生也有很大的影响，包括父母教养方式、学校的教学环境以及社会经济地位等。

所以，家长和教师在指导孩子学习的过程中，绝不能因为孩子成绩落后就怀疑孩子的智力有缺陷，这会在很大程度上打击孩子的自尊心，从而影响孩子的学习动机和学习兴趣。反之，在面对孩子学习成绩落后时，应该从孩子自身认知能力和外部环境因素两个方面出发，综合考虑影响孩子成绩落后的因素，根据孩子自身的特点进行干预，改善孩子学习困难的情况，提升学习成绩。

（二）智力发展的群体差异

1. 性别差异

总体上，智力不存在显著的性别差异，但在智力的某些方面或不同发展时期仍可能会出现差别。男性通常在空间推理、数理逻辑思维方面要强于女性，而女性通常在语言能力、机械记忆等方面表现出优势。

另外，女孩在学前期和小学阶段的智力可能高于男孩，而到了高中和大学阶段，这种差异则会消失。也就是说，女性的智力发展比较早。

个体间的智力差异也依性别而有不同表现，男性间的差异远大于女性，如超常儿童和智障儿童中都是男性多于女性。

2. 文化差异

智力受环境的影响，而文化因素正是环境元素之一。文化因素差异可以表现在种族间、国家间或城乡间。文化之间的这种差异更多的是由于智力的观点不同或智力测验的内容不同所导致的。

① 种族间的差异。1994 年，美国心理学家理查德·赫尔斯坦（Richard J. Herrnstein）和查尔斯·默里（Charles Murray）出版了一本名为《钟形曲线：美国生活中的智力和等级结构》的书，书中提出了不同种族（这里主要是指白人和黑人）的智力特征，黑人的智商平均低于白

人 10—15 分。此书引发了美国社会的极大争议。实际上这种差异并不是通常意义上的智力水平的不同,而仅仅是在某个智力测验上的表现不同,而这个智力测验存在偏向白人的倾向,即测验中的题目更有利于白人儿童。另外,不同种族间对智力的定义也有所不同,比如非洲土著民族更看重智力的实践性,所以在对物体进行分类时,他们会按物体的功能来归类,如他们会把锄头和土豆归为一类,把小刀和橘子归成一类等,而其他民族可能更注重物体的性质,对同样物体的归类就会按工具和食物来进行。这样两种分类实际上就代表了不同的民族对智力的观点不同,如果智力测验按某种民族的智力观来编制,显然就会对另一个民族很不利。所以有的人即使很聪明,但却不表现在智力测验的分数上。

② 城乡间的差异。来自城市和农村的儿童,由于他们生活的环境不同,接触到的事物不同,所以在智力测验上也会由此而表现不同。当今大多数智力测验都是根据城市儿童的环境特征来编制的,因为编制测验者大多数都生活在城市里,所以测验偏向于城市儿童也是在所难免。国家间的差异也有类似的现象。

③ 年代间的差异。随着社会的发展和科学技术的不断进步,营养状况不断改善,人类的智力水平也随之而不断提高,心理学家弗林对历史上大量的智力测验数据资料的研究发现,智力测验的平均成绩呈现出随年代不断上升的趋势,而且近年来这种成绩有加速上升的迹象。这就是著名的弗林效应。

上述的各种差异实际上都是由于文化所造成的,所以有人就提出用一种文化公平的智力测验来消除这种影响。这种测验由各种文化背景的人都熟悉的测验题目所组成,或者也可用非语言性的问题作为测验的内容。但要完全排除文化的影响似乎还不可能。

四、 影响智力的因素

导致智力差异的原因何在,据心理学的研究发现,无非是遗传和环境两大因素,二者共同作用于智力发展,导致智力发展的个别差异。在环境因素中,来自学校和家庭的教育对智力发展具有重要影响。

1. 遗传因素

心理学的研究早就发现智力与遗传有关,如有研究提出,血缘关系的远近与其智力的相关水平具有某种一致性,也就是说,血缘关系越近的人,其智力的相似程度就越高,反之亦然。这在双生子的研究中得到了验证。在许多双生子的研究中,研究者把同卵双生子之间和异卵双生子之间的智力相似性加以比较,发现前者的相关高于后者。因为同卵双生子在遗传上是完全一致的,而异卵双生子则并不完全一致。还有研究发现,双生子间智力的相关高于同胞兄弟姐妹,而后者又要高于堂、表兄弟姐妹。随着血缘关系越来越远,智力的相似程度也越来越低。另外父母亲与他们的孩子在智力上也存在着一定的相关,大多数孩子的智力与他们的父母相似。有研究提出,父母亲与他们的孩子在智力上的相关可达 0.50,而养父母与孩子在智力上的相关只有 0.20。这一切都证明智力受到了遗传的影响。有人曾经使用相关技术计算出遗传力指数，由此来解释遗传在智力发展中的影响作用，比如由美国心理学会权威研究者组成的委员会认为，处于青春期后期的个体在智力上的遗传力大约为0.75，这反映了此时个体的智力主要受遗传的影响。但这个指数更多的是针对群体而不是个体。

还有许多研究发现，遗传不仅对智力产生重要影响，而且这种影响会随着年龄的不断增长而不断加强。例如，从婴儿期发展到成人，同卵双生子的智商分数会越来越相似，而异卵双生子就没有如此明显。

2. 环境因素

环境在智力发展中的作用也不容小觑。有很多研究发现，社会、家庭、文化、父母的教养、学校教育等环境因素会影响儿童的智力发展，并最终决定了儿童的智力水准。比如居住环境、家庭社会经济地位、父母的教养方式、家长的受教育程度、父母婚姻破裂等都可能会对孩子的智商产生影响。同样是双生子，如果生活在相同环境中与不同环境中，其智力的相似程度也不相同。而完全没有血缘关系的两个人，如果处于相同的环境中，智力上也会产生一定程度的相关，虽然相关度不是很高。比如一个家庭同时收养了两个血缘上无关的儿童，他们之间在智力上也有一定程度的相关。

环境对智力的影响是很复杂的，在绝对优势的环境中成长也不能保证得到成功，而贫穷和劣势也不等于注定会失败。

专栏 7-3

从小使用电子产品会让小孩更聪明吗？

研究表明，如今小学生每天使用电脑、iPad 等电子产品的时间大幅提升。对于年纪越小的孩子，越要注意把握电子产品的使用时长，3—4 岁的儿童一次应控制在 10 到 15 分钟之内，4—5 岁的儿童一次应控制在 10 到 15 分钟之内，4—5 岁的儿童最好控制在 20 分钟左右，而 5—6 岁的孩子最多不应超过半个小时。

电子产品因其传播方式多样、资源丰富、方便使用受到人们的喜爱。但是目前，大多数的家长将电子产品的运用放在在线阅读、社交、看视频上，儿童则更喜欢玩游戏。电子游戏对于儿童具有独特的吸引力。此外，电子产品之所以受到许多学龄前儿童的喜爱，很大一部分原因来源于其信息传播方式相对于书本、报刊等传统媒体更加多样，具备着色彩鲜明、声音和画面丰富多变、传递信息量大等特性。电子产品丰富的色彩和极大的信息量会给孩子的大脑提供一个高强度的刺激，如果一直长时间地、大量地接触，会让孩子觉得普通的书本过于平淡，刺激不足，从而可能出现沉溺电子产品中的现象。

使用电子产品对儿童认知能力积极影响的证据：学龄前儿童每周接触三至四次电脑，会促进他们学前能力的准备以及认知能力的发展。使用电脑能促进儿童运动技巧发展，并提高识别数字即字符的能力。同时，电脑也是孩子认识世界的"早期窗口"。有关幼教专家也指出，电脑是一种很好的学习和游戏工具，不仅能促进儿童智力如想象力、理解力、记忆力、思维能力的发展，还能促进儿童非智力因素如兴趣、意志、动机等方面的发展。

使用电子产品对儿童认知能力消极影响的证据：依赖电子产品对孩子的认知发展有负面影响，这主要体现在孩子的语言沟通能力、阅读能力、逻辑推理能力和健康状态等多方面。此外，沉迷于电子产品的孩子的心理健康也会出现一定问题。为什么玩电子产品孩子会"变笨"？原因是孩子在看电视、玩电脑或者手机的过程中，他们只是被屏幕闪亮的色彩和动画吸引，被动地吸收这种屏幕的视觉冲击，而不需要思考。研究表明，孩子在看电视或者玩其他电子产品的时候，其大脑前额叶是静止不动的。也就是说明他并不需要使大脑运动而思考，而只是被动吸收。如果大脑长期处于不运动而只是被动吸收的状态，那大脑的功能不但得不到很好的开发，还会不断萎缩倒退。尤其是幼小的孩子要依靠感官来认识世界，才能感知这个丰富多彩的世界。如果大部分时间都在使用电子产品，丰富的感官经验就会被单一的视听刺激所取代，造成孩子感知能力的发展受阻，从而影响认知能力的发展。

事实上，电子产品的本身并没有利弊之分，"电子产品，说到底是一种工具，无需畏之如虎"，我们应该秉着"不拒绝，不依赖"的态度，正确看待电子产品，利用它有利的一面，同时尽量避免它带来的一些副作用。只要不过度依赖，让孩子在适宜的时间内接触电子产品，即可了解更多知识、培养动手能力、促进认知能力的发展。

3. 遗传和环境的相互作用

在心理学中，现在大家公认，遗传和环境都对儿童的智力发展产生影响，但它们的影响作用不是简单地叠加，而是相互作用，即一个因素所起作用的性质、程度依赖于另一因素的条件。所以说，我们不能简单地推论，遗传和环境分别对智力发展产生多大的影响，或者说，在智力发展中，我们很难量化遗传的作用占多少，环境的作用占多少。因为遗传和环境的影响经常是互相掺杂在一起的，聪明的父母生出聪明的孩子，这看上去明显是遗传的作用，但父母在传给下一代基因的同时，也给他们提供了文化教育等环境因素。聪明的父母往往受过更高的教育，经济状况相应也好一些，这些有利于智力发展的环境条件也同时影响到孩子的智力成长。同样，即使有相同的遗传物质也不能保证一定能在以后的发展中完全表现出来，它也会受制于环境。相同的环境也不是对每一个人都产生一样的影响。卡特尔所提出的流体智力和晶体智力理论中也强调，一个人的智力同时受遗传和环境的共同影响，遗传决定了一个人的智力水平的高度，也即可以达到的最高值，而环境则影响了一个人是否能达到其最高值。所以，一个遗传上是低智力的儿童，环境再有利也不能使他成为天才，而一个遗传上是高智力的儿童，环境不利也会使他的智力水平下降。因此，简单地或者按某种比例来区分遗传和环境的作用是静态的、片面的、机械的，不足以揭示它们对智力发展的影响。

4. 学校教育的作用

学校教育能够对学生施加有目的、有计划、有组织的影响。学生通过系统地接受教育，不仅要掌握知识和技能，而且要发展智力和其他心理品质。智力不同于知识、技能，但又与知识、技能有密切关系。对儿童来说，发展智力是与系统学习和掌握知识技能分不开的。在学校中，课堂教学的有效组织有利于学生智力的发展。有些优秀教师要求学生回答问题尽可能做到严密、迅速，经过长期训练，学生的思维和言语能力都能得到明显的提高。此外，通过积极的同伴交往，小组学习，吸引学生参加课外科技小组、绘画小组、体操小组等，丰富校内外生活内容，也有利于学生智力的发展。在课外活动小组中，常常会涌现出许多小发明家、小气象家、小农艺家、小画家，这对他们智力的发展和一生的事业都将产生深远的影响。

第三节　智力测验

以上谈及关于智力是什么、智力的发展和智力的差异等方面的问题，那么有没有一些方法来准确地测试智力呢？当你第一次见到一个人，如何知道他/她是不是一个聪明的人？我们从长相可以看出一个人的智力高低吗？坊间传言：如果一个人拥有一个"大脑门"就是一个聪明的人。这是真的吗？虽然有研究表明，我们人类大脑的前额叶与智力有着紧密的联系，但是仅仅依赖"额头大小"来判断智力高低显然是不够科学严谨的。那么有没有一些方法能测试一下他人或者自己的智力？下面我们就来谈谈智力的测试问题。

要确定一个儿童的智力水平如何，通常我们采用智力测验。所谓智力测验是心理学家按照心理测量的原理编制出一套测验的题目，以儿童在测验过程中所表现出来的行为来判断他们智力水平的高低。

其实，中国古代早已有能力测试。中国古代的心理测验最早可以追溯到尧舜时代。据《尚书·尧典》记载：唐尧在对虞舜进行了数年的测试与考察之后，认为舜无论在家还是为官，均表现出一系列优秀的品质，于是才放心地把帝位让给了他。据《礼记》记载，我国在周代已采用"试射"这种测验形式选拔文武官员。林传鼎教授认为："试射"是一种特殊能力的单项测验，"它有了参照效标的记分法"。通过实物来测量智力，这种实物在我国古代有不少，如七巧板，这是一种很好的非文字智力测量，从拼排活动中反映智力水平，当然，这也是一种很好的发展智力的工具。后来的益智图就是在七巧板之上发展起来的。清代童叶庚说，"摹七巧图益智而加益之""亦足开发心思"。此外还有九连环，这种连环游戏可以用来检测一个人的智力水平，包括一个人思维与想象的创造性、灵活性、敏捷性等品质。还有诸葛亮的八阵图，类似于现代的迷津测验，也是测量智力的好工具。通过活动来测量智力在周代有试射一说，通过每次射中次数的多少，以及行动是否合乎礼仪，动作是否合乎乐律，来判断能力的强弱，以定是否录取。江南风俗有"抓周"试儿的做法，让1岁婴儿抓取物品来"验贪廉智愚"，其实就是通过1岁婴儿的动作发展来检验其智力发展的程度。此外像古人所热衷的下棋也是一种发展智力和测量智力的方法。

孟子说："权，然后知轻重，度，然后知长短"，认为用数量来权衡心理特征是理所当然的。人的能力存在着数量上的差异，是可以测量的。然而，测量人的心理特征却不是一件容易的事，它不能直接测量。好比测量重量，我们可以称一下；测量长度，我们可以用尺量一下。这些都是"直接测量"。但因为人的心理活动不仅不能直接观察，而且经常变化不定，这就需要采用"间接测量"，即通过某些外在的工具，推论内在无法测量的某些品质。智力的测验（或者所有的心理品质）都要采用这种"间接测量"的方法。心理学家们就致力于寻找合适的外在工具，把看不见的能力给外显出来。智力测验就是要通过"智商分数"把人的智力反映出来。

最早的一套智力测验是由法国心理学家比纳（A. Binet）于1905年编制出来的，当时是为了筛选智力落后的儿童。测验包括理解和推理、单词定义及有关数字的任务等。该测验在1908年由美国心理学家推孟修订并引入到美国加以使用，修订后形成了经典的斯坦福—比纳智力测验，以智力年龄（智龄）来表示一个人的智力水平。目前国内常用的智力测验大多是一些国外的常用智力测量量表的修订版，比较优秀和健全的智力量表还比较稀缺。外国和我们国家也会存在社会文化等差异，因此"国产"的智力测量工具十分重要，国内学者也一直在探索智力测量的相关内容。

专栏7-4

智力测验探索者——弗朗西斯·高尔顿

英国科学家、探险家、生物学家弗朗西斯·高尔顿是倡导测验运动的先驱。高尔顿深受表哥达尔文进化论思想的影响，并把该思想引入到了人类研究。他从遗传的角度研究个别差异形成的原因，第一个进行了双生子研究，开创了优生学。高尔顿是第一个使用调查问卷的人，率先提出了词语联想测验和智力测验，还是第一个对表象进行研究，并将相关统计技术运用于心理学的科学家。

在1884年国际博览会上，他还设立了一个人体测量实验室，参观者只需支付3便士，就能测量某些身体属性，例如听觉敏锐度、肌肉力量、反应时以及其他简单的身体机能。

一、智力测验的条件

一个良好的智力测验必须具备以下几个条件：

第一，有一组好的题项，即测题能真实反映一个人的智力水平。能够测量智力水平的题目可以列举出许多，但一个测验不可能都采纳，所以要从中挑选最好的、最有代表性的，因而测验要从难度的合适性、编排的合理性和对所测群体的代表性上进行充分的考虑，这样才能形成一个高效和准确的智力测验。

第二，要有较高的质量，即有高的信度和效度。一个测验好不好，最主要的就是看其信度和效度。信度表示测验结果的稳定性，即多次测验结果是一致的；效度表示测验的有效性，即能测量到想测的那个特征。

第三，要进行标准化，即测验的编制、实施、评分和结果的解释等几个环节都规定了一致的程序，这样才能对不同被试的测验结果进行比较。如果条件不相同就不具有可比性。

第四，要有一个适时的常模。智力测验的常模是在对一个标准化样组进行测量后，根据其分数的分布情况确定各种分数的意义，也就是把一个人的分数与那个样组所代表的群体加以比较，这样就知道其分数的意义了。所以常模也是评价一个人智力水平高低的依据。那么这个常模要随着时间的进程而不断修订，因为人的智力水平总体而言在不断提升，心理学中的弗林效应就提出人类近百年来智力水平明显提高了。如果总是用几十年前的标准来衡量，那结果就不准确了。所以许多著名的智力测验都在不断地进行修订，以使其能保持有效性。

专栏 7-5

网上有很多智力（或心理）测验，靠谱吗？

经常有人喜欢在网上做心理测验。曾有朋友自豪地跟我说，他智商 130，超常！我好奇地问他，你怎么知道自己的智商。答曰：网上做的！好吧，就让他嘚瑟去吧。

其实，正规的心理测验（包括智力测验），有几个标准化，必须经历这几个程序的正规操作才能算是合格的心理测验：编制过程标准化，测验过程标准化以及计分、评估和解释的标准化。

任何一份心理测验，首先要通过科学程序编写（其复杂程度可以专门写一本书介绍），主要的目的就一句话：确保能够准确测量到你想要测的心理品质。这个测验是可信（信度）和有效（效度）的。其次，在测验过程中，有些要计时，有些有不同年龄的要求，有些需要测试人员给你清楚地解释和示范，还要看你是否有完成任务的动机。比如，很多医院给小孩测试智力（现在不少儿保体检要求有这一项），有个任务说"小朋友把球扔给我"。计分可以扔球加 1 分，不能扔球 0 分。有小孩想啊"我凭什么要扔给你啊"。于是测试医生就给了他 0 分！所以，在测试过程中，经过严格培训的合格者才能担任测试人员。网上的测验，谁是测试员？最后，心理测验的计分方式非常复杂。比如，你很不幸，测验结果显示智商分数过低，能直接给你下"低能"的结论吗？绝对不会。正规的测试人员只会报告你在各个能力中哪些有优势，哪些还需要加强，给你生活和学习的建议和改善意见是什么。

总之，网上测验既不知道测验题目的来历（编制过程不标准），测验时你可能边吃薯片边做智力测验（施测过程不标准），测完只能根据系统统一模板给分和结论（解释过程不标准）。所以，我们只能抱着娱乐的态度去对待了。可千万别把某些"选 A 代表你是万人迷，选 B 代表你是众人嫌……"之类的结果当真。

二、著名智力测验介绍

从比纳编制第一份智力测验至今，用于测量儿童智力的测验数不胜数。以下选择一些具有代表性的国内外著名智力测验进行简单介绍。

1. 丹佛智能发育筛查测验

美国丹佛城的儿保医生们发现，有些儿童做儿保检查时表面上好像没有什么不正常，体格上也没有什么问题，也没有先天性伤残等，但当他们入学后学习情况始终不佳，于是联想到过去也曾发现种种发展不足的现象。针对这些早期容易被忽略的发展不足，丹佛城医生 W. K. 弗兰肯伯和心理学家 J. B. 道兹制定了丹佛智能发育筛查测验，该测验发表于 1967 年，用于早期筛选智力有问题的儿童，从而能尽早进行干预和训练。该测验适合于 0—6 岁的儿童。从四个方面（能区）进行评定：应人能，对周围人们应答的能力和料理自己生活的能力；细动作—应物能，精细动作的能力，如看的能力、用手拿东西或画图的能力；言语能，听、说和理解的能力；粗动作能，大动作的能力，如跑、坐、跳、走、爬等。测验采用逐项评估的方法，每一项确定成功还是失败，失败的还需确定是因为年龄因素还是确实不能。如果是确实不能，则定义为延缓发展。如果在两个能区各有两个以上的延缓发展就被诊断为智力异常者。

2. 斯坦福—比纳智力量表

斯坦福—比纳智力量表是美国心理学家推孟对比纳—西蒙智力量表进行修订而成。这也是比纳—西蒙智力量表各种修订版本中最成功的一个。它的首次修订发表于 1916 年，后来分别于 1937 年、1960 年、1986 年和 2003 年共进行了 5 次修订。

斯坦福—比纳智力量表比较成功之处在于，其不仅修改了比纳—西蒙智力量表中不适合美国的那些题目，而且还加入了许多新题目，这样使测验能更有效地评定儿童的智力。其次，推孟还引用了智商的概念，并将它用于测验结果的表述上。1986 年的第四版进行了最大规模的修改,其中不仅更改了理论依据,从原来的二因素论改为流体晶体智力理论,并加入了认知的观点,而且在测验的形式上也完全颠覆了传统的年龄量表的做法,改为分测验的形式,这样可以测量到各种认知能力。另外测验还放弃了比率智商,而改为使用离差智商等。当然,一些好的传统仍得以保留,如适应性测验的做法,即每个被试只需做与其智力水平相当的那部分题目即可。修改后的斯坦福—比纳智力量表由 4 个认知领域的 15 个测验组成,即言语推理、数量推理、抽象/视觉推理和短时记忆。测验可以获得流体智力、晶体智力和短时记忆三个方面的信息,并最终得到总体智商分数。

斯坦福—比纳智力量表适用对象的年龄范围为 3—18 岁。每一岁都涉及 6 个试题,每通过一个试题,代表智力年龄为 2 个月。6 个试题即 12 个月(1 岁)。比如,有一个实际年龄为 5 岁 2 个月的小孩,经过斯坦福—比纳智力测验,通过了 5 岁组的所有题目。这就说明他智力年龄已经达到 5 岁。他又通过了 6 岁组的 3 个题目,7 岁组的 1 个题目。那他的智力年龄为 5 岁 8 个月(4 题,每题 2 个月)。

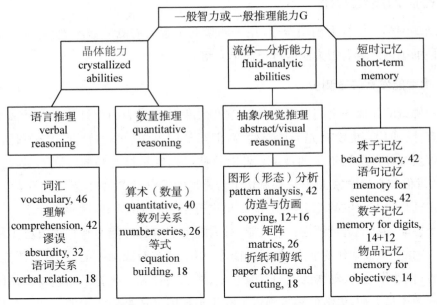

图 7-5　斯坦福—比纳智力测验第四版的结构模型图

注:图中的数字表示分测验的题数

下面列举一些斯坦福—比纳量表中的题目:

A. 5 岁组

1) 人像画上补笔。人像上缺个鼻子或者少个眼睛,让孩子补全。

2) 折叠三角。模仿将一张六寸方形纸头,对角折叠两次。

3) 为皮球、帽子、火炉下定义。问孩子什么是皮球? 什么是帽子? 什么是火炉?(这些都是常见物品。当然,现在的孩子估计不知道什么叫火炉,这就需要修订。如今可能会问什么叫"IPAD"?)

4）临摹方形。

5）判断图形的异同。

6）把两个三角形拼成一个正方形。

B. 6 岁组

1）词汇：在 45 个词中正确解释 6 个。

2）区分：说出两个物件的不同点。

3）图画补缺：指出画中物体缺少的部分。

4）数概念：从一堆积木中取出需要的块数。

5）类比：类似于"夏天热，冬天_____"这样的题目。

6）迷津：用铅笔画出最短通路。

C. 7 岁组

1）指出图形中不合常理的部分。（比如钟表的分针、时针一样长短；比如自行车没有踏脚板）

2）指出两物的相同点。（木和炭、苹果和桃、轮船和汽车、铁和银）。

3）临摹菱形。

4）理解问题，例如"如果你在马路上遇到一个找不到父母的 3 岁小孩，你应该怎么办?"等。

5）完成相应的类比：雪是白，炭是_____；狗有毛，鸟有_____等。

6）顺背五位数。

斯坦福—比纳量表修订版第五版保留了第四版的大多分测验，同时也增加了新内容。新版量表包含了关于流体推理、知识、定量推理、视觉—空间加工、工作记忆等五个方面的评估，将原来的短时记忆评估变为工作记忆评估，同时增加了关于知识的评估。这种内容结构的变化，与认知加工研究领域对知识和工作记忆之作用的浓厚兴趣不无关联。

3. 韦克斯勒儿童智力量表

在智力测验编制及应用推广方面做得最成功和最富于成效的，或许是美国心理学家韦克斯勒。他把智力定义为"是个人行动有目的、思维合理、应付环境有效的聚集的或全面的才能"，据此他编制了一个系列的智力测验，分别测量不同年龄人的智力，并在智商计算、智力理论等方面独树一帜，树立了智力测验学界的一个丰碑。韦克斯勒分别于 1949 年和 1963 年编制了《韦克斯勒儿童智力量表》和《韦克斯勒学龄期和学龄初期智力量表》，分别测量 6—16 岁和 4—6.5 岁的儿童，并在后来进行了多次修订。

韦克斯勒智力测验采用的智商为"离差智商"，所谓离差智商就是用标准分数来表示的智商。也就是说，一个人与其同年龄的人相比，所处的位置在哪里。韦克斯勒智力测验最后也能得到一个平均分是 100、标准差是 15 的智商结果（100±15）。韦克斯勒舍弃年龄量表的形式，改用点量表，即以相同性质的项目组成分测验，每一个分测验能测量一种能力。经典的离差智商也是由他所独创的。韦克斯勒智力量表采用如下的结构：

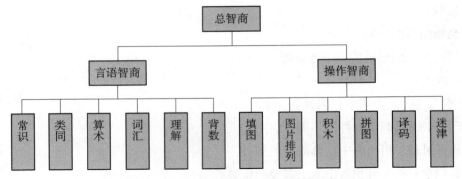

图 7-6　韦克斯勒儿童智力测验的结构图

测验把智力分成言语智商和操作智商两大部分，每一部分分别有 6 个测验，这样的结构既可以测到一个人的总智商，又可以了解言语和操作两种智商，还可以更细致地测量到 12 种能力，对于完整地了解一个人的智力水平非常有用。

第四版以后的韦氏儿童智力测验也反映了智力研究领域对认知发展、智能评估和认知过程等内容的关注，新版测验不仅在具体任务上做了较大调整，放弃了迷津、拼图和图片排列等任务，增加了词汇推理、矩阵推理、图片概念、划销任务和字母—数字序列等任务；而且改变了测验报告结果的内容和结构，放弃了原来的言语智力商数和操作智力商数两个分数，代替以言语理解指数、知觉推理指数、工作记忆指数和加工速度指数四个分数。

上述介绍的传统智力测验对于预测儿童的学业成就有很好的效果，但对于职业等领域的预测效果一般，故而近年来有的心理学家从不同的角度编制了另一些智力测验，如考夫曼儿童评定成套测验、加德纳的五彩光谱等。

专栏 7-6

大卫·韦克斯勒与韦氏智力测验

大卫·韦克斯勒（David Wechsler，1896—1981），美国著名心理学家，韦氏智力测验的编制者。韦克斯勒是继法国比纳后对智力测验研究贡献最大的人，其所编的多种智力量表，是当今世界最具权威的智力测验。

1919 年，韦克斯勒被派往英国伦敦大学，师从斯皮尔曼和 K. 皮尔逊，深受他们有关一般智力概念和相关方法的影响。1925 年，韦克斯勒任美国心理协会代理干事。1932 年成为贝尔维精神病院首席心理学家，翌年起又兼任纽约大学医学院教授，其间，他一直致力于智力测验的编制与发展。

1979 年，韦克斯勒获耶路撒冷希伯来大学授予的名誉博士学位证书和"荣誉事业"奖状。

韦克斯勒对智力测验的主要贡献是：①认为智力不是单一的能量，而是包括情感、动机、智力等各种成分的综合能量。他把智力定义为"是个人行动有目的、思维合理、应付环境有效的聚集的或全面的才能"。因此，在其测验里除言语量表外，还增加了操作量表，分别测量言语智商和操作智商。言语测验和操作测验又各有若干分测验，用性能相同的项目集中于分测验的形式，代替斯坦福—比纳量表把项目分散在各年龄组的混合形式，以区别个体不同的普通性向（即一般所指的智力）和特殊性向（即一般所指的如音乐、美术、数学等的特殊才能），并测得全智商。②认为成人的智力不能用适于确定青少年智力的项目来评估，制定智力量表要考虑被试的年龄。首创成人智力测验量表。③首次用离差智商代替斯坦福—比纳量表的比率智商表示测验结果。离差智商的优点，不仅代表个人智力的高低，而且可以显示个人在团体中的位置。

4. 戴斯—纳格利尔里认知评估系统

PASS 理论是戴斯等人在鲁利亚提出的三大功能单元的基础上发展而来的，包含计划、注意、同时性加工和继时性加工四个认知过程。戴斯—纳格利尔里认知评估系统（the Dasnaglieri cognitive assessment system，简称 DN‑CAS）是以戴斯提出的 PASS 理论为基础，基于戴斯和同事提的计划—注意—同时性加工—继时性加工模型开发的评估工具。戴斯—纳格利尔里认知评估系统较传统智力测验更具优越性，其测量结果可很好地预测儿童在其他认知加工任务上的表现，描绘儿童认知发展的特征剖面，对特殊群体（例如，学习困难、注意缺陷、智力迟滞）的鉴别与诊断具有更高的效力。目前国内已有不少研究考察了戴斯—纳格利尔里认知评估系统对于中国儿童的适用性。戴斯—纳格利尔里认知评估系统适用于 5—17 岁的个体，包括计划、注意、同时性加工和继时性加工四个分量表，每个分量表有四个分测验任务。

计划分量表要求儿童创建一个行动计划，运用计划确定行动与原始目标一致，并根据需要灵活地修改计划。分量表包括数字匹配、计划编码和计划连接三个任务。每一个分测验的任务内容都不相同，比如在计划编码任务中，儿童要根据每一页上方提供的字母代码（如 1＝OX，2＝XX，3＝OO，4＝XO），采用自己的策略，在两分钟的时间内，既快又要准确地填充页面下方测题中 1、2、3、4 的对应代码。

注意分量表包括表达性注意、数字检测和接受性注意三个分测验，涉及对认知活动的聚焦、特定刺激的检测及抑制对分心刺激的反应。比如"数字检测"任务要求学生在干扰刺激中指出目标刺激。每个项目由几行数字构成，这些数字包括目标项（与刺激匹配的数字）和干扰项（与刺激不匹配的数字），例如呈示一个页面，上面有几行 0—9 的数字，要求被试每次一行自左至右尽快地找出 1 和 2 这两个数字，并在其下面划线。记录完成任务所用的时间，以及每个项目的正确检测数和错误检测数。

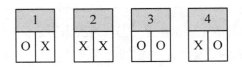

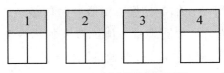

图 7-7　计划分量表题目

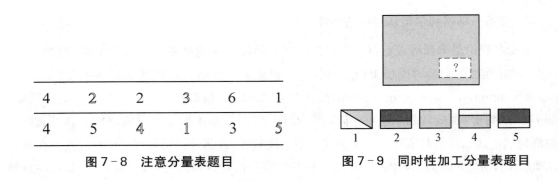

图 7-8　注意分量表题目　　　　　　图 7-9　同时性加工分量表题目

同时性加工分量表要求觉察项目各成分之间的关系，将分离的元素整合成一个使用言语或非言语内容的相互联系的完整模式或观念，包括非言语矩阵、言语空间关系和图形记忆。"非言语矩阵"的要求和"瑞文推理测验"的要求类似，由图形补缺、类比推理和空间视觉几种形式组成，要求被试对各元素间的联系进行抽象（例如要求被试基于所呈现的五个图形间的关系进行推理，选出所缺的图形，进而使整个图形变得完整或者有规律）。整个测验的难度逐步提高，记录学生正确答题的数目。

继时性加工分量表的任务要求个体理解和把握按照特定顺序呈现的信息，包括词语系列、句子复述和言语速率三个分测验。

5. 瑞文渐进推理测验（RPM）

瑞文渐进推理测验，简称瑞文测验（Raven's progressive matrices，简称 RPM），是由英国心理学家瑞文于 1938 年设计的一种非文字智力测验。该测验以智力的二因素理论为基础，主要测量一般因素中的推理能力，即个体做出理性判断的能力。它可排除或尽量克服言语知识的影响，努力做到文化公平，这是比纳量表和韦氏量表所不能代替的。

瑞文推理测验共有三种：①瑞文标准推理测验（Raven's standard progressive matrices，简称 SPM），适用于所有年龄在 5.5 岁以上且智力发展正常的人；②瑞文彩色图板推理测验（Raven's color progressive matrices，简称 CPM），适用于幼儿和智力水平较低的人；③瑞文高级推理测验（Raven's advanced progressive matrices，简称 APM），适用于在 SPM 上得高分或者智力水平较高的人。我国有北京师范大学、华东师范大学等多种修订版。瑞文推理测验是一种纯图形、非文字测验，被试不受文化、种族、语言的限制，可对不同文化背景、不同民族、不同语言及有生理缺陷、心理障碍者进行测试及比较研究。测验可个别实施，也可用于团体测试，测试时间一般无严格限制，适用年龄为 4.5 岁—老年。

标准瑞文推理测验由 60 或 72 幅图组成，以 12 幅图为一组，共五或六组。各组题目难度逐渐增加，每组内部题目也按由易到难的顺序编排，但每组 12 个题的解题思路有连续性，各组间则有差异。题目的构成是每一题上方有一主图，但都缺失一部分，主图下方有 6—8 个小图，要求被试从小图中选出一个补全主图，使主图成一合理与完整的图。小图与主图之间的关系有比较、想象、类同、组合、推理、系列、套合、互换，逐步由形象思维进入抽象推理，主要测试被试的空间倾向、归纳推理及知觉的精确性等能力。

瑞文推理测验一般用作智力筛选，以百分位来评定智力等级，但也可进而制定出相应的IQ，但精确性较差，从应用的情况看，其主要缺点为：一般只能测出图形推理能力，不能完全认定被试的智力。我国目前的几种版本，测得的 IQ 分值偏高，一般要高于同一被试用韦氏量表所测得 IQ 一个等级（10 分左右）。且区分度较差，一个图形的得失会导致 IQ 相差许多分，虽然对 4.5 岁至老年均可作测试，但对初中文化水平以下的人群测试有效性较高，对高中以上文化水平的测试则较差。

　　1. 根据大图形中的符号或图案的规律，选择适当的图案填入大图形的空缺中。

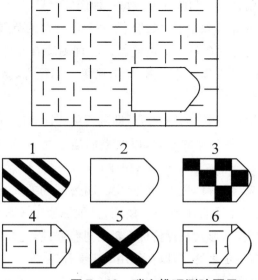

图 7-10　瑞文推理测验题目

6. CDCC 中国儿童发展量表

CDCC 中国儿童发展量表（3—6 岁）1985 年由北京师范大学张厚粲教授组织编制，量表主要用于测查 3—6 岁儿童的发育与智力发展，包括语言、认知、社会认知、身体素质与动作技能四个方面共十六个分测验，应用较广。该量表由智力发展量表和运动发展量表两部分组成，共有 16 个项目。

智力发展量表由 11 个项目 106 个题目构成。主要对幼儿言语发展、注意、感知、记忆、想象以及判断推理能力与计算能力的发展及社会认知发展进行评价。测验是用语言和操作两种材料进行。运动发展量表由 5 个项目构成。主要对幼儿的身体素质与动作技能发展进行评价。

中国儿童发展量表是一套由国内学者自己编制的幼儿发展量表。它以有关心理学理论为基础，以幼儿教育的实践经验为依据，参考了大量国内外现有的婴幼儿发展量表，内容效度较高。它的结构合理，测量项目丰富，测验材料有趣，从信度和效度的检验结果来看，也达到了测量学的要求，适于在我国推广使用。

三、 使用智力测验的注意事项

智力测验是用来评价一个人的智力水平，它不是用来给人贴标签的，因而要谨防对测验的滥用。如何正确地使用智力测验？我们应该考虑以下一些问题：

① 智力测验是一种科学的方法，需要由专业人士来操作，因为测验涉及许多方法上的程序，如果没有经过相关的训练，既不懂测验的理论，又不懂测验操作的方法，更不懂测验结果如何解释，那样的人如何能给出一个科学的测验结论？所以非专业人士的测验结果是不可信的。智力测验一定要由专业人士来实施。

② 智力测验还要考虑采用合适的测验任务。每一种任务都只有在一定的范围内使用才是有效的，比如有年龄、地域、文化等限定，如果超出了测验所规定的范围那就不能使用。

③ 智力测验一定要在其规定的条件下才能施行。心理测验有标准化的程序，每一种测验都有实施的严格要求，比如在什么场合才能做，如何做等。不符合其要求的都不是科学的测验做法。

④ 智力测验是为了更好地对一个人实施教育，即进行更有针对性的教育，它不是为了给人贴标签，所以测验后要提出一些合理的建议，以便人们通过测验不仅可以了解自己或孩子，更知道该怎么做才更好。

⑤ 国外的智力测验一定要经过修订后才能使用。因为不同的文化对智力有不同的观念，所以所选用的测验项目也只是适合于本民族使用，其他国家或民族要使用该测验，一定要先检验是否适合，不适合的内容、形式及评价标准都要进行修改，这样修订后才能使用。

迄今的智力测验尚有许多不足之处，所以在使用时需要注意：

① 至今还没有一种完整的智力定义，因而也不可能有一个全面的智力测验，每一个智力

测验都可能只测到了人的一部分智力,因而不可笼统地说哪个人聪明、哪个人笨。我们只能根据该智力测验所测得的能力来评价人的智力,而不能笼统地说聪明或不聪明。

② 智商具有一定程度的稳定性,所以我们常常会用一次智力测验的结果作为预测的根据,但我们要考虑到,有些人的智商是会发生变化的,我们作预测时一定要非常谨慎。

③ 目前许多智力测验仅仅给出一个智商的分数,这对全面了解一个人的智力是有欠缺的。

④ 智力测验是对人的智力水平进行间接的测量,它做不到像物理测量那么准确,各种干扰因素都会影响测验的结果,所以在对测验结果进行解释时一定要慎重,最好能收集其他评价指标来相互印证。

人人都希望自己聪明或者期盼自己的孩子是一个高智商的人,有没有什么方法可以帮助达成这一目标呢? 心理学家提出了以下促进智力发展的手段:

第一,获得好的遗传基础。一个人的智力水平受个人遗传倾向的影响,从父母那儿所获得的遗传倾向是智力发展的前提。如何从父母那儿得到好的遗传物质,那就要从优生做起,即父母怀孕时的条件、良好心境、最佳时机、营养及身体健康状况等都是必须关注的。

第二,提供良好的养育环境。孩子出生后对智力的最大影响来自环境,所以给他们创造一个好的环境就很重要,如亲子间的和谐,父母对孩子的倾情关注,给予充分的、能促进智力发展的刺激,如婴儿期的眼神注视、声音刺激,幼儿期的观察力、记忆力等方面的培养等。让孩子积极参加户外活动,开展丰富的亲子、同伴交往,同时进行适度的课业学习,切勿拔苗助长。

儿童期是人的一生中智力发展最快的阶段,在这段时间给他们创造好的环境,提供优良的条件,能促进智力的发展,而如果忽略了科学培养,一味加以过重的学习负担,那就可能影响其一生。在这方面,家庭教育承担着重要的职能。

本章小结

● 智力的界定及理论解释

关于智力概念的探讨不曾中断,研究者致力于从智力实质及结构去理解智力,形成了各种有关智力的理论。本章介绍多种智力因素论和智力的认知理论。

智力的因素论中,二因素论认为智力是由一般因素和特殊因素构成;多因素理论认为智力含有多种因素,它们相互独立;群因素论认为智力包括言语理解、语词流畅、数学运算、空间关系、机械记忆、知觉速度、推理能力等七种基本心理能力;智力层次结构理论将智力因素分为了四层,一般因素、大因素群、小因素群、特殊因素;卡特尔用因素分析法分出了流体智力和晶体智力;三维结构模型将智力区分为内容、操作和成果三个维度。

20 世纪 80 年代以后涌现出系列智力认知理论,多元智力理论认为智力的内涵是多元的,并且提出由八种相对独立的智力成分构成;智力的三元理论认为智力由成分亚理论、情境亚理论和经验亚理论构成；智力的 PASS 模型提出，智力包括计划—注意—同时性加工—继时性加工四个过程。

- 智力的发展趋势

整个儿童期，智力增长的趋势不是等速的，而是呈现出先快后慢的发展曲线。儿童期是智力成长的重要时期，是智力发展最为迅速的时期，智力不同方面的发展速度各不相同。智力发展同时具有稳定性和可变性的特点，年龄越大，智商分数越稳定；有些人的生活环境发生明显改变，他们的智商也会发生很大变化，表现出智力可变性的特点。智力的发展存在差异性，包括个体差异和群体差异。智力发展受遗传、环境、学校教育等多因素的影响。

- 使用智力测验确定儿童的智力水平

介绍了几个著名的智力测验，包括丹佛智能发育筛查测验、斯坦福—比纳智力量表、韦克斯勒儿童智力量表、戴斯—纳格利尔里认知评估系统、瑞文渐进推理测验，以及 CDCC 中国儿童发展量表等。最后提出了一些可促进智力发展的策略，从遗传和环境多角度出发，促进儿童智力发展。

思考与练习

1. 什么是智力？结合不同的智力因素论和认知理论，试阐析人们关于智力的实质和结构的认识如何演变。

2. 儿童智力发展是否有差别？具体可能表现在哪些方面？影响智力发展的因素有哪些？

3. 什么是智商、比率智商和离差智商？人的智商是稳定的还是可变的？

4. 比较那些经典的智力测验，分析各个测验的结构和特点，并比较它们结构上的异同，以及当代智力测验表现出什么新特点。

延伸阅读

1. 戴斯，等. 认知过程的评估：智力的 PASS 理论[M]. 杨艳云，谭和平，译. 上海：华东师范大学出版社，1999.

2. 罗伯特·卡普兰，丹尼斯·萨库佐. 心理测验：原理，应用和争论[M]. 陈国鹏，席居哲，等，译. 上海：上海人民出版社，2010.

3. 罗伯特·斯腾伯格. 超越 IQ：人类智力的三元理论[M]. 俞晓琳，吴国宏，译. 上海：华东师范大学出版社，2000.

4. 陈国鹏. 心理测验与常用量表[M]. 上海：上海科学普及出版社，2005.

5. 霍华德·加德纳. 多元智能[M]. 沈致隆，译. 北京：新华出版社，1999.

6. 电影赏析：《阿甘正传》《雨人》《美丽心灵》。

第八章　儿童情绪的发展

📝 **本章导语** ||||||||||||||||||||||||||||||||||||||||||||||||||||||||||||||||||||||||||

　　能在奥运会比赛中登台领奖对于每一位运动员来说都是一件无比自豪与骄傲的事情，然而事实真是这样吗？你是否发现有时获得铜牌的运动员要比拿到银牌的运动员看上去更开心。这是为什么呢？同样是获取奖牌，为何不同的选手的情绪感受不同？我们的情绪体验与认知之间究竟有着怎样的关系呢？

　　我们很多人都接触过正在上幼儿园的孩子，你是否发现这个阶段的孩子的情绪如六月的天气，经常说变就变，上一秒还在号啕大哭，下一秒就破涕而笑。但是随着年龄的增长，这样的情况慢慢变得越来越少见，这又是为什么呢？他们的改变与大脑发育之间有着怎样的联系呢？

　　胎儿有情绪反应吗？儿童的情绪是如何变化的呢？情绪又是如何获得的呢？情绪如何实现社会化？情绪在儿童的生活中到底有多重要？健康的情绪有些什么特征？在儿童成长的过程中会遇到哪些常见的情绪问题，如何克服呢？良好的情绪能力又该如何培养呢？这些将是本章讨论的问题，儿童有着十分广泛的情绪反应，且这些反应随年龄的增长会发生有规律的变化。

📍 **学习目标** ||||||||||||||||||||||||||||||||||||||||||||||||||||||||||||||||||||||||||

　　1. 掌握情绪、情绪功能及情绪测量的概念。

　　2. 解释情绪体验、表达、生理反应状态与情绪情境之间的联系。

　　3. 了解婴幼儿期情绪认知、情绪表达和情绪体验的发展特征；了解大脑认知发展与情绪发展之间的联系。

　　4. 了解儿童青少年情绪发展的特征与心理健康的关系。

　　5. 了解儿童情绪获得的主要理论。

第一节　情绪的概述

一、情绪的功用

　　任何一种心理活动都有适应性的功能。认知活动让我们认识大千世界，发现宇宙的种种奥秘，创造一个一个奇迹，把梦想变成现实。没有发展的认知活动，我们将永远只是个新生儿。那么什么是情绪呢？它有什么功能呢？

1. 情绪与健康

人们提到健康往往只谈身体健康，其实身体的健康只是健康的一部分。作为一个社会的人，真正的健康不仅含有生理的、躯体的健康，还应有心理的、精神的健康。而心理健康的关键或核心是情绪的健康。

心身统一在一个人身上，它们是互相影响、互相作用、不可分割的。情绪如果出了问题就会影响身体，使身体生病，这种疾病被称为心因性疾病或心身疾病（例如躯体形式障碍，广场恐惧症，创伤后应激障碍等），它反过来又会影响人的情绪。

中国古代医学著作《黄帝内经》一书早就指出情绪与疾病的关系："怒伤肝，喜伤心，思伤脾，忧伤肺，恐伤肾。"现代医学表明：长时间的动机冲突、长时间处于应激状态、多疑、骄傲、自卑、撒谎、嫉妒、抑郁、焦虑、恐惧、过度敏感都会使人生病，或加剧病情的发展。

情绪对疾病不仅有消极的作用，也有积极的作用。同样患病，伴积极情绪与伴消极情绪导致疾病的后果可能大相径庭。《红楼梦》里的林黛玉原本是个体弱多病的女孩子，这一方面可能与她的身世有关，另一方面，更重要的是与她的多愁善感、多疑猜忌的个性有关。贾宝玉与薛宝钗成婚的消息犹如晴天霹雳，令她伤痛欲绝，不久便香消玉殒了。当代作家张海迪，小小年纪就患了绝症——脊髓造血疾病，高位瘫痪让她时而有呼吸麻痹、生命消逝的威胁。但她的内心燃烧着青春的烈火。她自己说："希望是我的精神支柱。"她性格开朗、爱笑、爱唱歌、爱演奏、自学外语、学习写作，积极参与社会活动，参加主持中国残联的工作，现在还是位作家。这一切使她的生命充分地燃烧，并奇迹般地活了下来。大量研究报道，愉悦幸福的情绪与生活状态会大大降低心脑血管疾病（包括冠心病，中风等）、2 型糖尿病，并延长寿命，降低死亡率（Steptoe，2019），这表明情绪健康与身体健康的关系极为密切。

现代社会生活节奏快，工作学习压力大，心理疾病不断攀升。学生的心理疾病与发展中的心理问题也不可小觑，尤其在疫情长时间的社交隔离后，大中小学学生心理与精神健康问题报告案例陡然增多，非正常死亡的比例也大幅上升。紧张、繁重的课业压力、升学压力，不足的睡眠，不足的阳光，不足的体育锻炼与运动，不足或苍白的情感交流，只有竞争缺乏合作的学习，不良的亲子关系以及父母教养方式，不良的同伴关系与校园霸凌的发生都可能是引发学生心理问题、情绪问题的重要原因。这些都是我们的教师、父母、社会需要认真对待的。有关学生发展过程中的心理问题将在本书最后一章讨论。

2. 情绪与认知活动

情绪与认知活动密切相关。皮亚杰说过，在所有行为中，结构是认知，力量是情感……知识永远不会先于情感。它们是互相平衡的。学生进行创造性思考时往往伴随着强烈的情绪状态变化，当思考受到阻滞时往往伴随着懊恼焦虑的情绪。事实上不存在不带情绪的认知活动或学习活动。动机为学习者提供学习目标和方向，而情绪则提供取得成就所必需的热情和愿望,没有热情的学习会很糟糕,就像发动机没有燃料,难以启动。当你对学习真正产生兴趣和热情,会令思维十分活跃,记忆力变强,注意力高度集中,从而取得有效的学习结果,继而会进一步增强学习者的学习积极性和自信,促使学习者去攀登更高的目标。来自认知神经科学的证据也进一步验证了这一点,负责情绪加工的杏仁核与前额叶和内侧颞叶皮层协同运作,保证长时记忆提取与学习过程的顺利进行(Tyng et al.,2017)。

不少学习成绩不理想的学生并不存在智力和经验的问题,而是缺乏兴趣和动力。要提高学生的学习成绩,最重要的是能激发学生对新鲜事物和知识系统的兴趣,让其渴望学习和了解更多事物,享受学习带来的快乐。

3. 情绪与人际关系

情绪是社会人际关系的调节器。婴儿在学会说话之前已会使用情绪"语言"向人传递信息,"告诉"成人当前他的需求。当他饿的时候、疼痛的时候,或不舒服的时候(如生病、尿布湿了、太冷或太热了等),婴儿都会啼哭;当婴儿四五个月大时,见到陌生人表情就会显得羞怯,再大一些就会出现哭、害怕、退缩甚至躲避的怯生反应;如果来了熟悉的人,就会笑脸相迎,表示亲热。

儿童进入学校以后,有更多的时间与同伴相处。有研究者用社会测量法(例如提名法)评定儿童在儿童集体中的社会地位、情绪表达、攻击性等。一项元分析发现,受同伴欢迎的儿童具有热情、外向、积极、快乐的性格;而不受欢迎的同学往往喜怒无常,对人怀有敌意,缺乏情绪冲动的控制力,攻击性强;第三类是被忽略的儿童,他们往往害羞、退缩、内向,仿佛处在灰色地带或被人遗忘的角落(Newcomb & Bukowski,1993)。造成被冷落忽视,不受欢迎的原因可能与较弱的口头交流能力有关(van der Wilt et al.,2018)。正如约翰·桑特洛克(John Santrock)所言:"情绪是生活的颜色和音符,就像一条纽带把人们联系在一起。"

二、 情绪的分类

1. 按照情绪的作用分类

第一类——积极情绪,或正向情绪、增力情绪。如爱、同情心、热情、愉悦、快乐、幽默感、幸福感等。这些情绪让我们得到快乐,提高效率,增进人际关系,促进成长。

第二类——消极情绪,或负向情绪、减力情绪。如恐慌、害怕、焦虑、愤怒、嫉妒和内疚等。这些情绪有时会产生严重的情绪后果,例如阻碍儿童的思考与学习,弱化儿童的自控能力。

情绪具有双面性,既有积极的一面,又有消极的一面,即使是同一种情绪反应也是如此。如:某人在下雨天开车,当他使用制动器时,一瞬间车子失去了控制,他吓出一身冷汗,这是强烈的恐惧反应,这个情绪反应让他记住了教训——下雨天开车要更加谨慎,于是这个消极的反应反而起到了积极的效果。又如:一个孩子不小心掉进了游泳池,母亲尖叫着把他救了上来。这次事件后，孩子十分恐惧接近水，长大后还不敢坐船、不敢游泳，产生了不合理的恐惧反应。

同样的情绪反应（恐惧）结果并不相同。前者的恐惧反应产生了警示的积极影响，而后者则由于未及时消除恐惧反应的后果，把对游泳池害怕的恐惧反应延伸、扩展、泛化到一切与水相关的场景，使原来合理的反应变成了过度的、非理智的不合理的恐惧反应（心理学上称其为"潜伏作用"）。这样的例子生活中还有不少。

2. 按照意识参与的程度分类

按照情绪有无认知和意识的参与可以分为宽泛的两类：初级情绪和自我意识情绪（如表8-1所示）。

表8-1　不同情绪首次出现的时间

情绪种类	首次出现的情绪	时间
初级情绪	高兴、悲伤、厌恶	3个月
	生气	2—6个月
	惊奇	前6个月
	害怕	6—8个月（18个月达到顶峰）
自我意识情绪	共情、嫉妒、尴尬	1岁半—2岁
	自豪、羞愧、内疚	2岁半

注：初级情绪是人类和动物共有的情绪。自我意识情绪是有认知和意识参与的人类独有的情绪。

三、 情绪的结构成分

为了更好地理解情绪，人们把情绪结构分成四个组成部分（如图8-1所示），它们是引起情绪的刺激情境、身体反应状态、情绪表达和情绪体验。

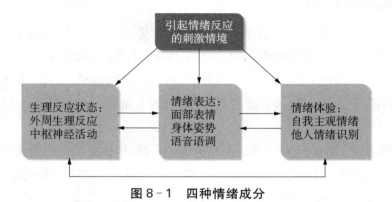

图8-1　四种情绪成分

改编自：Scherer，2005.

1. 刺激情境

当前的事件、回忆、思考，甚至是先前的情绪体验都能引起儿童的情绪。

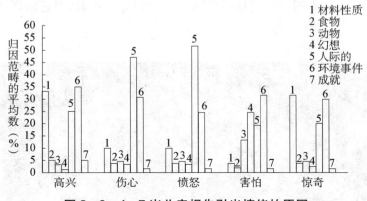

图 8-2　4—7 岁儿童报告引出情绪的原因

有研究者要求 4—7 岁的儿童回答：什么事情使你们高兴、伤心、愤怒、害怕和惊奇。儿童说出的理由可以归结为七种：材料性质（如得到一个新玩具）；想象的东西（如妖怪）；人与人之间的事情（如被取笑）；环境事件（如到游乐园去）；成就（如考试得到优秀）；食物（如吃蔬菜）；动物（如一条快死的狗）。从结果可以看出：①各种情绪都可以由人与人之间的或环境的事件引起。②伤心和愤怒情绪和人与人之间相互作用关系最密切。③高兴和惊奇常常由材料性质与环境事件引起。④想象或幻想的东西基本上与儿童的害怕情绪相联系。⑤7 岁儿童与 4 岁儿童相比，7 岁儿童由人与人之间的相互作用及成就引起的情绪更多，而 4 岁儿童归之于由幻想引出的情绪更多，表明随着年龄的增长，引起儿童情绪的原因也在变化。

引起情绪的刺激与儿童的认知水平有关。有人利用皮亚杰的理论来预测刺激与情绪的关系。他们给幼儿和小学生看一部一个男人变成绿妖怪的电视剧。研究者设想这个情节会引起幼儿而不是小学生的害怕，因为前运算阶段的儿童还不懂得人的本质是不会随外部形象的变化而变化的。这个预测与儿童的反应吻合。研究者还预测当刺激情境要求移情，即采取电视角色的观点时，具体运算阶段的儿童更易产生害怕。给儿童看一群黄蜂正在攻击一个男孩的电视剧。当镜头对准黄蜂时，3—5 岁的儿童显得很害怕，但是当镜头移向男孩的脸部表情时，他们的害怕却不那么强烈了，而这时 9—11 岁的儿童感到很害怕，因为他们会把自己置身于男孩的处境中。

2. 身体反应状态

情绪的第二个成分是身体反应状态，或者说身体活动的变化，表现为外周生理反应和中枢神经反应变化。外周生理反应是指除大脑和脊髓以外的全身脏器与内稳态生化环境的变化，包括心率、呼吸、皮肤汗腺分泌、皮肤温度、外周血液的肾上腺素、睾酮激素、雌激素等，当一个人在路上遇到一只正在觅食的狮子时，身体便会自主出现生理反应，例如心跳较快、呼吸急促、手心冒汗、肾上腺素上涨等。中枢神经反应是指包括大脑和脊髓在内的中枢系统应对情绪事件的自动生理反应，包括边缘系统（如杏仁核、海马、脑岛），中脑系统（腹侧被盖区、伏隔阈、壳核、尾状核），前额叶（眶额叶、内侧前额叶），多巴胺、五羟色胺、谷氨酸、γ-氨基丁酸等神经递质的反应。不同的情绪体验伴随着不同的身体状态，但它们之间并不是简单的一一对应关系。

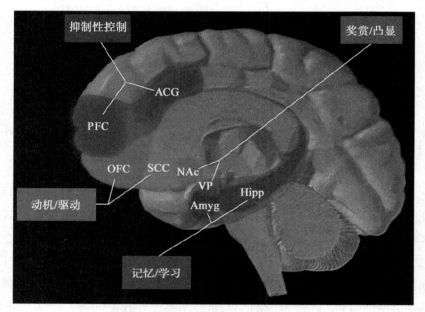

图 8-3 大脑奖赏环路

PFC：前额叶；ACG：前扣带回；OFC：眶额叶皮层；SCC：喙侧前扣带回；NAc：伏隔阈；VP：腹侧苍白球；Amyg：杏仁核；Hipp：海马。（来源：https://www.become-well.com/addiction/what-is-addiction/）

3. 情绪表达

面部表情、身体姿势和语音语调（如哭、尖叫）都是看得见的情绪表现形式。有些心理学家认为，有些脸部表情和特定的情绪之间存在先天的联系：不管是什么地方的人，开心时总是微笑或大笑；伤心时皱眉头，看上去很严肃。美国心理学家保罗·艾克曼（Paul Ekman）开发了面部表情编码系统，这套系统是基于脸部解剖结构的综合表情分析系统，主要用于描述所有视觉可见的脸部运动，它将人类面部表情细分为多个肌肉运动（也称为运动单元（action units））成分组合（Ekman et al.，2002，如图 8-4 所示）。艾克曼博士认为，人类的面部表情是天生的，不论什么文化背景都不会影响面部表情与肌肉模块的组合关系。然而也有研究者认为这种先天的联结也能够被改造。每种文化都有合适的表情显示的规则。如肯尼亚的吉普赛吉斯（Kipsigis）人认为成人哭是极其不合适的，尤其是青年男女在接受痛苦的青春期仪式，进入成年期时，如果哭泣就是给家里人丢脸，还将破坏他们期盼的前途。

面部表情编码系统样例

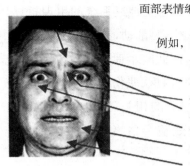

例如，运动代码：1，2，4，5，7，20，26

1C　内侧眉毛抬升
2C　外侧眉毛抬升
4B　降低眉毛
5D　上眼睑抬升
7B　下眼睑收紧
20B　嘴唇拉伸
26B　下巴下拉

图8-4　恐惧表情的面部表情编码

此外，身体姿势也是一种表达情绪的方式，它是指特定身体部位的位置与运动方向（orientation）。例如有研究提示，身体姿势编码系统可使用躯干的倾斜度（挺直的、朝前、朝后），躯干的朝向（面对、背对），手臂和腿的位置与状态属性（例如，手插口袋、腿盘着）来描述人的情绪表达。最近，有研究者开发了躯体运动和姿势编码系统（posture and action coding system），将躯体位置、运动轨迹与躯体姿势信息整合在一起，从多维度水平（结构、形式和功能）来反映人类情绪表达（Dael et al.，2012）。

最后，语音表达也是一种反映情绪表达的方式，它是指说话者通过调控说话中非内容性的部分，使得听者可以理解推测出说话者的情绪体验。语音情绪表达可以通过说话时的语音特征（例如语调与韵律）来反映，例如表达愤怒情绪通常伴随着高频声音，音高水平高，稳定性弱，声响强度大，语速快，发音精确。

4. 情绪体验

有意识的情绪体验在一个人知觉到情绪或说得出情绪名称时发生。语言是情绪体验产生的关键，它为识别模糊不清的内部感受和区分各种感情提供了工具。不会说话的婴儿与大一点的儿童和成人的情绪体验无法比较，不同文化的人因语言上的差异，描述情绪类型的词也有差别。

总之，一种情绪实际上是四种成分的结合，不同的成分会互相影响。有时候情境刺激引起了身体状态的变化，而身体状态的变化又导致表情和体验；有时候一个人的体验和行动能够影响身体状态。如果你微笑或大笑就会体验到高兴，大声吼叫就会感到愤怒。假如一个人的文化和家庭背景中没有某种特定的情绪表达方式，他就不会有那样的体验，或者体验这种情绪的能力会受影响。例如，在美国，父母不准他们的孩子表述碰到生殖器后产生的说不清的快感，这样就无法使孩子了解他们此时的身体状态或如何去表达其中的感受。

此外，主观报告的情绪体验和认知评估与调控能力密切相关，有研究者认为在主观情绪反应产生之前会经过一个评估（appraisal）的认知加工过程，因此情绪体验的强度并不依赖于实际的情境本身，而是依赖于个体对情境的主观评估结果。在一项研究中，西默和同事建立了一个模棱两可的情境，在这个场景中，被试在完成1个小时的测试后，被实验员傲慢地告知将参加一些较为复杂的数数测试,并记录他们的自主神经系统的生理指标。在测试的过程中,实验员不断地给出一些负面反馈,告诉被试不要乱动,制造出人为的噪声信号。在任务结束后,实验者告诉被试还要再来做一次测试,以此暗示他们实验数据可能没有用。之后研究者测量了他们的认知评估策略以及包括愤怒、内疚、悲伤、愉悦等情绪状态。结果发现,不同的认知评估策略与被试的主观体验有非常显著的相关,例如,被试觉得这个情境更可控,那么就会报告出更低的内疚情绪,尽管实际是整个情境会让被试觉得非常内疚和不适(Siemer et al.，2007)。

四、 情绪智力和健康情绪的特征

1. 情绪智力(EQ)和情绪能力

情绪智力(emotional intelligence,简称 EQ)的概念最初由彼得·索罗威和约翰·梅耶(Salovey & Mayer，1990)提出,他们把情感智力定义为能够准确适宜地知觉和表达情绪(例如能站在他人的角度思考),理解情绪和情绪知识的能力(如情绪在友谊和婚姻中所起的作用),通过调节情绪促进思维的能力(如处在积极的情绪中容易引起创造性思维)和控制自己与别人的情绪的能力(如能控制自己或他人的愤怒),这是一个可应用的操作性定义。

1995 年,丹尼尔·戈尔曼(D. Goleman)《情绪智力》一书的出版,使情绪智力的概念得到广泛传播。他对培养情绪素养(emotional literacy)的强调,以及对情绪适应不良的可怕后果的警告,引起了世人对情绪能力的关注(而以前更多的是关注认知能力)并渐渐地改变了重智力、轻情绪的倾向。

情绪具有情绪识别、情绪感受、情绪表达和情绪控制四个维度,因而情绪能力实际上反映了社会情境中涉及这四个维度的社会技能,它关注的是情绪的适应性质。

萨尼(C. Saarni)认为,"情绪智力",即情商,是指对我们自身情感的理解力和控制力以及对别人的情感反应的理解力。年长儿童和成人的大部分情感能力的内容如表 8-2 所示。

表 8-2　情绪能力的组成部分

意识到自身的情绪状态	移情(共情)
识别和理解他人的情绪	适应性地应对消极情绪。通过使用自我调节策略以降低此种情绪状态的紧张度和持久性(对消极否定情绪的处理能力)
以符合社会和文化的适当方式运用情绪词汇与情绪表现	意识到情绪表达在人际关系中的重要性(情感交流能力)
认识到内部情绪状态不必对应于外部表达(将内部情感和外部表达区分开来)	自我控制情绪的能力,即能控制和接受自己的情绪

来源：Saarni et al.，2006.

　　随着儿童获得多种社会情境中的这些技能,他们可以更有效地处理情绪,面对有压力的情境时能富有弹性,并发展出良好的人际关系。费波斯等人(Fabes et al.,1999)认为,有大量的证据表明,儿童社会能力的发展与儿童识别自身和他人的情绪、对这些情绪的调节能力以及控制它们的表达能力密切联系。也有研究表明相对于智商,情商对儿童日后成功的预测有更重要的作用。

2. 健康情绪的特征和培养

（1）健康情绪的特征

　　良好的情绪是个体心理健康的重要标志,也是个体适应现代社会复杂的人我关系的社会化水平的重要标志。良好的情绪或健康的情绪具有下列几个特征：

　　① 正向情绪或积极的情绪占优势（严重缺乏积极情绪会影响学生对新事物和知识的探索,造成人际交往困难）；

　　② 情绪稳定；

　　③ 情绪体验丰富多样（情绪贫乏通常是情绪障碍,如抑郁症、双相情感障碍的指示灯）；

　　④ 正视自己的情绪（而不是逃避或否认或压抑）；

　　⑤ 适时、适地、适度地（以符合社会规定的"表达规则"）表达情绪；

　　⑥ 能及时地、合理地宣泄、转移和摆脱不良情绪的困扰,避免不良情绪（如过度悲伤、暴怒等）随时间的推移变得更加强烈和泛化。

（2）健康情绪的培养

　　绝大多数的情绪是通过学习获得的,因而也可以通过学习来训练儿童健康情绪的能力。例如：

　　① 培养幽默感、学会自嘲（但不是小丑样或自虐）。

　　② 高兴、快乐时可与家人、亲友共享,哀怨或气愤时可以找朋友或专业人士倾诉,也可以通过文学、图画、音乐、创作、旅游、运动来宣泄或缓解情绪,使自己的精神得以"升华"。

　　③ 防止产生情绪绝缘（即拒绝和否认情绪上受到的伤害）和潜伏作用。

　　④ 学会从积极的、客观的角度来认识事物和人。

　　⑤ 学习控制情绪冲动：第一,是控制而不是压抑,仍需有适当的情绪表现,只控制不适当的表现；第二,寻找情绪冲动的源头,只有这样才能认清自己情绪的性质；第三,增加愉悦的情绪体验；第四,培养抗挫力。

　　⑥ 掌握一些必要的情绪缓解技能,例如深呼吸（慢慢呼吸,让自己感受到腹部隆起,屏住呼吸,再慢慢吐气,可以重复念一些例如"我放松了""我没事了"的小咒语）；试试正念训练（例如全身扫描）帮助自己增加对自己感受和体验的关注,随遇而安。

　　由上可见,情绪对每一个人都相当重要,对成长中的儿童尤为重要。美国教育协会确信情绪能力是学习和健康人格（个性）的基础。研究者认为孩子对自身情绪的意识、重评调整和理解对于积极的教室环境氛围的建立至关重要，这会促进教师与学生更好地投入于教学与学习。

作为教育工作者的我们，还有年轻的父母们，在精心培育孩子成长的进程中，或在与孩子相处的课堂上、校园里、公共场所、家里、日常生活学习互动时，或在拟定发展计划时，设置学校课程时，有没有考虑过情绪在儿童发展中的重要性？需不需要培养儿童的情绪能力？如何培养儿童健康的情绪能力？这权当是一道思考题吧！

第二节　儿童情绪的发展

一、婴儿的情绪

婴儿有情绪吗？具体地说，婴儿能表达自己的情绪吗？婴儿能体验到自己的情绪吗？婴儿能理解别人的情绪表达吗？如果能理解别人的情绪，你又是怎么知道的呢？婴儿是如何解释别人的情绪的呢？

1. 情绪表达

（1）天生的情绪表达能力

早在 19 世纪，进化论的创立者查尔斯·达尔文就指出，人类的面部表情是天生的，不是习得的；这些表情在全世界都是一致的；它们是从动物进化而来的。现在的发展学家还是相信情绪由进化而来。尤其是情绪的面部表情，有着坚固的生物学基础、独特的适应功能。有研究发现，在一个完成比赛后的先天性盲人运动员的脸上，依然能观察到喜悦或是悲伤的表情，这表明人类的某些表情是与生俱来的，受基因调控而不需要经过后天学习（Matsumoto & Willingham，2009）。20 世纪早期行为主义的创始人华生曾详细地描述了新生儿有三种非习得性的情绪——爱、怒和怕的表现。但其后的研究者并未证实华生对新生儿有三种原始情绪的划分。于是有人认为新生儿的情绪是笼统的、未分化的。1932 年加拿大心理学家布里奇斯（K. M. Bridges）提出，新生儿的情绪只是一种弥散性的兴奋或激动，是一种杂乱无章的未分化的反应。只是以后通过成熟与学习才能分化出不同性质的情绪。

到了 80 年代，研究者采用了由伊扎德（C. Izard）所发展出来的"最大可识别面部运动编码系统"（maximally discriminative facial movement coding system），考察了婴儿的情绪表达。根据伊扎德的理论，一些基于生物学基础的情绪表达随着机体的成熟而逐步发展出来，并且特别情绪表达的出现之前都伴随着某种特别的面部特征变化。研究发现"兴趣、苦恼和厌恶在出生时已经出现，其他情绪在之后的几个月表现出来"（Izard，2009，如图 8 - 5 所示）。

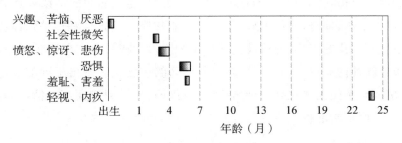

图 8-5　情绪表情的出现时间

情绪表情大约出现于这些时间。请记住：出生后几个星期内出现的表情并不必然反映特定的内在感受。

　　有研究者招募了 15—36 周的婴儿，使用摄像头拍摄并观测他们在不同情境下（例如，挠痒痒、尝酸味、小丑出盒（Jack in the box）、限制手臂、戴口罩的陌生人接近）的面部表情反应，发现愉悦情绪主要发生于挠痒痒的情境中，惊讶情绪主要出现于小丑出盒与手臂限制情境中，愤怒与恐惧情绪会在多个情境中略有出现，包括尝酸味、限制手臂以及戴口罩的陌生人接近；厌恶主要出现于尝酸味；悲伤情绪主要表现在尝酸味中（如表 8-3 所示）。

表 8-3　在各种情境中出现各种面部表情的婴儿人数

表情种类	挠痒痒	尝酸味	小丑出盒	限制手臂	戴口罩的陌生人接近
愉悦	83	28	38	37	56
惊讶	29	22	78	80	90
愤怒	7	25	9	36	23
厌恶	1	22		3	4
恐惧	6	20	18	29	20
悲伤	5	60	12	28	19

改编自：Bennett et al.，2002.

　　其实，只要我们花点时间与新生儿在一起，就会发现婴儿的情绪写满在脸上。研究者发现，像微笑、愤怒和悲伤这些基本的面部表情，即使在文化差别最大的国家也有惊人的相似。而且，那些被称为非言语编码（nonverbal encoding）的非言语表情，在各个年龄阶段都相当一致。这些一致性让许多研究者得出这样的结论：我们天生就具有表达基本情绪的能力。

　　然而，这些生物学基础只是情绪的一部分。若要理解情绪何时、何地及如何表达时，就需要考察文化因素。情绪的表达规则不是在各个国家各种文化都可以通用的。生物性使人类成为有感情的人，但当嵌入文化和与他人关系中时，则为情绪表达和体验提供了多样性。

霍罗丁斯基和西格（Holodynski & Seeger，2019）认为，婴儿起初的情绪表达并没有体现出详细的分类（例如快乐、愤怒、悲伤、恐惧等），而是非常模糊的正性和负性情绪体验。这些正负性体验随后受到文化的影响，通过社会交往接触慢慢形成具有文化特色的情绪表达，这也解释了在巴布亚新几内亚独立国的特罗布里恩群岛的土著民表现出不同的面部表情与情绪表达的连接，例如土著民无法找到一种情绪表达可以对应皱眉的面部表情，却将喘气的脸识别为威胁性行为，而随时准备战斗。

（2）婴儿的哭叫

哭是新生儿与世界交流的最重要的机制。第一声哭声证实婴儿肺里已充满空气，可以开始独立呼吸了。同时，哭声也为我们提供了新生儿中枢神经系统的信息。婴儿哭叫的高峰期大约在出生后6周左右，至于为什么是这段时期，原因尚不清楚。婴儿哭叫对照料者也很重要。沃尔夫（P. Wolff）对婴儿哭叫的磁带录音进行了分析，发现照料者可识别至少四种代表不同情绪信息的哭声，并做出相应的反应。第一种是"有节奏的哭"，大部分母亲能分辨出这类哭声通常反映没有什么严重问题发生；第二种哭叫是"生气的哭叫"，声调明显突出；第三种哭叫是"痛苦的哭叫"，典型的特征是先号啕大哭较长的时间，紧跟着是屏住呼吸；第四种是"饥饿的哭叫"，照料者很易对此做出反应。

问题是，婴儿哭了，成人要不要立即去抚慰？这样做会不会宠坏婴儿？一些行为主义者认为，这样的做法会助长婴儿的哭叫。但婴儿专家安斯沃斯（M. Ainsworth）和鲍尔贝（J. Bowlby）却认为对婴儿哭叫做出快速反应是婴儿与照料者间建立稳固的情感纽带的重要因素。功能性核磁共振研究也显示，当母亲们听到婴儿哭声的时候，会显著激活与运动、说话、听觉以及情绪有关的脑区（例如辅助运动区、额下回、颞上回、中脑边缘系统等），表明婴儿的哭声对照料者的影响可能是下意识和快速自动化的（Bornstein et al.，2017），这可能与更好地保证下一代的安全，使繁衍得以延续有重要的进化学意义。虽然对婴儿的哭叫如何反应尚存争议，但发展学家们更主张在第一年父母要及时安抚正在哭叫的婴儿，一是可以避免意外与不测的发生，二是这样的反应有助于发展婴儿对看护者的信任感与安全感。另有研究表明，可以采用一些方法让正在哭的婴儿平静下来：①抱起婴儿轻轻地摇动；②按摩；③用毯子裹住婴儿等。你还可以设法补充一些最有效止哭的方法。当然，要让婴儿停止哭泣，首先还得找出他哭的原因（如饿了？受惊吓了？身体发烧了？尿湿了？拉屎了？被异物扎疼了？等）。

（3）婴儿的微笑和出声的笑

婴儿的笑是第一个社会性行为。通过笑，可以引出其他人对他积极的反应。与情绪体系本身一样，笑也有一个发展过程。不少心理学家，如鲍尔贝、斯罗夫（L. A. Sroufe）和瓦特斯（E. Waters）等人，研究了婴儿的笑所经过的几个阶段。

第一阶段：自发的微笑（0—5周），又称内源性或反射性微笑。这个阶段婴儿的微笑主要是用嘴作怪相，这与婴儿的中枢神经系统活动不稳定有关。笑的时候，眼睛周围的肌肉并未收缩，脸的其余部分仍保持松弛的状态。对于这样一种微笑，早在1882年，普莱尔

(Preyer)就把它称作"嘴的微笑"，以示与后来产生的社会性微笑相区别。这种早期的微笑可以在没有外部刺激的情况下发生，是自发的笑或反射性的笑，在睡着时表现得最普遍。如果我们抚摸婴儿的面颊、腹部或者发出各种声音，也能引起婴儿的微笑。由于这种早期的微笑可为各种广泛的刺激所引起，因而还称不上真正的"社会性"的微笑。女婴自发微笑的频率要高于男婴。

第二阶段：无选择的社会性微笑（三四周起）。这种微笑是由外源性刺激引起的微笑。虽然这个时候婴儿还不会区分那些对他有特殊意义的个体，但是人的声音和人脸特别容易引起他们的微笑。有些心理学家曾观察到这个阶段婴儿在微笑时十分活跃，眼睛明亮，眼睛周围的皮肤也伴之皱起，可是持续的时间相当短。大约到第5周时，婴儿开始对移动着的人脸微笑。到第8周时，会对一张不移动的人脸发出持久的微笑。这种发展标志着有选择性地社会性微笑的开始。这时候的婴儿对陌生人的微笑与对熟悉的照顾者的微笑没有多少区别，只是对熟悉的人的微笑比对陌生人的微笑多一点，这种情况持续到6个月左右。婴儿见到熟悉的脸、陌生的脸，乃至假面具都会笑。

第三阶段：有选择的社会性微笑（五六个月起）。随着婴儿处理刺激内容能力的增加，他能够认出熟悉的脸和其他的东西，开始能对不同的个体做出不同的反应。婴儿对熟悉的人会无拘无束地微笑，而对陌生人则带有一种警惕的注意。这时的婴儿已经很能笑，尽管笑得很短暂，转瞬即逝。婴儿的照料者这时常常会高兴地说，"孩子会嬉笑了""他会看着我笑了"。这种微笑增加了婴儿与照顾者间的依恋之情。

大约在4个月时，婴儿开始发出笑声。最初可能是对挠痒痒之类的身体刺激的反应，后来的笑声更多的是对社会性刺激、某种社会情境的反应，如观看别的儿童的活动或笑时。5个月后，婴儿的笑开始受到照料者情绪的影响，并在7个月时影响效应放大。婴儿的社会性微笑可分为三种：杜乡式微笑（Duchenne smiles）、玩耍微笑（play smiles）、杜氏—玩耍微笑（Duplay smiles）。杜乡式微笑是指包含眼神汇聚（主要由眼轮匝肌与侧旁肌）的一种社会性微笑，大约10个月的婴儿面对着妈妈微笑时，会表现出带有眼神汇聚的微笑，而面对陌生人时，则更可能生成没有汇聚眼神的微笑。玩耍微笑是指玩耍时张大嘴巴的微笑模式（伴有下颚下坠的动作），张嘴的动作提示唤醒程度较强的欢乐感受，可能是儿童青少年社会性愉悦表达的一种前置情绪表达模式。杜氏—玩耍微笑是指结合杜乡式微笑与玩耍微笑的一种综合性社会性微笑表达模式，这种微笑提示婴儿愿意分享欢乐感受和更多社会互动。有研究者通过蒙脸游戏（peekaboo）以及挠痒痒游戏来测量婴儿杜氏—玩耍微笑的发展程度，研究发现，12个月大的婴儿在与父母玩耍的过程中已经可以结合张嘴与眼神汇聚来进行社会性微笑，主动分享他们的喜悦情绪（Messinger & Fogel，2007）。

不少研究表明，儿童到了2岁末时，已能相当有目的地使用微笑交流他们积极的情绪，对其他人的情绪表达也很敏感。

（4）婴儿的害怕与怯生

婴儿的大部分害怕与出人意料的情境有关，还与不熟悉的、新颖的事物有关。如盒子里突然弹出一个"小丑"；戴上了面具的父母；陌生人的突然出现；单独置于陌生情境；对蛇、悬崖等的害怕。这种反应具有进化与发展的意义——能更好地保护自己。有关婴儿害怕的特点详见本节末。

怯生是婴幼儿中常见的一种害怕情绪，指儿童对不熟悉的人所表现的害怕反应（Brooker et al.，2013）。怯生不是必然发生普遍存在的现象，它的发生取决于诸多因素。如陌生人的特点（如是男性还是女性、成人还是儿童）、儿童所在的环境（如有无父母在身边、环境是否是儿童熟悉的）、抚养者的多少（许多人抚养的儿童比抚养人少的儿童较少怯生）、儿童与母亲密切的程度（一般对母亲更依恋的婴儿也更易怯生）、婴儿接受刺激的多少（获得听觉刺激和视觉刺激越多，怯生程度越小）。

2. 情绪的识别

婴儿不仅具有表达情绪的能力，还有识别情绪的能力。通常母亲都会察觉到自己1岁的婴儿已能"察言观色"：别人发怒，孩子会感到不安，并想离开；当别人表示温情或亲密时，孩子也会表现出深情的行为或妒忌。

有研究者将出生两天的婴儿分成三个组：一组婴儿能听到别的婴儿的哭声；另一组婴儿听到由电脑制造出来的哭声，音量与真的婴儿哭声一样大；还有一组婴儿的周围保持安静。然后比较婴儿在三种情境中的行为反应（如脚踢、面部肌肉动作等）。结果发现，第一组婴儿哭的最多，这说明婴儿很早就能识别他人的情绪。

个体有意地搜寻他人（如照料者）的情绪信息（如面部表情、动作和声音），以帮助解释不确定环境和事件的含义称社会性参照（social referencing）。社会性参照能力对婴儿来说具有重要的生存价值或社会适应意义。当母亲与陌生人热情交谈时，婴儿就不太怯生，而当母亲持中性或消极态度时，婴儿也会做出类似的反应。观察12个月大的婴儿对"视崖实验"中的三种视崖高度的反应，第一种视崖十分"深"，每个婴儿都望而却步；第二种视崖十分浅，几乎每个婴儿都爬了过去；第三种视崖是个模棱两可的高度，这时的被试中有不少是参照母亲的表情后才决定如何行动的。在第三种高度时，让儿童接近一样新奇的玩具，若母亲装出害怕的表情并伴以威胁语调说一些无意义的词组，儿童就会停止碰玩具或爬回母亲处；如果母亲带着微笑说话，儿童会继续朝玩具爬去。更进一步，婴儿在18个月后学会利用社会性参照来学习并理解假装与真实行为的区别。实验者让18个月大的婴儿和他的母亲一起真正或者假装享受零食。研究者利用序列分析的行为观察手段，判断在假装和真正享受零食的过程中，婴儿的行为依赖于怎样的社会认知过程。研究结果发现，在母亲假装的情境下，婴儿出现社会参照行为序列（编码定义为，母亲做→母亲看婴儿→母亲笑→婴儿做或笑）的频率高于真实情境。当母亲假装吃零食或喝饮料，相对于其他社会认知加工过程（简单模仿：母亲做→婴儿做；情绪镜像反馈：母亲笑→婴儿笑），婴儿出现社会参照的行为频率相对更高（Nishida & Lillard，2007）。

社会性参照是一种复杂的社会能力。婴儿约在8—9个月时出现，到第二年时将变得较善于运用这种能力。但对婴儿的社会性参照是如何运作的解释仍存在分歧。不过,有一点是确定的:婴儿早期就出现了这种非言语的解码能力。借助社会性参照物以确定自己在某个情境中该如何做出反应的能力到幼儿期将有显著的提高。

3. 情绪体验

婴儿能以一致的、可靠的方式表达非语言情绪,是不是表明他们已经体验到了情绪,而且这种情绪体验与成人相似? 对此,学术界存在两种观点:

一些研究者认为,婴儿与成人有相似的非言语表情不一定表示他们有着相同的体验。如果说婴儿的这种表达是先天性的,那么面部表情的产生可能并不伴随情绪体验的觉知。就像医生敲打你的膝盖,你无需涉及情绪就能出现反射性膝盖向前跳动。

但大多数发展研究者持相反的观点:婴儿的非言语表达代表了真实的情绪体验。伊扎德认为,婴儿天生就有一套情绪表情,用来表达基本的情绪状态。随着婴儿的成长,他们不断地扩展和修正这些基本的表情,并能越来越熟练地控制这些非言语行为的表达。在成长的同时,婴儿除了能表达更多的情绪之外,也体验到了更广泛的情绪。

婴儿情绪范围的扩大与婴儿大脑的复杂性增加有关:在生命的前三个月,大脑皮层开始运作时,情绪即开始分化,到了9—10个月时,构成边缘系统(情绪反应的位置)的结构组织开始生长,在与额叶一同工作后,情绪范围就得以不断扩大。伴随着前额叶功能的日趋强大,背外侧前额叶、腹外侧前额叶与杏仁核、腹侧纹状体的功能网络连接随年龄的增长而愈发完善,儿童青少年调节负性情绪的能力也开始逐步增长(Stephanou et al.,2016)。儿童青少年面对奖赏刺激或正性刺激(例如美味食物)时,杏仁核、腹侧纹状体的功能活动相对成年人更强,随着年龄的增长,腹外侧前额叶功能的成长使得这个年龄段的群体能够成功调低对于极具诱惑的事物的渴望和情绪反应(Martin & Ochsner,2016),这对降低风险决策带来的不良后果有重要意义。

4. 情绪调节

情绪调节是整个儿童期,甚至一辈子要学习的任务。为了服从社会文化关于何时、何地、怎样表达情绪的规则,也为了避免不当的情绪带来的伤害,婴儿也开始学会了一些调节情绪的策略,尽管很简单,但确实也很有效。如年幼的婴儿为了避免不愉快的刺激,可以吸吮自己的拇指、吸吮橡皮奶头,或闭上眼睛、移开目光。更经常采用的一种方法是将头转向照料者,求助他们来抚慰自己。

到了1岁以后,他们会寻找可以替代依恋的对象,如玩具熊,它们一般毛茸茸软绵绵,摸起来感觉很舒服;会控制或"制服"引起他们不安的物体。如把发出噪声的玩具鹿放倒,噪声就没了。如肚子饿了,但晚餐还未准备好,就去玩喜欢的玩具来分散注意力。如知道妈妈要出门了,心里不舒服,已会说话的孩子会对妈妈说"妈妈快回来"(而不是像从前那样大哭大叫)。婴幼儿还会玩假装游戏来发泄调节自己的情绪。如孩子把自己当成医生,给玩具娃娃听诊和打针，一面咕噜咕噜对娃娃说着妈妈和医生在他打针时说的那些安慰的话。婴儿情绪调节能力的获得与依恋关系是紧密联系的。一般情况下，情绪和情绪调节能力的发展要以依恋关系为基础，反之，它又会影响依恋关系和其他社会关系的发展。

儿童期情绪调控的发展倾向如下：

从外部到内部的资源。婴儿主要依靠外部资源，如由父母来调控儿童的情绪。随年龄的增长，更多的儿童可能会自我调控情绪。

认知策略。如考虑积极轻松的情境、避免"冲突"、转移和集中注意，这些策略随年龄的增长而提高。

情绪唤醒。即控制情绪唤醒水平（如及早觉察并控制愤怒的爆发）。

选择与处理情境和关系。随年龄增长，儿童在选择与处理情境和关系时减少否定情绪产生的能力会越来越强。

应对压力。随着年龄的增长，儿童应对压力、解决问题的策略也得到提高。

专栏 8-1

旧枕头、大拇指与安全毯子

"我的一个弟弟在他还是个不大的孩子时，对他的枕头具有一种强烈的依恋感，对这柔软的东西有非常大的热情，以至于好几个月中，无论他到哪里，都会牢牢地拽着它……如果我们把它当作垃圾扔掉或藏起来，他的反应会迫使我们很快地把它'找'出来。"

我的弟弟有一块"安全毯"——经常称为"过渡物体"……大量的儿童吸吮拇指，也把它作为一种过渡物体，通常用来进入梦乡，也用来抗拒压力和恐惧，还有大量的儿童用宠物作为"过渡物体"。为什么把这些物体称为过渡物体呢？因为儿童的发展需要从对父母的依恋中走出，变成独立的人。在这分开的过程中会产生焦虑，对这些物体——枕头、安全毯子、玩具熊、宠物的使用都为了一个目的——安慰儿童自己。

"与这些无生命的物体保持依恋关系是不是反映出适应不良？"父母们表示担忧。但心理学家怎么看呢？听听他们的回答："安全毯子是有效的……在减少儿童的焦虑方面，几乎与母亲的出现同样有效"，"与那些没有生命的物体，包括与他们的大拇指之间保持依恋关系的儿童，比那些没有这种依恋关系的儿童，能更加有效地处理有压力的情境"，"这种性质的依恋关系不会预言未来的适应不良"。有位教授这样说："如果你在测验时感到焦虑……那么就带着你的毯子……或者任何东西。"

来源：居伊·勒弗朗索瓦. 孩子们：儿童心理发展［M］. 王金志，等，译. 北京：北京大学出版社，2004：276—277.

此外,格罗斯(James Gross)提出了情绪调节的过程模型理论,该理论刻画了个体进行情绪调节时所涉及的认知序列加工过程特征。情绪调节的过程模型认为,针对情绪产生的模块,模型所提出的情境(situation)—注意(attention)—评价(appraisal)—反应(response)这四个序列加工阶段,分别对应情境选择(situation selection)、情境修正(situation modification)、注意分配(attention deployment)、认知改变(cognitive change)和反应调整(response modulation)这五类情绪调节的策略选择(Gross,2015)。具体而言,情境阶段的个体会采用情境选择和情境修正的调节策略;注意阶段对应注意分配的调节策略;到评价阶段,主要使用认知改变或者重评策略;反应阶段的策略包含反应调整。儿童青少年时期,伴随前额叶功能的逐步成熟完善,上述情绪调节过程中的策略选择会愈来愈丰富,例如晚期青少年预感到和父母突然提出要单独出门旅游可能会遭到拒绝,便会选择时机择机而动;再如,成年早期在被同学或者同事约会放鸽子后,会首先考虑同学或同事是不是中途出了什么状况不能准时到达,而不会认为他们是故意的。成熟良好的情绪调节能力将会使儿童青少年具备强大的社会功能,为他们今后在社会和职业生涯中的成功奠定重要基础。

二、 幼儿的情绪

1. 自我意识情绪出现

2 岁半的儿童已开始出现自豪、羞愧和内疚等自我意识情绪。通过某种行为达到成功时就会感到自豪;当知觉到自己的行为不符合成人的标准和目标时,就会出现羞愧。它的典型表现是无力感和自我攻击;当自己的行为失败时会产生内疚感。

2. 情绪语言和情绪理解的发展

幼儿期情绪发展最大的变化是能运用越来越多的情绪词汇来谈论自己和别人,以及理解情绪水平的提高,也更加清楚情绪发生的原因及后果(如表 8-4 所示)。①当幼儿能用情绪词语,如害怕、开心、伤心、难受、不高兴等来谈论情绪时,表明幼儿已开始意识到自己的心理状态和内心感受,而不只是注意情绪的外部表现(如哭、笑)了。随着年龄的增长,情绪词语的数量迅速扩大,儿童的情绪感受也会变得更加丰富、细化。②儿童最初只能说出自己的内心感受,以后还会指出或推论别人的内心感受。有研究者给 3 岁的儿童看不同表情的照片,让儿童指出这些人的内心感受。他们的辨认基本正确。如"她在哭""她很伤心",这表明3 岁儿童就能根据表情线索来推论出别人的内心感受。③幼儿已能根据不同人的不同需要和愿望,描述推测他们的情绪。有一项研究访谈了几名 4 岁的孩子,让他们描述日常生活中自己母亲和朋友高兴、愤怒、伤心和恐惧的原因。如问:"什么能让你母亲高兴?""香水,我妈妈喜欢香水。""睡个好觉,妈妈从来没睡好过,所以睡好了会让她高兴。"同样是高兴,但回答的原因是因人而异的。从中可以看出,儿童已开始认识情绪反应不是由情境决定,而是由每个人的心理状态——需要和愿望决定的。

表 8-4　幼儿谈论情绪和理解情绪的语言特征

儿童的近似年龄	描　　述
2—4 岁	——最快速地增加情绪词汇 ——正确使用词汇表示自己和他人简单的情绪，谈论过去现在和将来的情绪 ——在假装游戏中使用情绪语言
5—10 岁	——使用语言反省情绪，考虑情绪和情境间复杂关系的能力越来越强 ——理解同一件事可以在不同人身上产生不同的情绪反应；情绪在诱发事件之后有时可能延续很长时间 ——对控制和处理情绪以符合社会标准的意识越来越强

这时候的儿童需要得到成人（父母、教师等）的帮助，学习理解和控制情绪：帮助他们学会如何应对压力、挫折和不快；学习如何恰当地表达一些情绪，掩饰另一些情绪；鼓励儿童要考虑别人（如受伤害后）的情绪；懂得积极情绪更受同伴的欢迎，而喜怒无常和消极情绪会遭同伴拒绝等情绪作用的重要性。

3. 情绪表达规则

每个社会都有它的"情绪表达规则"，年幼的儿童常常使用两种重要的情绪表达规则："亲社会规则"和"自我保护性规则"。亲社会规则是为了更好地与人相处而设计的。当你当着客人的面打开给你的礼物时，发现你一点也不喜欢它，该怎么办？年幼的儿童常常会自然地流露出不满意的神色，甚至还加上一句直白的话："一点也不好玩！"而大一点的、接受过父母或其他人教育的儿童就会掩饰自己的不满情绪，说："它真漂亮，谢谢您。"这样的表达方式可以避免让对方感到尴尬或不快。又如在玩的时候被同学撞了一下跌倒在地。尽管当时感到很疼且衣服也被擦破了，但当着那么多同学的面，你会忍着痛，装成若无其事的样子，立即从地上爬起来，还笑嘻嘻地说："没事，我很好！"为的是免遭别人的笑话或取笑："真没用！"这也表明年龄大一点的幼儿在认识到自己的情绪表达会给别人带来影响之前，就已开始学习如何控制自己的情绪表达了。有研究发现，高水平的情感控制与高水平的"母婴同步"——婴儿对母亲情绪的接受和发生（反应），母亲对婴儿情绪的接受和发生（反应）系列中，相互交替地进行引导和跟随，从而产生情感上的交流——联系在一起的。

4. 道德感、理智感和美感

不少幼儿在集体生活中已能根据成人的教育，把自己的行为与行为规则相比较，从而产生积极的或消极的道德情绪体验。理智感是在认识客观事物的过程中所产生的情绪体验，幼儿的理智感表现为好奇好问，故幼儿期又有"疑问期"之称。但幼儿的这些"为什么"的疑问更多的是为了引起成人的注意，而不在乎回答是什么。幼儿捡"破烂"、拆装"玩具"，都是探究性强烈的表现。

美感是人们对审美对象进行审美后所产生的一种愉悦的体验。大自然的景色、绘画作品中的山水花鸟、优美的音乐旋律、电影小说中的艺术形象以及现实生活中的"心灵美"对心灵的震撼,都能使人获得一种美的感受甚至享受。2—3 岁的儿童还不会区分作品中的形象与真实的对象,往往把两者视为同一,幼儿已能将两者区别,并还会加以比较,做出评价,但幼儿的美感常常与道德感联系在一起,并以道德感代替美感来评价艺术作品。

幼儿对色彩鲜艳的艺术作品容易产生美感,在教育的影响下,幼儿中期就能够从音乐、绘画、舞蹈朗诵等艺术创作中感受到美的体验。幼儿晚期对美的标准的理解和体验有进一步的发展。

三、 儿童时期的情绪特征

儿童期的情绪发展,从情绪引起的动因来看,与学习、同伴、教师、父母有关的社会性情感越来越占主要地位;从情绪的表现方式来看,依然是外露的,不深沉,也不能保持,常常是"事过境迁";从情绪反映的内容看,是越来越丰富的,与学习兴趣、学习成绩相关的理智感,与集体、集体荣誉相关的集体荣誉感、友谊感、责任感,与美育相联系的美感有一定发展;从情绪控制来看,是由弱变强,高年级学生情绪逐渐内化。

小学生从幼儿园转入小学,学习和同伴环境发生了很大变化,在小学最初的第一年到第二年,大多数孩子会出现短暂轻微的适应问题,由于学习要求逐步增加,娱乐时间逐步减少,较为容易出现情绪问题,例如发脾气、焦虑、厌学情绪等。一旦适应学校生活后,情绪就会变得相对愉快而平静,小学阶段有"黄金年华"之称,所以我们发现,小学生的情绪状态相对幼儿园的孩子要平稳很多,也更能够表达自己的情绪与理解他人的情绪感受,这些变化和儿童的认知发展与大脑发育密不可分。进入小学,儿童的语言发展已经相当完善,已经学会使用丰富的语言来表达自己的情绪,也会使用语言去安抚他人的情绪;记忆能力进一步加强,儿童可以记住让他们产生情绪的各种情境,并进行复述,这样的能力不仅可以帮助他们理解自己与他人的情绪状态,同时也可以帮助他们习得各种社会规则,因为记忆中在某一个场合做了不合适的事情,被批评产生了悲伤的情绪体验,从而会在下一次类似情境中调整自己的行为,避免负性情绪的产生。随着前额叶的进一步发育,前额叶对边缘系统(例如杏仁核)的调控连接加强,情绪调控与行为控制的能力进一步强化,因此,儿童期的情绪状态相对幼儿时期更为稳定。

然而,情绪稳定也并不是绝对的,儿童中早期,尤其是男孩,比较容易出现外化行为问题,比如攻击行为、霸凌行为等,同时也可能因为学习压力大、教师不公正或处置不当、班级风气不正、同伴关系不和出现学校适应不良的情绪问题。但是,抑郁症状在这个时期是非常少见的,通常要到青少年才成为较常见的问题,这可能与青春期发育性激素的剧烈改变有联系。关于青春期情绪的发展特征,请见下一部分。

四、 青少年情绪发展

青少年期是个令人操心的年龄。小学生一般都比较能接受父母和教师的指导和教育。

然而进入青春期的中学生由于正在建立自己的独立人格、价值观与世界观，为进入成年社会做努力和准备工作，加之父母和教师的教养和培养方式常常未能及时跟进，往往容易与父母和教师闹"摩擦"或闹情绪。这类摩擦通常都是为一些鸡毛蒜皮的小事，比如穿着打扮、礼仪态度、交友标准等。在他们的眼里，昔日完美无缺的父母和教师居然也有缺点和错误。尤其是当成人继续用对待小学生的一套来"教育"他们时，他们会十分反感，认为这是"监视""不尊重""不信任"他们。因此他们对管得太多、太严、太婆婆妈妈的教师并不敬重，对教学水准不高或不出色的教师也无好感。所以一些教师或父母都感到这个年龄的儿童处于"逆反期"。心理学上将这个时期称为"第二反抗期"或"暴风骤雨期"。而第一反抗期约在幼儿二三岁至四五岁期间，出现的具体时间和强度有明显的个体差异。成人有一种孩子要与自己"对着干"的感觉。其实这是儿童自我意识成长的表现。他们要试试自己影响环境、影响成人的力量。曾有研究表明，在第一反抗期内毫无"反抗"表现的儿童，长大后可能会缺乏自主、自信和自立。

青少年的反抗与他们的情绪特征有关：

（1）他们的情绪变得高低起伏落差很大，波动发生的频率也更高。发生的情绪强度似乎与刺激情绪发生的事件不相对称。这可能是很生气，但不知如何表达，有时仿佛是无端发怒。有专家认为这可能是他们在使用防御机制，试图把自己的情绪转嫁到别人身上。

（2）喜怒哀乐情绪无常是青少年情绪的又一特征，一般认为这是种正常现象，大多数青少年都要经过这一段情绪无常的岁月。但是，对于某些青少年来说，可能是问题严重的反映。

青少年情绪过激和无常的特征可能与这个阶段的激素分泌有关。在青春期开始初期，促性腺激素释放激素大量释放，随后性激素（例如黄体化激素与促卵泡激素）浓度开始提升。性激素的释放导致男孩与女孩身体特征的变化，通常女孩的青春期开始较早一些，大约在10—11岁开始，到15—17岁结束；男孩子的青春期开始较晚，大概在11—12岁开始至16—17岁结束。正是由于身体内性激素的急剧变化，造成了内稳态水平的失衡，从而通过下丘脑—垂体—肾上腺轴（the hypothalamic-pituitary-adrenal axis，简称 HPA）的调控，造成过度压力应激与情绪不稳反应，增加情绪障碍的风险。

此外，社会环境的变化对青少年的情绪影响也不容忽视。首先，青少年开始进入新的自我认同阶段，为了准备日后踏入成人社会，他们需要调整自己的价值观、世界观、专业与职业倾向等自我结构，其目的也是在保留自我的一贯连续性的同时，又能够满足适应社会的要求，掌握与他人相处的方式和规则。在这个寻求自我的漫长过程中，青少年不可避免的会产生各种困惑和冲突，但这个过程却又是每一个青少年所必须面对和经历的过程。其次，中学生面临学习难度的增加，升学就业的压力以及随之造成的睡眠质量下降。睡眠质量下降是我国青少年学生的普遍问题，一项中国样本的调查研究发现，青少年群体中有18.8％的孩子报告睡眠质量比较差，26.2％的孩子不满意他们的睡眠，另有16.1％的孩子有失眠问题（Liu et al.，2008）。不仅如此，糟糕的睡眠质量会通过影响孩子应对压力解决问题的策略选择，从而对情绪健康造成长期影响（Zhang et al.，2020）。因此，此时的青少年需要得到父母与教师更多的理解和支持,提供如何应对压力和释放压力的具体指导,投入更多的感情交流;同时,充足的睡眠对于青少年的日间学习活动与情绪调控也极为重要。

青少年后期,在长期的教育影响下,青年的道德感、理智感、美感都有了长足的发展。不少青少年已形成了与社会道德观点相联系的道德理想与信念,产生了与稳定的兴趣相联系的情绪体验,以及与探索这样那样的观点或发现的激奋的情绪体验。对艺术作品不仅有了一定的鉴赏力,还形成了与艺术创作手法及表现力有关的美的体验。

青年对未来充满了美好的憧憬,充满了乐观主义精神。向往未来,初步形成了对人生的看法,并愿意为自己认定的理想与事业努力奋斗。青年的热情比少年的激情进了一步,它更多地与理想、前途交织在一起,所以显得比较稳定、持久。但是也有少数青少年,由于家庭的、学校的或社会的原因,会产生一种与社会脱节的幻想,沦为无目的的自我分析,一种奇特的自我欣赏或表现过于"清醒",面对人生表示厌倦、淡漠或反感。

总之,从上述的介绍可以看到,儿童的情绪世界是一个丰富多彩的世界,从只会哭笑的婴儿到情绪充满多样性和社会性的青少年经历了一个漫长的发展过程。儿童情绪的发展呈现以下一种态势:①从情绪引起的动因看,从生物性刺激——社会性刺激(如学业、人际关系、社会评定等),从直接的刺激——间接的刺激(如语言、表象),由外部刺激——内部刺激(如自我评价、自我反思、自我强化);②从情绪的表现看,从外显(明显的)——内隐的(内含的,不明显的),从里外一致——表里不符(外显的情绪与内在的体验不一致),从混沌——统一逐步分化、细化、精致化;③从情绪的内容来看,社会性情绪逐渐增多,生物性情绪体验减少;④从对情绪的意识和识别来看,从无意识的情绪状态——能感受或意识到自己的情绪状态,能识别和感受别人的情绪状态;⑤从对情绪的控制来看,从盲目的冲动——受外部控制——自我控制,逐渐学会自我按照社会需求的方式适时、适地、适度地表达情绪和行为。

五、 儿童害怕的发展与克服方法

随着年龄的增长,儿童害怕的情绪也在变化,有些过去不害怕的人或物或事件,渐渐变成儿童害怕的对象,而过去曾经害怕的人或物或事件反倒变得不那么害怕了。

1. 怯生

① 什么是怯生? 儿童对不熟悉的人所表现的害怕反应通常称为怯生。过去有一段时期,人们认为怯生是一种不可避免的、普遍存在的现象。但许多研究表明,怯生与依恋不同,它既不是不可避免的,也不是普遍存在的。对陌生人的害怕取决于诸多因素,包括陌生人的行为特点、儿童所在的环境、儿童发展的状况等。

怯生不是突然发生的,它与微笑一样有一个逐渐显露的过程。婴儿出生头几周的害怕主要依赖内部生物学因素,以后转向外部事物。一般地说,害怕的发展要比积极情绪的发展迟一些。埃姆迪(R. Emde)和他的同事追踪了婴儿头一年社会性害怕的发展(如图8-6所示)。

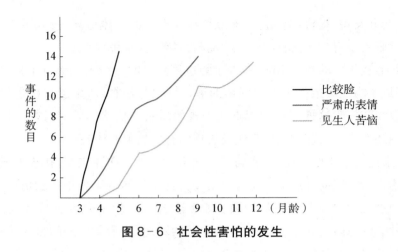

图8-6　社会性害怕的发生

4个月的婴儿对陌生人也会笑，只是比对母亲笑得要少，不过并不害怕陌生人。他们对新奇的对象包括陌生人显示出了极大的兴趣。四五个月的婴儿注视陌生人的时间要多于注视熟悉人的时间。婴儿有一个来回注视比较陌生人的脸和熟悉者的脸的比较期。约到5—7个月时，婴儿见到陌生人时往往会出现一种严肃的表情，7—9个月的婴儿见到陌生人就感到苦恼了。图8-6不仅显示了婴儿怯生这种社会性害怕的发展过程，也可以看出婴儿起初看见陌生人时并无强烈的情绪反应或突然出现严肃的表情。

出生后5—9个月，婴儿不仅害怕陌生人，还害怕许多东西。如在深度知觉测验中，9个月的婴儿与5个月的婴儿相比，更害怕"视觉悬崖"。令人感到有趣的是，5—9个月的婴儿对"视觉悬崖"反应的心率模式的转换和对陌生人反应的心率模式转换十分类似。5个月的婴儿对"视觉悬崖"或对陌生人所作的反应显示为心率降低，表明他们正在密切地注视着客体。9个月的婴儿则相反，他们出现了心率加速的模式，表明他们想避开客体。这些发现说明，中枢神经系统组织的变化以及有关认知和知觉过程的转换可能是这个时期发生害怕反应的基础。6个月的婴儿如果表现出越高水平的怯生问题，他们的呼吸性窦性心律不齐的抑制功能就越弱(Brooker et al.，2013)。因此，早期的怯生程度是高度行为抑制的稳定指标，怯生发展轨迹的个体差异与青少年时期社交焦虑障碍的出现有密切的联系。

② 影响怯生的因素。婴儿并非见到陌生人就一定会害怕，产生怯生受许多因素的影响。诸如：

第一，父母是否在场。如果婴儿坐在母亲的膝盖上，或由母亲抱着，那么陌生人进来几乎不产生什么影响；如果母亲与婴儿有一定距离，就有可能产生害怕。

第二，环境的熟悉性。一些发展研究报告，10个月的婴儿若在家里被测定对陌生人害怕的反应，几乎很少出现怯生；若在不熟悉的实验室进行，就有近50%的儿童怯生；如果给婴儿一段熟悉环境的时间，那么害怕的人数则相应减少。

第三，陌生人的特点。婴儿并不是对所有的陌生人都感到害怕。为了了解婴儿害怕什么样的陌生人，刘易斯(M. Lewis)和布鲁克斯(J. Brooks)曾设计了这样一个实验：被试是

7—19 个月的婴幼儿，观察他们对陌生的成年男子、成年女子、陌生儿童（4 岁的女孩）和儿童的母亲的反应，还观察婴儿对自己（在镜子里的映像）的反应。婴儿的反应在与陌生人相距 4 种距离时加以测定：15 步远、8 步远、3 步远以及直接接触。按照 5 级量表评定反应：3 分表示中性，1 分表示最消极的反应，5 分表示最积极的反应。脸部表情量表从张嘴笑到嘴唇皱成像哭一样的变化。动作量表是儿童从走到陌生人那里——徘徊——到母亲那里的变化。实验显示，陌生人在场不一定会引起婴幼儿害怕，这要看儿童与陌生人的距离。距离越近，消极情绪越大。反过来，儿童与自己的母亲或自己的映像越是接近，积极情绪越大。最为有趣的是婴儿对陌生儿童的反应与对陌生成人的反应完全不同，他们对陌生儿童显示了积极的、温和的反应。这表明婴儿并不是对所有的陌生人都害怕，而只是对陌生的成人感到害怕。那么，是成人的什么特点引起婴幼儿的害怕呢？是成人的高度？还是脸部特征呢？刘易斯和布鲁克斯又做了如下一个实验：让 7—24 个月的婴幼儿与陌生成人、侏儒、儿童在一起，发现婴儿对陌生成人、侏儒的害怕多于对陌生儿童的害怕。于是实验者认为，单凭高矮大小不能作为害怕陌生人的线索，脸部特征倒是重要的线索。

第四，抚养者的多少。婴儿熟悉成人的多少会影响其怯生程度。如果一个婴儿由少数几个成人抚养，他所产生的怯生程度可能比由许多成人抚养的婴儿来得高。一般说来，在托儿所抚养的婴儿与在家里抚养的婴儿相比，前者怯生的要少些。

第五，婴儿与母亲的亲密程度。婴儿与照顾者（主要是母亲）的关系越密切且又疏于与其他人接触，见到生人就越易产生害怕。

第六，婴儿接受的刺激的多少。有人曾经对 54 名初做母亲的人和她们的婴儿进行观察，目的是了解婴儿在 1 个月和 3 个月时，母亲为其提供的刺激程度与婴儿在 8 至 9 个半月时怯生程度的关系。观察结果显示两者成反比。婴儿获得的听觉刺激和视觉刺激越多，怯生程度越小，因为这样的儿童已习惯于接受各种新奇的刺激，可能有一个较好的"心向"，能对付并同化"陌生"的事物。因此，无论是陌生人还是陌生的事物，对他们来说，并不算是太新奇，因而也不易引起害怕。

2. 儿童害怕的年龄特点

儿童除了在幼儿时期害怕陌生人以外，还怕其他一些客体和情境。儿童害怕的对象是否随儿童年龄的变化而变化呢？

杰西尔德（A. Jersild）和霍姆斯（F. B. Holmes）有一个关于这方面内容的经典研究。他们通过访问母亲和孩子本人，以及在实验情境里测试唤起孩子害怕的刺激反应，收集了儿童害怕的材料（如图 8-7 所示）。研究发现，儿童从 2 岁到 5 岁，对噪声、陌生的物体或陌生人、痛、坠落、突然失去身体支持以及突然的移动等刺激的害怕降低了、减少了；与此同时，对想象中的生物、黑暗、动物、嘲笑、有伤害性的威胁，如过马路、落水、火以及其他有潜在危险情境的害怕增加了。后一类害怕是随儿童认知能力的发展而发展起来的。儿童渐渐可以预见潜在的害怕。

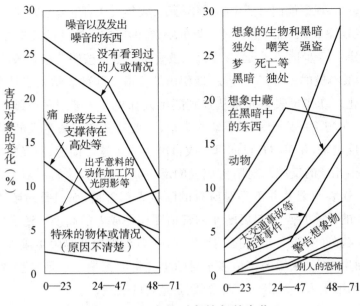

图8-7 害怕对象的年龄变化

1969年,巴尼特(J. T. Barnett)继续对儿童害怕的发展做了研究,被试是228个7—12岁的小女孩。她发现,从总体上来看,不同年龄儿童的害怕没有什么差别,但是,就几种专门的害怕对象来看,有一个年龄变化的特点。从图8-8中可以看到,想象中的生物和个体安全的害怕有随年龄的增长而下降的趋势。这可能是因为随年龄的增长,儿童对支配物质世界的规则或知识懂得也多了。但同时,随着年龄的增长,学校和社会关系的一类害怕明显地增长了。现代儿童由于身体发育加速,性成熟提前,学习任务繁重,社会性害怕和焦虑也有明显增长,如学校恐惧症、考试焦虑、青少年自杀等发生率都比以前高。

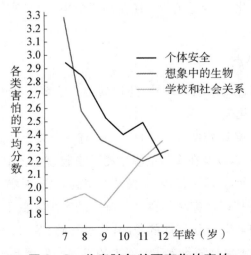

图8-8 儿童随年龄而变化的害怕

3. 克服害怕的几种方法

一个人在生活中对某些东西感到害怕是正常的、必要的，如看见老虎或蛇，就要设法躲避它们。但是，有些害怕是完全不必要的，甚至有损于身心健康，如不敢在黑屋子里睡觉，或不敢进黑屋子取东西，不敢乘电梯、乘飞机。儿童害怕不该害怕的对象或事情，可能影响个性的正常发展，至少表明儿童的软弱、胆怯或过分敏感。

一些学习理论者认为既然许多害怕是通过后天学习获得的，那么害怕也可以通过后天的重新学习而被克服。他们提出了几种克服害怕的方法。

（1）对抗性条件作用（counter conditioning）

所谓对抗性条件作用，是把一些能唤起害怕情绪反应的刺激与愉快的活动同时并存，最后以愉快活动所产生的积极的情绪克服由害怕刺激引起的消极反应。举一个经典的实验为例：琼斯（M. C. Jones）的被试是个 34 个月的男孩彼得，他害怕皮外衣，怕羽毛，怕棉花，怕羊毛，怕动物，尤其怕兔子，凡是带毛的东西他都害怕。为了使他克服对兔子的害怕情绪，实验者采用食物作为愉快的刺激。每当小彼得吃饭时，实验者就把关着小白兔的笼子放到房间里来。最初因担心兔子的出现会干扰彼得吃饭，所以笼子尽量放得离桌子远一点，以后一天天地把笼子向桌子移近，最后可以把小白兔放出来。到治疗末期，小彼得一点也不怕兔子了，连兔子跑到饭桌上来也不害怕。按照琼斯的说法，这是因为吃饭是一项十分令人愉快的活动，若与兔子经常结合在一起，与吃相联系的积极的情绪就会延及到兔子身上，从而对抗了彼得对兔子的害怕。以后的测验还表明，这种积极的情绪还会扩展到先前害怕的皮毛之类的东西。小彼得害怕皮毛的行为问题就通过这种对抗性条件作用被克服了。

但是，这种方法也可能有潜在的危险，情绪上的扩散也可能以相反的方向进行，即儿童不是把愉快的情绪延及到兔子之类的引起害怕的对象上，反而是让害怕的情绪延及到吃饭、吃冰激凌等愉快的活动上。因此，有些心理学家主张，为了可靠起见，与其采用对抗性条件作用的方式，不如让儿童简单地去适应害怕的对象为好。如把笼子放在儿童经常做游戏的房间角落里，让儿童自己慢慢地习惯走近笼子甚至去探究笼子里的小动物。

（2）系统脱敏法（desensitization）

系统脱敏法是指在身体放松的情况下，安排患者逐渐地接近所害怕的对象，或逐渐提高患者害怕的刺激物强度，让患者逐渐减轻对惧怕对象的敏感性。这种方法的基本前提是害怕的心理状态不能与不紧张的身体状态（如肌肉放松）同时并存，而且认为这种不紧张的身体状态能够阻止与害怕相联系的反应。根据这个原理，治疗者先要训练儿童学会放松身体的技术，同时将害怕的刺激根据害怕的强度分成几个层次，然后用图片、幻灯片或言语指示向儿童呈现害怕的对象或事件，并要求儿童想象害怕的对象或事件。每次想象害怕的对象时，就要求儿童放松肌肉。当害怕刺激呈现后被试不再感到害怕时，就说明被试对这级刺激的害怕消除了。于是，再逐级上升害怕刺激，直到过去最使儿童害怕的刺激呈现也变为中性化为止。

（3）**榜样塑造法**（modeling）

榜样不仅能使儿童获得良好的行为习惯、高尚的思想品质，还能帮助儿童克服害怕的情绪。社会学习理论家班杜拉等人用实验证实了榜样可以帮助儿童克服害怕的观点。实验者把托儿所里害怕狗的儿童分别分到四个条件不同的小组，第一组儿童在一起参加一个愉快的聚会（积极的情境）时，可以看到一个 4 岁儿童与狗亲密地在一起玩（示范者）；第二组儿童同样地也看到儿童与狗一起玩的情境，只是他们没有参加聚会（中性情境）；第三组儿童虽然参加了愉快的聚会，也看到有条狗，但没有示范者；第四组儿童只参加了聚会，既没有见到狗，也没有见到示范者。实验者在实验前先对各组儿童害怕狗的情况做一次摸底测验，训练后一天及训练后一个月又做了一次测验。测验由一个个与狗相互作用的等级组成，如接近狗、抚摸狗，最后能关上房门单独与狗一起玩等。四个组的儿童在实验的不同阶段害怕狗的成绩如图 8-9 所示。

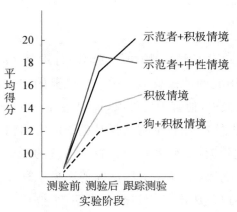

图 8-9　不同测验阶段不同组的平均分数

从图 8-9 中可以看出：①有示范的两个组儿童害怕狗的测验成绩比另外两组没有榜样示范的儿童进步明显。前两组儿童中已有许多儿童达到了可与狗在一起玩的水平。②一个月后的跟踪测验表明，有示范的两个组儿童不害怕狗的影响比较持久。此外，在实验中还看到这种进步表现在儿童对不熟悉的狗也不害怕，说明已有了反应的概括化。这个实验令人信服地证实了，向儿童显示同伴能成功地对付自己所害怕的对象，可以有效地帮助儿童广泛而持久地减少害怕的程度。

目前，这种利用榜样塑造法帮助儿童克服害怕的技术已运用到某些会给儿童带来害怕的领域中去。如放映不怕牙医治疗的儿童影片帮助儿童克服对牙医的恐惧。

（4）**认知疗法**（cognitive therapy）

我们的行为和情绪都有一定的思想作指导，要改变不合理的行为和情绪，首先要找出不合理的思想基础。通过认识和改变不适当的思想来达到改变行为和情绪的目的，是认知疗法的基本观点。儿童有些害怕也与不正确的认知有关。如，有个儿童害怕老师，害怕同学，害怕学校，社会行为退缩。问他为什么害怕，他说："我成绩不好，别人都不喜欢我。"治疗者就要设法帮助儿童认识这种错误的想法并学会自我监察害怕行为的发生，教会儿童用新的认知去塑造新行为。这里的关键是帮助儿童根据事实去分析他的想法与现实的差异。

此外,还可以为儿童说明令儿童害怕的事情发生的情由,为儿童提供一些克服害怕的具体手段等方法。

4. 害怕的预防

儿童的许多害怕与父母不合适的教育方法有关,尤其是父母过度保护和过度限制儿童的行动,使儿童对原来并不害怕的对象和活动产生莫名的害怕。如儿童在爬高、玩水、玩狗时,成人突然神经质地大声吓唬和尖叫起来(其实是成人自己感到害怕)。这种由尖叫引起的无条件恐惧与高、水、狗等条件刺激相结合,儿童就可能形成怕高、怕水、怕狗的不良行为。时间久了,儿童自己也不清楚缘何怕这些本不该怕的东西。儿童害怕考试也与父母期望过高、过分关注儿童的学习成绩、给儿童的压力太大有关。儿童由害怕父母惩罚、失望转移到害怕考试。

第三节　儿童情绪的获得

正如第一节所说,儿童出生时已具有一定的情绪反应能力,但情绪的社会化,作为一种社会适应能力是通过后天大量的学习获得的。儿童需要获得情绪的社会适应力主要有三个方面:①学习理解和识别情绪;②学习控制情绪的能力;③学习在什么时候、什么地点(场合)怎样表现合适的、符合社会预期的情绪。下面介绍几种儿童情绪获得的理论假设。

一、学习理论

儿童的情绪可以通过经典条件反射(或应答性条件反射)获得。华生和雷诺(R. Raynor)做了一个证明害怕是学习获得的经典实验。实验对象是一个名叫阿尔伯特(Albert)的 11 个月大的男孩。实验者让小男孩玩白鼠,起初他一点也不害怕。后来,实验者就在阿尔伯特玩白鼠的同时,在其背后敲打钢棒,发出猛烈的响声。几次以后,阿尔伯特只要一看到白鼠,即使没有响声伴随,也表现出极度的害怕,不仅是害怕白鼠,还害怕与白鼠类似的物体,如狗、白兔、皮外套、棉花、羊毛等,甚至连圣诞老人的面具也害怕。1 个月以后又对他重新测定,发现他的害怕程度虽有所下降,但这种条件性的害怕依然存在。由于这个实验会给儿童的心灵带来伤害,因而受到了人们的指责,但它也揭示了害怕的习得过程。儿童的害怕不仅可以通过条件反射的建立而获得,还可以通过新的条件反射的建立来加以克服。

据心理学家对老式孤儿院的研究发现,这些孤儿院孤儿的微笑发展得比一般家庭中抚养的婴儿慢,他们长大后对周围的人,包括朝夕相处的保育员和同伴,在感情表达和丰富性上也成问题,有的十分冷漠,有的则是表现过于"热烈",渴求别人的注意。这种感情上的扭曲发展可能与早期抚养方式有关,因为孤儿原先由生物驱力表现的情绪(如饥饿时的哭喊、舒服时的微笑）得不到周围人的社会性反馈，久而久之，他们的感情之源渐渐干枯了。而在家由父母抚养的儿童的感情表达常常能得到父母的强化（如婴儿笑，母亲就对孩子说话、抱孩子，孩子因此笑得更多），情绪发展得更快。尽管每个出生正常的儿童都具备发展情感的先天基础，但由于生活处境不同，情感表达的方式、情感的丰富性和发展速度也不同。

儿童对情绪的识别大部分来自父母对情绪行为的语词标志。如当儿童发怒时，父母会说："怎么啦？发怒了？别这样。"看到儿童笑得很欢，父母又会问："什么事让你这么高兴？"这种情绪识别的能力随着儿童阅读能力和欣赏能力的提高而有所增强。他们通过小说主人公和影视角色的内心展示，可以学到更多标志复杂情绪的词，同时也促进了识别别人情绪能力的发展，丰富了自己情绪表达的能力。

每个社会、每种文化都有约定俗成的"情绪表达法则"。它规定一个人什么时候该哭，什么时候该笑，什么场合想笑却不能笑，什么场合想哭却不能哭，什么时候要故意表达某种情绪，什么时候则要故意掩饰某种情绪。这些法则往往是通过儿童对成人和其他人（包括影视角色）的观察和模仿，通过自身生活体验的积累获得的。然而，这种能力的获得，要以学会区分"情绪表达"和"情绪体验"为前提。

观察和模仿还有助于儿童学会如何处理紧张和害怕的情绪。心理治疗家常利用这种方法来帮助儿童克服紧张与害怕的情绪。

二、 知觉再认理论

知觉再认理论把儿童看作是一个信息加工的机体，并试图用已形成的结构或工具来影响输入的刺激。儿童在知觉外部事件时，在头脑里形成了一个心理映像，这个内部的心理映像称为格式（schema）。卡根（J. Kagan）等人曾做过这样一个研究：给 4 个月的婴儿看一张规则的人脸照片或三维的人脸塑像，再给婴儿看一张格式化了的脸的变体或一个弄歪了的不规则的脸的变体。结果发现婴儿对前者比对后者产生更多的微笑。实验者还注意到，婴儿从注视规则的脸到微笑的产生，中间约有 3—5 秒钟的间隔。这就支持了这样一个解释：当婴儿在注视一张规则的脸时，有一个潜伏期（刺激同化于原有格式所需的时间），随着对脸的知觉认识，微笑就被释放出来了。在现实生活中确实可以看到这种情况，婴儿不是见到刺激后就立即发出微笑，而往往是在"研究"了刺激之后才产生微笑。有研究者也试图使用近红外光谱成像技术（一项类似功能性核磁共振，探测血液动力反应的成像手段）测量了 10 位 5—8 个月的婴儿观看正置与倒置的面孔图片时的大脑功能活动，研究发现，婴儿在观看正置面孔时，含氧血红蛋白与总血红蛋白浓度在右侧颞上回大脑区域显著增强，并且，婴儿观看正置与观看倒置面孔图片在右侧颞上回的血红蛋白总浓度存在显著差异（Otsuka et al., 2007，如图 8-10 所示），这表明 5—8 个月的婴儿已经开始准确加工人脸表情信息，并具备相对成熟的生理基础。

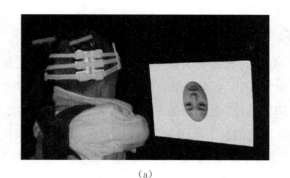

（a）

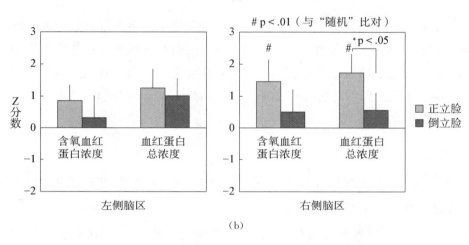

（b）

图 8-10　婴儿观看面孔图片的脑功能活动差异

（a）一个婴儿带着近红外的传感器贴片，（b）测试条件（面孔）对比基线条件（蔬菜）的含氧血红蛋白和血红蛋白总浓度的平均变化。

希伯（D. O. Hebb）对黑猩猩所做的经典实验研究也能说明这个观点。一组黑猩猩一直有正常的视觉刺激，包括能看见其他黑猩猩，另一组黑猩猩是在有障碍物、看不见其他黑猩猩的条件下抚养的。给两组黑猩猩看一个石膏制的黑猩猩头像，结果发现那些在正常视觉条件下养大的黑猩猩一见到这个头像就唤起了害怕与愤怒；而缺乏视觉经验的黑猩猩或者没有引起什么反应，或者感到好奇，绝无害怕的表示。希伯认为，这两组黑猩猩的不同反应是由于在正常视觉条件下抚养的黑猩猩形成了一个知觉模式，这个知觉模式包括黑猩猩的头部、身体、四肢，可是眼前它们看到的模式虽然是十分熟悉的，却是不完整的，与它们原有的经验不相符，于是唤起了害怕。另一组黑猩猩因为从来没有见过黑猩猩的模样，也未形成过有关黑猩猩的知觉模式，没有比较，也就无所谓害怕了。

人类婴儿似乎也有类似的现象。婴儿见到自己熟悉的人就感到很愉快，而见到陌生人就感到害怕，甚至哭。按照知觉再认者的观点来解释，那是因为陌生人与他们熟悉的人相比，又相似，又不相似，所以引起焦虑。总之，无论是害怕还是微笑，都与儿童同化刺激物的知觉再认能力有关。

三、 社会认知理论

社会认知是指对人类和人类事物的知觉、思维和推理。社会认知理论研究的重点是儿童对社会世界、对自己和别人、对社会关系的认识和理解。儿童的认知能力发展影响儿童的社会认知能力的发展（例如共情，能设身处地体验他人情绪感受的能力）。随着儿童学会采取别人观点，感受到别人情绪的移情作用渐趋成熟，引起儿童情绪反应的刺激性质也起了变化。前面提到的学前儿童与小学生观看一个儿童被一群黄蜂攻击的不同情绪反应就是很好的例子。

同时，随着儿童采择别人观点能力的提高，儿童学会了对别人行为的正确分析和归因，能更好地控制和表达自己的情绪与行为。如儿童甲刚搭好的积木塔被儿童乙推倒了，如果儿童甲认为这是儿童乙故意破坏，就会发怒，但若认为是其无意中碰翻的，就不会发火。儿童早在 5 岁时就表现出归因对情绪的影响。到了学龄期，为了减少别人的不满或痛苦，他们还会编造行为发生的原因。

本章小结

- 情绪的功用与结构

情绪对人类的躯体（例如消化系统、神经系统、免疫系统等）与心理（例如情绪与认知功能）健康都会产生影响。积极情绪可增强人体免疫力，可使儿童的思维更为活跃，记忆力增强，注意力集中；而消极情绪则会影响儿童的进食习惯和肠胃不适反应，造成不明原因的后背、四肢与头部疼痛，损害儿童的注意范围和记忆能力，影响儿童在同伴中的受欢迎程度。

情绪的结构包括生理反应状态：外周生理反应和中枢神经反应；情绪体验，主观报告的情绪体验与认知评估和调控能力密切相关；情绪表达：面部表情、身体姿势和语音语调是主要的三种情绪表达形式。

- 情绪发展特征

婴儿情绪的发展特征：婴儿的情绪表达能力是天生的，非言语表达代表了真实的情绪体验；幼儿的情绪发展特征：自我意识情绪出现、情绪语言和情绪理解的发展与幼儿社会情绪发展存在密切联系；儿童的情绪发展特征：学校、同伴、家庭环境对儿童时期的情绪发展存在重要影响；青少年的情绪发展特征：高低起伏落差很大，波动发生的频率更高。

- 情绪获得的理论

学习理论认为儿童的情绪可以通过经典性条件反射（或应答性条件反射）获得；知觉再认理论把儿童看作是一个信息加工的机体，并试图用已形成的结构或工具来影响输入的刺激。

思考与练习

1. 调查中小学教育中,学生健康情绪和情绪智力培养的具体计划以及具体措施。

2. 对专栏 8-1"过渡物体"或替代物使用的理由、作用提出自己的看法。

3. 观察一个年龄段儿童的情绪,写出该年龄段儿童一般的情绪特征(实例说明)。

4. 调查幼儿、小学生、中学生害怕的内容以及通常克服害怕的方法。

5. 调查中小学生有哪些主要的消极情绪并分析产生的原因。

6. 如何安抚啼哭中的婴儿?

延伸阅读

1. 鲁道夫·谢弗. 儿童心理学[M]. 王莉,译. 北京:电子工业出版社,2010.

2. 约翰·桑特洛克. 儿童发展[M]. 桑标,王荣,邓欣媚,译. 上海:上海人民出版社,2009.

3. Ekman, P. , Friesen, W. V. , & Hager, J. C. (2002). Facial action coding system. *Manual and investigator's guide*, Salt Lake City, UT:Research Nexus.

4. Wilson, R. L. , & Wilson, R. (2015). *Understanding emotional development:Providing insight into human lives.* NY:Routledge.

5. Hay, D. F. (2019). *Emotional development from infancy to adolescence:Pathways to emotional competence and emotional problems (1st ed.).* NY:Routledge.

第九章 儿童人格发展

📋 本章导语 ⫼⫼

就像世界上没有两片完全相同的雪花一样,在世界上我们也找不到人格一模一样的人。即使是生活在同一家庭里的同卵双生子,其人格特点还是存在一定的差异。那么,儿童的人格是如何形成的? 哪些因素会影响儿童人格的发展? 这是本章关注的重要问题。

人格(personality)是一个人经常表现出来的稳定心理特点和心理倾向性的整合,是一个复杂的、多侧面、多层次的动力结构,涉及的内容非常广泛。本章将首先介绍有关儿童人格发展的经典理论,然后介绍影响儿童人格形成和发展的生物因素和环境因素,最后重点阐述儿童人格发展中两个主要的领域,即自我意识和性别角色的发展。

📍 学习目标 ⫼⫼

1. 掌握人格发展经典理论的核心观点。
2. 掌握气质的涵义、类型,及其在人格发展中的作用。
3. 了解家庭对人格发展的影响过程和作用机制。
4. 掌握儿童自我意识发展的基本过程。
5. 理解并掌握儿童性别角色发展的基本过程。

第一节 儿童人格发展的理论

心理学家对儿童人格是怎样形成和发展的问题存在不同的看法,由此形成了一系列重要的理论学说。这里重点介绍几个经典的人格发展理论。

一、 弗洛伊德的心理性欲理论

西格蒙德·弗洛伊德是 19 世纪维也纳的精神科医生,同时也是精神分析学派的创始人。在与精神病人的长期接触过程中,弗洛伊德发现有些精神病人的发病与其童年经验有关。因此,他十分重视早期经验在人格形成中的作用并详细地描述了儿童人格形成的过程。

1. 人格结构的形成

弗洛伊德认为一个人的人格由三个方面组成,即本我(id)、自我(ego)和超我

（superego）。本我是人格结构中最重要、最基本的部分，由先天的本能和基本的欲望所组成。本我遵循"快乐原则"，在无意识中表现，寻求本能欲望的释放和满足，代表着直接追求和绝对满足生物本能的人格方面。自我介于现实世界与本我之间。它的作用就是要满足本我的本能需要，同时又要适应环境的要求。自我遵循"现实原则"，代表着人格中理性和审慎的一面。超我是自我的一部分，是人格中的监控机构。超我由理想自我和良心组成，遵循"至善原则"。当自我控制不了本我并向本我妥协而违背了良心时，自我就会产生一种内疚感、犯罪感来惩处自己。

　　人格的三种结构成分是逐步形成的。本我是人格的原始成分，生来就有。然而本我的欲望和需要往往会和外界环境产生冲突，个体为了满足自己的需要并避免环境的惩罚，就在本我的基础上发展出自我，充当本我和现实世界的仲裁者。超我则是从自我中产生和分化出来的。它通过儿童的自我认同①将父母对儿童的约束、禁律、习惯等内化而成。超我一旦形成，儿童就能自己控制自己的行为，自己决定对行为的奖惩了。

　　人格的三种成分之间的冲突是不可避免的。在健康、成熟的人格中，一个动态的平衡在起作用，即自我能够协调本我、超我和外界环境要求之间的冲突。而一旦这种平衡被打破，就可能会出现心理问题。

2. 人格发展的阶段

　　弗洛伊德是一位本能决定论者。他认为人格发展的基本动力是本能，尤其是性本能。弗洛伊德所指的"性"与一般人狭义理解的性有所不同，它指的是能直接或间接引起机体快感的一切活动。性本能表现为"一种力量"，弗洛伊德把它称之为"力比多"（libido）。在不同的年龄阶段，力比多会在身体的不同部位得到满足，据此，弗洛伊德将人格的发展划分为五个阶段，即口唇期、肛门期、性器期、潜伏期和生殖期。力比多在发展过程中会遇到两种危机：固着（fixation）和倒退（regression）。固着是一部分力比多停滞在较初期的发展阶段上；倒退是力比多倒流到初期的发展阶段。无论是固着还是倒退都非正常现象。在弗洛伊德看来，一个人的人格早在儿童早期，或者说在 5 岁前后就已形成了。早期力比多的发展变化决定了人格发展的特征。弗洛伊德划分的五个人格发展阶段分别是：

　　① 口唇期（0—1 岁）。这一时期，性本能的主要区域集中在口唇。婴儿主要通过吸吮、咀嚼、吞咽、咬等口腔的刺激活动获得快感。如果在这个时期性本能的满足不当（太多或太少），就会产生口唇期人格。过分满足，就可能发展成一种依赖人或纠缠别人的人格。若过分不满足，则可能形成一种紧张与不信任的人格。在弗洛伊德看来，成人乐观、开放、慷慨等积极的人格特点和悲观、被动、退缩、猜忌等消极的人格特点，都可以从这个发展阶段偶然发

---

　　① 　自我认同（identification），也译作自居作用，是弗洛伊德提出的一种心理机制假说，即认为儿童倾向于仿效父母，不仅仿效个别特性而且以父母的完整形象为楷模。他认为儿童这样做的动机在于怕失去父母的爱或出于对父母的爱，或希望获得某些非常值得向往的父母的特性，以便在将来能够达到父母所期望的目标。

生的事件中找到原因。

② 肛门期（1—3 岁）。这一时期，性本能的活动区域转移到肛门，自发排便是满足性本能的主要方法。大小便训练可能引发孩子与父母的冲突。强烈的冲突可能导致所谓的肛门期人格。对大小便训练过于放松容易导致肛门排泄型的人格特征，表现为邋遢、浪费、无条理和放肆；对大小便训练过于严厉则容易导致肛门便秘型的人格特征，表现为过分干净、过分地注意条理和小节，固执和小气。

③ 性器期（3—6 岁）。这一时期，力比多的投放转移到生殖器部分，性器官成了儿童获得性满足的主要来源，表现为这个时期的儿童喜欢抚摸生殖器和显露生殖器以及出现性欲幻想。男女儿童在行为上也开始有了性别之分。弗洛伊德断定这个阶段的男女儿童分别出现了"恋母情结"和"恋父情结"，即对异性父母有乱伦的愿望，但又害怕受到惩罚，因此转而模仿同性父母的行为和态度。

④ 潜伏期（6—11 岁）。性冲动开始进入暂时停止活动的时期。这个时期最大的特点是对性缺乏兴趣。男女儿童的界线已很清楚，常常分开做游戏，甚至互不往来。直到青春期开始，这种现象才有所转变。

⑤ 生殖期（12 岁以后）。青春期的到来重新唤醒了性冲动，青少年渴望与异性建立亲密关系，并且必须学会以社会可接受的方式表达这种冲动。弗洛伊德认为，青年期最重要的任务是从父母那里摆脱自己，建立起自己的生活，这也是人格发展的最后阶段。

弗洛伊德的精神分析理论自问世以来，就在心理学界和社会各界引起了巨大的反响。人们对其理论的评价可谓褒贬悬殊。有人把弗洛伊德奉为"20 世纪伟大的思想家之一"，也有人认为他的理论价值不大，似乎没有构成科学理论所必需的原理、必要的条件和精确的关系。尽管该理论存在很大的争议，但弗洛伊德对无意识动机的论述以及早期经验影响个体后期发展的观点，对以后的研究和实践产生了重要而深远的影响。从某种意义上讲，弗洛伊德改变了我们对人性的看法。

二、 埃里克森的心理社会发展阶段理论

埃里克森是美国著名的精神分析医生，他接受过弗洛伊德精神分析的训练与培养。后来他通过自己的临床观察和实际经验，对弗洛伊德的理论做了修正，成为新精神分析学派的代表性人物。

1. 埃里克森对弗洛伊德理论的修正

埃里克森对弗洛伊德理论的修正主要体现在三个方面：

① 弗洛伊德特别强调本能的力量，自我只是本我和超我的奴仆；埃里克森则更强调自我的作用、理智的力量，相信自我能引导心理性欲向着社会所规定的方向发展，超我可以协助自我监督本我。

② 弗洛伊德在研究儿童的人格发展时，仅把儿童囿于母亲—儿童—父亲这个狭隘的三

角关系中；而埃里克森则把儿童置于更加广阔的社会背景上，重视社会文化对发展的影响。

③ 弗洛伊德认为儿童的人格发展到青春期为止，而埃里克森则把人格发展的阶段扩展到人的一生。

埃里克森把儿童人格的发展看作是一个逐渐形成的过程，一定要经过几个顺序不变的阶段。每个阶段都有一个普遍的发展任务，这些任务都是由成熟与社会文化环境、社会期望间不断产生的冲突或矛盾所规定的。如果儿童解决了冲突，完成了每个阶段上的任务，就能形成积极的品质，完成得不好就会形成消极的品质。但是，埃里克森不像弗洛伊德那样悲观。他认为一个阶段的任务虽未完成，仍有机会在以后的阶段继续完成，并不一定导致像弗洛伊德所说的那种病理性后果。同时，埃里克森也指出，即使一个阶段的任务完成了，也并不等于这个矛盾不复存在了，在以后的发展阶段里仍有可能产生先前已解决的矛盾。

2. 心理社会发展的阶段

埃里克森认为个体一生的人格发展经历以下八个阶段：

① 基本的信任对基本的不信任（0—1岁）。该阶段的发展任务是培养儿童的信任感，发展对周围世界，尤其是对社会环境的基本态度。婴儿出生后就有种种生物学的需求，要吃、要抱、要有人陪伴等。当这些需要获得了满足，就会使婴儿对周围的人，尤其是照料他最多的母亲产生一种信任感，同时感到世界是安全的。这种对人和对环境的基本信任感是形成健康人格的基础。而如果儿童的基本需求没有得到满足，得不到成人应有的照料，儿童就会对人和世界产生一种不信任感和不安全感，而且这种不信任感和不安全感会延续到以后的阶段。

② 自主感对羞耻和疑虑（1—3岁）。该阶段的基本任务是发展自主性。在此之前，儿童的依赖性很强，行为大部分都由外界引起。然而，当他学会了说话和走路，能够比较独立地探索周围世界时，儿童便开始藐视外部世界的控制，处处喜欢显示自己的力量。他们爱讲"我""我自己来"之类的话，对成人的帮助总用一个"不"字来拒绝。儿童的这些想法和做法不仅扩展了儿童的认识范围，培养了独立能力，更重要的是让他们感受到了自己的力量，感到自己有影响环境的能力。如果父母对儿童的行为限制过多，就往往会使儿童产生一种羞耻感，一种自认为无能的怀疑感。

③ 主动对内疚（3—6岁）。该阶段发展的基本任务有两个：一是发展良心；二是获得性别角色。随着能力的发展，儿童的活动范围扩展到家庭之外。在这种情况下，儿童必须要发展"良心"，使自我在不受父母直接控制的时候，仍能由代替父母声音的内部良心来引导自己的行为，于是产生了主动性。如果父母能积极支持儿童从事游戏和智力活动，儿童就会发展更多的主动性。如果父母经常嘲笑儿童的活动，认为儿童从事的活动是笨拙的，儿童就会对自己的活动产生内疚感。有时候儿童在主动工作时，也往往会与别人的主动性发生冲突，甚至侵犯别人的自主性，在这种情况下，也会产生内疚感。

④ 勤奋对自卑（6—12岁）。该阶段的儿童已进入学校，第一次接受社会赋予他并期望

他完成的社会任务。为了完成这些任务，为了不致落后于众多的同伴，他必须勤奋地学习，但同时又渗透着害怕失败的情绪。这种勤奋感与自卑感的矛盾便构成了本阶段的危机。如果儿童在学习上不断取得成就，在其他活动中也经常受到成人的鼓励，他们的学习就会变得越来越勤奋。如果儿童在学业上屡遭失败，在日常活动中又常遭成人批评，就容易形成自卑。

⑤ 同一性获得对同一性混乱（12—20 岁）。该阶段的基本任务是发展自我同一性（self identity）。所谓自我同一性是一种关于自己是谁、在社会上应占有什么样的地位、将来准备成为什么样的人以及怎样努力成为理想中的人等一连串的感觉。一个实现了自我同一性的青少年至少有以下三个方面的体验：首先，他感到自己是一个独立的、独特的有个性的个体，虽然他与别人一起活动，共同承担任务，但他是可以与别人分离的。其次，自我本身是统一的。他的需要、动机、反应模式可以整合一致。再次，自我所设想的我与自我所觉察到的其他人对自我的看法是一致的，并深信自我所努力追求的目标以及为了达到这个目标所采用的手段是为社会所承认的。

⑥ 亲密对孤独（20—40 岁）。这一阶段的主要任务是建立亲密关系。个体一旦建立了同一性，就愿意对某个人或某些人做出承诺。他们具备了建立亲密关系的能力，愿意在必要时做出牺牲和让步，并与他人建立亲密关系的联结。而当人们无法建立亲密关系时，则会感到孤独和孤立。

⑦ 繁殖对停滞（40—65 岁）。这一阶段面对的主要任务是繁殖。繁殖的标准是由文化所界定的，承担工作、照顾家庭、抚养孩子等都是繁殖的体现。当个体能够为社会做出贡献或承担起抚养下一代的责任时，便会产生繁衍感。而不能或者不愿意承担这种责任会导致人格的停滞或自我中心。

⑧ 自我整合对绝望（65 岁以上）。这一阶段的发展任务是自我反省。老年人会回顾自己的一生，如果认为自己的一生是有意义的、成功的、幸福的，那么就会感到自我整合的完善感。如果认为自己的一生是失望的、没有履行承诺或实现目标的，则会对自己产生失望和厌恶感。

相较于弗洛伊德的理论，埃里克森的人格发展理论在某种程度上体现着理性的回归。他着眼于把儿童看作是一个整体，从情绪的、道德的和人与人关系的整体发展过程来研究人格的发展，而不是单从某个心理过程的发展来研究儿童。同时，埃里克森比较重视教育的作用，不仅指出了每个发展阶段的任务，还提出了解决矛盾、完成任务的具体教育方法。然而遗憾的是，埃里克森的理论更多是对个体发展的描述，并不足以解释发展背后的过程和机制。

三、 社会学习理论

社会学习理论家如班杜拉和米歇尔（W. Mischel，1973；Mischel & Shoda，1995）特别

强调环境对人格的影响。如果一个女孩小时候很胆小、羞涩，可以因为环境的改变，迫使她变得大胆、大方、坚韧；一个好攻击人的男孩，也可以因为好斗性得不到强化，而成为一个温和、有爱心的人。人格是一系列的行为倾向，这种倾向是在一定的社会情境下，在与他人的交往中形成的。如果一个人的生活情境一直保持不变，那么他的个性有可能一直保持一致性或不变性。但如果环境发生了变化，人格也会发生相应的调整。也就是说，人格的发展方向十分依赖于个人生活的社会环境和生活经历。班杜拉等人因而对人格或个性的跨情境性和生命全程的不变性提出了质疑，也反对人格发展有所谓一般的、普遍的阶段性。

从上述三个人格发展理论来看，它们对人格的发展中是否存在阶段性或不连续性有不同的看法。强调个性的生物基础的理论强调人格发展有连续和不连续性，而强调社会环境的重要性的理论则反对人格发展有普遍的阶段性，认为人格的发展是非常个性化的过程，强调人格发展对环境的依赖性，这就意味着个性在不同时间、不同情境里存在不连续的可能性。

第二节　人格形成的生物学因素

影响人格形成的主要因素有两个：一是生物学因素，包括遗传、先天素质和气质、体貌与体格的影响以及成熟速率等；二是社会化因素，主要有家庭、学校、同伴，以及网络、广播、影视、书报杂志等媒体。本节将重点讨论人格形成的生物学因素。

一、　先天气质

气质（temperament），通常称为脾气或性情，指的是个体在情绪反应、活动水平、注意和情绪控制等方面所体现出来的稳定的质与量方面的个体差异（Rothbart，Sheese，& Conradt，2009）。婴儿一出生就表现出明显的个体差异，有的孩子比较安静，容易安抚，生活节律性强。而有的孩子则喜欢哭闹，难以安抚，活动的节律性也不强。这样一种先天的气质差异构成了人格发展的基础。那么，气质有哪些类型？它是如何影响儿童人格的形成和发展的？

1. 托马斯和切斯的分类

托马斯、切斯和伯奇（Thomas，Chess & Birch，1970）曾经对 141 名婴儿进行了为期 30 年的追踪。他们从九个维度研究了婴儿最初的气质结构（如表 9-1 所示），并认为大部分婴儿可以归为三种气质类型：一种是容易型（easy child）。这类婴儿的饮食、睡眠习惯和大小便都有一定的节律，喜欢探究新事物，对环境的变化很易适应。第二种是困难型（difficult child）。他们的活动没有节律，对新环境很难适应，遇到新奇的事物或人容易产生退缩的行为，心境十分消极，容易表现出不寻常的紧张反应。第三种是迟缓型（slow to warm up）。他

表 9-1　托马斯等人提出的气质维度和类型

婴儿气质维度	活动水平（活动期与不活动期之比）	节律性（饿、排泄、睡眠和觉醒的节律）	分心（外部刺激改变行为的程度）	探究与退缩（对新的客体或人的反应）	适应性（儿童适应环境变化的容易性）	注意广度和持久性（专心于活动的时间，分心对活动的影响）	反应的强度（反应的能量，不管它的性质或方向）	反应性阈限（唤起一个可以分辨的反应所要求的刺激强度）	心境的性质（友好的、愉快的、高兴的行为数量与不高兴、不友好行为相比）
容易型	较适中	很有节律	多变	积极探究	很易适应	高或低	低或适度的	高或低	积极的
困难型	多变	无节律	多变	退缩	慢慢地适应	高或低	强烈的	高或低	否定的
迟缓型	多变	多变	多变	最初有退缩	慢慢地适应	高或低	适度的	高或低	稍许否定的

来源：Thomas，Chess，& Birch，1970.

们的生活节律多变，初遇到新事物或陌生人时往往会退缩，对环境的适应较慢。在托马斯等人的研究中，有 40% 的婴儿是"容易型"，15% 是"慢热型"，10% 是"困难型"。另有 35% 婴儿属混合型，他们兼有几种气质类型的特点。

2. 卡根的气质分类

卡根从行为抑制的维度来划分气质类型。他在研究中观察到，有大约 15% 的婴儿在面对陌生的人和情境时，会表现出明显的害羞、抑制、胆怯，他将其称作抑制型儿童。抑制型儿童对不熟悉的事物，在许多方面做出的反应是逃避、忧伤或抑制情绪反应，这种反应始于约 7—9 个月的年龄。一项研究把幼儿分成极端抑制、极端非抑制和中间群体（Pfeifer et al.，2002），在幼儿 4 岁和 7 岁时进行跟踪评估。结果发现，虽然有许多抑制的儿童 7 岁时转到了中间群体，但是抑制和非抑制却显示了连续性。此外，研究结果还表明，抑制型儿童在面临新的事件和情境时会有明显的生理反应，表现为更高的唤醒水平（如皮质醇水平的升高）（Gunnar & Quevedo，2007）。福克斯（Fox）等人的研究还证实，抑制型儿童右侧前额叶的 α 波能量显著高于左侧前额叶。这在一定程度上反映了气质的生理基础。

3. 罗斯巴特和贝茨的气质分类

罗斯巴特和贝茨（Rothbart & Bates，2006）发现以下三个维度能最佳地反映气质的结构特征：①外倾性，包括"积极的参与、冲动、主动水平和感觉寻求"；②消极情感，包括过敏性和害怕；③努力控制（自我调节），包括"注意集中和转变、抑制控制、知觉敏感和低强度的愉悦"。

罗斯巴特认为,早期的气质理论模型强调受情绪的积极性或消极性的影响方式,强调受唤醒水平影响的方式,我们的行为受这些倾向所驱动。而现在更多研究强调"努力控制",它反映了个体能采取认知等灵活的方式来应对压力情境的观点。

儿童最初表现出来的这些气质特点是儿童人格发展的基础,是人格塑造的基本材料。正是这种差异或特点制约了父母或其他教养者与儿童相互作用的方式,也制约了父母和教养者对儿童作用的效果。如有的婴儿生下来就对人十分冷淡,有的婴儿则相反。于是,那些喜欢别人拥抱、亲吻的儿童就可以从父母那里引出比不愿让别人抱的婴儿多得多的反应,而且反应的情况也不同。喜欢别人抱的婴儿会促使母亲对他表示更多、更亲热的行动,而态度冷淡的儿童更易引出与此相应的反应。喜欢独立的个体倾向于摆脱成人的控制,而喜欢成人注意的儿童往往更易得到成人的注意。父母对一个执拗的儿童所用的教养方法既不同于依赖性强的儿童,也不同于独立性强的儿童。一个依赖性强的儿童往往更希望得到父母的帮助,而父母似乎也更容易给予更多的反应。当然,这里还得考虑父母的人格。一个喜爱安静的儿童可能不讨喜爱说说笑笑的母亲的欢心,可是却会受到喜爱安静的母亲的欢喜。总之,儿童的人格,从一开始就是带着自身已有的气质特点在与周围的人、周围的环境发生微妙的相互作用中发展起来的。

随着年龄的增长,儿童出生后的气质特征会稳定地持续下去,还是会发生变化?同样都是困难型的儿童,如果父母对他们缺乏耐心,要求很多,矛盾冲突很多,那么一般地说,这个困难型的儿童在以后的人生中会继续表现出困难型气质的特点,除非环境发生了一个大的突变,迫使他改变自己;如果父母适应了孩子的气质,并且为其创造了良好的条件让他去适应新的环境,困难型儿童就会很好地去适应环境,并积极主动地控制新情境。

总之,婴儿的气质特点会不会改变,是连续还是不连续的取决于儿童的天性(气质特征)与社会环境之间的适合度或契合度(goodness of fit),即孩子的气质与社会的要求和期望的协调程度,其中也包括家庭环境中父母的人格、对孩子的期望和教养方式与孩子气质特点的协调程度。那些适合度高的气质特点比适合度低的更易保持与发展。

二、 体貌与体格的影响

体貌指的是面部特征、身高体重和身体的比例。体貌本身并不直接地影响一个人的人格,但是当它成为社会注意的对象,并赋予人为的社会价值时,它就会成为影响人格发展的一个因素。

我们在生活中可以看到,有些长得俊俏的人常常为自己的容貌出众而自鸣得意,也比较自信。而有些长得丑陋的人,或者身体有缺陷的人,往往为此苦恼、愁闷,容易滋长否定、消极的情绪。但是,这并不是说外貌特征可以决定一个人的个性。外貌在个性发展中究竟占有什么样的地位,是产生积极的影响还是消极的影响,取决于儿童所处的环境中的其他人,尤其是在儿童心目中有权威的人对儿童外貌的看法以及儿童本人其他的一些人格特征,特别是一个人的能力和理想。一个外貌很美的儿童可能由于家庭不安宁、父母教养不当、学习成绩不佳以及不能正确地认识自己等原因,变为一个缺乏自信、依赖性极强的人。而一个身体有缺陷的儿童,如果得到家庭和集体的温暖与帮助,对人生价值有一个正确的看法,同样可以形成积极乐观的人格特点。

虽然体格并不能直接决定一个人的人格,但有些体格特征可能影响教养者对他们的态度和教养方法,从而影响个体的兴趣、爱好、能力等。如:一个高个子的儿童更容易对打篮球、跳高感兴趣。体质强健的儿童由于不怕挨冻受热,父母往往给予其更多的独立性,加之儿童自身又无生病痛苦的体验,因而容易养成乐观、开朗、生气勃勃的人格特点。那些体弱多病的儿童,由于父母须经常细心地照料他们,因此更易养成依赖的、神经过敏的、谨小慎微的人格特点。此外,那些体格强壮、身材高大、协调能力较强的儿童,更易被同伴看作是成熟的、有能力的儿童,而且他们在动作活动、体育活动方面也较易取得成功。这些都会影响他们在同伴中的地位,反过来又会促进他们的自信和开朗等人格特征的发展。

三、 成熟速率的影响

青少年达到身体成熟的年龄存在惊人的个别差异。一般说来,正常的女孩达到青春期的时间比正常的男孩要早两年,但是在同性别内,到达青春期的年龄差异可以长达四年。

身体成熟得早或迟会使相同年龄的儿童招致不同的社会心理环境,从而影响一个人的情绪、兴趣、能力和社会交往。身体成熟的早晚对男女青少年的影响有些不同,这可能是社会对男女孩不同的期望所造成的。

一个个子矮小的男中学生,在同班同学中看上去就像个小学生,各项体育比赛往往没有他的份,甚至还成为同学们谈话的笑料。由于长得矮小,同学和父母都还把他当成小孩,而在他看来这是对他的侮辱。这样的男同学往往有一些消极的自我概念,有一种似乎被人抛弃的感觉,有较多的依赖性和倔强劲。相比之下,那些成熟早的男孩由于身体发展快,自己感到像个大人了,其他人也把他当大人看待,因而感到自信,有较强的独立感,更可能成为受同伴推崇的人物。

成熟早的女孩相对于成熟迟的女孩来说,则可能存在一些不利的社会条件。一些早熟的女孩由于月经来潮早,身体发育快而显得忸怩不安。但是早熟并不一定会对女孩的发展造成障碍。在对34位17岁成熟时间早晚不同的少女进行主题理解测验时,早熟者好像比晚熟者能更好地适应环境,尽管这两组的差异不如上述两组男子间的差异大。

实际上,成熟速率与其他生物学因素一样,它对个性的发展虽有一定的影响,但绝不是简单的一对一的因果关系。个性本身是个复杂的综合体,有众多的因素在影响着它,成熟速率只是其中一个因素。考虑到成熟速率对发展可能带来的影响,我们应该尽量避免一些可能由于早熟或晚熟而给儿童发展带来的消极影响。例如,父母的教育方式、父母与青少年的关系,教师、同伴与青少年的关系,从某种意义上来说,它们对成熟速率造成的影响起着至关重要的作用。

第三节　人格发展的社会化动因——家庭

从某种意义上说,人格形成的过程也就是儿童逐步实现社会化的过程。所谓社会化(socialization),是指个体学习他所属的社会中人们必须掌握的文化知识、行为习惯和价值体系的过程。其中家庭无疑是儿童人格实现社会化的主要场所。社会的信仰、价值观念等社会化目标首先都是通过父母的过滤,以高度个体化了的、有选择的形式传递给儿童的。父母本身的个性特征、社会地位、教育水平、宗教信仰、成就动机、性别的价值标准、对儿童的态度和抚养方式等都会强烈地影响他们的后代。鉴于家庭对儿童人格发展的重要影响,如何贯彻党的二十大精神,弘扬中华传统美德,加强家庭家教家风建设,是我国当代家庭教育发展研究的重要议题。

一、 父母的教养方式

教养方式是指父母通常采用的养育和指导儿童行为的方式,它们表现为对孩子的控制、关爱、期望及具体采用的管教方法。

在社会化过程中,个体需要学习和掌握社会文化知识、行为习惯和价值体系。父母根据自己对社会化目标的理解,运用各种教养技术使儿童社会化,并使其人格得到健康的发展。心理学家运用了家庭访问、直接观察、问卷和模拟实验等方法试图了解父母影响儿童发展的教养维度。其中,美国心理学家鲍姆令德(D. Baumrind)提出的教养方式分类受到了广泛的关注。

鲍姆令德认为评定父母教养类型的主要维度有两个:即控制(对孩子是否提出成熟的要求)和爱(是否关心、信任和尊重、理解孩子)。根据这两个维度可以把父母分成四种类型:①权威型父母——控制(提出符合年龄的成熟的要求)＋爱(接受);②专制型父母——控制(提出不符合儿童年龄特征的、近乎苛刻的或无理的要求)＋不爱(拒绝);③娇宠型父母——不控制＋不完全的爱(宠爱);④冷漠型父母——不控制＋不爱(等于放任自流、自生自灭)(如图9-1所示)。

专制型父母,控制有余,爱心不足;娇宠型父母,爱得不理智,控制不足;冷漠型父母,无论是教养方法还是教养态度都很成问题。唯有权威型父母是较理想的父母,

图9-1　父母的教养类型

权威型的父母对孩子提出了合理的要求,对孩子的行为做出了适当的限制,设立了恰当的目标(符合其成熟的水平),一贯地、一致地支持并坚持要求孩子执行这些目标。同时他们对孩子的成长表现出关注和爱,会耐心地倾听孩子的想法,鼓励孩子参与家庭决策。简而言之,这种教养方式是理性的、严格的,又是民主的、耐心的,既坚定地要求服从(标准),又努力促其独立,它是以爱为基础的。

研究发现,在权威型教养方式下成长的孩子,社会能力和认知能力都比较出色。他们的自控能力更好,并且心境比较乐观、积极,成就感强。在专制型教养方式下成长的孩子会表现出较多的焦虑、退缩等负面情绪和行为,他们的情绪不够稳定,比较容易被激惹,并且对周围的事物不感兴趣。娇宠型父母的孩子通常会表现出冲动和攻击性,他们喜欢以自我为中心,缺乏控制性,独立性和成就感也比较低。最糟糕的是冷漠型的教养方式,在这种教养方式中成长起来的孩子很早就表现出较高的攻击性,他们有更多的敌意、自私,缺乏长远目标,饮酒、吸烟、不良性行为的发生率也更高。

但这里必须提醒的一点是,看待任何问题都不能绝对化,都不能一概而论,尤其是对待预测儿童发展的问题。前面的结论不应被这样解释——即权威型教养方式总是可取的,或冷漠型的教养方式必定会导致孩子不适应和不快乐。这里有太多的变数,有研究发现,一些在高风险家庭中被抚养的孩子也有可能成为适应良好、非常成功的个体(Belsky,1997)。

父母采用什么样的教养方法,属于哪种教养类型,受许多因素的制约(如图9-2所示)。其中比较重要的因素包括:①父母本人的人格特征和信仰,对社会化目标的看法,对孩子的期望,以及对孩子能力的评估;②儿童自身的特征:气质、动机、能力和兴趣爱好等;③家庭内部环境,如婚姻关系、婆媳关系、经济水平、住房条件等;④外部环境:工作单位人际关系、邻里关系、社交网络、社区;⑤社会文化和亚文化,对孩子的管教和养育在不同的文化和亚文化中有不同的表达方式。同一种父母的教养方法,在一个社会可能被认为是可接受的,但在另一个社会或亚文化地区可能就是不合适的。

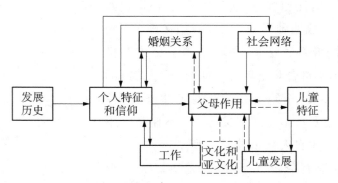

图9-2　决定父母作用的加工模式

专栏9-1

克服逆境的顺应力

顺应力(resilience)是一种被置于不利环境时克服潜在的心理或身体受伤害风险的能力。如家庭的极度贫困,受暴力或其他形式的社会混乱困扰的家庭。在这种特定情况下,对别的儿童来说可能会造成深远的影响,但具有顺应力的儿童则可以减少、降低或消除这类环境对他们的影响。顺应力强的儿童似乎具备一种能够激发照看者积极反应的气质。他们充满深情、随和,性情温和得像婴儿一样容易抚慰,能够引发任何一环境中绝大多数养育者的关怀,因而为自己有利的发展创造了有利的环境。

学龄儿童中具有顺应力的儿童表现为在社交方面令人愉悦、对人友善,具有良好的沟通能力。他们相对比较聪敏而且独立,他们认为能自己塑造命运而不是依赖别人或靠运气。

顺应力强的儿童的特点为我们帮助那些面对一系列发展性威胁的儿童提供了启示。首先是尽量减少置儿童于风险之中的因素——但经历一定的逆境、承受一定的压力,也许会锻炼儿童抵御困扰的能力;其次是通过教育增强他们处理这类情况的能力。例如请那些具有能力和关爱儿童之心的成人教儿童解决问题的技能,帮助儿童把自己的需要告诉那些能为他们提供帮助的人。

二、家庭结构

随着社会的发展,我国的家庭结构发生了很大变化,三代同堂的大家庭减少,核心家庭(父母＋孩子)增加,单亲家庭也在增加,随之而来的重组家庭(混合家庭)也有增加。此外,还出现诸如寄养家庭、收养家庭、同居家庭等。对家庭结构与儿童人格发展的关系研究较多的是离异家庭。

离婚对父母、对儿童都是一次心灵上的手术,震动很大。它对儿童的情绪、认知和社会性发展都会产生消极的影响。这种影响要持续多久? 是暂时的,还是长期的? 消极影响与哪些因素有关(如离婚时孩子的年龄、性别、谁做孩子的监护人、监护人与非监护一方相处的关系、监护人的教养类型)? 如何减少消极影响? 这些都是近年来心理学家们十分关注的问题。

国内外许多研究表明,离异家庭的儿童在智力、同伴关系、亲子关系、情绪障碍、自我控制和问题行为等方面,与完整家庭的儿童相比都存在显著差异。究其原因,主要有三个:①原有的家庭生活方式被搅乱,儿童要适应一套新的、强加的生活方式;②离婚父母因受种种压力(如经济、家务、社会舆论、自我概念)而显得紧张、焦虑、沮丧、孤独,对儿童显得易怒、缺乏关心和耐心,影响亲子关系和正常教育;③儿童感到自尊心受蹂躏或内疚(尤其是幼儿），影响学习活动，害怕与同伴交往。

父母离婚后，儿童的适应一般要经过两个时期：①危机期，常常持续一年左右，儿童受到的消极影响表现特别明显。②适应期，一般在父母离婚一年以后。父母已基本适应离婚后的生活，自我概念好转，与孩子的关系改善，能较好地教养儿童。

据研究，离婚对男孩的影响要大于女孩。男孩显示出更多认知的、情绪的和社会行为问题，往往变得更富攻击性、冲动、依赖、焦虑和缺乏任务指向。父母离婚对学前儿童的影响比对其他年龄组的儿童更大些，也许是因为他们认知水平太低，无法理解父母为什么离婚。在父母即将离婚的前一段日子里，幼儿会出现一系列的症状：做噩梦、饮食障碍、尿床、负罪感、爱哭、哀鸣等，这些倾向在父母离婚后的一年里有增无减。学龄儿童虽然已能理解一些父母离婚的原因，但常有被父母遗弃而引起的愤怒、屈辱感，致使学习成绩下降、问题行为增多。

父母离婚对儿童是否会造成长期影响，结论颇有分歧，但有三点是可以肯定的：①长期冲突不断的婚姻对儿童不利的影响要大于离婚的影响，故不必为了孩子而保持已经死亡的婚姻；②从青少年犯罪情况看，来自离异家庭的青少年犯罪行为更加普遍；③每个离异家庭的情况都不同，不利影响的多少和持久性也不同。

为了尽量减少离婚对儿童的消极影响，心理学家建议：①加强良好的亲子关系；②父母中非监护人的一方应继续（从物质上和精神上）关心与支持原来家庭的儿童；③监护方父母应保持良好的心理状态和管教方式。已有研究表明，父母离异后，父母联合监护的孩子的适应情况比单一父母监护的孩子好（Nielsen，2018）。但关键之关键可能还是离异父母自身的素质和教养方式，绝不能在离异后再在孩子受伤的心灵上又一次次地撒盐（如不让非监护方探视孩子；经常上演把孩子"抢"过来、"抢"过去的闹剧；挑拨孩子与一方父（母）的关系；监护方父母遭遇挫折时，就把孩子当出气筒、累赘等）。

教育者和其他研究青少年的专家必须记住：儿童的家庭不管是怎样的结构，都是儿童生活的中心。我们不能根据儿童生长的家庭环境对儿童妄下结论。有时双亲的家庭也有容易被过度浪漫化和理想化的状况。重要的不是家庭结构，而是家庭内部形成的关系的和谐性：家庭氛围是充满爱意的、温馨的，还是冲突不断，或是压抑的、无助的。

专栏9-2

未成年犯犯罪原因调查之家庭因素

2010年，中国预防青少年犯罪研究会人员与《中国青年报》记者赴北京、天津、黑龙江、河南、山东、江苏、陕西、湖南、浙江、云南等10个省、直辖市的未成年犯管教所、女子监狱开展调研，同时对上述10个省、市的初中生进行抽样调研。在对家庭情况、学校生活等多方面与未成年犯加以比较分析后，还对30名未成年犯父母、老师和同伴做了深度访谈。结果显示：

1. 近一半未成年犯没有跟父母住在一起

在一次"长期生活对象"的调查中,未成年犯对亲生父母的选择率为55%—56%。不与父母生活在一起的主要原因有父母离异、父母感情不好、父母因工作原因离开自己(留守现象)。许多未成年犯在单亲家庭长大,或长期留守乡村,与祖父母生活在一起。而20%的未成年犯认为人生最大的幸福是有一个温暖的家。

2. 近四成未成年犯曾恨过父母

恨父母的原因如图9-3所示,其中主要的原因有不够理解我(47.97%)、不关心我的心理感受(44.09%)、不让我做自己想做的事(43.21%)、经常打骂(32.22%)、强迫我做不喜欢做的事(27.87%)。

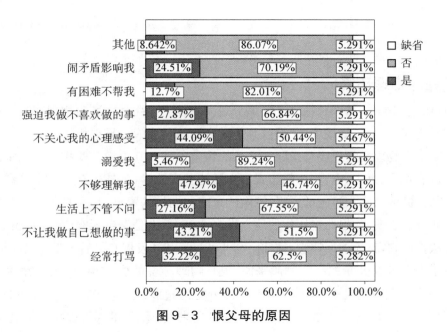

图9-3　恨父母的原因

3. 未成年犯无法从家庭生活中形成对社会正确的认知判断和行为

调查还发现,未成年犯的家庭普遍存在家庭关系不和谐(21.58%)、家庭残缺(17.79%)、父母文化程度不高的现象。对未成年犯仅限于生活层面的关心,而对其心理感受、技能发展都比较漠视,沟通交流不畅。

在"家里人对自己的态度如何"一项的调查中,有超过55%的未成年犯认为家里人"很疼爱我""大部分事情都顺着我",而同时又有近20%的未成年犯选择"要求非常严格、事事都管"(82%以上"很疼爱我";34.6%"要求非常严格";34.6%"大部分事都顺着我")。未成年犯家庭成员在某些时候是溺爱,而在某些时候又过分地严格。这种在教育方式上从一个极端到另一个极端的溺爱加严格的矛盾教育,不仅使大多数未成年犯未能得到家庭应有的温暖,也无法形成正确的社会认知判断和正确的行为方式。这是导致未成年犯犯罪的重要因素。

另外,从未成年犯由不良行为逐渐向犯罪行为(说谎被揭穿、学习成绩不好、通宵上网、夜不归宿、欺侮同学、抢别人财物、盗窃、与违法人员结交、因违法被劳教、因违法被判刑)过渡的过程中可以看出,父母对于未成年犯的教育方式的基本趋向:以说服教育为主(40%—60%)加上打骂(20%左右)→说服教育比重逐渐下降(20%)、打骂比重逐渐提高(25%)→打骂急剧减少(不到5%),说服教育回升(40%—50%)。

来源:王俊秀.四成未成年犯曾恨过父母[N].中国青年报,2011-07-23(03).

三、 家庭的物理环境

派克(R. D. Parke,2004)把家庭环境分成两种变量:社会变量和物理变量。社会变量是指人与人之间的关系,如成人(父母或其他人)↔儿童、成人↔兄弟姐妹↔儿童。他们间的影响是相互的。物理变量主要是指除人之外的物质条件及其组织和安排。对儿童发展影响较为密切的有玩具、书本、电视、房间布置和生活的条理性等,此外还有不特指某样东西的背景刺激。如安静的家庭和喧闹的家庭、宽敞的家庭和拥挤的家庭,都会对儿童的心理产生影响。不少研究已表明,如果儿童居住的地方噪声太多,不论是来自家庭内部的,还是外部的,儿童既无法控制它,又无法回避它,往往会与儿童早期认知发展和以后的学业成绩呈负相关。

父母本身不仅是儿童的社会刺激来源,也是物理环境的中介物,是儿童物理环境的提供者和组织者。父母对儿童的影响有极大部分是通过物理环境作用于儿童的间接影响,所以父母要十分重视家庭环境的组织。大量研究表明,家庭环境的规律性与儿童早期认知发展呈正相关。许多发展不良的学前儿童的家庭环境往往以无规律和不可预测性为特征。父母要为儿童创建一个充满吸引力,引导儿童去探究、发现、了解世界,进入人际关系的家庭环境。

家庭是儿童人格发展的重要基地,除上述分析的家庭结构、父母的教养模式和物理环境外,还有如孩子的数量、出生次序、家庭情绪氛围、儿童的性别等因素,都会对儿童人格产生这样或那样的影响。这些影响互相交错,互相制约,不能单考虑某一个因素的绝对作用。

最后还须注意,家庭是家庭成员共同组成的一个有相互作用关系的动力系统。如果说家庭是一个大系统,那么里面还有几个子系统。以三口之家来说,至少有三个子系统:父⇌母、父⇌子、母⇌子。每一个子系统的状态都会影响其他的子系统和整个的家庭系统。不仅有父母对孩子的影响,还要看到孩子对父母的影响,这种相互影响的关系,从亲子关系形成时就开始了。不论好或坏,这种相互影响一直充满在父母与孩子间,不久,父母和孩子都会以相同的习惯了的方式来回应对方。孩子随年龄在成长,父母也应学着同孩子一起长大,因为人的发展是个终生的任务。

第四节　自我意识的发展

自我意识是人格的一个组成部分,是整合、统一、调节人格各个系统的核心力量,也是推动人格发展的内部动因。自我意识是人类特有的意识,是作为主体的我对自己,以及自己与周围事物的关系,尤其是人我关系的认识。自我意识主要包括自我认知、自我体验、自我调节等。儿童是从什么时候开始感觉到自己是独立于别人或在一个更大的世界而存在的个体的呢? 我们怎么知道儿童开始觉知到自己了呢? 这种自我觉知、自我意识又是怎样随着年龄的增长而变化的呢?

一、婴幼儿自我意识的发展

婴儿从什么时候开始能够意识到自我了呢? 阿姆斯特丹(B. Amsterdam)借用盖勒帕(Gallup)在黑猩猩研究中使用的"点红测验"来研究婴儿的自我觉知(self-awareness)。在婴儿(3—24 个月)毫无觉察的情况下,主试在婴儿的鼻子上涂个红点,然后观察婴儿照镜子时的反应。根据假设,如果婴儿在照镜子后能立即发现鼻子上的红点,并用手去摸它,表明婴儿已能将自己的形象和加在自己形象上的东西加以区分,这种行为可作为自我认识出现的标志。研究结果表明,婴儿对自我形象的认识要经历游戏伙伴阶段、退缩阶段、自我认知出现三个阶段。24 个月的婴儿几乎都会利用镜中映像去抹掉不属于自己的"红点"。

国内学者刘金花也重复了这个研究,发现婴儿自我认识出现经历的阶段与前人的研究结果基本一致:①戏物(镜子)。9—10 个月的婴儿对镜子很感兴趣,对镜中的自我映像并不感兴趣。②(镜像)"伙伴"游戏。1 岁及以后几个月的婴儿对镜中自我的映像很感兴趣,会对镜子里的映像亲吻、微笑,还会到镜子反面去找这位伙伴。③相倚性探究。约在 18 个月左右,婴儿特别注意镜子里的映像与镜子外的东西的对应关系,对镜中映像的动作伴随自己的动作更是显得好奇。有的婴儿(占 24%)已能根据相倚性线索认识到镜中的映像就是自己。④自我认识出现。18—24 个月时,借助镜子立即去摸自己鼻子的婴儿数量迅速增加,在有无自我意识问题上出现了质的飞跃。

有发展心理学家认为,当婴儿发现自己能导致某些事情发生时,就表明婴儿能将自己从世界中区分出来的能力开始出现了。在 2 个月的婴儿手臂上系一根绳子,绳子与一个视听仪器相连,拉动绳子,仪器上就会出现一个婴儿的笑脸和一段乐曲,婴儿会感到很兴奋(Lewis, Alessandri & Sullivan, 1990);当绳子不与仪器相连时,就不会出现上述效果,这时婴儿会推开所有的物体,他似乎感到失落和生气。3个月时,婴儿好像也能整合视觉和身体运动信息来再认他们的踢腿录像就是他自己而非别人(Rochat & Morgan,1995)。

综合已有的研究,婴儿自我意识的出现或萌芽大致要经历以下这些过程:

① 分不清自我与客体。婴儿起初并不知道自己,连自己的身体属于自己也不知道。如果把他的小脚或小手放进他的嘴里,他会把它当成一样东西那样咬。婴儿此时还没有把自己从周围世界中区分出来。

② 开始把自己从客体世界中区分出来(约在1岁末)。在活动过程中,儿童开始把自己的动作和动作对象区分开来,然后是把做动作的主体我与动作分开来。从这时起,儿童开始把客体跟自己区分开来了,意识到自己与客体的关系,也看到了自己的力量,这是自我意识的萌芽,或者说是一种自我感觉。

③ 认识到自己的身体,并意识到自己身体的感觉。儿童已能用语词标志自己身体的主要部位,也知道别人喊他的名字。但此时称呼自己的名字就像称呼其他客体一样,只是一种信号(约在第2年)。

④ 开始把自己当作主体来认识。2岁的儿童表达愿望时,总把名字挂在前面,如"宝宝糖糖""宝宝外外去"(出去)。在与其他儿童一起玩时,逐渐懂得哪些东西是属于自己的,哪些是别人的,并且学会用"我的"这一物主代词来标志。以后过渡到使用人称代词"我"。这时候,儿童已不再把自己当作一个客体,而是作为主体来认识了。也就从这时起,儿童经常喜欢用"我要……""我不要……"来表示自己的态度和愿望,儿童的独立性大大增强。一般把儿童开始使用人称代词"我"看作是儿童自我意识的一次重大飞跃。

2—6岁的幼儿已获得了生活中许多必不可少的工具:语言、姿势、绘画、数字及其他有关的符号。利用这些符号工具,他们不仅能顺利地与周围人交往,还能从中了解自己。游戏是这个年龄儿童的主导活动。通过游戏,尤其是通过想象性游戏,儿童扮演种种不同的社会角色,体验不同角色在不同场合的感情,既可学会了解别人,又可学会如何使自己适应别人,同时还开始学会把自己的行为与别人的行为相比较,在成人的帮助下学会简单地评价别的儿童的行为和自己的行为。

幼儿的自我评价有什么特点呢? 研究发现,幼儿的自我评价尚处在学习阶段(有人称其为"前自我评价"),这一阶段大致有以下特点:

① 依从性和被动性。幼儿由于认知水平的限制,加之对成人权威的尊重与服从,往往把成人对自己的评价当作是自己的评价,所以他们的自我评价基本上是成人对他们评价的简单重复。

② 表面性和局部性。幼儿的自我评价都集中在自我的外部行为表现,还不会评价自己的内心活动和个性品质。与表面性相联系的是幼儿只会对某个具体行为做出评价。如问幼儿自己为什么是好孩子时,他们只会说"我不骂人""我自己穿衣服"等。

③ 情绪性和不确定性。幼儿的自我评价往往带有主观情绪性。对权威(如父母、教师)的评价及对自己的评价(与同伴相比较时)总是偏高。加之评价的依从性和被动性,幼儿的

自我评价很不稳定。幼儿自我评价的发展趋势是时高时低,尚无规律可循。

④ 大部分幼儿对自我的评价往往偏高,这是因为儿童还没有开始把自己以及自己的表现与他人相比较。即使在"比赛"游戏中失败,他们往往还自信满满地说"我一定会比你快""我一定会打败你的",并相信自己下次会做得更好。但若以后经常遭遇失败,或被父母、同伴嘲笑,他们的自信就会变成内疚和沮丧。幼儿对自我的看法也反映了他们所处的社会文化考虑自我的方式。例如,很多东方社会具有集体主义取向,个体是集体中的一员,对自我的评价比较低调,强调合作精神,不喜欢张扬、标新立异。而西方社会具有个人主义取向,强调个人的认同、独立性和自主性。自我评价也偏高。

二、 学龄儿童自我意识的发展

儿童进入学校以后,自我意识得到了发展。在此,我们分学龄初期和青少年期分别予以介绍。

1. 学龄初期儿童的自我意识

进入学校后,儿童不仅要努力掌握学校提出的学习大量知识的要求,还要找到在学校群体中自己所处的位置。如若成功度过这一阶段,儿童就会在熟练掌握知识和技能的同时获得成就感,自尊和自我效能感开始发展;如果度过这一阶段有困难,儿童就会有一种失败感和自卑感,继后可能在学业追求和同伴交往上出现退缩,表现出较低的兴趣和取胜信心。

学龄初期的儿童是如何获得对自我的认识的呢? 一是环境的改变,客观上对儿童提出了一系列的要求(学业上的、体能上的、运动技巧上的,与人相处、沟通的人际上的等),迫使儿童必须按照这些要求来对照检查自己,同伴和成人也会按这些要求来评定儿童。二是儿童的语言能力加强了,能利用语言符号来调节和指导自己的行为,因而使儿童对自己有更多的了解。最值得一提的是通过"社会比较"来认识自己。"社会比较"是指当个体无法对自己的某种能力进行具体客观的测量时就会求助于"社会现实"——根据他人如何行动、思考、感受和看待世界而衍生出来的理解——来评价自己。对于这个年龄的儿童来说,比较的对象就是他们天天接触的同龄人,通过与同龄人的比较来评价自己,认识自己的行为、能力、专长和观念等。

学龄初期的个体对自己的描述或认识已开始从外部活动转向自身内部——心理特征、个性特质等更加抽象的一面,而且自我的概念也由简单变得细化而复杂。如,不仅有学业上的"我语文好,作文常常被宣读,但是数学不太理想",还有社会性的"我有很多同学喜欢我",情绪的"我这个人容易激动,高兴起来就管不住自己了",以及体能的"我跑步很快,俯卧撑一级棒"、技能的"我喜欢做航模,还得过奖"、身体外貌的等。

随着儿童年龄的增长,他们的自我观点更加分化,包括一些人际领域和学业领域。

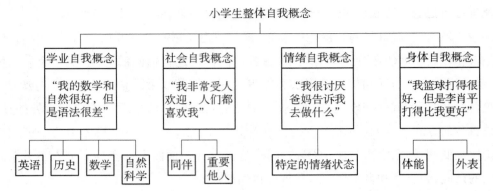

图 9-4　向内看：自我的发展（从对身体自我的认识→心理自我的认识）

2. 青少年期的自我意识

青少年时期是自我意识发生突变的时期,产生这种突变的原因有四个方面。

第一,生理上的原因。青少年时期正处于身体生长发育高峰的青春期,身高体重剧增,性成熟开始。生理上这些急剧的变化使儿童开始更加敏感地意识到自己不再是个小孩子,出现了"成人感"。

第二,心理上的原因。在身体迅速发育的同时,青少年获得了一种新的思维能力,即能够对自己的心理过程、内心活动加以分析、评定的思维能力。这种能力称为反省思维能力。有了这种思维能力,儿童就可以把自身作为思考的对象,把自己的心理活动清晰地呈现在思维的屏幕上,按照内化了的社会化标准,像以前分解每个具体动作那样审视自己的个性特点、道德品行和情绪状态。

第三,社会的原因。随着身心的发展,青少年在家里和学校的地位发生了变化。虽然父母和教师还未把儿童当作成人看待,但也不再把他们当孩子了,并向他们提出了更高的要求。同时,青少年正面临着许许多多有待他抉择的社会问题。这一切就不得不使青少年要正视自己,了解自己。

第四,对自尊和友谊的需求。引起青少年认识自己的另一个社会因素是他们必须不断地调整自己与同龄人的关系,以便在集体中占有一定的地位,受到同龄同伴的尊重。如果说小学生只需要作为集体中的一个成员,乐于参加集体举办的一切活动的话,那么中学生就不会以此为满足。他们需要得到别人的尊重,力求找到知心朋友。在与同龄人相处时,青少年不仅喜欢注意和评论别的青少年的心理特征和品质,而且自觉地将自己和同龄人比较,找出优点和缺点。这就为青少年的自我教育创造了最有利的条件。

青少年的自我意识有以下特点:

第一,成人感和独立意向的发展。随着成人感的产生,儿童一方面更加自觉地希望参加成人的活动,另一方面也更加希望得到别人的尊重,希望别人把他当成人看待,让他享受与成人同样的权利。如果在这个时候父母继续把儿童当孩子看待,他就会产生不满的情绪,以为这是父母对他的束缚和监视。儿童与父母的冲突往往在于父母还不了解儿童内心已发生的这种变化。

第二，自我的分化。心理学家把自我分成两种，一种是具有知觉能力、思维能力和行为能力的自我；另一种是可以作为客观对象加以观察和分析的自我。前者称主体的我，后者称客体的我。主我和客我最初是混沌不分的。婴儿期主要是把自我从客体中逐步分离出来，认识自己是行为的主体。童年时期主要是学会评定自我（主体）发生的行为。只有进入青春发育期后，儿童不仅能认识和评定自我的所作所为，还能把做出这些行为的自我作为客观的对象加以分析、评定。只有到了这个时候，儿童才仿佛第一次发现了自己，开始认识自己并试图按照自己的愿望塑造自己、统一自己。心理学家把青少年时期称为"第二次诞生"。一般认为，这种"第二次诞生"是儿童人格重新改组的时期，处于青少年的后期。自我还可以从另一个角度划分为现实自我，即现实中的自我；理想自我，指自己努力想成为的自我。理想的自我可以是现实生活中儿童接触过的、值得崇拜和敬仰的人，也可以是影视小说中的典型人物，还可以是体育、流行音乐、科学界或其他有价值领域的特定偶像或是这些人物中典型的、突出的心理品质综合而成的理想的范型。理想的自我可以是现实的，也可以是幻想的。

临床心理学家认为现实自我若与理想自我距离太远，可能是心理不健康的表现。也有人担心青少年过于沉溺于自我观察和自我陶醉中，会使自己脱离现实，陷于孤立，乃至怀疑自己的真实性，导致人格解体。一般地说，现实的自我与理想的自我保持一定的距离是个体发展中正常的现象，是个体自我意识成熟的表现。正视这段距离就会迫使儿童积极地去寻求新的、积极的自我同一。如果青少年理想的自我是一种幻想的、不切实际的自我，或是不正确的自我，那就可能成为埃里克森所说的消极的自我同一性或与社会要求相反的自我同一性。

第三，青少年的自我中心——"假想观众"（imaginary audience）和"个人寓言"（personal fables）。青少年强烈地渴望了解自己、认识自己。他们常会在镜子前左顾右盼，研究自己的相貌体态，注意自己的服饰仪表，注意别人对自己装扮的反应。青少年还十分关注自己的内心世界和个性品质，对自我的认识越来越深化。也十分敏感别人对自己的评价。

埃尔金德（D. Elkind）发现青少年不仅十分关心自己，而且也十分注意别人对自己的评价。当青年人聚在一起时，他们往往把自己看成是被人观察的对象，是别人注意的焦点。而较少把自己看作是一个观众，于是产生了"假想观众"。

这一点与青少年新近发展出的复杂的元认知能力有关。他们很容易想象出别人正在思考自己，甚至还能想象到别人关注他的一些细节。就像他能想象别人正在想他、观察他那样。青少年自我中心是一种热衷于自我的表现，甚至走在路上也感到满街的人都在注视他。十几岁的青少年经常认为自己与众不同。常常感到自己的情感是独一无二的，自己的痛苦也是别人从来没有体验过的，因而认为别人都不会理解自己。于是发展出青少年自我中心思维的另一个特点——"个人寓言"。他们自以为有一种不易受伤害的自我不朽的天真想法，认为自然法则或社会法则只对别人起作用，而自己是个例外。故在行为上表现为各种鲁莽的危险行为，如开飞车、吸毒、饮用酒精，或没有防护的性行为——因为他们认为死亡、艾滋病、怀孕是别人的事，与己无关。

第四，自我评价渐趋于成熟。自我评价是指自己对自己的能力和行为的评价，是个体自我调节的重要机制。青少年自我评价的发展表现在三个方面：一是评价的独立性日益增强；二是自我评价逐渐从片面性向全面性发展；三是对自己的评价已从身体特征和具体行为向个性品质方面转化。

第五，逐步实现自我同一性。大部分青少年由于有了更多的社会经历，加之思维能力的提高，逐渐从矛盾的自我走向自我同一性，解决了我是谁、我要成为谁的一系列问题，变得更加独立和自主，基本上已结束"心理断乳期"。但依然存在个别差异。

专栏 9-3

玛西娅的同一性发展理论

心理学家玛西娅（James Marcia，1980）更新了埃里克森关于同一性的观点，根据危机和承诺两种特性来看待同一性的存在或缺失。危机（crisis）是同一性发展的一个阶段，这个阶段的青少年有意识地在多种选择中做出自己的抉择；承诺（commitment）是对一种行动或思想意识过程的心理投资（入）。

玛西娅在对青少年进行深度访谈后，提出四种青少年同一性类型或状态。

① 同一性获得（identity achievment）。即青少年在考虑了各种选择后对某一特定同一性做出承诺的状态。达到这个同一性阶段的青少年往往是心理最健康的，成就动机更高，道德推理更强。

② 同一性拒斥（identity foreelosure）。即青少年在没有充分探索和考虑多种选择的情况下，过早地承诺某一种同一性状态。他们选择的是别人为他们做出的最好决定。如一个儿子继承父业，进入了家族企业，这是家人所期待的；女儿成为一名医生也仅仅是因为母亲就是医生。

③ 同一性延缓（identity moratorium）。虽然处于这个同一性延缓阶段的青少年在一定程度上已探索了多种选择，但他们还未做出承诺，因而表现出相对较高的焦虑，体验着心理冲突。另一方面，他们往往是活跃的和有魅力的，寻求与他人的亲密关系。位于该同一性阶段的青少年正在努力解决同一性问题，但只有经过一番努力后才能达到同一性。

④ 同一性扩散（identity diffusion）。处于这一阶段的青少年既不去探索也不去思考多种选择。他们容易变来变去，从做一种事转到做另一种事上。当他们似乎无忧无虑的时候，对承诺的缺失损害了他们建立亲密关系的能力。实质上，他们通常表现的是社会性退缩。

青少年的同一性并不仅局限于以上四种，有一些青少年被称为"MAMA"循环（即

moratorium-identity achievement-moratorium-identity achievement 的首字母缩写），是在同一性延缓与同一性获得两个状态中摇来摆去。如有的青少年未加思考就过早地选定了某个职业，但后来又重新评估了原来的选择，进入了另一种状态。对一些个体来说，同一性要在青春期过后才能确定，但大多数人形成同一性是在 20 岁左右。(Meeus, 2011)

　　既然同一性获得与混乱或扩散作为一个阶段、一个发展的过程，而且现在社会的青少年期整个地在延迟结束（有的地区甚至到 22 岁），"MAMA"现象的出现也就可以理解了，其他还有什么原因会使一部分青少年难以较快地实现自我同一性呢？请你思考一下。

第五节　性别角色的发展

　　儿童一生下来就被分别纳入由社会划分好的两个性别范畴。儿童在成长过程中，逐渐地获得了他所生活的那个社会所认为的适合于男子或女子的价值观、动机、性格特征、情绪反应、言行举止和态度。这个将生物学的性别与社会对性别的要求融进个体的自我知觉和行为之中的过程就是儿童区分性别角色或性别定型化的过程。它是儿童适应社会、实现社会化的重要内容之一。男女儿童究竟存在哪些性别差异呢？这些差异是如何造成的呢？这是本节讨论的重点。

一、性别定型化的涵义

　　性别是根据生物学特征对人类群体的身份所作的最基本的界定。而性别角色（gender role）则是被社会文化标准认可的男性和女性在社会上的一种地位，是按性别来规定的一个人的社会身份，也是社会对男性和女性在行为方式和态度上期望的总称。每个社会对男性和女性都会提出种种不同的要求，小到服饰、言谈举止、兴趣爱好、性格特征，大到家庭分工、社会分工，形成一套男女性别有意无意必须遵守的刻板的性别模式。不同的社会文化有不同的性别模式，并且随社会本身的发展也会发生某些变化。因此，相对于以生物学特征划分的性别，性别角色实质上是一种社会性划分。生物学的性别是扮演社会性别角色的基础，但个体能否扮演好适合自己性别的性别角色，这与个体对性别及性别角色的认识和意愿有关。

　　个体要适应社会、发展自我，学会认识自我的性别，并选择相应的性别角色的行为和态度是十分重要的。根据身体结构和功能来确认自己是男性，或是女性，这就是性别认同。根据社会对性别角色的要求来确认自己，则是性别角色的认同。儿童很早就知道自己是男的还是女的，渐渐也知道哪些行为是男孩可以做的，哪些行为是女孩可以做的。这些可以做的和不可以做的都是社会为男女社会成员规定的行为标准。儿童在成长过程中逐渐地获得了他所生活的社会认为适合于男子或女子的价值观、动机、性格特征、情感反应和行为态度，这个过程称为区分男女性别角色的过程或性别定型的过程，它是人格社会化的重要方面。

二、 性别定型的发展过程

"性别定型"描述的是男孩与女孩学习男性化或女性化角色的过程。

1. 性别恒常性的发展

柯尔伯格认为，性别恒常性的发展要经历三个阶段：①性别认同（2—3 岁），即知道自己是男孩或是女孩；②性别稳定性（4—5 岁），即知道人的性别不会随年龄的变化而变化；③性别恒常性（6—7 岁以后），即懂得人的性别不会随服饰、形象或活动的改变而改变，也不会随情境的改变而改变。据沃林（Warin）发现，不同文化中的儿童都表现出这三个阶段的发展过程。

2. 对性别期待的认识

3 岁的儿童不仅能分辨自己和别人是男的还是女的，还懂得不少有关性别角色应有的活动和兴趣。如知道男孩该玩汽车、枪，女孩该玩娃娃、烹饪游戏。但他们的这种认识十分刻板。

5 岁左右的儿童开始认识到一些与性别有关的心理成分，如男孩胆子要大、不能哭，女孩要文静、不能粗野。

儿童中期的学生对社会性别角色的认识不断深化。原有的刻板的性别思考减少了，认识到人们可以把女子气和男子气结合起来，能较好地接受与规定的性别角色不同的行为。

有研究者（Levy，Sadovsky & Troseth，2000）以问卷形式调查了 3—7 岁的儿童对男性职业（飞行员、汽车机械师）和女性职业（服装设计师、秘书）的看法。一道是传统的男性职业题目：飞行员是为乘客开飞机的人。你认为男人和女人谁最适合做这份工作？一道是传统的女性职业题目：服装设计师就是为人们设计并制作服装的人。你认为男人和女人谁最适合做这份工作？从表 9-2 的数据中就可以看出，儿童已有很完整的职业性别图式：他们都认为男人比女人更胜任男性职业，女人比男人更胜任女性职业。女孩认为女性更胜任女性职业的比例高于男性更胜任男性职业的比例，但都反映出选择同性职业的倾向。研究结果还显示，3—4 岁的儿童在该调查中对性别职业胜任力已有很强的职业图式。

表9-2 3—7岁儿童关于男女在具有性别刻板印象职业上胜任力的判断

	男孩	女孩
男性职业		
认为男性更能胜任的比例	87	70
认为女性更能胜任的比例	13	0
女性职业		
认为男性更能胜任的比例	35	8
认为女性更能胜任的比例	64	92

3. 性别偏爱

儿童虽然常常偏爱与自己性别相同成员的活动和角色,但并不总是如此。不少研究指出,男孩更加喜欢男子气的活动并对这类活动感兴趣,但女孩不一定喜欢或对所谓女子气的活动感兴趣。女孩往往转向偏爱男子气的活动,接受男子气的个性特征。有人认为这可能与社会上男子更受尊重有关。不少女孩子把自己看成是顽皮的女孩,喜欢男孩的游戏和活动,在小学期间尤其如此,我们常常把她们称作"假小子"。

人们常用 ITSC(the iT scale for children)量表测定儿童性别角色的偏爱。IT 量表是由 36 张卡片组成的投射测验。另有一张名为"IT"的简笔画人物,这是一个未确定性别的模糊的形象。36 张卡片是描绘具有男子气或女子气含义的物体、人物和活动。儿童的任务是从各对玩具(如卡车和娃娃)、衣服(如裤子和上装)以及活动(如运动和玩娃娃)中挑选出"IT"喜欢的那一个。该量表假设儿童为"IT"所作的选择就是代表自己的选择。根据"ITSC"所测的结果,美国女孩对女子气的偏爱在3—4岁有一个迅速增长期,可是从4—10岁开始转向偏爱男子气,直到10岁才又突然向女子气偏爱发展。在对日本儿童的测定中发现,日本男孩与女孩在3—5岁时就有选择同性对象的显著倾向,基本上与美国的男孩变化相似,大多数美国男孩在学前期已偏爱男子角色。

4. 性别角色行为的采择

儿童的行为很早就显示出性别类型。学前儿童已开始选择同性别伙伴一起玩游戏,经常可以看到男孩一组、女孩一组各玩适合于他们性别的活动或游戏。有人研究了学前儿童以成人标准划分的男性的、中性的、女性的玩具的选择行为(M. O. Brien & A. C. Huston,1985),其结果如图9-5所示。这个研究发现,即使是2岁的孩子也喜欢同性玩具。到了小学,这种性别分割的情况更加突出。

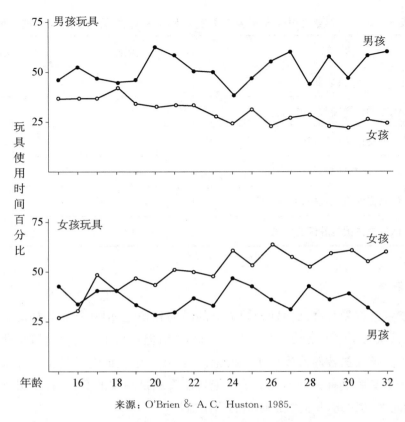

来源：O'Brien & A. C. Huston, 1985.

图 9-5　14—35 个月儿童对玩具的选择

尽管儿童很早就在活动、兴趣和选择同伴方面显示出性别差异，但在个性和社会行为方面并未显示出性别差异。

三、性别定型化理论

有关儿童性别差异如何发生的理论假设有以下几种。

1. 柯尔伯格的性别恒定论

柯尔伯格在 1966 年提出，性别定型化是认知发展变化的结果，并提出了前面所述的性别化要经过的三个阶段：①基本的性别认同；②性别的稳定性；③性别的坚定性。很小的孩子就获得了"我是男孩或女孩"的性别认同。这实际上就是一般性的分类倾向的一部分。一旦建立了性别认同，儿童就会主动地寻找区别男孩和女孩的活动、行为和价值观等有关的信息。他们无需得到成人直接的鼓励和指导，而是自发地构建在他们周围的每种性别角色的知识，然后又自然地去评价这些与他们的性别有关的模式。一个男孩会说："我是一个男孩，所以我要做'男孩'的事情。"柯尔伯格还认为，当儿童达到了"性别守恒"时，这个过程就完成了。

柯尔伯格的理论部分得到了证实，如儿童确实并未直接受到成人的指导而是很早就自发地学会了性别认同和有关性别角色的知识。他们通过观察父母、教师、邻居、兄弟姐妹和电视角色以及遇到的其他人,吸取有关男子和女子行为的信息。但是,并没有证据表明性别稳定性对性别化的重要性。性别稳定性获得早的儿童并没有比性别稳定性获得迟的儿童更可能实现性别定型化。许多研究还表明,幼儿在未达到性别稳定性之前,已经能按性别角色去行为了。而且,也并不是所有的儿童都对性别角色的描述感兴趣,尽管他们知道性别角色上的一些差异。例如,女孩就很少按女孩角色的陈规来活动。此外,这个理论也无法说明个体在性别定型化上的强度和特征的差别。

2. 性别图式理论

信息加工理论也用儿童对性别的认知来解释性别定型化(Liben & Signorella,1987)。按照这个理论,一旦儿童获得了性别角色图式,就会按照这种图式来解释世界上的事情。凡背离性别规范的事情,儿童很少注意它或记住它。

研究者让儿童看许多显示规范化性别角色的男女图片(如女护士、男法官)和与规范化性别角色相反的男女图片(如男打字员、女牙科医生)。几分钟后,要求儿童从包含类似图片的许多图片中选出原先看到过的图片。结果表明,儿童能认出与性别规范一致的图片多于不一致的图片。在极端的例子中,记忆竟被歪曲了。如给 6 岁儿童观看四部反映医生和护士的影片中的一部,影片的唯一差别是两个角色的性别(两个男的;两个女的;男医生,女护士;女医生,男护士)。观看与传统角色分工一致的影片的儿童,正确地记住了演员和他们的角色;而那些看了女医生和男护士的影片的儿童则常常记错,有人会说男护士是医生。

性别图式理论认为性别同一性是性别化的中心任务。获得了性别同一性,也就获得了性别图式——一套系统化了的有关男性和女性的观点和期望。有两种重要的性别图式:组内和组外性别图式(如女孩爱哭,男孩不能哭)以及自身性别图式。形成性别图式后,儿童就按照信息加工的原理进行运作。

与柯尔伯格的理论相比,性别图式理论同样认为儿童在性别特征形成的过程中是积极主动的,不同的是该理论认为儿童积极主动地参与自己的社会化过程开始于大约 3 岁,也就是儿童形成基本的性别认同之后就会开始,并持续到 6—7 岁,儿童获得性别恒常性。此外,性别图式理论还强调性别图式的信息加工功能。

3. 社会学习理论

社会学习理论认为,性别定型化行为是通过与其他形式的行为一样的过程学会的。儿童从很早开始就会因为不同的行为而受到奖励或惩罚。他们通过对别人的观察学会期待与性别角色相符的行为。儿童的性别偏爱和适应性别角色的行为主要就是通过奖励与惩罚、观察与模仿获得的。

我们在日常生活中经常可以看到儿童对父母性别行为的模仿。有研究表明,母亲外出工作的女孩与母亲是家庭妇女的女孩相比,传统的性别角色概念就少一些,而且,前者的教育水平、职业期望也比后者高。父母对性别角色的态度也会对儿童产生重要影响。如果母亲认为父亲参与家务劳动与男子气是一致的，儿童的性别角色图式中也会结合进父亲的非传统性别角色行为。

儿童对性别角色行为的观察与模仿，还来自电视这一传播媒体。许多电视中的人物有明显的性别规范，如女子总是出现在洗衣机、化妆品的广告中；男子则是手捧妻子递过来的名牌咖啡，说一句"味道好极了"。

父母常常会自觉或不自觉地奖励儿童从事与其性别相符的行为，惩罚与其性别不相符的行为。如表9-3所示。

表9-3　父母对学步期男女孩行为的反应(%)

儿童的行为		父母反应			
		肯定的		否定的	
		对男孩	对女孩	对男孩	对女孩
男子气行为	积木游戏	0.36	0.00*	0.00	0.00
	操纵物体	0.46	0.46	0.02	0.26*
	交通玩具游戏	0.61	0.57	0.00	0.02
	剧烈翻滚的游戏	0.91	0.84	0.03	0.02
	攻击性的踢、推	0.23	0.18	0.50	0.53
	跑和跳	0.39	0.32	0.00	0.07
	爬上去	0.39	0.43	0.12	0.24*
	骑三轮脚踏车	0.60	0.90	0.04	0.06
女子气行为	玩娃娃	0.39	0.63*	0.14	0.04*
	跳舞	0.00	0.50	0.00	0.00
	请求帮助	0.72	0.87*	0.13	0.06*
	玩化妆打扮游戏	0.50	0.71	0.50	0.00
	帮助成人	0.74	0.94*	0.17	0.06*
	围着父母转	0.39	0.79*	0.07	0.07

注：表中数字代表父母做出相应反应的人数占比。＊表示人数占比有显著差异。

同伴和父母一样，也会按照传统的性别刻板印象强化男女儿童的性别行为差异。法戈特(Beverly Fagot)发现21—25个月的男孩玩女孩的玩具或者和女孩一起玩就会受到同伴的轻视和诋毁，并且女孩还会对另一些与男孩玩的女孩表现出不满。在儿童性别化的过程中，不少专家认为同伴起着与父母同样的作用。

4. 人类学理论

这个理论是在20世纪60年代由心理学和文化人类学结合而产生的。它的前身是20世纪 20 年代在人类学中出现的文化与人格学派的理论。这个理论十分重视社会文化对人格的影响,在研究方法上强调心理实验研究同人类学的自然主义的调查与现场研究相结合。

人类文化学家米德(M. Mead)对新几内亚三个现代原始部落的男女差别做了研究。这三个部落分别是阿拉佩什(Arapesh)、门杜古莫(Mundugumor)和特哈布利(Tchambuli)。研究发现,在阿拉佩什和门杜古莫两个部落几乎没有什么性别角色的差异,但是阿拉佩什部落里男女所显示的行为是在其他许多社会里被认为是女性的行为,而门杜古莫部落里男女所显示的行为却是些传统上被认为是男性的行为。阿拉佩什部落里的人是消极的、合作的、不坚持己见的人,而门杜古莫部落的男女却是互相敌视的、好攻击人的、残忍的。阿拉佩什部落的父亲和母亲都要负责抚养婴儿。米德在特哈布利部落发现了与一般社会文化传统截然相反的性别角色。在那里,男子在交往上是敏感的,懂得关心人,有依赖性,对艺术和手艺感兴趣。相反,女子是独立的,有进取心的,在对事情下决断时往往女子起着决定性的作用。

米德指出,因性别不同而显现的人格特性或角色扮演并非源自生物学基础,而是因文化模式而定型的。后来的调查表明,这种未开化民族的男女角色之颠倒乃是极个别的例子,所以米德的结论似乎失之偏颇。但是,新的研究再次证实了米德的社会文化环境对男女角色的重大影响。如在以色列,女性教学能力的测验成效比男性好,有时甚至远远超过男性。而且,女性在技术领域中有绝对优势的就业机会。伊格利(Alice Eagly)曾提出了社会角色假说(social-role hypothesis)。由于长期的男女传统的社会分工不同,男性通常从事商业和工业中特定的职业,这些职业要求男性具有领导力和说服力;女性通常更多的在家料理家务、生儿育女,于是她们对儿童比较敏感、细腻。结果就认为男性天生就是理性的、有领导力的,而女性是感性的,天生具有养育能力,这完全忽略了是男女两性所扮演的社会角色的不同造就了男女行为的差异。

尽管性别类型化的发生与儿童性别认知、性别图式的发展有关,与儿童对成人性别行为的观察与模仿有关,与成人对儿童性别行为的强化有关,与社会文化的制约有关,但许多研究也证明,性别行为的产生有其生物学因素的影响。

5. 生物社会理论

莫尼和艾哈德(Money & Ehrhardt,1972)认为,一系列关键性的经历或事件会影响到个体最终形成的性别角色偏好。首先是母亲受孕时胎儿从父亲那里继承的是 X 染色体还是 Y 染色体,其次是受孕 6 周左右性腺将发育成睾丸或卵巢。受孕 3—4 个月左右,睾丸分泌的睾丸素会导致男性生殖器的生长,没有睾丸素则会发育出女性的外生殖器。婴儿出生后,社会因素就开始在其性别角色形成的过程中发挥作用。两种性别的遗传因素可能导致儿童在人格、认知能力和社会行为上表现出性别差异,如男、女两性在言语、空间等能力上所表现出来的差异。与此同时,莫尼等人强调社会标签效应也是非常重要的。他们在研究报告中指出:如果女孩被当作男孩来抚养,在 18 个月以前还可以比较容易地进行更正,婴儿也很少或不会产生适应问题。如果在 3 岁以后才发现问题,儿童的性别再确认就极其困难了。据此,莫尼和艾哈德特认为 18 个月到 3 岁之间是性别认同的关键期。

四、 性别定型化的影响因素

1. 父母的影响

心理学家在父母对子女性别角色行为的影响方面看法并不完全一致。如有的心理学家认为，母亲的特征对女儿的女子气发展有影响，对儿子的男子气很少有影响；同性父母的温暖与教育会增加男女儿童适合性别行为的发展。有的心理学家则认为，女孩的女子气更多的是受到父亲的影响，而不是母亲的影响，母亲女子气多，女儿不一定也有更多的女子气。有的心理学家甚至认为，儿童成年后的性别行为和婚姻关系也是更多地受早期与父亲关系的影响而不是受与母亲关系的影响。

关于男孩形成男子气特征方面，心理学家有比较一致的看法，一般都认为是受了父亲的影响。如果在一个家庭里，父亲是不太管事的，母亲是一家之主，男孩的性别同一性就会受到严重的影响；如果父亲既会惩罚孩子，又会教育他们，那就能促进男孩性别行为的发展。家里父母中哪一个占主导地位对女孩的女子气的影响似乎很少。

如果家庭中缺少父亲会对儿童的性别角色行为产生什么样的影响呢？不少心理学家认为，家庭因各种原因缺少父亲，母亲成了承担子女教育唯一起作用的决定者，男孩往往因为得不到同一性的对象而影响男子气的发展，这在 5 岁前就与父亲分离的男孩身上表现得更为明显。这些男孩在幼儿期的进攻性要比一般男孩少些，依赖性比一般男孩多些，有较多的女子概念，游戏中也多一些女子气模式的游戏，吵架时比较多的是用言语攻击而较少用身体攻击。如果男孩与父亲的分离是在 6 岁或更大一些，他们的行为就与核心家庭长大的男孩没有什么区别。这就支持了学前期可能是一个性别角色敏感期的假设。

有的心理学家认为，男孩缺乏男子气与男孩从小没有一个可供模仿的父亲有关，现在一些研究已表明原因并不完全在此。在没有父亲的家庭里，母亲往往更加宠爱自己的儿子，给予过度的关心和照顾。而过度的保护和限制，使他们从小就无法从事男孩的冒险活动。如果他们的母亲并不采取这样的态度，同时又积极地鼓励他们独立的探索活动和男子气的行为，那这些没有父亲的男孩不一定会产生性别角色分裂的问题。

没有父亲或缺少父亲对女孩也有影响，只是比对男孩的影响要小些。这种影响主要反映在青春期如何与异性交往的问题上。有的研究认为，离异家庭的女孩和父亲去世家庭中的女孩与异性交往时都有点焦虑，但处理焦虑的方式可能不同。前者渴望结婚，认为这是幸福的保证，后者或者认为世上没有多少男子可以像父亲那么好，或者认为世上的男子都很好，值得尊敬。

西方的研究大多认为，在男女儿童性别角色行为的问题上，虽然父母都起着一定的作用，但对父亲的作用估计得更重要一些。这个结论是否具有跨文化的意义，还需要进一步探讨。另外，对于家庭中缺少父亲或母亲后，如何用其他方式来发展男女儿童合适的性别行为，也是一个值得重视的问题。

2. 教师的影响

儿童进入学校以后,往往还会受到世俗偏见的影响。不少教师总认为女孩子听话、安静、文雅,但是脑子不够灵活,喜欢死读书;男孩子虽然调皮捣蛋、好动,但是脑子灵活,聪明。一些老师常常对女孩的某些消极的个性特点加以鼓励,而对男孩的某些积极的特点加以批评甚至惩罚。教师对男生的批评一般多于女生,所以在小学里,女学生学业成绩往往超过男学生,担任班级工作的女学生多于男学生。这可能也是造成男女性别差异的一个社会原因。

到了中学,男学生的成绩往往要比女学生好,这是什么原因呢? 教师的反馈类型与男女学生对失败反应的关系,可能对解释这个现象有一定的帮助。一些教师在女学生解决课题遇到困难时,往往把它归结为女学生无能;男学生发生同样的困难时,教师则认为是学习动机问题,是其他一些非智力因素造成的。这样两种不同的批评在男女生中产生了不同的效应。女学生感到自己学得不好是因为自己是女生,智力水平本来就比男生低,于是就自暴自弃;而男学生往往对教师的这类批评并不太介意。渐渐地男女学生根据教师及其他人对自己成功和失败做出的不同反应与归因,改变了原来对自己的看法,也改变了原来自己的行为,各自发展所谓适合自己性别的能力。

3. 同伴的影响

同伴也是性别定型化的一个重要因素,当儿童的行为符合其性别角色时,就会受到同伴的认可和肯定;但若其行为与他的性别角色不相符时,就会遭到来自同伴的指责或嘲笑。但相比较而言,男孩的性别社会化要比女孩承受更多的社会压力。即使在小同伴群体里也是这样。例如,女孩子如果具有一些男孩的行为和性格特点,如说话、办事干脆利落,独立、自信、胆子大等,同伴们就会送给她一个绰号"假小子"。这是褒义,是赞赏,至少没有恶意。可是如果一个男孩说话、走路、腔调像女孩子那样,就会遭同伴嫌弃,骂他是"娘娘腔"。女孩子若跟男孩子们一起玩时,大家都感到无所谓,但若男孩子老是混在女孩子里玩女孩子的游戏,女孩子们就会感到不高兴甚至瞧不起他。

4. 媒体的影响

可以这样认为,现在的媒体在促进儿童性别角色行为的学习或性别社会化的过程中,起着越来越大的作用。一是随着我们的社会进入了信息化时代、网络时代,各式各样的电子产品不断涌现,让成长中的儿童随时随地都能见到与他们同性别的男孩(男人)或女孩(女人)在屏幕上的形象和表现。屏幕里各类带着光环的明星——体育明星、影视明星、歌星——精彩的表演在给儿童带来快乐和愉悦的同时,也带来了他们成长的梦想。二是成长中的儿童爱学习、爱模仿。尤其是到了青少年时期,他们会自觉地去寻找他们心目中的偶像来塑造自己。荧屏上的,报纸杂志、小说、传记中的人物都可能是他们仿效学习的对象。

性别刻板印象是我们对男女角色过度概括化和类化的印象及信念。这在现代影视剧、电视广告,甚至儿童书籍里、童话故事里都有体现。各类广告中尤为突出:通常男性的镜头表现是挺拔、坚毅、目光炯炯、冷峻、粗犷、智慧;而女性则是柔美、华丽、性感、漂亮、甜蜜,通常她们总与洗衣机、洗衣粉、洗发水、香水、化妆品等"捆绑"在一起,有时也是作为卫浴产品、汽车及其他刚性材质产品的"点缀"。在儿童书籍里,不同性别的人有不同的角色,完成不同的任务。一般"男性以聪敏、勤奋、勇敢的形象出现,他们勇于创新,获取技能高、名望和财富。女性则是被动、依赖、和善、文静,从事洗衣做饭等家务活"。有些经典的童话书里性别刻板印象也走向了极端。如漂亮的女孩总是和善的、被动的、服从的,虽然会遭受种种磨难,但最后总有白马王子来拯救她,从而获得幸福;又如丑陋的女孩(性)往往是阴险的、邪恶的、嫉妒的、懒惰的,当然也就没有运气遇到白马王子了。

不过,近年来男女影视形象和社会时尚中仿佛存在男向女靠、女向男近的趋势,传统的男子气弱化了,现代的女子气更强势了。

儿童行为的获得,包括性别角色行为的获得有时是显性的、自觉的,有时是隐性的、潜移默化的,作为媒体人在创作和奉献作品时,请不要忘记考虑它将会给未成年的儿童成长带来什么影响。

现代心理学对儿童性别定型化的研究有三个显著的变化:①父母虽然仍是影响儿童性别社会化的重要因子,但并不是唯一重要的因子。同伴、影视等社会信息渠道对儿童性别概念和合适的性别行为尤其是对青少年和年轻的成年人可能有更重要的影响。②儿童达到性别定型的年龄范围扩大了,不再像弗洛伊德那样只强调出生头五年的重要性。③双性化理论研究正在兴起。

五、 双性化与无性教育

过去,发展心理学家们对男女性别定型的研究,重点放在男女性到底存在多少差异、具体表现在哪里、产生这些差异的原因何在。而且,一直认为男子气和女子气属于一个连续体的两端,如果一个人男子气强,那就会有较弱的女子气,如果女子气强,就有较弱的男子气。但是,20世纪70年代,比姆(S. Bem)认为男子气和女子气是人格的两个独立的维度。一个具有较高女子气特征、较低男子气特征的男性或女性都被认为是女性化的人,而具有较高男子气特征、较低女子气特征的人都被认为是男性化的人。双性人则指男子气、女子气都高的人。然而另有一类人是男子气、女子气都低的人。如图9-6所示。

这里所说的男子气和女子气是指男女在个性方面的性别差异,有时称为第三性征。第三性征是相对于第一、第二性征而言的。第一性征是指男女性器官方面的性别特征,第二性征是指男女体貌、声音和性功能等方面的性别特征。前两者

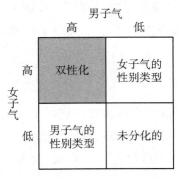

图9-6 比姆把男子气和女子气作为人格的两个独立维度来划分性别角色取向

来源:Bem, 1975.

主要反映了男女性在生理上的差异,后者则主要反映男女性在个性上或心理上的差异。第三性征的男女差异,早在儿童早期就已显现,如一般男孩相对于女孩更好动、更粗心、更大胆;一般女孩相对于男孩更文静、更细心、更胆怯些。但这种差异在儿童早期并未被儿童自觉地意识到,直到青少年期,第三性征才为个体所意识、内化并趋于明朗,形成我们常说的男子气和女子气。

美国心理学家伯洛弗曼(K. Broverman)等人曾对男子气和女子气特征进行了大量研究,在对74所大学的男青年和80所大学的女青年的一次调查中,整理出了所谓典型的男子气和女子气特征。如表9-4所示。

表9-4　美国青年中典型的男子气和女子气特征

男子气特征	女子气特征
攻击性很强	不使用粗劣语言
独立性很强	非常健谈
不易动感情	非常婉转
感情不外露	非常温和
客观性很强	对他人情感敏感
不易受外界影响	虔诚
支配感很强	非常注意自己的外貌
非常喜欢数学和科学	爱好清洁的习惯
在一般危急中不激动	文静
主动性很强	安全需要强烈
竞争性很强	欣赏文学艺术
逻辑性很强	易表达温柔情感
善于处世	
擅长经商	
直率	
知道世道常情	

（续表）

男子气特征	女子气特征
感情不易受打击	
富有冒险精神	
往往以领导自居	
自信心很强	
对于自己的攻击行为满不在乎	
抱负很大	
易将感情和理智分开	
没有依赖性	
从不因外貌自负	
认为男子总是优于女子	
能与男子无拘无束地谈论性问题	

来源：卢家楣. 现代青年心理探索[M].上海：同济大学出版社,1989.

比姆和其他一些研究者编制了一份自我感知问卷,包括男子气量表和女子气量表。对一个较大样本的大学生人群进行抽样调查,结果发现 33％受测者是男子气的男人或者是女子气的女人；30％是双性化人,剩下的人属于模糊不清的人,或者是转性别的人（男性化的女人,或者是女性化的男人）。从 20 世纪 70 年代起,以比姆为代表的一些心理学家公然宣称,要使个体从文化强加的男性化、女性化限制中解放出来,从性别刻板印象的束缚中解放出来。许多人证明,既有男子气同时又有女子气的双性化个体是存在的,而且认为双性化个体要比性别类型化的个体更健康,更具适应性。

比姆认为,应该从儿童早期就开始进行无性别歧视的儿童教养,使儿童懂得人与人之间存在许多差异,而不要去强调性别差异。男女之间的差异就像有的男孩喜欢踢足球有的不喜欢一样,这样做的目的是使儿童从小就认识到男孩和女孩基本上是相同的。

社会对男女儿童性别角色定型化的要求,其中有些可能与男女儿童的解剖生理特点有联系,但更多的可能是社会历史发展过程中由于男女不同的分工造成的,因而其中有不少人为的不合理的行为要求。随着社会生产力的发展和科学技术水平的迅猛增长,原先制定的一套男女性别差异的标准可能已成为阻碍男女儿童潜能发展的障碍。而在实际生活中,有不少男女已冲破了陈旧的性别刻板印象的框框,显示了新一代新女性和新男性的特点。

专栏 9-4

儿童性别发展的指导

男孩:

1. 鼓励男孩在人际关系中变得感性些,多从事亲社会行为。男孩一项重要的社会化任务就是设法让自己对亲密的人际交往感兴趣,学会关爱他人。父亲在这类培养任务中起着尤为重要的榜样示范作用。

2. 鼓励男孩减少身体攻击行为。通常,人们总是要求男孩强壮,要敢于进攻。现在一个有效的策略是让他们提升自信心而不是攻击性。

3. 鼓励男孩更有效地调控情绪。要求我们不仅帮助他们调节自己的情绪,控制愤怒,而且还希望他们学会将压抑着的焦虑和不安(以合适的方式)宣泄出来。

4. 帮助他们提高成绩。女孩比男孩用功,成绩也就更好,也不太会要求补课。父母和老师应该一起帮助男孩意识到读书的重要性,使他们发奋努力。

女孩:

1. 女孩该为她们的人际交往能力和爱心感到自豪。当她们表现出这种行为时,应受到父母和老师的奖励。

2. 培养女孩的自我效能感。在指导女孩保持她们人际交往的优势时,大人应帮助她们建立志向和成就感。

3. 鼓励女孩要自信。女孩通常比男孩被动,自信会让她们受益匪浅。

4. 激发女孩的成就感,包括鼓励她们达到更高的学术成就,培养多种职业技能。

男孩和女孩:

我们要帮助减少孩子们的性别刻板印象和性别歧视。首先是你自己不能有性别偏见,这样才能起到良好的榜样示范作用。

　　双性化人格模式也许能最大限度地发挥个体的潜能,至少不会因为人为的性别限制而限制个体的兴趣、爱好和特长的发挥。而且,双性化的男女兼具男性和女性的个性特质,更有利于适应社会环境。但是,双性化人格是不是适合一切社会形态中的男女呢?双性化人格的儿童会不会因为具有太多的异性特点而遭到同伴的拒绝或嫌弃呢?双性化人格会不会带来个体发展或恋爱、婚姻、家庭中的新问题呢?这些问题随着对双性化人格研究的深入和社会实践,都将会得到回答。

本章小结

- **人格发展的理论**

弗洛伊德的人格发展理论认为早期经验决定儿童的人格特点,他将人格的发展分为口唇期、肛门期、性器期、潜伏期和青春期五个阶段,每个阶段性本能的满足决定了个体未来的人格特点;埃里克森对弗洛伊德的理论进行了修正,更加强调自我和社会环境的作用,将个体一生的人格发展分为八个阶段,每个阶段需要解决特定的人格发展危机。危机的解决与否决定个体未来人格的发展;以班杜拉为代表的社会学习理论则否认人格发展的阶段性,更加强调环境对人格的塑造作用。

- **人格发展的影响因素**

人格发展的主要影响因素包含生物因素和环境因素两部分。生物因素强调先天气质、体貌与体格的影响和成熟速率的影响。其中,托马斯和切斯从九个方面对气质进行了刻画,并认为气质与环境的拟合决定儿童性格的发展。环境因素则主要强调家庭、学校、媒体等影响。其中,鲍姆令德对父母教养方式的划分受到了研究者们的广泛关注。

- **自我意识和性别角色的发展**

自我是人格发展的核心。随着年龄的增长,儿童逐渐建立了对自我的复杂理解。在早期,他们的自我意识更加简单具体,而随着抽象能力的获得,他们对自我的认知更加深入和抽象。性别角色发展是人格社会化的重要组成部分。儿童在成长过程中逐渐地获得了他所生活的社会认为适合于男子或女子的价值观、动机、性格特征、情感反应和行为态度。生理、环境和认知因素共同促进了儿童性别角色的发展。

思考与练习

1. 联系实际分析人格形成的主要因素并评述人格发展经典理论。

2. 结合自己的成长经历,分析青少年期的自我意识的特点及形成原因。

3. 结合自己的实际分析自我同一性实现的过程,评述埃里克森和玛西娅对自我同一性的观点。

4. 观察记录1—2岁儿童自我意识出现的(行为)种种迹象。

5. 谈谈你对"双性化"和"无性教育"的看法。

延伸阅读

1. Mroczek, D. K. , & Little, T. D. (2006). *Handbook of persoanlity development*. Lawrence Erlbaum Associates, Inc.

2. Chen, X. , & Schmidt, L. (2015). *Temperament and personality. In M. E.*

Lamb & R. M. Lerner (Eds.), Handbook of child psychology and developmental science (*Vol. 3, pp. 152 - 200*). Hoboken, NJ: John Wiley & Sons.

3. 董奇,林崇德. 当代中国儿童青少年心理发育特征——中国儿童青少年心理发育特征调查项目总报告[M]. 北京:科学出版社,2011.

4. 戴维·谢弗. 社会性与人格发展[M]. 陈会昌,等,译. 北京:人民邮电出版社,2012.

5. 瓦尔·西蒙诺维兹,彼得·皮尔斯. 人格的发展[M]. 唐蕴玉,译. 上海:上海社会科学院出版社,2006.

第十章 儿童社会性发展

📝 **本章导语** ┃┃┃

每个人都渴望被爱、被接纳、被尊重,这是人们的基本需求之一。而这一需求的满足,需要我们与不同的对象建立社会联结。小时候,父母是情感联结的主要对象,而随着年龄的增长,同伴、老师、同事等都成为情感联结的对象。在与他人的互动过程中,儿童习得特定的行为模式、情感、态度以及观念,这是发展心理学中有关社会性发展关注的重要内容。然而,并非每个人都能与他人建立良好的社会关系,甚至很多人与父母、朋友的关系中都充满着紧张和冲突。那么,儿童的社会关系是如何形成的? 哪些因素会影响儿童的社会性发展? 这是本章关注的主要问题。

社会性发展涵盖的内容非常丰富。在本章,我们重点关注儿童与父母、同伴建立关系的过程,以及这些关系质量对儿童发展的影响。此外,对于儿童来说,游戏是其建立社会关系、发展社会技能的重要媒介。因此,本章也将介绍儿童游戏的发展及其对个体发展的影响。

📍 **学习目标** ┃┃┃

1. 掌握儿童依恋的发展过程、测量方法、类型特征,并能解释儿童的依恋是如何形成的。
2. 掌握儿童同伴关系的主要作用、发展过程,以及测量儿童同伴关系的主要方法。
3. 掌握游戏的相关理论、常见类型,以及游戏在儿童发展中的作用。

第一节 依恋——最早出现的关系

儿童出生以后,第一个交往最频繁的对象是母亲或主要照料者。母婴依恋关系是儿童最早形成的人际关系。不少心理学家认为,儿童早期与照料者之间形成的关系的性质将会对儿童以后的发展产生重要而深远的影响。

一、依恋的含义和发展过程

1. 什么是依恋(attachment)

广义的依恋是指个体对另一个体长期持续的积极的情绪联结。儿童心理学中的依恋是指婴儿寻求并企图保持与特定的人亲密的身体联系的一种倾向。婴儿依恋的对象主要是母亲,也可以是别的抚养者或与婴儿联系密切的人,如家庭中的其他成员。婴儿的依恋主要表现为啼哭、笑、吸吮、喊叫、咿呀学语、抓握、身体接近偎依和跟随等行为。

依恋是婴儿与抚养者之间一种积极的、充满深情的感情纽带。它对于激发父母和照顾者更精心地照料后代,形成儿童最初信赖和不信赖的个性特点有着重要的影响。

2. 依恋发展的过程

依恋不是突然出现的。根据心理学的研究,依恋的发展可分为四个阶段。

第一阶段(出生到 3 个月):对人无差别反应的阶段。此期间,婴儿对人的反应几乎都是一样的,哪怕是对一个精致的面具也会表示微笑。他们喜欢所有的人,最喜欢注视人的脸。见到人的面孔或听到人的声音就会微笑,以后还会咿呀"说话"。尽管婴儿的反应看不出明显的差异,但其依恋基础正在逐步建立。婴儿开始通过观察他人的面孔、声音、气味或特别的动作来识别熟悉的人。

第二阶段(3 到 6 个月):对人有选择反应的阶段。这时,婴儿对母亲和他所熟悉的人的反应与对陌生人的反应有了区别。婴儿在熟悉的人面前表现出更多的微笑、啼哭和咿咿呀呀。对陌生人的反应明显减少,但依然有这些反应。此外,由于认知能力的限制,婴儿在父母离开时,还无法表达反抗行为。

第三阶段(6 个月—2 岁):积极寻求与专门照顾者接近。婴儿从六七个月起,对依恋对象的存在表示深深的关切。当依恋对象离开时,他们就会哭喊,不让其离开,当依恋对象回来时,会显得十分高兴。只要依恋对象在他身边,他就能安心地玩、探索周围的环境,仿佛依恋对象是婴儿安全的基地。在婴儿对专门照顾者表现出明显的依恋的同时,对陌生人的态度变化则很大,大多数婴儿会产生怯生——儿童对不熟悉的人所表现出的害怕反应通常称为怯生。

第四阶段(2 岁以后):交互关系形成期。到 2 岁左右,随着语言与表征能力的快速发展,儿童能够更好地理解父母的目标,理解影响父母离开和出现的因素。因此,分离焦虑逐渐下降。与此同时,儿童还会对其他人,如兄弟姐妹、同伴等产生依恋。

依恋发生的时间有很大的个体差异,还有文化差异,但依恋发展的模式基本一致。

二、 依恋的测量和类型

1. 依恋的测量

安斯沃斯和她的同事(Ainsworth & Wittig, 1969)长期观察了乌干达和美国家庭母子间的互动。他们发现在以下三种情境中,婴儿的依恋行为表现得最明显:①依恋对象最容易抚慰婴儿,使婴儿安静下来;②婴儿为了做游戏或得到安慰,更可能接近依恋对象;③有依恋对象在旁边,婴儿感到害怕的可能性降低。

安斯沃斯等人利用在陌生环境中母婴分离时婴儿的反应，即利用婴儿在受到中等程度压力之后接近依恋目标的程度以及由于依恋目标出现而安静下来的程度，设计了一个"陌生情境"，以测定每个婴儿的依恋反应和类型。安斯沃斯创设的陌生情境由一组 7 个 3 分钟的情节组成。在这期间，儿童有时与母亲在一起，有时与一个陌生人在一起，有时与陌生人和母亲在一起，有时是独自一个人（如表 10 - 1 所示）。

表 10 - 1   测定婴儿依恋反应的情境

	情 节	在场人物	持续时间（分钟）
1	父亲或母亲和婴儿一起进入房间	父亲或母亲、婴儿（四周全是有吸引力的玩具）	3
2	陌生人进房间	父亲或母亲、婴儿、陌生人	3
3	父亲或母亲离开房间	婴儿和陌生人	3
4	父亲或母亲回到房间，陌生人离开	父亲或母亲、婴儿	3
5	父亲或母亲离开	婴儿	3
6	陌生人回来	婴儿和陌生人	3
7	父亲或母亲回来，陌生人离开	父亲或母亲、婴儿	3

其中情节 3、4 和 5、7 是测量依恋的关键场景：在与母亲或父亲分离时，以及父亲或母亲重新回来时，每个婴儿会有不同的表现。研究者期望观察到婴儿接近养育者的动机和养育者的出现给婴儿带来的安全感和信心，并根据这种测定方法的结果划分婴儿依恋的类型。

2. 依恋类型

利用婴儿在陌生环境中的行为表现，安斯沃斯等人将婴儿的依恋划分为以下三种类型。

A 类型：回避型（avoidant）。母亲在场或不在场对这类儿童的影响不大。母亲离开时，他们并无特别紧张或忧虑的表现。母亲回来了，他们往往也不予理会，有时也会欢迎母亲的到来，但只是短暂的，接近一下又走开了。这种儿童接受陌生人的安慰就像接受母亲的安慰一样。实际上这类儿童并未形成对人的依恋，所以有的人把这类儿童称为"无依恋的儿童"。

B 类型：安全型（securely attached）。这类儿童与母亲在一起时能安逸地玩弄玩具，对陌生人的反应比较积极，并不总是偎依在母亲身旁。当母亲离开时，他们的探索行为会受影响，明显地表现出一种苦恼。当母亲重新又回来时，他们会立即寻求与母亲的接触，但很快地又会平静下来，继续做游戏。

C 类型：反抗型（resistant）。反抗型依恋的儿童逢到母亲要离开之前，总显得很警惕，有点大惊小怪。如果母亲要离开他，他就会表现出极度的反抗。但是与母亲在一起时又无法把母亲作为他安全探究的基地。这类儿童见到母亲回来就寻求与母亲的接触,但同时又反抗与母亲接触,甚至还显得有点发怒的样子。如儿童见到母亲立即要求母亲抱他,可刚被抱起来又挣扎着要下来。要他重新回去做游戏似乎不太容易,他会不时地朝母亲那里看。

在北美样本中,近2/3的儿童属于安全依恋类,A、C两类又称不安全依恋,各占25％和10％。我国的研究基本上也得到类似的结果(胡平,孟昭兰,2003)。

除了上述三种依恋类型,后来有研究还发现了第四种类型:没有组织、没有定向的混乱型(disor-ganized/disoriented)。这种类型的儿童在陌生环境中表现出迷惑、茫然和害怕。对分离与重聚,表现出矛盾的、没有组织的反应:当母亲返回时,可能哭叫,但会跑开,或者一边看着其他地方,一边接近母亲,或在母亲周围极端害怕。

尽管陌生情境测验使依恋的测定得以标准化,但这样的测量仍存在不少局限性。如:①儿童的依恋类型可能随家庭环境的变化而发生改变。②测验中被划入不安全依恋的儿童主要是根据母亲离开时是否哭,及母亲回来后是否回到母亲怀里。但是有的婴儿可能已经适应了母亲离去和回来的场合,表明他们已经实现了在不熟悉环境下控制自己焦虑的社会化。③不同社会文化对婴儿在陌生情境中的表现可能有不同要求(如美国家庭自幼鼓励儿童独立,而日本母亲则不允许陌生人单独接近婴儿)。有的婴儿很早就接受了"感情含蓄"的指导。④婴儿在陌生情境中的依恋表现一方面与经验有关,与母婴关系有关,但气质也是一个很重要的影响因素。因此,我们在用陌生情境测定婴儿的依恋类型时,对行为的解释一定要慎重。

3. 形成依恋类型的原因

安斯沃斯和其同事曾经研究了新生儿第一年母子间互动过程中占优势的模式,想探索这种模式是否可以预测婴儿对母亲依恋的强或弱。

他们研究了26对母子,在头3个月里至少每3周一次到家观察母亲喂养婴儿的情况,并详细记录喂食时间的选择,母亲对婴儿饿了哭时的反应速度,母亲是哄婴儿吃还是强迫婴儿吃,是喂得过多还是喂得不饱,母亲是否允许婴儿拒吃新的食物等。然后在婴儿1岁时,观察他们在陌生情境里的反应。结果表明,母亲喂养婴儿的模式对以后婴儿形成的依恋类型确有一定的预测性。对婴儿的食物需要显示出高度敏感性的母亲,其婴儿都属于B类型(安全的)依恋。而在12个对婴儿喂食不敏感的母亲那里,有10个婴儿是属于A类型或C类型的,即不安全的依恋,只有2个婴儿是属于B类型的。

同样的实验是婴儿半岁后继续在家里被观察。当婴儿满12个月时,研究者重新考察了母亲教养行为与婴儿依恋间的关系。从敏感性—不敏感性、接受—拒绝、合作—干扰、易接近—不理会四个方面评定母亲教养婴儿的行为特征。结果发现,安全依恋婴儿的母亲,在这四个方面的分数都高于平均值,也就是说,这些母亲都是敏感的、接纳的、合作的。另外两类不安全依恋婴儿的母亲在这四个方面的分数都比较低。所不同的是,A类型的母亲在拒绝、不敏感方面表现得更多些;而C类型的母亲则在干扰与不理会方面表现得更多些。

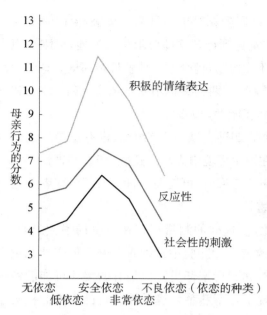

图 10-1　母亲行为与婴儿依恋类型的关系

来源：Clarke-Stewar,1973.

克拉克-斯坦怀特（K. A. Clarke-Stewart，1973）的研究进一步证实了安斯沃斯的看法。他用三个维度来衡量母亲的教养行为：反应性——对婴儿的哭、叫唤、语言要求等的反应比例；积极的情绪表达——充满感情的接触，加上微笑、表扬、说话等；社会性的刺激——母亲接近婴儿，对婴儿微笑、谈话或模仿婴儿的频率。研究结果（如图 10-1 所示）显示，安全依恋婴儿的母亲三个维度的分数都很高，无依恋的（相当于 A 类型——回避的）与不良依恋（相当于 C 类型——反抗的）婴儿的母亲，三个维度的分数都较低。

从这些研究中可以看出，要使儿童获得安全的依恋，母亲或别的照顾者在抚养婴儿时，有两点十分重要：①对于婴儿发出的各种信息能敏感地及时地做出反应，并主动地调节自身的行为以适应婴儿的行为节奏，而不是把自己的行为习惯硬加给婴儿，即所谓的敏感性和同步性；②与婴儿相互作用时，尤其在指导儿童时，要充满热情、鼓励和温和。

过去对婴儿依恋的研究多为母亲与婴儿关系的研究。20 世纪 80 年代以来，研究者开始重视父子的亲子依恋关系。不少研究指出，父亲不仅和母亲一样对孩子敏感和慈爱，还具有母亲所没有的亲子关系特质。如对 1—6 个月的婴儿与父母相互作用的长期研究发现，父母在唤醒婴儿感情水平上存在差异，母亲的风格是平稳的调整和忍耐，父亲则是更剧烈、更富游戏性；母亲更多的是通过言语，父亲更多的是通过身体运动。

兰博（M. Lambe）和派克（R. Parke）等人的研究指出，父母抱婴儿及与婴儿的游戏方式都不相同。母亲经常是用玩具与婴儿做传统的游戏，身体接触较多。父亲往往是做将孩子往上扔、晃等剧烈的身体刺激或出乎意料的游戏。实际上这两种不同特点的相互作用模式反映了性别的社会化模式，对婴儿行为的发展起着相得益彰的功效。

专栏 10-1

父子依恋

梅因和韦斯顿（Main ＆ Weston，1981）采用陌生情境测验考察了 46 名婴儿与其父母的依恋关系。研究发现，其中只有 12 名婴儿与父母都形成了安全的依恋关系。其余的被试中,11 名婴儿与妈妈建立了安全型依恋关系,但与爸爸的依恋关系为非安全型;12 名婴儿与爸爸的依恋关系属于安全型,而与妈妈的依恋关系为非安全型;11 名婴儿与父母的依恋关系均为非安全型。与父母双方均建立安全依恋的儿童青少年无疑是适应最好的。而与父亲形成安全依恋关系的儿童在童年期和青少年期表现出更好的情绪调节能力,更强的社会交往能力,以及更少的问题行为,并且与父亲的安全依恋关系可以缓冲非安全型母婴依恋关系所产生的消极影响。

依恋的发展是个双向过程,既有婴儿对父母的依恋,也有父母对婴儿的依恋,因而婴儿的依恋向哪种类型发展,不只是与父母的教养活动有关,还可能与婴儿本身的气质特点有关。

在一项纵向研究中,研究者发现,有些婴儿从出生第一天起就不喜欢被别人抱,平时显得不太安宁,不愿让被子等东西压着他。研究者访问了 37 名婴儿的家庭。在出生头一年里每隔四周就访问一次,到第 18 个月时再访问一次。他们发现其中 19 名婴儿喜欢被成人抱,9 名不喜欢被成人抱,9 名介于两者之间。那些不喜欢被成人抱的婴儿不喜爱紧密的身体接触,但愿意有其他形式的接触,如眼神对眼神、呵痒、亲吻、摇晃身体等。

婴儿早先的体貌特征、健康状况和这些气质特点很可能影响了母亲对他们的态度。那些见人便笑,喜欢被人抱的婴儿更容易赢得成人的欢心,而那些体弱多病又不容易被抚慰而安静下来的婴儿就易遭到成人的冷落,与人交往的机会就会大大减少。

可以这样认为,母亲对儿童的反应性,部分是由儿童自身的气质特点以及母亲先前存在的个性倾向造成的;同时母亲的反应又影响了儿童依恋的性质。若要使儿童获得安全的依恋,关键在于母亲必须学会合理地养育儿童的行为方式。大量研究已表明,父母的养育方式对依恋类型形成的影响远远大于婴儿的气质对依恋类型的影响。此外,依恋类型还受文化背景的制约。安斯沃斯依恋类型的研究主要是基于美国的文化背景。已有研究结果显示,不同国家不同文化的儿童依恋类型的比例和含义并不一致。

三、 依恋的理论

在正常的情况下,每个健康的婴儿都会形成一种依恋。依恋是怎样产生的呢? 是先天固有的,还是后天获得的? 至今存在几种解释。

1. 习性学理论

以英国精神病学家鲍尔贝为代表的习性学理论认为,依恋是一套本能反应的结果。这些本能反应对于种系的保护和生存有着极为重要的意义。正是婴儿的微笑、抓、哭、跟随等行为表现,引出了母亲对孩子的兴趣和爱护,同时也通过这种交往增强了母子间的联系与接触。鲍尔贝认为母亲已在生物学上做好了对婴儿反应的准备,就像婴儿被预先地安排好如何对照顾者为他们提供食物、形象、声音时做出反应一样。依恋无须学习，它可以被环境中所存在的合适的刺激所激起。

奥地利著名习性学家劳伦兹曾用"印刻"一词来描绘小动物的依恋过程。如小鸡、小鸭、小鹅在出壳后，会对第一次看到的那个大的活动的客体——通常是母禽，发生依恋。那个被依恋的客体，不论走到哪里，它们就会紧紧地跟随到哪里。当这个对象不见时，它们就会焦虑。劳伦兹发现，从孵化器里孵出后第一眼看到他的小鹅会无时无刻不跟在他后头，就像他是它们的妈妈一样。劳伦兹的发现意味着依恋是基于生物学决定的因素。其他的一些理论家也同意这个观点。如果我们有意地改变原先的自然条件，让小雏自幼接触的不是同类母禽，而是别的动物、人，甚至是活动的气球等，那些小雏竟然也像爱自己的母亲那样爱它们。到了性成熟期，这些小动物不是向自己的同类求爱，而会向与异类母亲同类的动物求爱。劳伦兹还认为，情绪交往也有一个"敏感期"。在人类交往中，婴儿的社会性微笑被看作是这一敏感期的开始，到怯生阶段消失之后结束。

图 10-2   康拉德·劳伦兹被一群刚出生的幼鹅所跟随

习性论者强调了婴儿早期的社会信号——哭、笑、依附等在依恋形成中的作用，还把依恋看成是由母子双方共同协调发展起来的双向过程。

2. 精神分析理论

精神分析理论强调婴儿在与能够满足其生物学上需要的对象保持接触时投入具有性特征的能量"力比多"的重要性。按照精神分析的理论，出生后的头两年，嘴是满足本能需要的源泉。由于母亲为婴儿提供食物，于是母亲便成为与满足需要相联结的对象，也自然地成了依恋的对象。精神分析模式的一个关键概念是：依恋是由内部的、直接的成熟过程所激起的自然现象，并以需要的满足为中介。

精神分析理论十分强调喂食方式、大小便训练的方式和时间对依恋发展的影响。虽然婴儿与照顾者间接触的性质会影响婴儿依恋的发展，但还没有足够的证据表明母乳喂养的方式比奶瓶喂养的方式更易造成依恋。同样,也没有充分的理由认为大小便训练的方式和年龄会造成不同的依恋类型和依恋强度。

3. 社会学习理论

社会学习理论与精神分析理论一样十分重视喂食在依恋形成中的作用。按照社会学习理论者的观点,由于照顾者总是与满足婴儿的食物需要相联结,减少了饥饿这个基本的内驱力,从而使照顾者获得了二级强化,成了满足婴儿需要的客体。于是,婴儿就产生了对母亲的依恋。在学习理论者看来,依恋是一组通过学习获得的行为。

无论是精神分析理论,还是社会学习理论,都强调婴儿的依恋行为是由母亲的喂食引起的。婴儿的依恋行为确实是由母亲的喂食行为引起的吗?美国威斯康星大学著名动物心理学家哈洛(Harry F. Harlow, 1958)为了证实这种解释,设计了别具一格的恒河猴研究。哈洛原先是研究灵长类动物学习问题的,偶然中发现一些小猴与母猴隔离后,虽然身体上并无什么疾病,行为上却出现了一系列不正常的现象。同时,他还发现,这些被隔离的猴子对放在笼内的一些粗布织物变得十分依恋。后来,他又访问了孤儿院,发现那里的孤儿都很可怜地蜷缩在角落里。

图 10-3　哈洛的恒河猴实验

哈洛的研究显示,猴子对温暖、柔软"母亲"的偏好胜过提供食物的铁丝"母亲"。(来源: Harlow, 1958)

为了探讨母猴在幼猴早期生活中的作用,解释为什么幼猴会对粗布织物表示依恋,为什么被隔离的幼猴在发展上会不正常,他设计了下列实验。哈洛制造了两种假母猴以代替真母猴。一个是由金属丝构成的圆筒,称"金属母猴",另一个是在圆筒外面盖上一层柔软的毛巾的"布母猴"。这两个母猴都装有可供幼猴吸吮的奶瓶。笼子的设计可让幼猴自己在两个"母猴"间自由选择接近哪一个。实验结果是,不论布母猴是否供应食物,幼猴除了吃奶时间之外,大部分时间是与布母猴在一起度过的。哈洛把一只大的发条玩具熊放进笼内,那只由布母猴抚养的幼猴会立即逃到布母猴那里,紧紧地抓住它。然后,它会大着胆子去探索这个"不速之客"。而那个由金属母猴抚养的幼猴,一看到那个玩具熊,不是逃向母猴,而是猛力地想把那个玩具熊推开,或者把自己摔在地板上,或者靠着笼子去摩擦身子。为了测定幼猴与两种代理母猴的依恋程度,哈洛把幼猴与代理母猴分离一段时期,然后再放回原处。此时,两种代理母猴抚养的幼猴,其行为表现很不一致。由布母猴抚养的幼猴,回到原处时似乎感到了一种安慰,依然保持着对布母猴的依恋。而由金属母猴养大的幼猴并无类似的表现,也并未因见到"母亲"而安静下来。

在这个实验里,两种代理母猴抚养的其他条件都相同,唯一不同的是布母猴身上披有一层柔软的毛巾布。于是哈洛推断,身体(皮肤)接触的舒适比食物对依恋的形成起着更重要的作用。这个实验可以启示我们,在对婴幼儿的养育过程中,一定要防止儿童的"皮肤饥饿"，改变"有奶便是娘"的错误养育观念。有时候，婴幼儿莫名地哭闹不一定就是饿了、尿湿了，很可能就是需要与你亲密接触。那就把他抱起来，轻轻地抚摩他的头发、皮肤，或让孩子亲你一下，与你偎依在一起，他的情绪也许就好了。

现在，社会学习理论者已不再专门强调喂食的重要性，认为照顾者与婴儿接触时为婴儿提供触觉的、视觉的、听觉的刺激已成为婴儿最重要的、最可信赖的刺激。与此同时，照顾者便成了依恋的对象。

社会学习理论者与习性论者一样，认为依恋是母子相互作用的双向过程。也许婴儿一出生，父母对婴儿的依恋也即开始，甚至更早（如密切关注腹中胎儿的动静，想象宝宝出生后的模样，为他准备各种生活必需品，起什么名字；给胎儿听音乐、与胎儿"对话"……）。而婴儿对父母的依恋大约要到生后第六七个月时才渐渐发展起来。

4. 认知理论

跟以上几种理论不同，认知理论并不强调满足需要的动机在依恋中的作用。认知理论推测，婴儿的依恋必须具有某些认知能力。首先，婴儿必须学会区分环境中不同的人，若缺乏这种能力，他们就会把周围接触的人都看成是同样的，既不能发展对专门的人的依恋，也不会在见到陌生人时感到害怕。

卡根设想，婴儿逐渐发展了一些与他接触的人、东西和事件的格式（schemata），类似于那些格式的刺激源倾向于被婴儿所接受，而跟原先的格式有细微不同的刺激源则会引起兴奋，并引出探索性行为和微笑。如果刺激源与原先的格式差别相当大，就会引起婴儿的害怕。婴儿在6—9个月时已对经常接触的人形成了专门的格式，于是婴儿能够区别熟悉的人和陌生的人。那些陌生人不具有熟悉人的格式特点，就会使婴儿害怕，表现出强烈的焦虑。而当婴儿的格式不断扩大时，原先曾引起害怕的陌生人就可能同化到新的格式中，这样，对陌生人害怕的情绪就渐渐减弱直至消失。

其次，婴儿必须具有客体永久性（object permanence）的认知能力。即当他所依恋的对象不在眼前时，依然知道这个对象还存在，并期望他重新出现，分离的焦虑特别依赖这类能力。

到目前为止，还没有哪一种理论能圆满地解释依恋的产生，而上述几种理论都只是从各自的理论体系出发对依恋做了说明。

四、 早期依恋对后期行为的影响

儿童早期形成的依恋对后期行为是否有影响？这种影响是暂时的，还是长久的？由不良依恋造成的行为方式是可逆的，还是不可逆的？这一系列问题颇受发展心理学工作者的关注。下面我们先来看看动物依恋行为对后期行为的影响。

哈洛和他的同事在对恒河猴的研究中发现，隔离时间长的幼猴，不论它是由金属母猴抚养，还是由布母猴抚养，都会造成心理上的失调。这些猴子和由真母猴抚养并与其他小猴子在一起游玩的猴子相比，显示出了许多异常的行为模式。如自己咬自己，前肢爪子紧握、表示害怕的怪相,走路身子摇晃,喜欢独自蜷缩在角落里,还有许多刻板的动作。幼猴行为失常的严重性与隔离时间的长短、隔离所选择的时间有关。根据这个研究,哈洛确信,婴儿——母亲联结在灵长目动物的生活中处于中心地位,母亲的教养是所有灵长目动物正常发展的中心。

为了确定这些由隔离造成的心理失调是暂时的还是持久的,萨克特(G. P. Sackett)追踪研究了这些猴子"社交"能力发展的情况,发现这些猴子在青年和成年时期仍不适应于"社交"。完全隔离的猴子,在性成熟时缺乏交配能力,也不会对自己生育的婴猴给予照料。但是,后来的一些研究发现,早期未形成依恋的猴子在合适的条件下可以恢复正常的行为。诺瓦克(M. A. Novak)与哈洛将四只猴子分别隔离了整整一年(以前认为这样长时间的隔离必然会造成永久性的损害),而后,允许这些猴子彼此注视,又让它们注视未曾隔离过的猴子,接着又让这些隔离过的幼猴与正常的猴子一起玩,最后把它们带到那些比它们年幼的猴子那里去。令人惊异的是,病态的猴子在与这些天真活泼的小猴子共同的生活中竟恢复了常态。这些小猴子真可以称得上是"治疗家"。这个实验至少可以证实,母爱剥夺造成的影响并不是完全不可逆的,只要条件适宜,异常的行为模式仍有可能逐渐恢复。

20世纪40年代,世界卫生组织要求鲍尔贝专门研究母亲与婴儿分离对儿童以后行为的影响。于是鲍尔贝和同事花了大量的时间观察访问了长期离开父母、生活在托儿所和医院的儿童。在那里,儿童有一个代理母亲。此外,他还深入到心理上有疾病的青少年、成人中去,以便通过与这些人广泛地接触交流,追溯早期依恋性质对后期行为的影响。

1951年鲍尔贝报告了一些过早离开父母的婴儿的状况。报告中指出,这些婴儿不能很好地与人相处,怕做游戏、怕冒险、怕探索、怕发现身体之外的世界。鲍尔贝据此得出了一个结论:可以确信心理健康最基本的东西是婴幼儿应当有一个与母亲(或一个稳定的代理母亲)间温暖、亲密、连续不断的关系。在这里,儿童既可找到满足,又可找到愉快。如果依恋关系能够顺利建立,它将导致一个人有信赖感、自我信任,并且成功地依恋自己的同伴与后代。相反,一个人未能在早期形成与母亲的依恋,他将可能成为一个缺乏来自依恋力量的、不牢靠的成人,不能发展成为一个好的父亲或母亲(在鲍尔贝看来,依恋一直延续到儿童末期。他甚至把青年人需要寻找爱的对象、老年人想依靠年轻人也看成是一种亲密的依恋,依恋植根于人的天性之中)。也就是说,儿童与主要抚养者建立的依恋关系质量,决定了其对未来其他关系质量的预期和判断,成为指导未来关系建立的基础。因此,鲍尔贝称之为"内部工作模型"。

对于鲍尔贝的观点,有人支持,有人反对或表示怀疑,批评鲍尔贝过度地夸大了母亲的作用。

埃里克森支持鲍尔贝的观点,认为人在生命的头两年都会体验到信任与不信任的心理状态,而这种矛盾必须在那两年解决好,否则儿童将会遭受缺乏信任感的折磨,严重的甚至无法与人相处。但遗憾的是,这个观点缺少追踪研究的证实。

　　墨森和他的合作者（墨森等人，1990）在他们编写的《儿童发展和个性》一书中阐述了自己的观点。他首先强调，给婴儿提供住宿的机构，照看儿童的成人数量和提供的智力刺激是个关键因素。生长在这种环境中的"有些儿童"是更加地依赖，欲从成人处寻求更多的注意，在学校里（与在家里抚养长大的儿童相比）有更多的破坏性行为。但是，对幼儿没有一个固定的依恋对象是否会造成长期的不良后果并不清楚。

> **名人名言**
>
> 　　个体与父母的相处经历和他以后建立情感纽带的能力之间有非常强烈的因果关系。父母多大程度上给孩子提供了安全基地，并且鼓励他离开安全基地去探索，决定他以后建立情感纽带的能力有多强。做到以上，最重要的是父母在多大程度上能够识别与尊重孩子对安全基地的需要。
>
> 　　　　　　　　　　　　　　　　　　　　　　　　　——约翰·鲍尔贝

　　墨森引用了一个早期依恋剥夺（即母爱剥夺）而后环境改善，儿童发展得到恢复的例子：一组严重营养不良的孤儿，2—3岁时被另一国家的中产阶级家庭收养。6年后，他们在小学的情况很好，身高、体重都超过了对孤儿的期望值，平均智商是102。这个分数要比回到最初被剥夺的家庭环境中的类似儿童的平均分数高40分。他还引用了另一个研究。这个研究发现，一组孤儿院抚养的英国女孩成年后，如果有了一个忠实可靠的丈夫，她们便不会显示出焦虑的迹象。然而，她们中有许多很难找到满意的丈夫。这些妇女显得很焦虑，主要是对婚姻不满。

　　对送婴幼儿进入托儿所会影响发展的担忧基本上已被一些实验所否定。关键不在于婴儿是不是离开了母亲，而是托儿所是否给婴儿提供了良好的抚育条件。高质量的日托有时还能促进儿童的认知发展，对那些来自会阻碍儿童发展的不良家庭环境的儿童更是如此。

　　我们根据相关研究，把早期依恋对儿童发展的影响归结如下：①对照料者（父母）的安全依恋为婴儿提供了情绪安全的基地，有助于培养儿童日后对己、对父母、对同伴的信任感，也为日后父母教育儿童打下了基础。如表10-2所示，它反映了不同依恋类型对儿童情绪表达和情绪调节的影响。②依恋的强烈程度不能决定儿童发展的方向。如果父母能按社会化的目标鼓励、教育儿童，依恋强烈的儿童就能健康地沿着社会化目标顺利地成长，但是，如果父母对儿童的期待与教育不符合社会化要求，强烈依恋的儿童就会产生不适应社会的行为。③儿童与照料者父母的依恋关系不是一成不变的，它可能会随着家庭内部关系的变化而变化。④儿童人格是儿童经验的历史与现实活动统一的产物，它既是发展过程中的一个连续体，又具有相对的可塑性。年龄越小，可塑性越大。因而必须十分重视早期依恋的形成，同时也要正视现实环境对儿童人格的影响。

表 10 - 2　不同依恋类型儿童情绪调节的策略

安全依恋型	回避依恋型	反抗依恋型
这类孩子知道,无论是积极的情绪,还是消极的情绪,父母都能接受,所以他们的情绪表现公开、直接和随意。他们知道苦恼的迹象会引来父母的帮助和安慰。所以他们不掩饰自己的焦虑和伤心,同样他们知道高兴、兴奋会感染父母,就主动表现,相应地对他人的情绪也会做出回应	这类孩子因常有情绪遭不断拒绝的经历,尤其是消极情绪是母亲最少回应的,其结果是,为了避免被遗忘或断然拒绝,就形成了一种隐藏任何苦恼痕迹的策略。他们对于积极情绪(如想要和他人交往)也会加以区别,生怕别人不愿回应	这类孩子明白,他们的情绪表现所得到的回应往往是不一致的,所以,其结果难以预料。因此,他们形成了一种夸大表现(尤其是消极情绪)的策略,因为这样才能引起父母的注意

来源:S. Goldberg. (2013). *Attachment and child development*. NY:Routledge,pp. 133—149.

第二节　儿童同伴关系的发展

人是社会关系的产物。除了早期建立的母婴依恋关系外,人在一生中还要建立各种各样的社会关系。社会关系对儿童的发展具有重要的作用。

第一,提供学习经验。我们的重要的社会化工具语言就是从小在与人的交流中发展和获得的,我们的社会技能和社会行为,如观点采择、劝说、妥协、协商、情绪控制等,也都是在与朋友、同伴、同事、师长的相处交往中学会的。生活中的读书、恋爱、求职、工作、婚姻、怀孕、育儿也都离不开别人的经验。

第二,提供社会支持。岁月是一条河,时而宁静如镜,时而波涛汹涌。社会交往可以帮助我们处理情绪上和实践中的许多问题,及时走出困境,摆脱心理上的烦恼。如面临毕业的大学生,正愁思如何做好论文、如何寻找工作,学长的经验介绍就可使其少走许多弯道。工作后,如何尽快适应职场环境,融入企业团队,都离不开老员工的支持和指点。有研究者使用"社会关系网络"来描述那些可以作为社会支持资源的重要人物。更有人用"社会护卫队"(social convoy)来描述生命全程中数量、地位不断变化的重要他人,更强调了社会支持的重要性。

人刚出生时,"社会护卫队"可能仅仅是父母两个人,或再加几个亲人。随着年龄的增长,学习、工作、生活范围的扩大,会有更多的人加入这个"护卫队"。但到了一定年龄,"护卫队"的人数可能又会慢慢缩减。

总之,他人对我们每个人都很重要,他们是我们学习的资源,更是感情和事业的重要支持。没有"社会护卫队",一个人很难应对人生各个阶段的各种挑战,因而,做人要懂得珍惜和关爱身边的人。

在儿童成长的过程中,哪种社会关系对发展更为重要呢? 一些著名的发展心理学家如弗洛伊德、埃里克森、依恋理论的提出者鲍尔贝都认为母婴关系最重要。然而，也有一些发展心理学家认为同伴关系在儿童的发展中与母婴关系一样重要。

虽然父母是儿童社会化的主要动因，但同伴也是儿童社会化必不可少的重要动因。父母与同伴对儿童来说是两种性质的人际关系（见专栏 10-2）。父母与儿童基本上是指导与被指导、教育与被教育的纵向关系，而儿童与同伴则是平等的、互相教育的横向关系。儿童与同伴交往的能力和水平是衡量个性和社会性成熟的重要标志。儿童随着年龄的增长，逐渐从生理上断乳到心理上断乳，与父母的关系越来越疏离，与同龄人的关系越来越密切，最后成为一个从思想到行为完全独立的人。这是正常发展的必然。摆脱对父母和家庭的依附、走向同龄人社会是儿童社会化的一个重要内容，也是心理成熟的重要标志。

专栏 10-2

垂直人际关系与水平人际关系的功能

哈塔普（Hartup，1989）把人与人之间的关系分成两类：

垂直关系——是与比自己有更多的知识和更大权力的人形成的关系，如父母、老师与儿童的关系。这种关系的交往是补充性质的：成人控制，儿童服从；儿童寻求帮助，成人提供帮助。所以垂直关系的主要功能是一方提供帮助和保护，使对方获得知识和技巧。

水平关系——是社会权力相当的个体间的关系。这种关系在本质上是平等的，交往是互惠的，而不是补充的：一个孩子躲起来，另一个孩子去寻找；一个孩子把球扔出去，另一个孩子去接或捡起来。两者的角色可以互换。水平关系的功能是为了习得只有在平等的人中才能学习到的技巧，如合作和竞争的能力。

来源：Hartup, W. W.（1989）. Social relationships and their developmental significance. *American Psychologist*, 44, 120—126.

一、同伴的作用

同伴指的是在同一个社会群体中年龄和地位相近的人。同伴的陪伴对儿童来讲至关重要，从发展的视角来看，同伴关系有着多重功能。

1. 同伴是强化物

帕特森等人（Patterson，Littman，& Bricker，1967）为了研究同伴的反应在强化幼儿攻击性行为方面所起的作用，专门训练一组学生观察幼儿园儿童互相攻击的情况。实验对象是 18 个男孩和 18 个女孩，共观察 33 次，每次 2.5 小时。详细记录被攻击者的反应态度对攻击者攻击行为的影响。研究发现，当一个儿童猛冲过去抢另一个儿童的玩具时，若受害者做出哭、退缩或沉默的反应,那么这个进攻者以后还会用同样的方式去对付别的儿童,也就是说,消极的反应会强化儿童的攻击性行为。相反,如果一个儿童受到攻击时立即给予反击,或者老师立即制止攻击者的行为,批评攻击者并把东西归还原主,那么,这个攻击者的攻击行为就可能会收敛一些,或者改变这种行为,或者另觅进攻的对象。

不但攻击性的行为可以因为受到攻击的儿童行为的反馈而有所变化,而且受到攻击的儿童也可以学习攻击行为。他的反击,成功地阻止了别人对他的进攻。这种情况若经常出现,实际上又会强化受害者的攻击性行为。同伴间行为的影响是交互的。

同伴交流,互相强化适合他们年龄、性别、种族群体和社会文化背景的行为。他们通过赞赏、闲聊甚至嘲笑、排斥的方式使彼此逐步走向可以接受的范围。

2. 同伴是榜样

同伴不仅是一种强化物,而且可以作为一种社会模式或榜样影响儿童的行为发展。如果让幼儿和那些更为成熟的儿童在一起玩,他们就会变得更加合作,更多地采用建议或请求的方式,而不是用武力来对付人。如果经常跟那些慷慨的儿童在一起,或经常看到他们慷慨的行为,儿童也会变得大方。儿童还没有足够的评定自己行为的能力,于是就常把同伴的行为作为衡量自己的尺码。这种社会比较过程是儿童建立自我形象与自我尊重的基础。

3. 同伴帮助去自我中心和认识自我

儿童,尤其是年幼儿童,认知上常表现出自我中心的特点。他们只有在与同伴的互动过程中才会认识到别人的观点、需要与自己并不相同,学会了解别人、理解别人,学会约束自己、改变自己不合理的行为与想法,学会与同伴相处。也在与同伴的相处中,看到了自己的"社会镜像",在与同伴的"社会比较"中认识到自己是谁以及想变成什么样的人等同一性问题。

4. 同伴给予安全感、稳定感和归属感

儿童成长的过程中都会遇到许多同龄人相似的发展中的困惑与烦恼。例如每日的家庭作业中会碰到不会解的难题;测验或考试成绩不佳,该怎么面对父母;父母争吵时,心里发怵;与某个好朋友发生了"摩擦",甚至关系出现了裂痕;遭到老师不公正的批评或指责;被同学欺侮、勒索或嘲笑;青春期来临时由身体变化引起的惊恐与烦恼;还有三年一次面临的中考和高考时的择校、如何复习迎考;对异性同学的态度由厌恶变成了好感,自己也不知道怎么回事等。其中有些问题可以通过父母得以解决,但许多感同身受的问题,同龄人之间没有压力的、坦诚的交流会更通畅,常常令儿童发出"哇,你也有这个问题呀!"的感叹,并产生一种一扫愁云,豁然开朗的安全感、归属感和稳定感。同时,儿童在与同龄人每日的"碰撞"(课堂上、课间、课余活动、体育运动、公益活动、闲聊、争论、吵架、打斗等)中,逐渐构建起同伴间的友谊、爱、尊重,以及对生命、对是与非、对周围世界的理解。

5. 同伴是社会化动因

在哈洛的恒河猴实验中，一些自幼被隔离的幼猴产生了许多病态行为。以后实验者让这些幼猴与比它们小的、正常的幼猴在一起生活，一段时期后，发现这些异常的猴子竟恢复了常态。这一方面说明早期剥夺刺激的个体可以得到恢复，另一方面也说明了同伴的作用。

另外，第二次世界大战中的一个实例也反映了同伴使儿童恢复正常的社会化功能。当时，有 6 个婴儿在集中营与父母分离，3 岁时他们一起住在托儿所。在这之前，他们很少与成人接触，主要是自己照管自己，6 个人产生了强烈的依恋。长大后他们中没有一个心身有缺陷，或有过失，都成为正常有为的成年人。这不能不说是同伴的力量使他们完成正常的社会化。

儿童的社会化包括知识的掌握，道德规范和行为规范的掌握，男女性别角色和各种社会角色的掌握，情绪能力的学习、人际交往的学习等。这些都需要大量的观察、模仿、练习、交流的机会和场合，而与同龄人的交往本身就为实现个体的社会化提供了学习的舞台。

二、 同伴关系的发展

1. 婴幼儿的早期交往

头六个月的婴儿就能互相接触、互相注视。一个婴儿哭的时候，另一个婴儿也会以哭来反应。不过，这些早期反应还称不上是真正的社会反应，因为婴儿并不想去寻找或期待从另一个婴儿那里得到相应的反应。他们直到后半年起才开始有社交行为。

有研究者曾观察了 8—10 个月日托婴儿互相作用的情况。发现其中有个婴儿，他的同伴总是回避他，而另一个婴儿似乎很受其他婴儿的欢迎。那个受欢迎的婴儿在与别的婴儿交往时，往往是看看别人或摸摸别人；可那个不受欢迎的婴儿往往去抓别的婴儿的身体或他们的玩具。当别的婴儿要求与其交往时，那个受欢迎的婴儿做出的反应是积极的，而不受欢迎的婴儿经常不予理睬或做出不合适的反应。观察表明，甚至 10 个月大小的婴儿就不喜欢好攻击人的婴儿和不做出友好反应的婴儿。

另一个短期的、纵向研究对 12—24 个月的婴儿作反复的观察（每隔 4 周到 6 周进行观察）。该研究的情境十分自然，让婴儿和自己的母亲、几个小同伴以及几个陌生成人（小同伴的母亲）在一起做游戏，还有几样玩具。在游戏开始、中间和结束三个阶段分别取 5 分钟活动的样本，观察记录他们社会交往的情况，如微笑、一瞥、看、伸出手臂、说话等。研究观察到了一些极为有趣的结果。这个年龄的婴儿极大部分的社会反应都非常简短，3/4 的社会反应不超过 30 秒钟，大部分社会接触不是真正的互动，往往是一个婴儿产生了某种社会反应，但从另一个婴儿那里引出的反应至多是凝视或瞥一眼。在头两年里，这种社会互动的性质很少变化。这个年龄的婴儿很少有真正互动的游戏，只是到第二年末才有所增加。真正的社会互动，即一种社会行动可以引出另一个人的社会行动，最经常的表现就是争夺玩具或占有玩具。在第二年,婴儿为争夺玩具打架、咬人、抓头发的现象增多。

关于婴幼儿早期交往的一个横向研究表明,将2岁前的婴儿一对一地放在一起活动,比把许多婴儿放在一个大房间里一起活动更有利于其发展社交能力。这个研究把6—25个月的婴儿成对地放在儿童围栏里,观察他们间的相互作用,结果发现随着年龄的增长,互动也发生了稳定的变化。6—8个月的婴儿通常互不理睬,只是有极短暂的接触,如看一看、笑一笑或抓抓同伴;9—13个月的婴儿对同伴的注意增加了,如果其中一个婴儿试图去夺另一个婴儿的玩具,那就会发生冲突;14—18个月的婴儿把同伴作为一个个体来注意的兴趣有极大的增长,同时为玩具而发生的冲突相对地有所下降;19—25个月的婴儿微笑和互相注视的社会接触更多了,游戏时也更友好了。但是,总的说来,头两年内婴幼儿的社会交往还是极有限的。

缪勒(E. Mueller)和白莱纳(J. Brenne)把婴儿与同伴的相互作用划分成三个阶段:①客体中心阶段。婴儿的相互作用更多是集中在玩具或东西上,而不是婴儿本身。10个月之前的婴儿,即使是在一起,也只是把对方当作活的玩具,互相拉扯,咿咿呀呀说话。②简单互动阶段。婴儿已能对同伴的行为做出反应,经常企图去控制另一个婴儿的行动。③互补性互动阶段。这一阶段出现了更为复杂的社会交往,可以看到模仿已较普遍,还有互补或互惠的角色。如一个躲起来,一个去找;一个逃,一个追。此外,在发生积极的相互交往时,还常常伴随有哭和微笑之外的合适的反应,如语词的、情绪的反应。

儿童进入托儿所后社会性发展大大加速。儿童与同伴的接触次数增加,强度也增加了。

伊克曼和同事(Eckerman,Whatley, & Kutz,1975)曾一起研究了儿童愿意与同伴玩,不愿意与父母玩的转变情况。研究选择了10—12个月、16—18个月、22—24个月的三组婴儿,让婴儿与自己的母亲及另一对母子在游戏房里玩,观察婴儿究竟喜欢跟谁玩。结果表明,年龄大一点的儿童比起年龄小一点的儿童在社会性游戏方面所花的时间更多。所谓社会性游戏是指儿童在用非社会性的物体进行活动时,现场还包括其他人,如母亲、同伴。另外,随着年龄的增长,儿童更喜欢与同伴玩,没有一个人愿意与陌生成人玩(如图10-4所示)。

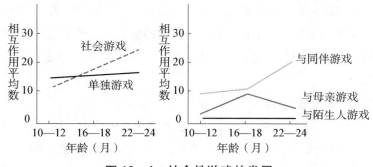

图10-4　社会性游戏的发展

来源:Eckerman,Whatley, & Kutz,1975.

2. 学龄儿童同伴交往的发展

① 同伴交往与父母交往的变化。随着年龄的增长，儿童与同伴的交往渐渐超过了与父母的交往。

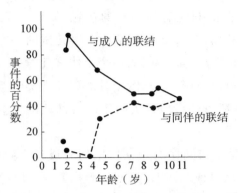

图 10-5 儿童与同伴、成人相互接触的数量

来源：Wright，1967.

有人（Wright，1967）曾对一组儿童从 2 到 11 岁作追踪研究，尽量把儿童的活动记录下来。儿童的"行为流"（stream of behavior）被分成一个个独立的事件，如吃饭、梳头，标出每次事件中涉及父母、同伴、教师的次数。这个研究发现，随着年龄的增长，儿童与父母、教师相互作用的次数在减少。按照本实验的结果，儿童到 11 岁，与同伴相联结的事件百分数和与成人相联结的事件百分数恰好相等（如图 10-5 所示）。

20 世纪 80 年代有人对 2—12 岁的儿童在家里和街区附近的活动作观察，研究儿童与同龄人、成人及年龄相差 2 岁以上的儿童的互动随年龄变化的情况。结果发现：第一，随着年龄的增长，儿童与同伴的互动增加，与成人的互动减少（与前述研究结论一致）；第二，儿童与近似年龄或大于自己 2 岁以上的同伴的互动超过与同龄儿童的交往。

陈枚、李辉贤等人研究了初中生在不同情况下选择交际对象的情况，这些场景包括：a. 课余时间最喜欢和谁在一起；b. 遇到有趣的事先想告诉谁；c. 心中有苦恼最想告诉谁；d. 学习有困难时先找谁帮助；e. 生活有困难时先找谁帮助。研究发现，除生活有困难仍要找母亲外，其余各项初中生都把同伴列在第一位。这两项研究都充分地说明了同伴在儿童心目中的地位随年龄而增长，但这两个研究还不能反映父母的地位是否下降了。儿童在遇到重大的问题（如升学、职业或专业选择、人生观等）时，父母的立场、观点可能仍有相当的分量。

② 同伴友谊。友谊一直是人们所向往和追求的。早在儿童早期，在儿童交往中就有友谊的萌芽，但随着个体的发展，友谊也发生了一系列的变化。心理学家从个体对友谊的期望（即对友谊的理解）、对友谊对象的选择（交友的条件）、友谊关系和稳定性及渴望程度对儿童友谊的发展做了研究。

塞尔曼（Robert Selman）曾将儿童的友谊发展分为五个阶段：

第一阶段（3—7 岁），这时儿童还未形成友谊的概念。同伴就是朋友，一起玩就是友谊。

第二阶段（4—9 岁），单向帮助阶段。儿童要求朋友听从自己的愿望和要求。顺从自己的同伴就是朋友，否则就不是朋友。

第三阶段（6—12 岁），双向帮助阶段。儿童对友谊的互动性有了一定的了解，但有明显的功利性，还不是患难与共的合作。

第四阶段（9—15岁），亲密的共享阶段。友谊随时间推移而发展，儿童逐渐懂得忠诚、理解、共同兴趣是友谊的基础。他们互相倾诉秘密、互相帮助、解决问题。但这时的友谊有强烈的排他性。

第五阶段（12岁开始），是友谊发展的最高阶段。择友严密，建立的友谊能保持很长时间。

具体地说，小学生还未理解友谊的实质，把友谊和同伴混为一谈，对友谊的期望仅局限于能一起玩得高兴、能得到朋友的物质帮助。进入青春期后，友谊与一般的交往已能区分。对友谊的期望提高到心理上的接近、融洽，最后达到精神上的互慰、互励，加深了个体间的亲密性：a.能向朋友表露自己的内心"秘密"；b.对朋友充分信任（相信不会轻易外泄或背叛自己）；c.这种亲密只限于个别或少数密友或知己之间。

对好朋友的选择标准已从儿童期只关注外貌、年龄、家庭状况、社会地位等外部条件到青春期转向兴趣、智力、性格、观点、志向（是否一致）、感情（是否共鸣）、忠诚可信等。

青春期对友谊的体验十分强烈，反映在青年获得友谊与失去友谊时出现强烈的情绪反应上。国外研究者都发现初中阶段对失去友谊时的焦虑程度最高，最怕被人拒绝。

同伴友谊对儿童的发展十分重要。它不仅使儿童远离孤独，而且变得更加快乐。友谊使他们学到了如何建立亲密的人际关系。在面临困境或挑战时能从友谊中获得安慰和支持，勇敢地去面对。正如沙利文（H. S. Sullivan）所述，一个真正的密友有时可以弥补不良的父母关系对儿童的伤害，使儿童增加自我价值感。

③同伴地位。同伴地位是用来描述儿童受同伴群体喜欢或不喜欢的程度。发展心理学家一般采用社会测量法加以考察。如给儿童一张同伴名单或照片，要求儿童对他所在群体（如班级）中的每一个同伴逐一做出喜欢或不喜欢程度的评价（如很喜欢—喜欢—不喜欢—很不喜欢），或儿童对自己最喜欢和最不喜欢的同伴进行提名（如我最喜欢和A玩，我最不喜欢和C玩，或我愿意和A一起完成某任务，我不愿意和C一起合作）。也可以直接到操场上观察每个儿童被同伴找着玩的频率。

通过上述方法，研究者可以找出某个儿童在同伴群体中的地位。有研究者用这种方法把儿童在同伴中的社会地位划分成五类：受欢迎儿童——一般儿童——被忽视儿童——被排斥儿童——争议性儿童。

同伴地位划分的标准如下：

a. 受欢迎儿童——是被同伴正向提名次数最多，几乎没有人讨厌的儿童。

b. 一般儿童——在同伴正向提名和负向提名中的数量属平均水平的儿童。

c. 被忽视儿童——无论在别人提名的最喜欢同伴的正向提名和最不喜欢的负向提名中都出现得很少的儿童。

d. 被排斥儿童——受同学负向提名最多，正向提名最少的儿童。

e. 争议性儿童——在正向提名和负向提名中都出现很多的儿童。

不同同伴地位的儿童具有不同特点：

a. 受欢迎的儿童：外表有吸引力、善于倾听、经常与同伴交流、心情愉快、懂得控制自己的情绪、真诚、关心人、愿意分享、被认为有领导力等品质；

b. 被排斥的儿童：有很多破坏性行为、好争论、反社会、很少有合作性游戏、不愿分享等适应问题；

c. 被忽视儿童：害羞、退缩、不果断、多单独活动或和一大群人在一起时会避开两人之间的交往。

一般说来，受欢迎的儿童具有幽默感、对人友好、外向、乐观、善于合作、会赞赏人、乐于助人等良好的个性品质，但也有一些受欢迎的儿童有不少消极行为，如攻击行为、破坏行为以及制造麻烦。为什么他们还会受欢迎？可能是有儿童认为他们这样敢做敢拼、勇于打破规则，很酷、很顽强。

也有研究发现，受欢迎儿童往往除了他们的个性魅力，还与他们具有解决社会问题的能力有关。学校同学即使是好朋友间也常会发生社会冲突，善于处理这种社会冲突的成功策略也是获得社会成功的重要因素。一些学校向不受欢迎的同学教授如何与朋友交流，如何表达自己的想法，如何理解别人的非言语行为以及如何以友善的方式提供帮助和建议。这种训练很有效果。其实，我们也可以尝试在中小学为学生开设教授社会能力——使得个体在社会环境中成功表现的各种社会技能的集合——的实践课程，以提高儿童整体的社会能力。

有追踪研究发现，早期同伴地位与以后的社会适应有关系。受欢迎儿童在以后的日子里表现出最强的社会能力、更高的认知能力，攻击性和社会退缩最少；被排斥儿童被分成两组：一组是攻击性和破坏性的，另一组是退缩、自闭的。前者可能变成小霸王，出现逃课、学业不良、辍学等问题，成年后继续有病态的行为；后者是内向性问题，表现为焦虑、孤独、抑郁和恐慌，以后可能发展为很少与人交往甚至与社会隔绝的人。

与人交往的模式或机制有一定的稳定性，甚至是长期的稳定性，因此有助于我们预测他们未来可能出现的问题，但这种预测要十分谨慎。

④ 男女同伴交往。一般婴幼儿和低年级小学生，男女同伴都可以一起做游戏、玩，没有清晰的男女孩界线，但到了小学中高年级，就开始出现男同学与男同学在一起玩、女同学与女同学在一起玩的倾向，且男女同学间持有否定的态度比较严重。刘金花在一项"儿童对同伴和对父母态度的调查研究"中采用了投射测验的句子完成法，让 3 到 12 年级的 1231 名男女学生完成诸如"大多数女孩_____""大多数男孩_____"的造句。结果发现，男生否定女生的高峰期与女生否定男生的高峰期分别是在 7 年级（13—14 岁）和 5 年级（11—12 岁），其持否定态度的人的百分数分别为 51.5% 和 64.2%。男孩认为女孩娇气、爱哭、胆小、喜欢告状、爱拍老师马屁、气量小、爱给男孩起外号等；女孩认为男孩淘气、爱打架、骂人、喜欢欺侮女同学等，开始进入男女儿童社会抵触期或疏远阶段。进入中学后，经过一段短暂的男女性反感期，男女生彼此肯定的态度迅速增长，男青年持肯定态度的人数占比从 7 年级时的 30.3% 上升到 10 年级时的 45.3%，女青年持肯定态度的人数占比从 5 年级时的 17.8% 上升到 8 年级时的 54.5%，异性态度的年龄转折分别为 7 年级和 5 年级。这个结果与曾性初

和哈里斯(D. B. Harris)前 30 年在美国所作的调查相比提前了一年。这种男女青年彼此态度的发展趋势与青年友谊发展趋势完全一致。

异性友谊的发展与青年期性意识的觉醒和成熟所产生的男女间的性别吸引有直接关系。在上述中小学生对异性态度的调查中还发现,男女的外貌在小学生的态度评价中不占任何地位,但到了初中则有了一定的比重,而到了高中这个比重又有所增加。但是在友谊关系上,这种异性的吸引主要不是生物学的外貌,而是社会性的男女个性特征,即男子气和女子气。在上述同一调查中,发现男青年随年级升高逐渐注意到女青年的突出的良好个性,如文雅、友善、细心、温柔、热情、善良、感情细腻等;同时女青年也随着年级的升高,逐渐注意到男青年突出的良好的个性,如勇敢大胆、直爽、开朗、心胸开阔、坚强、自尊好胜、有主见、富有想象力、知识面广、有事业心等。这些个性特点,正好形成男女性格特征的互补关系,从而促进男女的互相吸引,并增进男女青年的友谊。

青年或中学生的异性交往,往往会引起家长和学校方的担忧或不安,常常会遭到家长的反对,同学间也会出现莫须有的哄叫或窃窃私语。其实,中学生的异性交往不等于早恋,且它还有几个积极的作用:a.有利于男女青少年互相了解,消除男女之间的神秘感,为日后与异性交往、恋爱打下基础;b.男女同学个性的互补,有利于男女青少年自身的完善;c.男女学生健康、正常的交往有助于降低性需要的紧张度,从而在一定程度上缓解了现代社会儿童性成熟的前倾与社会性成熟延缓的矛盾。重要的是学校如何为男女生创造正常的、健康的、积极的交往条件,而不是阻断男女生交往。

⑤ 校园欺凌现象。校园欺凌问题近年来受到了社会的广泛关注。从定义来看,欺凌是一种特殊的攻击行为,是发生在校园内外的学生之间,一方(个体或群体)对另外相对弱小的一方(个体或群体)故意且反复施加伤害的行为(Olweus,2010)。和一般的攻击行为相比,欺凌往往包含力量不均衡这一特点,即欺凌者往往在力量、地位、人数等方面占有优势,而受欺凌者往往无法有效地保护自己。已有研究结果表明,校园欺凌具有跨文化的普遍性且具有较高的发生率。如在一项针对 40 个国家 6—10 年级学生的调查中,有 26% 的学生涉及校园欺凌,其中欺凌者占 10.7%,被欺凌者占 12.6%,欺凌—受欺凌者(既欺凌别人也受别人欺凌)占 3.6%(Craig et al.,2009)。

校园欺凌的形式有多种。传统意义上的欺凌包含直接欺凌和间接欺凌两类。其中直接欺凌又可以进一步分为直接身体欺凌(如打、踢、推、抓以及勒索、抢夺、破坏物品等)和直接言语欺凌(如辱骂、讥讽、嘲笑、挖苦、起绰号等)。而间接欺凌则是欺凌者借助第三方实施欺凌行为,包括散播谣言、社会排斥等。而随着信息技术的发展,网络欺凌开始出现并发展迅猛。网络欺凌是指个体或群体通过电子或数字媒体,重复传播敌意或攻击信息以对他人造成伤害或侵犯的行为(Tokunaga,2010),包括人肉搜索、网络诋毁等。相较于传统欺凌,网络欺凌具有匿名性、易得性等特点,并容易导致欺凌场面的失控。

欺凌受害者的共同特点通常是"相当消极的不合群者,很容易哭泣,缺少缓和紧张局面的社会能力"。研究发现,受欺凌的经历往往会转化成长期的应激源从而导致创伤反应,在极端情况下甚至会导致学生自杀或反社会报复行为（Espelage，Hong，& Mebane，2016）。而欺凌者同样表现出适应不良问题，他们学业成绩差、物质滥用程度高、社会交往困难。长期欺凌他人的经历还会使儿童形成攻击性人格特点。研究发现，经常欺凌他人的儿童成年后的犯罪率明显高于正常人（Farrington & Ttofi，2011）。此外，欺凌事件的见证者同样受到了消极影响，表现出更高水平的焦虑、抑郁、物质滥用等问题行为（McDougall & Vaillancourt，2015）。

总之，随着儿童年龄的增长，同伴对儿童发展的影响越来越重要。同伴既是儿童学习社会化技能的强化物和榜样，又是认识自己、发现自己、完善自己的镜像。但是，由于青少年尚未具备正确的辨别是非能力和行为自律能力，成人仍应关心和引导青少年的同伴交往问题，从而避免消极同伴关系对儿童的伤害。

三、 社会交往技能的学习

一个儿童能不能为同伴所接受，受到许多因素的影响，如外貌、学习成绩、性格特点、对同伴的态度等，但不少儿童不为同伴所接受是由于缺乏理解别人的情绪和观点的能力以及缺乏社交技能。

1. 观点采择

观点采择（perspective taking）是儿童认知发展过程中出现的一种心理能力。指个体能从他人的角度理解他人的思维和情感的能力。塞尔曼认为儿童的观点采择或角色采择开始于儿童早期的自我中心观点，至青春期的深度观点采择结束。观点采择能力对儿童发展十分重要。它首先增强了儿童对自我的理解，同时也能更好地理解同伴的需求，进而也能更有效地与同伴交流，改善了他们在同伴群体中的地位，增进了同伴友谊的质量。观点采择能力强的儿童也会更多地与父母交流，更好地采纳父母的观点。塞尔曼采用两难故事的方法研究了儿童的观点采择或角色采择能力。这个研究通过儿童对两难故事问题的回答，引出儿童对社会或道德情境的推理。下面是向 4—10 岁儿童呈现的两难故事及几个推测性问题。

> 霍莉是个 8 岁的小女孩。她喜欢爬树，在周围邻居小朋友中爬得最好。一天，她从一棵高高的树上爬下来时，跌落在树枝上，但没有受伤。父亲看见她跌下来，心感不安，于是要霍莉答应不再爬树。霍莉允诺了。
>
> 过了些时候，霍莉和朋友们遇见了肖恩。肖恩的小猫爬到树上却不敢下来。必须立即想办法，否则小猫有可能会跌下来。霍莉是唯一能爬上去抓住小猫并把它抱下来的人。但她想起了自己对父亲许下的诺言。

实验者问："霍莉是否知道肖恩对小猫的感情？为什么？""如果霍莉的父亲发现她爬树，会感到怎样？""霍莉对父亲发现她爬树会有什么想法，是怎么想的？"研究者把儿童的反应一一记录下来，看儿童能否设身处地地理解不同人的想法和感受，以及不同人的想法和感受之间的关系。

塞尔曼根据儿童的反应，将角色采择分成五个阶段：

阶段0：自我中心的观点（3—6岁）。儿童还不能将自己对事件的解释与别人的理解区分开来。例如，当问到"如果霍莉的父亲发现她爬树，会感到怎样"时，儿童说："高兴，他喜欢小猫。"

阶段1：社会信息的观点采择（6—8岁）。儿童已意识到别人有不同的解释和观点。他们对上一个问题的回答可能是"霍莉的父亲会恼火的，因为他不让霍莉爬树"。

阶段2：自我反省式的观点采择（8—10岁）。儿童知道每个人都认识到别人有自己的思想和情感，知道不仅别人有不同的观点，而且别人也能理解儿童的观点。如果问"霍莉的父亲会惩罚她吗？"儿童回答，"她知道父亲会理解她为什么爬树，所以不会惩罚她。"

阶段3：相互的观点采择（10—12岁）。儿童能从第三者、旁观者、父母或朋友共同的观点看两个人之间的相互作用。这个阶段的儿童可能会说："霍莉和她父亲互相信任，所以他们能谈论为什么爬树。"

阶段4：社会与习俗系统的观点采择（12—15岁以上）。儿童知道存在综合性的观点，而且也认识到"为了准确地同别人交往和理解别人，每个自我都要考虑社会体系的共同观点"。

表10-3 塞尔曼的观点采择阶段

阶段	观点采择	年龄（岁）	描述
0	自我中心的观点	3—6	儿童自己知道与他人之间存在差异，但不能区分他人和自己的社会观点（思维、情感）。儿童能辨识他人明显的情感，但不能认识到社会行动的原因中的因果关系
1	社会信息的观点采择	6—8	儿童意识到他人拥有建立在他人自己的推理基础上的社会观点，这些观点可能与自己的观点相似，也可能不同。但是儿童只能关注单一的观点，无法协调不同的观点
2	自我反省式的观点采择	8—10	儿童知道每个个体都能意识到他人的观点，而且这种意识会影响自己与他人对彼此的看法。将自己置身于他人的位置是判断他人意图、目的和行为的一种方法。儿童能够形成一系列相互协调的观点，但不能将这一过程抽象化使之上升到同时性的感情共鸣状态

（续表）

阶段	观点采择	年龄(岁)	描　述
3	相互的观点采择	10—12	青少年认识到自己和他人能同时将彼此作为各自观点采择的对象。青少年已步出二人模式,能够从第三者的角度观察两人的交互作用
4	社会与习俗系统的观点采择	12—15 以上	青少年认识到相互的观点采择不总能达成完全的理解。社会习俗是必须考虑的一部分,因为无论地位、角色或经历如何,群体中的所有成员(广义上的他人)都受到社会习俗的影响

塞尔曼用实验法评定儿童观点采择的能力或水平,主要根据是儿童对故事的理解和回答,它们都离不开语言。这种方法对语言表达能力尚未成熟的幼儿来说可能有一定的局限性,儿童不能用语言来表述并不能说明其不理解对方的观点。

2. 社交技能的训练

在费城哈内曼社区心理健康中心工作的肖和斯伐克(Shure & Spivak,1980)认为,儿童在社会交往中体验到的困难部分是由于缺乏对人的理解和解决人际问题的技能。他们试验通过训练计划来提高儿童的社交技能。

实验者随机将儿童分成两个组:接受训练的实验组和不接受训练的控制组。教实验组儿童三种技能:

① 发现可供选择的方法。如向儿童呈现一些图片,并告诉他们:"甲想玩这把铲子,但乙一直自己在玩。甲怎样做才能玩这把铲子呢?"鼓励儿童想出尽可能多的方法来解决这个问题。

② 预料活动结果。如描述一个儿童没有告诉大人,自己拿走了一样东西,如手电筒。要儿童预料大人会有什么反应。

③ 理解原因和结果。有个故事的情景是:一个女孩在哭着和母亲说话。鼓励儿童推测,为什么会发生这样的事情。

他们在每学年的开始和结束,对儿童解决人际问题的认知技能测验一次。结果表明,接受训练的儿童的三种技能都明显地优于控制组。

训练之前,教师对儿童的行为调节能力进行评定。调节能力差的儿童很难等待或延缓满足,易发怒,有极端的情绪反应和攻击行为,而另一组儿童则过分抑制,很少表现自己的情绪或自信。训练后,这两类儿童的行为调节能力也有所提高。

总之,认知技能训练不仅有利于提高儿童处理社会人际关系的能力,而且有利于提高自信、适度表达情绪、抑制极端冲动。

第三节 游戏与儿童发展

游戏是儿童喜爱的一种活动形式，也是儿童，尤其是婴幼儿与同伴互动的主要活动形式。很多发展心理学家认为，游戏是儿童从事的最富有成效、最愉悦的活动（Smith，2010）。那么，什么是游戏？游戏与儿童从事的别的活动有何区别？儿童怎样游戏？游戏如何发展？游戏对儿童的发展有何作用？这些一直是发展心理学家关心的问题。

儿童的活动有三种基本形式：游戏、学习和劳动。这三种活动形式由于各自不同的特点，在各年龄阶段占有不同的地位。幼儿的基本活动是游戏，学龄期儿童的基本活动是学习，随着年龄的增长，劳动逐渐增多，游戏逐渐减少。

虽然我们每个人都很熟悉哪些活动是游戏，可是要给游戏下个确切的定义，或者解释一下婴幼儿为什么特别喜爱游戏，游戏究竟是怎样产生的，就存在许多分歧了。

一、游戏的理论

对游戏的解释曾有过不少理论。霍尔的"种族复演说"认为，游戏是远古时代人类祖先的生活特征在儿童身上的重演，不同年龄的儿童以不同形式重演祖先的本能活动。如8—9岁是女孩复演母性的本能时期，她们爱玩洋娃娃；6—9岁是男孩狩猎本能的复演期。席勒-斯宾塞（Schiller-Spencer）的精力过剩说把游戏看作是儿童借以发泄体内过剩精力的一种方式。彪勒（K. Buhle）的"机能快乐说"强调儿童在游戏中可以使机体不受外界的任何约束，从中获得快乐。格罗斯（K. Groos）的"生活准备说"与以上几种理论不同，强调了游戏的功用，把游戏看成是儿童对未来生活无意识的准备。如女孩抱娃娃是为将来当母亲作准备，男孩狩猎、搜集是为将来负担家庭作准备。

目前，主要的游戏理论有以下几种。

1. 认知动力说

皮亚杰认为游戏是儿童学习新的复杂的客体和事件的一种方法，是巩固和扩大概念和技能的方法，是思维和行动相结合的方法。儿童认知发展的阶段决定了儿童在特定时期的游戏方式。因此，感知运动阶段的游戏是具体事物的游戏，儿童通过身体和摆弄有形的物体来游戏。随后，在发展了象征功能（语词和表象）后，就可以从事假装游戏，把眼前并不存在的东西假想为存在的，可以在心里游戏，而不必借用身体动作来游戏。用皮亚杰的话来说，"游戏的特征是同化现实世界中的要素，而不需要对接受顺应这些要素的限度进行平衡约束"。也就是说，儿童在游戏时并不发展新的认知结构（顺应），而是努力使自己的经验适合于先前存在的结构（同化）。

2. 精神分析理论

按照弗洛伊德和埃里克森的理论，游戏能帮助儿童发展自我力量。通过游戏，儿童可以解决伊底和超我间的冲突。游戏是由愉快原则促动的，它是满足的源泉。游戏也是缓和心理紧张和使儿童掌握大量经验的净化反应。如儿童给娃娃"打针"，就是在帮助自己克服在打针时产生的恐惧和无可奈何的感觉。

3. 学习理论

桑代克认为游戏是一种习得行为，游戏遵循"效果律"。效果律强调强化会增加一种反应出现的可能性，而惩罚则会减少它出现的可能性。游戏虽然不同于工作，但它仍受学习的影响。游戏依靠社会上成人对它的强化，在很大程度上受文化的制约。每种文化和亚文化都重视和奖励不同类型的行为，所以不同文化社会中儿童的游戏反映了这些差别。

有人曾研究了不同社会的儿童所玩的游戏与父母教养方式两方面的差异，发现这两个因素本身很有关系。一些强调责任和按吩咐办事的社会，儿童倾向于做碰运气的游戏。这些游戏是游戏者在生活中被动性的反映，也是使他们产生摆脱这种单调的、被动性生活的希望。有的社会很重视成就，这些儿童就喜欢玩身体技能方面的竞赛性游戏，这种游戏竞赛不会像日常生活中造成的那种结果对他们产生压力，因为游戏竞赛的结果并不是那么重要。

以上三种游戏理论从各自的角度解释了游戏产生的原因，都有合理的一面。儿童的游戏与儿童认知结构的水平有关，与社会强调学习的行为类型有关，与儿童需要满足身体上的愉快有关。

儿童在与成人的交往中，越来越渴望参加成人社会的一些活动，可是儿童身心发展的水平限制了儿童参加成人活动的可能性，就在这样的矛盾中产生了儿童特有的活动形式——游戏。儿童游戏时，既能在假想的情境里自由自在地从事自己向往的活动，如开车、烧饭、当学生，又可以不受真实活动中许多条件的限制，如工具、技能和体力的限制；既可以充分展开想象的翅膀，又能真切地重现或体验成人生活中的一些感情与关系；既可满足认知的欲望，又能获得身体上的快乐。所以，游戏是一种现实与想象相结合的、为了满足认识和身体需要的轻松自由的学习活动。

二、 游戏的种类

1. 按照游戏进行的目的性分类

① 创造性游戏。这是由儿童自己想出来的游戏，目的是发展儿童的创造力和培养儿童的道德品质。如办"娃娃家"、开公共食堂、当宇航员等。

② 建筑性游戏。这是创造性游戏中的一种形式，利用建筑材料（如积木、石头、沙子）建造各种建筑物。通过儿童在建筑中的想象与模拟，发展儿童的设计才能，培养有关的技能和技巧。

③ 教学游戏。这是结合教学目的而从事的游戏活动。它可以有计划地培养儿童的言语能力、记忆力、观察力、注意力、想象力等良好的智力品质。

④ 活动性游戏。这是发展儿童体力的一种游戏,通过这类游戏可使儿童掌握基本的身体动作,如走、跑、跳、投掷、攀登等,使动作更加正确、灵活。还能培养儿童勇敢、坚毅、关心集体等个性品质。

此外,还有表演性游戏、娱乐性游戏、智慧游戏等。

2. 按智力发展水平分类

① 感知运动游戏。这是感官接受新奇的、愉快的刺激引起的游戏。如手舞足蹈、反复撕纸、敲打手中拿着的物体、反复扔掉拾起的东西、逗引时的嬉笑等。

② 简单动作模仿的游戏。这类游戏有直接模仿,如仿照成人用筷、匙吃饭;有延缓模仿,如看过电视后,重复演员几个令他高兴的动作。

③ 象征性游戏。这是利用表象和语言等象征性符号做游戏。如办家家、当医生、当妈妈、折叠手绢等假装性游戏和角色游戏。

④ 创造性游戏。如搭积木、主题游戏等。

3. 按社会性程度分类

社会性游戏是涉及两个或两个以上的人相互交流的游戏,通常有明确的游戏规则。社会性游戏按其社会化程度的高低可分为以下六种:

① 无所事事的行为。儿童不是在做游戏,而在注视碰巧暂时引起他兴趣的事情。如果没有发生令人兴奋的事情,他就玩弄自己的身体,在椅子上爬上爬下,东张西望,做些没有目的的身体活动。大多数时候,他们并不关心别人在玩什么,顶多路过时瞥上一眼。

② 旁观者行为。儿童观看其他儿童的游戏,有时还与正在游戏的儿童谈话、出主意、提问题,但自己并不参加游戏。

③ 单独游戏。单独一人专心玩自己的玩具,根本不注意别人在干什么。他们沉浸在自己的游戏活动中,饶有兴致地思考如何解决问题,有时也会装出扬扬得意的样子。

④ 平行游戏。儿童们靠在一起,并且玩的是同一个玩具或游戏,但各玩各的。他们之间很少互动,但又非常在意对方的存在,有时候会微笑着对视一下。

⑤ 联合游戏。儿童在一起玩同样的或类似的游戏,但每个人可以按自己的愿望玩,没有明确的分工和组织。但是有语言交流,也可以共同分享玩具。

⑥ 合作游戏。儿童组织起来,为了达到某个具体目标所做的游戏。游戏时有领导,有组织,有分工。游戏成员有属于这个小组或不属于这个小组的明显意识。

对于年龄比较小的孩子,单独游戏是最常见的形式。而随着年龄的增长,儿童从喜欢独自一人的游戏逐步发展到社会性程度较高的合作游戏。

图 10-6 显示了 2 岁儿童与 4 岁儿童从事游戏活动时在社会性程度上的差别。2 岁儿童

主要做单独游戏和平行游戏，4 岁儿童主要做平行游戏、联合游戏和合作游戏。总的倾向是年龄越小，游戏时的同伴越少，互相合作的程度越低。

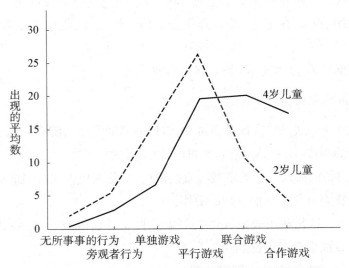

图 10-6　2 岁儿童与 4 岁儿童游戏类型的差异

来源：Parten，1932.

　　学前儿童做游戏时还有一个特点，即没有固定的游伴。他们对游伴的选择几乎一直在变，说明他们还未形成一个集体，最多只能说是"个体的集结"。年幼的儿童在游戏时还表现出自我中心主义，"你的就是我的，我的就是我的"。婴幼儿在游戏时常为分玩具而争吵，只有在成人和哥哥姐姐的帮助下才逐渐学会要互让、互爱，同时游戏本身也会使他们懂得，要开展游戏就必须互相合作。

　　现代的儿童，由于住宅独门独户、活动空间缩小，家庭中兄弟姐妹较少，家庭中供个人游戏的玩具增多，如电视机、电脑、魔方和各种电动玩具等，所有这一切使儿童在社会性游戏方面所花费的时间大大减少。从媒体报道中，经常可以看到儿童寒暑假、节假日甚至平时放学回家，手不离游戏机或者耳朵里总塞着耳机听音乐。这要引起父母和社会的重视。因为这关系到孩子的人格和社会性的健康发展。

三、游戏的作用

　　游戏在幼儿的心理发展中起着重要的作用。首先，游戏可以推动儿童认知的发展，允许儿童自由地探索各种客体，解决问题。其次，游戏可以推动儿童社会能力的发展，尤其是在想象性游戏中，儿童不仅学会了解别人，还可实践一下自己想要担任的角色。最后，游戏还可以使儿童解决一些情绪上的问题，在没有成人的威胁下，学会处理焦虑和内心的冲突。

1. 游戏和认知的发展

　　伯莱纳（D. E. Berlyne）曾经提出，游戏是激动人心的、使人得到愉快的活动，因为它是满足探索内驱力的一种途径。探索内驱力包括一个人对新经验、新信息以及对新奇的客体和事件的需要。满足探索需要的游戏形式会随儿童年龄的变化而变化。一般地说，由于年龄的增长、信息加工能力的提高，儿童就喜欢在游戏里增加复杂的、新奇的、自相矛盾的对象与情境。如果客体太简单了、太熟悉了，就唤不起儿童去探求它的兴趣，反而会让儿童感到厌倦。如果客体太复杂了，那又会使儿童感到有压力和不耐烦，学习也得不到促进。

儿童在没有外界评定的压力下，自由地对客体进行探索、观察和试验，是推动儿童认知发展的一种特殊形式。布鲁纳和席尔瓦（K. Sylva）曾经做了这样一个比较性研究：要求 3—5 岁的儿童取一支粉笔。这支粉笔放在儿童触及不到的盒子里。如果要解决这个课题，就必须把两根短棍夹在一起，然后才能伸到盒子那里去拿。实验分三个组进行。一组儿童看着成人演示如何操作棍子、夹子，最后取到粉笔；另一组儿童只是看到成人解决问题的部分示范；还有一组儿童玩弄这些工具，在游戏中解决问题。结果发现，看着成人解决问题的一组儿童在自己解决问题时并不比做游戏的那组儿童更好一些，而做游戏解决问题的儿童比看成人部分解决问题的儿童完成得更好些。从这个简单的实验中可以看出，游戏有助于儿童任务的完成。

另据一些研究者发现，参加大量假装游戏的幼儿，他们的心理理论发展得比较好。他们在"错误信念"任务上可能有较好的表现（参见第五章第三节）。

儿童在游戏时早期表现出来的探索性与好奇心的差异可能跟儿童以后的认知发展和人格发展的差异有联系。一个在游戏中喜欢积极探索的幼儿进学校后，很可能成为好奇的、爱冒险的、有创造性的小学生。而那些在蹒跚学步时经常受到成人限制、不愿对周围环境进行探究的孩子，以后在个性、社会关系方面的发展可能就差一些。

2. 游戏和社会能力

游戏，尤其是想象性游戏在儿童社会能力的发展中起着重要的作用。儿童可以在假想的情境里，按照自己的意愿扮演各种角色，体验各种角色的思想和情感。通过游戏还可教会儿童如何在游戏集体里发挥自己的作用，学会如何使自己的行动与自己扮演的角色以及别的儿童相协调。

想象性游戏约于儿童出生第二年中期首次出现。通常最初是单独的想象性游戏，如独自给布娃娃吃饭、穿衣。3 岁时开始出现合作游戏。它常常以怪诞、夸张和取闹的形式出现。想象性游戏的高峰期大约在 6 岁。那时儿童的想象力已高度协调，能迅速地从一种角色转换成另一种角色，从一种情境转化成另一种情境。儿童进入学校后开始从事有组织的规则性游戏，想象性游戏开始衰退。为什么想象性游戏会衰退呢？现在还没有人能真正地弄清楚。皮亚杰曾经指出，当个体认识了世界的逻辑和现实时，幻想就不能与现实共存。而辛格（J. L. Singer）则认为，这个年龄的儿童幻想并未真正消失，只是通过做白日梦、阅读或看电视等另外的形式表现出来。

3. 游戏与情绪

儿童游戏不仅为儿童获得一定的社会能力提供了重要的机会，而且在发展儿童的自我控制、活动方式以及改造儿童问题行为方面也起着重要作用。有些心理学家认为，假装游戏的一个重要特征是它为表现情感和控制情感提供了种种机会，因为在游戏中，冲突或令人害怕的情境或遭遇只是以小型化的形式存在。那些做冒险性的或有仇恨的假装游戏的儿童可以从中获得某种能力和力量，或者产生移情作用。实际上它可能正在建立一种观察别人的情绪、表现或控制自己情绪的比较好的组织格式。儿童在成长的过程中要学会把攻击行为与恰当的自我坚信区分开来，把冲动与有意义的行动区分开来，把自我中心与共享区分开来。

儿童的游戏在某种程度上反映了儿童的情绪状态。一些情绪失调的儿童，他们的游戏模式往往比较刻板、混乱，在游戏中还常常会出现偏差，不受同伴欢迎。想象性游戏特别容易感受到心理上的压力。一个儿童长期不能开展想象性游戏，也许是心理病态的征兆。那些在心理上承受了某种压力（如父母离婚）的儿童，其想象性游戏缺乏丰富的想象，同一客体很少在游戏中被变换地使用，儿童自己则常常受游戏中所使用的客体的束缚。他们很少能使自己超脱现实，缺乏逆转能力。如把一根棍子当剑玩了以后就很难再把它变成棍子了。情绪失调的儿童游戏的另一个特点是喜欢攻击人，喜欢担任攻击人的角色，不能承担游戏中其他需要担任的角色。他们很难进入角色，一旦进入以后，又很难使自己走出角色。有的心理学家曾注意到，儿童从一直在游戏中使用"我"到使用为儿童所替换角色的名称（如我是医生、我要当司令员），大约在 3.5—4 岁之际发生。那些到了年龄还一直使用"我"的儿童可能与缺乏自我控制有关，与精神疾病有关。

4. 游戏与人格

儿童的人格特征对其游戏技能、游戏习惯有深入持久的影响。同时游戏也会对儿童人格的形成产生影响。辛格等人的一些研究发现，一些想象力丰富的儿童似乎更有耐心。他先经过初步的测验与谈话，把儿童分成想象力强的与弱的两个组。谈话内容是提出如下问题："你跟一个动物或一个假想的人一起谈过话吗？"并告诉儿童："我们正在找一个未来的宇航员，这个宇航员在星际航行时要经过很长一段与周围人隔离的时期。"然后他要求每个未来的宇航员安静地坐下来驾驶飞船，谁什么时候不想坐了，可以发出信号告诉实验者。他发现那些想象力丰富的儿童可以坐很长时间。

想象力丰富的儿童一般与父母有密切的感情。父母的关心、对想象力的鼓励、提供机会、让儿童插上想象的翅膀，这些都是促进儿童想象力发展的有利条件。

有些心理学家还认为，鼓励儿童想象可用来使过度活动儿童安静下来并增加其注意广度。投射测验证实了这种看法。那些在墨迹测验中能觉察到人的活动的儿童倾向于能较好地控制自己的行动，而那些很难觉察到人的活动的儿童则倾向于冲动、好动。很显然，一个人如果能在心里想象动作，就不必把动作统统显露出来了。

幻想的倾向在 5 岁儿童身上已很好地形成。有人给 5 岁儿童一种有结构的、开放的材料，要求他们每人编一个故事。令人惊奇的是，每个儿童编造故事的复杂程度与所给材料的类型没有多少关系，而与儿童自身的想象力有关。因此，可以这样认为，想象力弱的儿童创造性也低，思维缺少灵活性。研究还发现，想象力弱的儿童身体活动比较多，这个发现与辛格的发现——想象力弱的儿童比想象力强的儿童身体攻击行动要多些——是一致的。

一些研究发现，3—10 岁的儿童中有 15%—30% 存在一些无形的、假想的伙伴。儿童把这些想象中的人或动物当成是真实的，会跟他们说话，跟他们一起玩。在这个年龄阶段，儿童与一个不存在的人或动物一起玩并不是一种病态。有假想伙伴的儿童平时仍能跟其他儿童一起玩得很好，只是在没有儿童同自己玩的情况下才与心目中的伙伴玩，这是儿童不甘寂寞的巧妙办法。一般看来，独生子女和头生子女比有哥哥姐姐的儿童更可能有假想的伙伴，同时聪明伶俐、富有创造性的儿童也更可能有假想的伙伴。已有证据表明，能创造出假想同伴的儿童可能与更高的语言水平和社会性发展水平有关，它还可以预测一个儿童的创造性。

5. 游戏和交往能力

大部分的游戏都需要同伴的参加，少则两个人，多则三五个甚至十几个人。许多游戏的进行都必须有游戏规则保障，因此每个游戏参加者必须学会遵守规则。有的儿童任性，不遵守规则，或无理取闹，就会被同伴排斥在外——不准参加游戏。儿童为了能参加游戏，会自觉或不自觉地学习遵守规则。通过参加各种各样的游戏活动，儿童有意或无意地学会了许多交往技能：学会耐心等待，学会轮流，学会服从安排（如角色分配），学会谦让（"你有事，你先来（游戏）"），学会道歉和原谅（"我也会犯错"），学习调解冲突和矛盾（为了游戏能继续），学会帮助，学会观察别人的行为和对人的态度，学会推测别人行为背后的动机，学会感受别人的感受，想象别人的想象，学习主动争取，学习（良性）竞争，学习组织和分配，懂得公正、公平和合作等。游戏为儿童学习正常的交往技能提供了学习和操练的机会及场合，而且是在没有压力、也不用说教的情况下。很怀念当年弄堂里的各种游戏："老鹰捉小鸡""笃！笃！笃！买糖粥，三斤胡桃四斤壳……""捉强盗""造房子""跳橡皮筋""我们都是木头人""踢毽子"……一群年龄不一的男孩女孩冬天不怕风雪，夏天不顾赤日，放学后在弄堂里做游戏，不时会爆发出欢快的笑声或紧张的尖叫，有时也会有哭声，还有打架、吵骂声……人际交往的能力和一些优秀的人格品质不是在课堂上都能教会的，唯有让儿童在真实的人与人的碰撞或双向互动中亲身体验后才能学会。现代儿童在玩什么游戏？游戏在学校教育、儿童生活中占有什么样的地位？它对儿童的身心发展产生了哪些影响？如何让游戏为现代的儿童发展多提供一些正能量？这是儿童心理发展工作者和学习者又一个值得思考的课题。

总的说来，游戏不仅可以扩大儿童的知识面，掌握必要的生活和学习的技能，可以促进儿童想象力、创造性、耐心、持久性、灵活性以及人际交往能力的发展；游戏还可以增强儿童的体能，增强积极的情绪，更能体验到身心彻底放松时的快乐，而这正是儿童经历了一天紧张的学习后最想要获得的。不让儿童参与丰富多彩的游戏活动，其实是不尊重儿童的天性，是对儿童享受童年快乐的权利的剥夺！

本章小结

- 依恋的发展

婴儿与母亲或主要抚养者建立的依恋关系是其人生中的第一段关系。这段关系的质量影响着个体未来认知、情绪和社会性发展的方方面面。

心理学家采用陌生情境测验考察婴幼儿的依恋关系质量，并将依恋关系划分为安全型、回避型、反抗型和混乱型。影响依恋关系质量的主要因素包括母亲教养行为、儿童气质等。习性学理论、精神分析理论、社会学习理论和认知理论从不同的视角对依恋的形成提供了解释。

- 同伴关系的发展

同伴关系是儿童成长和发展过程中另一重要社会关系。同伴可以强化儿童的行为表现，为儿童发展提供榜样，帮助儿童去自我中心和认识自我，给予儿童安全感、稳定感和归属感，并且是儿童社会化的主要动因。婴幼儿阶段就出现了同伴互动的萌芽，随后儿童与同伴相处的时间越来越长。心理学家通常从友谊和同伴接纳两个方面描述儿童同伴关系的发展。观点采择能力的发展与同伴关系有着紧密的联系，而社会交往技能可以通过训练予以提升和改善。

- 游戏与儿童发展

游戏是儿童最喜爱，也是经常从事的一项活动形式。认知动力说、精神分析理论和学习理论从不同角度解释了游戏产生的原因。儿童的游戏可以从目的性、认知发展水平、社会性等不同的维度加以区分和刻画。游戏对儿童的认知、情绪、人格和社会能力发展均具有重要的意义。

思考与练习

1. 查阅资料，了解儿童依恋研究的最新进展。

2. 回忆自己的成长过程，谈谈同伴对发展的作用。

3. 采用社会测量法测定一个班级群体内的同伴地位状况，了解不同同伴地位儿童的特点。

4. 现在你身边儿童的游戏活动与你自己小时候的游戏活动有什么不同？

5. 观察儿童的同伴互动情况，尝试解释儿童在互动过程中用到了哪些能力和技能。

四　延伸阅读

1. Rubin，K. H.，Bukowski，W. M.，& Laursen，B.（2009）. *Handbook of peer interactions，relationships，and groups*. New York：The Guilford Press.

2. 约翰·鲍尔比.安全基地：依恋关系的起源[M].余萍,刘若楠,译.北京：世界图书出版有限公司北京分公司,2017.

3. 马乔里·科斯特尔尼克,等.0—12岁儿童社会性发展：理论与技巧[M].王晓波,译.北京：中国轻工业出版社,2018.

4. 俞国良,辛自强.社会性发展[M].北京：中国人民大学出版社,2013.

5. 马修·利伯曼.社交天性：人类社交的三大驱动力[M].贾拥民,译.杭州：浙江人民出版社,2016.

第十一章　儿童道德的发展

📄 本章导语

"融四岁,能让梨",这是三字经关于孔融让梨的经典故事,但是对于这个实际只有三周岁的孩子,真的能做到把大梨让给他的兄长吗? 会不会另有原因? 即便孔融三岁可以让梨,那这个现象是普遍现象吗? 如果不是普遍现象,究竟是什么决定了孩子的不同行为表现? 再想象另一个场景,"有一列满载乘客的火车快速奔驰着,但是前方一段铁轨出现了断裂,如果再往前开则整车的人都会丧命。你的身旁正好有一根操纵杆,如果你拉动杆子就可以让火车改变轨道,拯救整车乘客。然而,在另一条轨道上有一个工人正在施工,如果火车改变了轨道,这位工人将会失去生命,在这个紧急的时刻,如果你有决定权,你会怎么做呢?"对于这样难以回答的问题,你会做出能拯救更多人性命的决定,还是放任不管,让更多人遭受不幸? 怎样的决定才算是道德的? 为什么有些人可以做出更无私的决定,有些人的决定看上去更自私一些? 儿童的道德认识和行为又是如何发展的? 它与孩子的大脑发育有何关联? 该如何培养儿童成为有道德的人? 儿童的自我控制能力如何测量和培养?

本章将从儿童道德认知、道德行为以及道德情感三个层面分别阐述儿童道德发展的变化特征与影响因素,最后从自我控制的实操层面介绍培养儿童道德认知、道德行为与道德情感的有效方法。

📍 学习目标

1. 掌握皮亚杰的道德认知发展理论的框架架构与研究手段,能从皮亚杰理论的观点描述并解释儿童道德认知发展的各个阶段。

2. 掌握柯尔伯格的道德认知发展理论的框架架构,能借助柯尔伯格的理论描述儿童道德认知发展过程,了解其理论局限。

3. 能借助班杜拉的社会学习理论解释儿童道德行为的发展特征。

4. 理解儿童产生攻击性行为的原因,了解攻击性行为与行为控制以及大脑功能之间的联系。

5. 了解儿童道德情感的发展规律。

6. 了解儿童自我控制的测量以及训练手段。

第一节　儿童道德认知的发展

儿童的道德认知主要是指儿童对是非、善恶行为准则及其执行意义的认识。它包括道德概念的掌握、道德判断能力的发展以及道德信念形成三个方面。

一、皮亚杰的道德认知发展理论

皮亚杰是第一个系统地追踪研究儿童道德认知，确切地说是研究儿童道德判断发展的心理学家。他在1932年出版的《儿童道德的判断》是研究儿童道德发展的里程碑。

1. 皮亚杰的研究方法

皮亚杰认为，道德是由种种规则体系构成的，道德的实质或者说成熟的道德包括两个方面的内容：①对社会规则的理解和认识；②儿童对人类关系中平等、互惠的关心，这是公道的基础。他和他的同事从以下几个方面着手揭示儿童道德的开端和发展规律：①儿童对游戏规则的理解和使用；②对撒谎和说真话的认识；③对权威的认识。

皮亚杰在研究儿童道德发展的课题中采用了他独创的临床研究法（谈话法）。这种方法先是通过观察和实验向儿童提出一些事先设计好的问题，然后分析儿童所作的回答，尤其是错误的回答，从中找出规律性的东西。

① 研究儿童对游戏规则的意识和执行的发展情况。皮亚杰与他的同事分别同大约20名4—12、13岁不同年龄的儿童一道玩弹子游戏，或观察两个儿童比赛打弹子游戏，记录他们对规则认识的发展程序。第一阶段：规则还不是有遵守义务的运动规则。儿童常常把自己认定的规则与成人教给的社会规则混在一起。第二阶段：以片面的尊重为基础的强制性的规则。儿童认为规则是外加的、绝对不能变的东西。年幼的儿童与年龄大的儿童一起玩时并不了解为什么要有规则，只是因为年龄大的儿童强迫他们遵守。第三阶段：规则成为彼此同意的合理的规则。儿童不再把规则看作是神圣不可侵犯的，只要在游戏中维持双方对等的原则，规则即使变更也无所谓。规则是由儿童们自己商定的，是可变的，一旦确定了规则，参加游戏的人就有义务遵守它。在皮亚杰看来，义务的意识或义务感是儿童道德发展的一个重要标志。

与对规则认识相应的是对规则执行（遵守方式）的发展。第一阶段是单纯的个人运动规则阶段。儿童只凭个人的意愿和习惯玩弹子游戏，与规则意识的第一阶段相对应。第二阶段是以自我为中心向年龄大的儿童模仿的阶段。儿童模仿年龄大的儿童做游戏，但不找玩伴，只顾自己单独玩，或者即使与别的儿童一起玩，但并未想到要胜过对方。这表明游戏还不具有社会的意义，而只有个人的意义，与规则认识的第一阶段末、第二阶段相对应。第三阶段是初期协作阶段。儿童努力想胜过对方，互相监督，要求双方在对等条件下进行游戏。

这时的游戏已带上了明显的社会目的。不过，儿童在游戏时还常常不遵守规则，互相争吵。这一阶段与规则认识的第二阶段相对应。第四阶段是规则确定化阶段。儿童已在规则上取得完全一致，即使有些争执亦可利用丰富的规则知识加以处理。这时的儿童要求严格遵守规则。这一阶段与规则认识的第三阶段相对应。

②　研究儿童有关过失和说谎的道德判断的发展。皮亚杰认为，要研究儿童的道德判断的性质，采用直接的提问法是不可靠的，把儿童放在实验室里剖析更是不可能，只有从儿童对特定的行为的评价中才能分析他们的道德认识。因此，皮亚杰与他的合作者采用了间接故事法，设计了许多包含道德价值内容的对偶故事来研究儿童的道德判断。

例如在研究儿童对过失行为的判断时，向儿童叙述了诸如下面这样的故事，然后要求儿童说出评定的理由。

> A.　一个叫约翰的小男孩，听到有人叫他吃饭，就去开吃饭房间的门。他不知道门后有一张椅子，椅子上放着一只盘子，盘内有 15 只茶杯，结果撞倒了盘子，摔碎了 15 只杯子。
>
> B.　有个男孩名叫亨利，一天，他的妈妈外出，他想拿碗橱里的果酱吃。他爬上椅子伸手去拿，因为果酱放得太高，他的手够不着，结果在拿果酱时，碰翻了一只杯子，杯子掉在地上碎了。

下面是实验者与一个 6 岁儿童的对话。

> "这个故事你懂吗？"
>
> "懂。"
>
> "头一个孩子干了什么？"
>
> "他打碎了 15 只杯子。"
>
> "第二个孩子呢？"
>
> "他不小心打碎了 1 只杯子。"
>
> "第二个孩子怎么会打碎杯子呢？"
>
> "因为他笨手笨脚，拿果酱的时候杯子倒了下来。"
>
> "这两个孩子哪个更调皮？"
>
> "头一个，因为他打碎了 15 个杯子。"
>
> "如果你是父亲，你对哪个惩罚得更厉害些？"
>
> "打碎 15 个杯子的那个。"

"为什么他会打碎 15 个杯子呢?"

"门关得太紧,被撞倒的";"他不是有意打碎的。"

"那么第二个男孩呢?"

"他想拿果酱,手伸得太远,杯子敲坏了。"

"他为什么要拿果酱呢?"

"因为他只有一个人,他妈妈不在那儿。"(皮亚杰,1932)

在这个研究中,5 岁以下的儿童没法对两个故事中的男孩作比较,6 岁以上的儿童能做出回答。小学低年级 6—7 岁的儿童说约翰更坏些,约翰打碎了 15 个杯子,亨利只打碎了一个杯子,因此约翰比亨利坏。他们根据打碎杯子的数量多少做出道德上的判断,也就是说根据主人公的行为在客观上造成的后果,即行为的客观责任去做出判断。与此相反,10、11、12 岁的儿童则说亨利坏一些。约翰是开门时不知道有杯子在门后,无意中打碎的,亨利则是趁妈妈不在偷东西吃时打碎的。这时的儿童已注意到行为的动机和意图,即从行为的主观责任去作判断。一般的趋势是:根据客观责任作判断在年幼的儿童身上出现,并随年龄的增长而减少,根据主观责任作判断出现得稍迟,并随年龄的增长而递增。这两种道德责任判断在儿童身上有一个阶段是重叠的,主观责任的判断逐渐取代客观责任判断而居于支配地位。皮亚杰把两种道德判断部分重叠的时期称为道德法则的内化阶段。至于儿童的道德判断究竟是怎样从外部服从权威的判断向自己控制的、内在的法则支配所作的判断过渡,皮亚杰的研究并未做出满意的回答。

再举一个儿童对说谎反应的例子。

A. 甲儿童在回家的路上碰到了一条狗,他非常害怕。他跑回家里告诉妈妈,说他碰到了一条像牛一样大的狗。

B. 乙儿童放学回家,告诉妈妈说老师给了他一个好分数。事实上老师既没有给他高分数,也没有给他低分数。可是他这么一说,妈妈很高兴,表扬了他。

对于这个问题的回答与上述的过失问题一样,低龄儿童说甲更坏些,因为那么大的狗是不可能有的事。他们根据儿童所说的话跟客观真实性相差的程度大小来评定谎言的严重性,而不看是否有意欺骗的程度。可是年龄大一点的儿童则认为乙更坏些。甲即使说了这样的话也不算说谎,而乙是故意在说谎。这就是说,随着年龄的增长,儿童的道德判断已从效果论转向动机论。

③ 关于儿童公正观念的研究。儿童的公正观念是皮亚杰儿童道德发展研究中的一项主

要课题。皮亚杰从教师和家长偏爱顺从他们的学生或孩子的日常事例中设计了许多故事，讲给孩子们听，要求他们对"偏爱行为好的孩子是否公平"这个问题做出判断。皮亚杰和他的合作者在对这个课题进行了大量的研究后指出："7岁、10岁和13岁是公正观念发展的三个主要时期。"这三个年龄阶段的儿童的公正判断分别以服从、平等和公道为特征。年幼儿童对公正概念尚不理解，他们以成人的是非为是非，好坏的标准就看服从还是不服从，还不会分辨服从和公正、不服从和不公正的区别。10岁左右的儿童道德判断的基础发生了质的变化。他们已能以公正、不公正或平等、不平等为是非标准了。13岁左右的儿童已能根据自己观念上的价值标准对道德问题做出判断，能用公道不公道作为判断是非的标准。他们已不再按刻板的固定的准则来判断，而是在依据准则做出判断时，先考虑具体的情况，从关心和同情出发去做出判断。所以，在皮亚杰看来，公道感不只是一种判断道德是非的准则关系，而是一种出于关心和同情人的真正的道德关系，是一种"高级的平等"。

皮亚杰根据上述几个方面的考察与研究，概括了儿童道德认知发展的三个阶段。

2. 儿童道德判断发展的阶段

① 前道德判断阶段（1.5—7岁）。这个阶段有两个分阶段：第一，集中于自我时期（1.5—2岁），这一阶段与感知动作思维相对应，儿童此阶段所有的感情都集中于身体和动作本身。第二，集中于客体永久性时期（2—7岁），这一阶段与前运算思维相对应，从集中儿童自身，转向集中注意权威——父母或其他照料者。道德认知不守恒。如，同样的行为规则，若是出自父母就愿意遵守，出自同伴就不遵守，认为对父母要说真话，对同伴可以说假话。分不清公正、义务和服从，他们的行为既不是道德的，也不是非道德的，儿童要随着年龄的增长，才能对行为做出一定的判断。

② 他律道德阶段或道德实在论阶段（5—10岁）。这是比较低级的道德思维阶段，具有以下几个特点：第一，认为规则是万能的、不变的，不理解这些规则是由人们自己创造的。第二，在评定行为是非时，总是抱极端的态度，或者是好的，否则便是坏的，还以为别人也这样看。第三，判断行为的好坏是根据后果的大小，而不是根据主观动机。前面所举的6岁儿童对打碎杯子的判断就是一例。第四，儿童把惩罚看作是天意，赞成严厉的惩罚。第五，单方面尊重权威，有一种遵守成人标准和服从成人规则的义务感。

③ 自律道德或道德主观主义阶段（9—11岁以后）。这个阶段的道德具有以下几个特点：第一，认为规则或法则是经过协商制定的，可以怀疑，可以改变。第二，判断行为时，不只是考虑行为的后果，还考虑行为动机。第三，与权威和同伴处于相互尊重的关系，能较高地评价自己的观点和能力，并能较现实地判断别人。第四，能把自己置于别人的位置，判断不再绝对化，看到可能存在的几种观点。第五，惩罚较温和、贴切，带有补偿性，以帮助错误者认识和改正。

总的说来，皮亚杰认为儿童的道德认知是从他律道德向自律道德转化的过程。所谓他律道德是根据外在的道德法则所作的判断。儿童只注意行为的外部结果，不考虑行为的动机,他们的是非标准取决于是否服从成人的命令或规定。这是一种受自身之外的价值标准所支配的道德判断。后期儿童的道德判断已能从主观动机出发,用平等或不平等、公道或不公道等新的标准来判断是非,这是一种为儿童自身已具有的主观的价值所支配的道德判断,因而称为自律水平的道德。皮亚杰认为,只有达到了这个水平,儿童才算有了真正的道德。

3. 道德判断转化的因素

低年龄儿童的道德不成熟主要由两个原因造成:一是认识上的局限,即自我中心(把别人看成和自己一样)和实在论(把主观经验同客观实在混同,如把梦境看成是现实存在的事物),包括共情能力(感受他人体验到的情绪能力)欠发展与大脑皮层发育不成熟(例如内侧前额叶、颞顶联合皮层);二是对权威的服从,儿童服从成人的指示,视规则为神圣不变的东西,并且害怕遭受惩罚。

儿童要获得道德认知上的发展必须摆脱自我中心和实在论,理解到别人有着与自己不同的看法,从而发展自己与别人不同的自我概念。皮亚杰认为,要使儿童从自我中心和实在论中解放出来,最重要的途径是与同伴发生相互作用。只有在与同伴的交往中,儿童才会把自己的观点与别人的观点相比较,从而认识到自己的观点与别人有别,对别人的观点可以提出疑问或更改意见。也只有在与同伴的交往中,才认识到同样的行为也许会被别人以不同的方式所理解,导致不同的结果。正是在与同伴的交往中,他们开始摆脱权威的束缚,互相尊重,共同协作,发展了公正感。虽然皮亚杰特别重视同伴在发展儿童道德认知中的关键作用,但他并未完全否定父母的作用,只是有一个条件,成人必须改变传统的所谓权威的地位,与儿童平等相处。只有这样,父母才能成为促进儿童道德认知发展的积极力量。

皮亚杰认为,儿童道德推理的发展与儿童认知能力的发展存在着互相对应、平行发展的关系。他律道德与自律道德间的差异相当于前运算思维阶段与具体运算思维阶段间的差别。皮亚杰的这个观点得到了有关实验的支持,实验发现,守恒程度低的儿童在道德判断上水平也是低的,道德概念和伦理价值观的教学和纯认知的教学一样,需要同儿童按照他现有的认知结构加以同化的东西相适合(如表 11-1 所示)。

表 11-1　皮亚杰的认知发展与道德发展平行示意表

认知阶段	认知结构	道德阶段	道德发展(情感结构)
感知动作阶段 (出生到2岁)	用可变反射获取知识 活动积极 自我中心 决定因果概念 到了后期,对象永久性有所发展	前道德阶段 (出生—3岁)	不能把自己从"别人"中分化出来 随个人需求而活动 后期对对象间的关系有所认识 出现分化现象;开始依恋护理人

（续表）

认知阶段	认知结构	道德阶段	道德发展（情感结构）
前运算阶段 （2—7 岁）	语言开始 无可逆性守恒 注意单方面	他律阶段 （3—7 岁）	服从双亲 单方面尊重 无合作
前概念阶段 （2—4 岁）	缺乏逻辑		缺乏道德上的自主性或自我决定 　（他律） 倾向于权威 屈从于惩罚
直觉阶段 （4—7 岁）	可逆过程开始 可逆性或否定性 能守恒 具体对象的重要性		自律开始 相互尊重和合作开始 同辈间平等 注意具体的情境、人和物 开始有公正感
具体运算阶段 （7—12 岁）	逻辑思维过程 关心具体事物 理解类和关系的逻辑	自律阶段 （7—12 岁）	自律性增强 能与双亲和别人合作 同辈间平等有所发展 公正感更为发展

来源：Lee，1974.

4. 皮亚杰道德认知理论简评

许多跨文化研究（除少数研究之外）已证实，皮亚杰关于儿童的道德认知从效果论—动机论、从客观责任—主观责任、从受外部权威的控制—受内部道德原则支配、从他律—自律、从道德实在论—道德主观主义的发展阶段具有一定的普遍意义。如，我国儿童道德发展研究协作组于 1982 年在全国 18 个地区对 5—11 岁儿童道德判断的发展做了大规模的调查[①]，随机选取被试共 2788 名，分 5、7、9、11 岁四个年龄组。研究采用了皮亚杰使用的对偶故事法，用了三组对偶道德故事。第一组是关于动机意向和财物损坏的道德判断；第二组是关于摆脱成人惩罚影响的道德判断；第三组是关于人身伤害和财物损坏的道德判断，实验结果与皮亚杰道德认知发展的结论基本一致。

但是，以后一些研究表明，儿童对行为意图的理解比皮亚杰所发现的更早、更为复杂，尽管皮亚杰认为平等和公平的倾向直到儿童晚期才会出现，但托马塞洛（M. Tomasello），哈姆

---

① 　儿童道德发展研究协作组. 李伯黍. 国内 18 个地区 5—11 岁儿童道德判断发展调查［C］//中国心理学会第三次会员代表大会及建会 60 周年学术会议（全国第四届心理学学术会议）文摘选集（上），1981：108—109.

林(J. K. Hamlin)和范德·冯德福特(Van de Vondervoort)将道德与合作、尊重与责任联系在一起,通过一系列实验表明,儿童在更早的时期就已经能够做到相互理解(如 Van de Vondervoort & Hamlin, 2018)。当儿童在判断别人的行为时,如果偶然犯错误与故意犯错误的差异是相当明显的,即使是学前儿童也能考虑行为的动机。一些学前儿童在犯了错误时,会说:"我不是故意的。"其实,幼儿在评估一个人的行为时,会考虑许多因素,如行为是故意的还是无意的;行为的结果是积极的还是否定的;作用的对象是动物还是非动物,或者是人。

二、 柯尔伯格的儿童道德认知发展理论

柯尔伯格是皮亚杰道德认知发展理论的追随者,但他又对皮亚杰道德发展理论进一步做了修改、提炼和扩充,在 20 世纪 50 年代提出了自己的儿童发展阶段论。他的代表作有《阶段与序列:社会化的认知发展(初探)》《儿童对道德准则的定向的发展》。

柯尔伯格与皮亚杰一样,承认道德发展有一个固定的、不变的发展顺序,都是从特殊到一般、从自我中心和关心直接的事物到基于一般原则去关心他人的利益;都肯定道德判断要以一般的认知发展为基础;都强调社会相互作用在道德发展中的作用。除上述共同点外,柯尔伯格道德发展理论也有他的独到之处。

1. 柯尔伯格的研究方法

皮亚杰用对偶故事与儿童谈话来研究儿童道德认知的发展,柯尔伯格则采用道德两难故事,让儿童在两难推理中做出选择并说明理由。

柯尔伯格最重要的样本是 72 个男孩,他们来自芝加哥中产阶级和较下层的家庭,年龄分别为 10、13 和 16 岁。以后他又在样本中加入了年龄小一点的儿童、犯过错误的儿童以及来自美国其他城市和乡村的男孩和女孩。

柯尔伯格运用的一系列两难推理故事中最典型的是海因兹偷药的故事:

> 欧洲有个妇人患了癌症,生命垂危。医生认为只有一种药才能救她,就是本城一个药剂师最近发明的镭。制造这种药要花很多钱,药剂师索价还要高过成本十倍。他花了 200 元制造镭,而这点药他竟索价 2000 元。病妇的丈夫海因兹到处向熟人借钱,一共才借得 1000 元,只够药费的一半。海因兹不得已,只好告诉药剂师,他的妻子快要死了,请求药剂师便宜一点卖给他,或者允许他赊欠。但药剂师说:"不成! 我发明此药就是为了赚钱。"海因兹走投无路竟撬开商店的门,为妻子偷来了药。

讲完这个故事,主试向被试提出了一系列的问题:这个丈夫应该这样做吗? 为什么说应该? 为什么说不应该? 法官该不该判他的刑? 为什么?

　　柯尔伯格与皮亚杰一样，他真正关心的并不是儿童对问题回答的"是"或"否"，而是回答中的推理。所以他在与被试交谈的过程中不断地提出问题，以了解儿童是怎样推理的。

2. 柯尔伯格道德认知发展的阶段

　　根据横向研究中不同年龄儿童对这些两难问题的反应，柯尔伯格把儿童道德发展划分为三个水平六个阶段（如表 11－2 所示）。

表 11－2　柯尔伯格道德认知发展阶段的内容

水平和阶段	什么是正确的	对正确做法的论证	阶段的社会观点
水平 Ⅰ——前习俗水平 阶段 1：服从与惩罚取向	个体避免做那些会遭受惩罚后果的行为，例如一个行为被认为是道德败坏的原因是因为做这个事情的人会遭受惩罚	避免惩罚，服从权威	自我中心观点。不考虑其他人的利益或不认识它们和行动者的不同，不把两种观点联系起来，从身体上而不是根据他人心理上的利害关系来考虑行动。混淆权威的观点和自己的观点
阶段 2：个人利益取向	给个人带来最大利益、最大便利的行为被认为是正确的。只有在与某人的直接利益有关时才遵守规则；为满足自己的需要和利益而活动，让别人也这样做，而几乎不考虑他人的利益	在这个你必须认识到其他人也有自己利益的世界上，为自己的需要或利益服务	具体的个人观点，认识到每个人有自己追求的利益。它们是矛盾的，因此权利是相对的（在具体的个人意义上）
水平 Ⅱ——习俗水平 阶段 3：服从他人期望和社会准则	服从社会准则或他人期望的行为便为正确的行为。不辜负周围人的期望，按社会对做"好孩子"的期望去做。"做好人"是重要的，意味着有良好的动机，关心别人，也意味着保持诸如信任、忠诚、尊重和感激的相互关系	在自己和别人的眼光中成为一个好人，照顾别人。相信金科玉律，渴望保持那些固定化了的好行为的规则与权威	个人和其他人有关系的观点。认识到有共同的情感、协议和期望，它们代替了个人的利益而成为最重要的东西。通过具体的金科玉律，把观点联系起来，把自己放在别人的地位，还没有考虑一般化的系统的观点
阶段 4：服从权威与社会等级	符合法律、社会约束和准则的行为被认为是正确的行为。权利也对社会、团体或机构起着作用。如果有人违反了法律，那么就是道德败坏的，其他人有义务和责任维护和秉持法律和社会规则	保持机构作为一个整体，避免体系的破裂，"如果每一个人都这样做"，或者命令良心去符合一个人规定的义务（容易和阶段 3 的信任规则和权威相混淆）	对社会观点和个人之间的协议或动机的区分。采取规定角色和规则的体系的观点，按照在体系中的地位考虑个人的关系

水平和阶段	什么是正确的	对正确做法的论证	阶段的社会观点
水平 Ⅲ——后习俗水平（也称为原则性水平）阶段 5：社会契约取向	认识到人们有各种观点、权利和价值观。法律被认为是一种社会契约而非不容打破或一成不变的。正确的行为应是那些可以使大多数人获取最大利益的行为，通常这类行为被认为是来自"多数人投票决策"或者"一定的妥协"	对法令具有义务感，因为人们有这样的社会契约：为所有人的幸福和保护所有人的权利而制定并遵守法令。对家庭、友谊、信任和工作责任已开始有契约义务感。关心法令和职责应该建立在对"为最大多数人的最大利益"进行合理分析的基础之上	比社会更重要的观点。明智的人认识到价值观和权利优先于社会依附和契约的观点。通过协议、契约、客观的公正和适当的过程等形式的机制，把各种观点结合起来，考虑道德和法律观点；认识到这些观点有时是矛盾的，难以把它们结合起来
阶段 6：普适的伦理原则取向	道德行为遵守自我选择的伦理原则。特定的法令或社会协议只在需要秉持基本正义时发挥作用。当法令违背这些原则时，就按照原则办事。原则是公正的普遍的：人类权利平等，尊重人类个体的尊严	作为明智的人，信任普遍道德原则的有效性，个人有对这些原则承担义务的意识	道德着眼点，社会安排来源于此。这是任何一个明智的人的观点。他们认识到道德的本质或人自身就是目标，必须如此对待他

在前习俗水平，儿童基本上按行动的结果判断是非。在最初的阶段（阶段 1），儿童对是否的定义，是说一个人为了避免惩罚，应该服从规则。在第二阶段（阶段 2），儿童发展了简单的交互的道义。人们应该满足自己的需要，并让别人也这样做，做事"公平"或组成平等的交换。"你奉承我，我也奉承你"这个谚语适用于这个阶段。儿童的道德定向，基本上仍是个人的、自我中心的、具体的，虽然他们将他人的权利看成是以某种方式和儿童的权利共存的。

在习俗道德水平，重点在社会需要方面，价值观放在个人兴趣之上。在第三阶段（阶段 3），儿童最初可能强调做一个"自己和他人眼光中的好人"，意思是有良好的动机，表现出对别人的关心。一般说来，很强调遵守大多数人刻板的思想或"自然"的行为。作为认知日益得到发展的反映，隐藏在行为后面的意图在这个阶段显得很重要，儿童通过"做好人"而寻求认可。在第四阶段（阶段 4），社会观点和法律准则取得了优先地位。儿童不仅关心对社会秩序的遵守，而且也关心对这个秩序的维持、支持和论证。"正确的行为包括履行一个人的责任，遵守法律，尊敬权威和为了自己而维持已有的社会秩序。"

在后习俗或原则性水平（阶段 5 和 6），人们的道德判断是根据考虑过和接受了的原则。因为这些原则有内在的正确性而不是由社会确定它们是否正确。柯尔伯格称这个水平是从

"比社会更重要"的观点出发的。马丁·路德·金（Martin Luther King）说，不服从隔离法律，在道德上是正确的，因为他服从了一个更高级的法律，这时他是在进行一种后习俗的道德争辩。这个水平的特点是向着抽象的道德原则进行重要的推进。这些原则是普遍适用的，不拘泥于某一特定的社会团体。这反映了儿童获得了形式运算思维。

柯尔伯格根据他对儿童道德判断的考察，断言儿童道德认识的发展是按着一个不变的阶段顺序进行的，这个不变的阶段顺序或发展模式适用于一切文化社会。图 11-1 是四个年龄阶段儿童使用六种道德判断类型的情况，从中可以看出，儿童年龄越小，阶段一、二的判断使用得越多，随着年龄的增长，较高阶段的判断类型占优势。在这一点上，柯尔伯格与皮亚杰又有些不同。柯尔伯格认为在同一个年龄阶段可以同时存在几种道德判断类型。

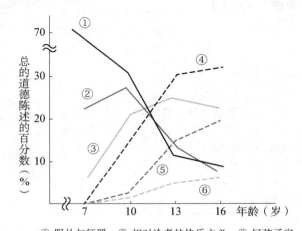

① 服从与惩罚　② 相对论者的快乐主义　③ 好孩子定向　④ 维护社会制度与权威的道德　⑤ 民主地承认法律　⑥ 普遍的原则

图 11-1　四个年龄阶段儿童使用六种道德判断类型

3. 道德认知发展阶段的推移与道德教育

柯尔伯格与皮亚杰一样，认为儿童道德认知的发展由个体认知发展的水平所决定。他们既不同意成熟与道德认知发展有什么直接的联系，也不主张社会学习论者所提倡的观察与模仿，而是强调道德认知是以认知结构为基础的自然的发展。柯尔伯格说："道德发展是一种不断增长着的认识社会现实或组织和联合社会经验的那种能力的结果，有原则的道德的必要条件——但不是充足条件——是（由形式运算的各阶段表示的）逻辑推理能力的发展。"

柯尔伯格主张采用类似皮亚杰的平衡发展模式的教学法——认知冲突法来促进儿童道德的发展。皮亚杰的平衡模式是先让儿童考虑一个维度，然后再让儿童考虑另一个维度。中间必然会发生冲突和混乱，经过儿童自己的思考，最后修正自己的思维结构，学会能同时考虑两个维度。

认知冲突法基本上分两步程序。第一步,教育课程的焦点集中在由教师和学生进行的道德两难问题的讨论上。选择这类道德两难问题就是为了引起认知上的冲突。第二步,引起两个相邻发展阶段学生的讨论。由于儿童不都是在同一阶段内思维的,他们互相间的讨论也处于不同的发展水平。在这里,教师要支持和澄清超过这些学生中最低水平的一个阶段之上的观点。当这个观点为学生理解时,教师又提出新的情境向这个阶段的思维挑战,并澄清超过先前发展阶段的那种论点。就这样引导学生一步步发生矛盾冲突,使他们找到思维方式中的前后矛盾和不当之处,并发现解决这些矛盾的方法。

柯尔伯格还十分重视角色扮演的作用。他认为儿童仅仅接受他人的劝告或者是作为一个没有相互交流作答小组的一员,是绝不会引起道德发展的。儿童从自我中心向考虑别人的感情、观点和动机的转化是道德认知发展的关键。一个儿童扮演其他人的角色技能与道德判断水平有直接的联系。道德认知由低级向高级发展要以扮演角色的技能增长为前提。有些研究结果支持柯氏的这个设想,发现经常有机会扮演惩办别人的角色或坚持对别的儿童施加规则影响的儿童,更可能成为守规则的人;如若限制儿童的社会环境,不让其与人来往,每日仅与几个简单的社会角色发生联系,那就会限制儿童扮演角色的能力,并进而阻碍儿童道德能力的发展。

柯尔伯格按照他对道德认知发展阶段推移的看法,对如何进行道德教育提出了以下建议:①了解儿童道德认知发展的水平;②提供通常稍高于儿童已达到的发展水平的思维模式,使之与现有的水平加以比较,引起冲突;③帮助体会冲突,使他意识到采用下一阶段的判断更为合理;④培养儿童对各种问题进行道德方面判断及提出问题的能力;⑤把即将继起的道德阶段作为道德教育的目标。

4. 对柯尔伯格道德认知理论的批评

柯尔伯格道德认知理论在产生广泛影响的同时,也遭到了各种批评。

① 关于道德阶段的普遍性问题。柯尔伯格认为,他提出的道德发展系统代表了各种文化背景下普遍的道德等级状态,但是批评者认为,任何道德都与社会文化有关。有的批评者认为他的理论具有文化偏见。诚如约翰·桑特洛克所说,其实,柯尔伯格和他的批评者或许都只是部分正确的。有篇研究综述反映了对 27 种文化的 45 项研究,支持柯尔伯格的前 4 个阶段的普遍性,但在所有被研究的文化中没有发现其第 5 和第 6 个阶段,却发现了柯尔伯格评分系统中没有而在某些文化中存在的更高水平的道德推理,说明道德推理比柯尔伯格预想的具有更强的文化特定性(Snarey,1985)。科瑞伯与丹顿试图通过修正柯尔伯格的理论来解释那些异质的发现,他们认为该理论还无法去解释大多数个体是如何在日常生活中做出道德决定的(Krebs & Denton,2005)。

② 关于学前儿童的道德判断。柯尔伯格认为,幼儿的道德判断完全是根据奖励、避免惩罚、服从权威,但是有人认为,幼儿对道德的认识要比他们表达出来的深刻得多。幼儿有一种直觉的道德能力,表现在回答关于道德规则的问题上,和原谅自己违反规则、对别人违反

规则的反应上（Shweder，Turiel & Much，1981）。

此外，幼儿已能将道德问题和社会习俗区分开来，这也是幼儿直觉的道德能力的反映。如对5—11岁的儿童讲两类假设性的故事。一个是说一所学校有允许儿童互相打架的规定；另一个是说一所学校允许儿童脱光衣服。要求儿童评价这两所学校的做法。所有年龄的大多数儿童都说，学校不应该允许打架，但是可以允许儿童脱光衣服。类似的情况是，这些儿童对没有惩罚规定的打人、偷东西的行为都说不对，而对没有禁止叫教师名字的规定，则认为是可以的。

③ 关于道德阶段的真实性问题。一些批评者认为，柯尔伯格的阶段次序都建立在假设的情境反应上，而不是儿童事实上遇到的情境，因而对这种阶段的意义和概括化程度表示怀疑。有些人批评柯尔伯格道德发展阶段评分有偏向。柯尔伯格的道德阶段的评分依据是公正，而公正是西方社会男子社会化的要点，女子社会化的重点是养育、共情和照料（Gilligan，1982）。虽然有研究表明，在柯尔伯格的两难问题上女子的得分并不比男子低，但是如果要求妇女回答一些与之切身相关的问题，例如要不要怀孕，相信妇女与男子的回答会有不同。妇女自己的回答也会与自己对柯尔伯格的两难问题的回答有所不同。在另一项关注孤独症谱系青少年的研究中，研究者同时使用了柯尔伯格的两难情境范式以及与生活更贴近的两难情境实验，研究者发现，只有在那些与生活更贴近，与社会关系更密切关联的情境中（例如，乱涂乱画的情境："你的一位好朋友在一面刚刷好的墙上乱涂乱画，校长很生气，决心找到这个捣蛋的学生，但并没有人站出来承认，只是知道这个人可能在某个班级中，所以校长决定连同无辜的同学一起，惩罚整个班级，除非有人可以帮他找到这个捣蛋的学生，在这个情境中你会供出你的好朋友吗"），才能找到孤独症谱系障碍青少年与健康发展的青少年之间的不同（Schaller et al.，2019）。这些研究都在考验着柯尔伯格的道德理论模型的现实性意义。

批评柯尔伯格道德发展阶段真实性的另一个重要理由是，他的实验依据不足，因为他得出这个结论的主要方法是横向法。在同一个时间里对不同年龄的儿童进行调查或实验，很难保证每个儿童确是按预见的阶段顺序发展的。虽然后来柯尔伯格也做了一些纵向研究，但实验对象的起始年龄太大，且结果也模棱两可，大多数被试或停留在一个阶段上，或上升一个阶段，也可能是跨越了一个阶段。因此，有些心理学家认为，对柯尔伯格理论更有力的支持还须等待进一步纵向研究的成果。

社会学习理论者对道德认知说强调的阶段性提出了针锋相对的看法。他们设计的一些实验研究表明，儿童道德判断的发展并不像道德认知理论所说的那样有明显的阶段性。班杜拉和麦克唐纳（F. J. Mcdonald）曾做了这样一个研究：向5—12岁的儿童呈现与皮亚杰所用的一样的配对故事。他们发现，年龄较长的儿童大部分提出主观的道德判断，这个结论与皮亚杰的结论一致，但是也发现了年龄变异，有的年龄小的儿童反倒能做出高级的道德判断，而年龄大的儿童用的却是低级的道德判断。

另外，社会学习理论者认为，道德判断也是一种社会学习，可以通过模仿榜样或观察模式而获得。他们企图运用榜样和鼓励来训练儿童,改变儿童原有的道德判断。有个典型的实验是:先让儿童个别地对两难故事做出道德判断,了解其道德判断的主要倾向。然后,让他跟一个成人一起轮流对所提出的道德问题作判断。这个成人模式一直提出与儿童原来的判断相反性质的判断。实验者对其中一组儿童的处理是只要他有模仿成人判断的行为就给予奖励,对另一组的是儿童与榜样都受到奖励。其后再让儿童对另外 12 对故事做出道德评价,这时发现儿童的判断明显地受到了榜样的影响。其他一些研究者采用与班杜拉基本相似的方法,也改变了小学生、青少年的道德判断,承认榜样对儿童道德判断有深刻影响。

一些认知心理学家也重复了班杜拉的模式,他们感到模式虽然可以影响道德判断,但这种影响是很小的,即便使判断发生了变化,也只是在这一阶段顺序(发展)方向上的前进。

此外,对柯尔伯格道德发展理论的批评的声音还包括:太过重视道德思维而不重视道德行为,有时候道德推理可能被一些人作为不道德行为的保护伞;低估了家庭关系对道德发展的影响,理论反映了男性的偏见、太不关注关怀视角;不能充分地区分道德推理和社会习俗推理(桑特洛克,2009)。

皮亚杰与柯尔伯格在儿童道德发展,尤其是道德判断发展上的系统研究,为后人在儿童道德发展领域的研究开辟了一条道路。但无论是研究方法,还是对道德评分的标准及道德阶段的推移都还需作进一步的研究。

第二节　儿童道德行为的发展

一、班杜拉的社会学习理论

社会学习理论的创始人之一班杜拉,1925 年生于加拿大,大学毕业后进入美国爱荷华大学研究所,专攻临床心理学,对学习理论在临床上的运用很感兴趣。1952 年获博士学位后,他到斯坦福大学从事儿童攻击性行为的研究。他的理论兼具耶鲁大学和哈佛大学的发展研究传统。

早期的社会学习理论是在行为主义学习理论的基础上建立起来的,特别重视刺激—反应的接近性原理和强化原理,也十分重视动物研究,试图从动物行为研究的模式推论人的社会行为。这样的研究存在极大的局限性。

社会学习理论认为传统的行为研究过于简单,它只强调行为学习的外部环境,人或有机体都被看成是死气沉沉的"黑箱",箱子里究竟发生了什么都无法被理解,也无需去理解。社会学习理论者还认为,人与鸽子、老鼠的不同在于,人的心理活动包括思维和预期。如果我们不剥离外部刺激和反应,就不能全面了解人类发展。到了 20 世纪 60 年代,班杜拉突破了传统的行为主义理论框架,从认知和行为联合起作用的观点上解释人的学习行为。他认为社会学习乃是一种信息加工理论和强化学习理论综合的过程。强化学习理论无法阐明行为获得过程中的内部活动，而信息加工理论又忽略了行为操作因素。班杜拉通过大量的实验研究和临床行为矫正，建立了现代社会学习理论。华生和斯金纳相信人类只能被动地为环境所塑造，而班杜拉认为人的发展是通过人、人的行为和环境之间持续不断的相互作用而发生的。他把这个观点称作相互决定论。他还认为，人们在一定程度上是他们环境的产物，但是通过人的自觉的选择、创造和改造他们的周围环境，他们也是环境的制造者或创造者。后来的几十年，社会学习理论在很多方面逐渐压倒了经典性条件作用和操作性条件作用理论。这个理论具有以下几个特点。

1. 三位一体的交互决定论

图 11 - 2　交互决定论图示

班杜拉认为的"三位"就是指个体的行动或行为，周围环境，个体的认知、内向或外向性格、自我效能感、动机及其他个人因素。这三者是互相决定、共同起作用的，可以是一果多因，或一因多果。用图 11 - 2 表示：P 代表个人因素，B 代表行为因素，E 代表环境因素。如一位学生学习勤奋，取得了好成绩，受到了家长和老师的肯定。由此他对自己的评价更积极了，自信心更强。为了获得更好的成绩，他主动地寻找学习资料、探索新的学习方法，与同学一起讨论解题的新途径。这些都反映了 P、B、E 三个因素之间的相互影响。

2. 替代强化

行为主义理论强调行为的获得主要是通过"直接强化"，通过经典式和操作式条件反射完成。社会学习理论者通过对儿童和成人的大量研究，发现儿童的许多行为并未直接受到强化，而是在观察别人的行为时，别人所受到的强化会影响儿童去学习或抑制这种行为。这个过程被称为"间接强化"或"替代强化"。如一个小孩看到邻居的儿子与别人吵架，因而受到了周围人的斥责，那么这个小孩就可能不会去学习这种吵架的行为。反过来，若跟人吵架还受到赞赏，他就很可能想去试一试这种行为。在这种情况下，儿童本人既无行动，也未受到什么直接强化，但模式所受到的强化会影响儿童以后的行为，这正是替代强化的表现。

3. 观察、模仿和自我强化

班杜拉描述了模仿的三种效应：①榜样效应：在学习新行为时，表现明显；②抑制和去抑制效应：通过对榜样的奖赏和惩罚，去除（或带来）一些以前系列压制的行为或抑制当前的异常行为；③诱发效应：榜样者的行为引发观察者相应的行为。

班杜拉在实验中发现，儿童在观察榜样的过程中，即使未受到外部强化或替代强化，仍能获得榜样的行为。强化只能影响行为的出现率，而不影响行为的模仿。行为的获得不是由强化决定，而是由观察（认知）决定的。

把 66 名男女各半的幼儿随机分为三组，观看一成年人攻击玩偶娃娃的录像。三组录像结尾对攻击性行为的处理各不相同：①奖赏：录像中另一位成人对成人攻击者给予口头赞赏和糖果奖励；②惩罚：第二位成人怒气冲冲地指责攻击者的行为；③无强化：成人攻击玩偶后放映便结束。然后，将三组儿童带到与录像中情境相同的实验情境中，让他们自由活动十分钟，观察和记录儿童的行为表现。接着实验者给予诱因：告诉儿童如果模仿录像中的成人行为，就给予奖励。结果显示：①榜样的攻击性行为受到的强化，明显地影响儿童的反应；②并且榜样的攻击行为是否受到强化，不影响儿童模仿行为的获得。班杜拉根据这个研究认为，应该把操作与习得区分开来，替代强化可以阻碍新反应的操作，但并未阻碍新反应的习得。

这个研究以及随后的许多重复研究具有一定的实践意义。儿童平时对电视、电影、小说中的打斗情境的观察，虽然未能直接地自发地加以模仿，但并未阻止他们的学习，即使是对这些反社会行为给予惩罚也不能阻止他们对这种行为的无意识学习。只要遇到与影片或小说中类似的情境，这些行为很可能在实际生活中再现。

观察学习并不是机械地模仿或复制榜样的行为。有两种观察学习，一种是"直接的模仿"和"反模仿"，即儿童受到模式的影响，即刻或以后在环境有利的条件下准确地复制榜样行为。或者是儿童观察到榜样的行为与结果，作为一种教训接受下来，以后指导自己不准做这类事，这是直接的反模仿。模仿或反模仿可以表现为只是与榜样的某个特定行为相同，也可以表现为与榜样的行为同属一类的行为，换句话说，模仿或反模仿并不限于某个具体行为，也可以是同一类行为。另一种观察学习是抑制和抑制解除。所谓抑制，是指个体通过观察他人的行为后果而抑制自身的某些类似行为，而抑制解除是指在个体在观察他人行为之后，原先已被抑制的不良行为被再次释放激活。例如，一个儿童上学第一天看到老师处分在课堂上捣乱的同学，他以后也许不敢对待作业态度不端或者迟到早退。由此可见，第一个儿童的行为后果可以抑制第二个儿童产生同类别的行为。关于抑制解除，当儿童看了持械杀人的影片后，对弟弟妹妹表现得不那么亲密了，常常发脾气，叫叫嚷嚷。这个儿童虽未有意地模仿电影里的行为，但自然而然地恢复了以前习得的同类行为，如攻击性行为。

观察学习是一个复杂的过程，它不是单纯地重演示范者的行为，而是在模式的影响下，学习和回忆他所看到过的行为，经过对行为的抽象归类，然后指导自己的行动。

班杜拉还指出，模式可以影响儿童和成人的"自我强化"。所谓自我强化是指儿童已经建立了自己内部的行为准则，当儿童的行为符合这个准则时，就自己奖励自己；违反了这个准则时，儿童就会自己惩罚自己。由于儿童形成了自我调节的模式，就无需依靠外界的强化。让一组儿童观察一个模式，这个模式在得到高分时就会奖励自己，在得到低分时就批评自己；另一组儿童观察另一个模式，这个模式自我奖赏比较低；第三组儿童是不看任何模式的控制组，以后发现，看过模式和自我奖赏的两组儿童在游戏时都能采用自我奖赏的形式。控制组儿童因从未见过模式的自我强化，因而对自我奖赏并无一定标准，自己什么时候想奖赏自己就对自己强化一下。因此，学习理论者认为模式的行为可以影响儿童的自我评价和自我强化。

二、 道德行为会依情境而变化吗

在道德行为上存在一个争论的问题，即道德中很重要的一个品质——诚实——在不同情境中是保持高度的一致，还是依情境而变化。如果当诚实已内化成了良心的一部分，那道德行为在不同情境中表现应该一致。有个经典研究，研究者观察了儿童在学校、操场上、放学后的活动和运动时的诚实、欺骗、违反规则和其他道德行为。最初的研究报告认为道德行为在不同情境中很少表现出一致。但后来的研究分析表明，它们有中等程度的一致性，即在一种测验里表现诚实的儿童，在另一种测验里也表现诚实，在一件事情上撒谎的儿童，在另外的事件上也比较可能撒谎。在一种情境内部（如在课堂上），一致性的相关是比较高的。如在数学测验中诚实的儿童，在拼音测验上也倾向于诚实，如此，等等。但是儿童的表现也不完全一致。

因为儿童的道德行为依赖于各种情绪动机、压力、强化、每种情境对儿童的要求，还有良心。一个对数学成绩相当在乎的，但对篮球打得好不好无所谓的学生，在数学测验时作弊的可能性要远比打篮球时大，因此，个人持久的特征（或道德信仰）和特定情境下的特点的相互作用影响着道德行为。尼古拉斯（Nichols，2002）认为，情绪在人类道德判断决策中起着重要的作用，他的研究发现，更容易产生厌恶的被试，相比不容易产生厌恶的被试，更倾向于认为一个严重违反礼仪规范的行为（比如在一个宴会上，在尿布中吐痰）是不可接受、非常严重以及不符合权威和社会准则的。此外，认知神经科学的证据也同时表明，当个体在进行道德判断时，相比于非道德判断的场景更多激活内侧前额叶（BA9/10）、后扣带回（BA 31）与双侧角回（BA 39）这些与情绪体验关系更密切的大脑区域。

三、 儿童的攻击性行为

攻击性行为是指对另一个人有目的的欺侮和伤害的行为。

1. 攻击性行为产生的原因

一些理论家认为攻击行为是一种本能，是人类固有的一部分。弗洛伊德的精神分析理论就认为，我们都被性和攻击本能所驱动；习性学家和动物行为学家劳伦兹则认为，动物（包括人类）共同享有一种战斗本能；社会生物学家（即思考社会行为的生物根源的科学家）认为，攻击行为导致交配机会的增加，从而增加了个体的基因向下一代传递的可能性。另外，攻击行为从整体上有助于加强物种及其基因库，因为最强壮的个体将能存活下去，最终，攻击本能将促进个体的基因向下一代传递生存机会。但大多数发展学家认为这样的解释缺乏实证支持，也没有实际指导意义，只能说是符合逻辑而已。

根据班杜拉的社会学习理论，儿童攻击性的行为是通过外部强化、替代性强化和观察与模仿范型获得的。

根据挫折—侵犯假说，攻击性行为与四个因素有关：①受挫驱力的强弱；②受挫内驱力的范围;③以前遭受挫折的频率;④侵犯反应后可能遭受惩罚的程度。

道奇(K. A. Dodge)的社会信息加工理论是 20 世纪 80 年代提出的一个用于解释攻击性行为的新理论。他认为儿童受到挫折或挑衅后的反应不仅依赖于情境中的社会线索,还依赖于个体对这种信息的加工或解释。它要经过五个认知步骤:译码过程—解释过程—寻求反应过程—决定反应过程—编码过程。

社会线索→① 译码过程
- A. 感知社会线索
- B. 搜寻线索
- C. 集中(注意线索)

② 解释过程
- A. 整合记忆贮存目标与新材料
- B. 寻求解释
- C. 把材料与计划好的规划结构相匹配

③ 寻求反应过程
- A. 寻求反应
- B. 概括潜在的反应

④ 决定反应过程
- A. 估计潜在反应的后果
- B. 评价潜在反应的恰当性
- C. 决定最佳反应

⑤ 编码过程
- A. 搜寻全套反应
- B. 发出反应

按照信息加工理论,攻击性强的儿童与他们记忆中贮存的"同伴对我有敌意"的观念有关。他们往往会把不明情况的伤害归结为对方的敌意,于是他们的行为倾向于攻击性。发出攻击性行为又会激起别人的反击,进一步强化了原有的同伴有敌意的观念,使其选择再攻击的反应方式,从而形成恶性循环。

2. 攻击性分类与攻击性控制

儿童的攻击性行为很早就已经出现。据海(D. F. Hay)和罗斯(H. S. Ross)的研究,20—30 个月的婴儿在游戏争执中就已显示操作性攻击行为,不同年龄阶段的儿童表现了不同的攻击形式,不同性别的儿童的攻击数量和表现形式也不同。一般人总认为男孩的攻击性行为比女孩多,而且攻击性的强度也是男孩比女孩强。其实不然。攻击性有两种形式。一种是外显性攻击,它是通过使对方身体受损伤来对人造成的一种伤害,其极端形式是使用暴力,男孩主要采用这类攻击。另一种是内隐性攻击,属于关系性攻击,又称社会性攻击。关系性攻击是通过语言破坏人与人之间的关系来达到对人伤害的目的。例如,谩骂、挑拨离间、散布流言蜚语、起有辱人格的绰号、讥讽、嘲笑、排挤等。有时候内隐性攻击的"杀伤力"不比外显性攻击低。因为后者隐蔽,不易被人察觉,也不宜为外人理解和同情,往往使受害者有口难辩,造成其一段时间里的人际适应问题。男孩的攻击主要是身体形式的,女孩则主要是用语言。

攻击行为除了外显性攻击与内隐性攻击之分，还有其他好几种分类，如劳伦兹提出的情感性攻击与工具性攻击之分；哈特普（W. Hartup）的有敌意性攻击与攻击性攻击（前者指向人，目的是打击或伤害他人；而后者指向物，是为了夺得某个物品而做出的抢夺、推搡等动作，攻击只是获得物品的工具或手段）；其他分类还包括个人推动的攻击与社会推动的攻击；言语攻击与身体攻击；反应性攻击（愤怒、发脾气、失去控制——在被对方激发下引起）与主动攻击（为达到自己的目的如要夺取物品，要欺侮或控制别人的攻击）等。

发展学家通过对儿童攻击性行为产生原因的分析，提出了控制和减少攻击性行为的方法。如树立正面的非攻击性的榜样，不接触或少接触具有攻击性行为的范型；强化儿童的积极行为，不强化攻击性行为或阻断攻击性行为；角色扮演和共情能力训练等。下面介绍几种增加儿童的道德行为、减少攻击性行为的方法：

① 为儿童提供以合作性的、帮助人的及亲社会行为的方式参与的有共同目标的活动，如公益活动。与同伴互动，教会他们认识与人合作并帮助人的重要性及可取性，并从中体验助人带来的愉悦。

② 不要忽略攻击行为。看到儿童有攻击行为，家长和教师都应立即加以干预和制止，并明确说明攻击行为是不可接受的、可能产生的不良后果以及解决问题的方法。

③ 帮助儿童对他人的行为做出有其他几种可能的解释。具有攻击性的儿童往往把对方的行为视为有敌意。

④ 监控学龄前和学龄儿童观看暴力性电视、玩暴力性游戏等不良娱乐活动的频率。鼓励和引导儿童观看和从事富有正能量的节目和游戏。

⑤ 帮助儿童了解自己的感受并帮助儿童用一种建构性的方式来处理自己的情感。如"我知道因为冬冬不把玩具熊给你玩，你生气了。你用不着打他，你可以告诉他你也想玩玩具熊"。

⑥ 教会儿童推理和自制，告诉他们什么行为是合适的。如，明确地说："如果你一个人吃掉了所有的饼干，其他人就没有饼干吃了。"这样的说法好过于"乖孩子就不会吃掉所有的饼干"。因为前者能使儿童认识到自己的行为将会对别人产生什么影响。

3. 攻击性行为与大脑发展的联系

随着神经影像学技术的发展，我们对人类攻击行为神经机制的理解逐步开始增多，冲动的攻击行为被理解为"由上至下"的调控神经网络对"由下至上"的边缘系统网络的控制不足。在这个"由上至下"的调控网络中，前扣带回、眶额叶皮层、背外侧前额叶扮演着至关重要的角色，很多对额叶损伤患者进行的研究都发现，患者出现了情绪控制减弱，攻击行为增多的现象。边缘系统以及中脑系统（包括基底神经节）被认为是"由下至上"的、负责情绪情感与奖赏的重要神经环路。两个环路之间存在着大量的神经纤维投射，神经信号与信息的互相交换保证了人类社会认知功能的正常运行。

大量的神经影像学研究主要通过一些儿童发展障碍（例如品行障碍、对立违抗性障碍、多动症、情绪失调)来探索攻击行为背后的神经机制。研究发现,攻击行为的程度受到那些对情绪调控、情绪加工与奖赏学习极为关键的大脑网络的调控。例如杏仁核活动过度与前额叶调控能力的减弱会导致儿童发脾气时产生更多的攻击性行为。在注意缺陷多动症儿童中,情绪控制异常同前扣带回喙部—杏仁核的自发性功能连接失常有关(Hulvershorn et al.,2014)。格雷斯佩林与她的同事(Grazioplene et al.,2020)招募了70位有攻击性行为的儿童以及25位健康对照儿童,所有的孩子都进行了弥散张量成像扫描,并完成了儿童攻击性行为量表。全脑分析的结果发现,有攻击行为的孩子相较健康对照组,其边缘系统与额叶连接环路(包括额下—枕叶神经束、穹窿、丘脑上辐射)中的纤维连接密度降低,而胼胝体中的纤维密度增高。此外,前扣带纤维束密度越低,攻击行为得分越高。

近年来,研究者开始逐步关注正常儿童攻击行为与大脑发育之间的联系,德查姆(Ducharme et al.,2012)使用了美国国家健康研究院的健康脑发展计划数据库的数据,对193名6—18岁的健康儿童的三维结构图像进行了细致分析,研究结果发现,双侧纹状体的灰质体积大小与儿童攻击性行为量表得分呈正相关,也就是说,儿童攻击行为得分越高,双侧纹状体的灰质体积就越大。此外,右侧前扣带回以及前扣带回喙部的皮层厚度也与攻击性行为量表得分相关,儿童的攻击性行为越多,前扣带回的皮层厚度就越薄。这些结果同发展障碍异常儿童的发现高度一致,共同提示着额叶/扣带回皮层上与边缘系统/中脑系统的互相协调机制对于儿童攻击性行为的重要作用。

四、 儿童的亲社会行为

亲社会行为是一种去帮助其他人和有益于社会的行为。照顾他人的福利和权利、关心他人、共情和有助于他人的行为都是亲社会行为的组成成分(Eisenberg,Fabes,& Sprinrad,2006)。利他行为是由同情他人或坚持内在的道德准则而表现出来的亲社会行为,是完全无私的(不考虑个人利益、不求回报或互惠的)、最纯粹的亲社会行为。但有时候行为背后的动机很难推断。故许多心理学家认为不必考虑动机,只要行为是对他人有益的,就是利他行为。利他行为也就成了亲社会行为的同义词了。心理学家研究儿童的亲社会行为主要包括三种:分享、合作与助人。

社会的经济骚动和青少年犯罪率的不断上升,促使西方一些心理学家较早去关注那些于社会有利的行为是怎样形成的课题。其中,社会学习论者在这个领域居领先地位。

1. 树立榜样

社会学习论者主张用呈现榜样的方式来培养亲社会行为。有一个较典型的实验例子:让7—11岁的儿童观看一个成人玩滚木球的游戏,这个成人把赢得的一部分奖品捐赠出来,作为资助穷苦儿童的基金;然后让这些儿童单独玩这类游戏,结果他们捐献出来的奖励所得数量远远超过没有观看成人榜样的控制组儿童。即使实验结束两个月后,这些实验组的被试与不同的实验者在一起时仍然那么慷慨,说明榜样的影响是长期的。

2. 社会认知的影响

由柯尔伯格创立的亲社会行为的认知理论十分强调认知的影响，认为亲社会行为发展要经历以下三个阶段：①皮亚杰的前运算阶段（7 岁前）。此阶段的儿童存在自我中心的特点，他们对亲社会行为的考虑往往是与自我享乐联系起来的，在为别人做好事时也考虑是否会给自己带来好处。②皮亚杰的具体运算阶段（7—11、12 岁）。这一阶段的儿童能把别人合理的需要作为亲社会行为的依据，共情和同情起到重要作用。③皮亚杰的形式运算阶段。这一阶段的青少年开始理解并尊重抽象的亲社会行为规则，更多地考虑亲社会行为接受者的利益，如果违背了亲社会行为规则会感到内疚或自责。

此外，认知理论的研究还表明，儿童的共情能力与亲社会行为有一定的关系。有些发展心理学家认为，共情能力是某些道德行为的核心。共情能力很早就开始萌芽，以后它与其他一些正向情绪如同情、钦佩、爱等一起增长，使得儿童更易做出亲社会行为和其他道德行为。有些负性情绪如内疚、羞愧感，也能促进道德行为的发展。

3. 角色扮演

有研究证明，角色扮演不仅可以帮助儿童克服冲动与攻击性行为，还有助于利他行为的实践。

斯托帕（E. A. Staub）曾用实验的方法检验了儿童扮演角色的活动对儿童道德行为发展的影响。他先把幼儿一一配对，然后让其中一个儿童担任需要别人来帮助他的角色。如他想搬一张凳子，可凳子太重，搬不动。或他恰好站在自行车迎面飞来的马路上。另一个儿童扮演帮助别人的角色，他要想出合适的方法来帮助别人，并且要表现出来。然后两个人交换角色。训练一周后，为儿童提供如下机会，以便测定儿童帮助人的行为是否有进步：①隔壁房间里的一个儿童从椅子上跌了下来，正在哭；②一个儿童想搬一张对他来说很难搬得动的椅子；③一个儿童因为积木被另一个孩子拿走了而感到苦恼；④一个儿童正站在自行车道上；⑤一个儿童跌倒，受伤了。实验结果发现，受过这类互惠训练的儿童比起没有受过这类训练的儿童表现出更多的帮助行为。该实验虽未揭示究竟是扮演帮助人的角色对儿童培养利他主义行为有重要作用，还是被帮助的角色对利他主义行为的培养有作用，但无论如何，这样的训练对扮演两种角色的儿童利他主义行为的培养都是有作用的。

斯托帕还认为，让儿童自己负责也是一个培养关心人的行为的有利因素。如向幼儿和一年级学生交代，成人目前不在，有些事情需要请你们处理。在这种情况下，儿童若听到隔壁房间有哭声，就更有可能表现出关心人的行为，小学一年级的学生更是如此。又如，可以让高年级的同学向低年级的同学介绍学习经验、与同伴相处的经验、自己遇到困难时如何克服和处理的经验，或者定期定时的辅导交流，都可以在培养儿童社会责任感、关心人方面发挥积极的作用。

4. 社会文化环境

对几个国家的儿童的一些合作性行为的研究发现，有些社会对利他主义和合作行为的重视与期望高于或多于另一些社会。社会文化是亲社会行为最大的环境影响因素。

5. 父母影响

父母的利他行为及对儿童的态度直接地或潜移默化地影响着儿童的亲社会行为。父母喜欢帮助人，热心为别人做事，他们的孩子就可能是利他的、爱助人的。父母经常显示出共情作用，能考虑别人的痛苦，他们的孩子也可能会对别人显示出共情。

6. 媒体影响

儿童能够涉及的或经常可以接触到的社交媒体、电视节目、网络游戏、电子游戏，其他媒体如报纸、杂志、书籍宣传的主旋律内容，学生日常学习的形式（如合作学习）和游戏内容与形式，学校和社区活动中的亲社会行为的实践等，都对亲社会行为的形成有一定影响。

第三节　儿童道德情感的发展

我们判断一个儿童道德品质的发展水平，不仅要看他对道德概念的理解、判断，同时还要考察他的行为表现是否符合道德规范。从某种意义上来说，后者比前者更为重要，因为这是一个人道德认知的直接体现，是真实道德面貌的反映。

道德认知理论着重研究道德认知的发展，相对说来，忽视了道德情感与道德行为在整个道德发展中的地位和作用，故有人指责道德认知理论是一种"冰凉"的理论（E. E. Maccoby）。

道德情感是人的道德需要是否得到满足所引起的一种内心体验。它渗透在人的道德认知和道德行为之中，苏霍姆林斯基说，"没有情感的道德就变成了干枯的、苍白的语句，这语句只能培养伪君子"。

一、道德情感的三种形式

道德感是关于人的言论、行动、思想或意图是否符合人的道德需要而产生的情感。道德情感从形式上来分，大致有以下三种：

1. 直觉的情感体验

它是由于对某种情境的感知而引起的，其产生往往极其迅速、突然。如，由于突然的不安之感而制止了不道德的要求，由于突如其来的自尊心而激起了大胆果断的行为。这种道德体验表面上看来似乎是无源之水，实际上是个体长期稳定的道德认识、道德行为在特殊情境下的集中反映，对指导个体在紧急情况下迅速做出正常的行为定向有重要的作用。

2. 与具体的道德形象相联系的情感体验

当儿童听了一个报告、看了一本小说或看了一部电影或电视剧后，一些栩栩如生的人物形象和他们高尚的情操和思想往往会激起儿童情感上强烈的共鸣,有的形象则叫人非常难忘,只要一想到这样的形象,儿童就会按照他们身上的某一种品质或行为来要求自己,激励自己。

3. 意识到道德理论的情感体验

这是一种自觉的、有意识的、概括性的道德情感,如爱学校、爱集体、爱家乡、爱祖国、爱人民、爱科学等。年幼的儿童由于对道德伦理的认识极为简单,因而与之相联系的道德伦理情感体验也比较粗浅,直到青年期,这种情感才开始占重要地位。

儿童在家庭、学校、社会的教育下,渐渐地掌握了一定的社会规范和道德标准,并把遵守社会规范和道德标准转化为自己的需要。当儿童自己或别人的行为、言论、思想符合他所掌握的社会标准时,儿童就会产生高兴、满足、自豪的体验;当儿童自己或别人的行为、言论、思想不符合他所掌握的社会标准时,就会产生懊丧、羞耻、愤怒等体验。这种与一定的社会道德标准或社会评价相联系而产生的体验就是道德感。在我们国家,道德感主要包括集体主义感、义务感、责任感和爱国主义感。

1岁的婴儿已经产生了一种对人的最简单的同情感。婴儿看到别的孩子哭,他也会跟着哭;看到别的孩子笑,他也会跟着笑。心理学上把它称为"情感共鸣",现在称作共情(Empathy)。

二三岁的儿童已产生了简单的道德感。儿童在做这件事或那件事时,总伴随着成人这样或那样的评价以及肯定的或否定的情绪表现。儿童看见别的孩子有新玩具时,他想夺过来自己玩,成人会生气地马上制止他这个行动,并告诉他"好孩子不拿别人的东西";儿童把自己喜欢吃的东西先给奶奶吃或别的小朋友吃,成人就会笑嘻嘻地称赞他、表扬他,"真乖,像个好孩子"。在成人的教育下,二三岁的儿童已出现了最初的爱与憎。他们看到小人书上的大灰狼,会用拳去打它,用手指去戳破它;看到小朋友跌倒了,会叫成人来扶他。他们愿意把玩具让给别的小朋友玩,把食物分给成人和别的小朋友吃。这时的儿童虽然还不了解为什么这件事不能做、那件事应该做,但是成人的评价与情绪表现已使他产生了相应的情感。成人责备他,他就变得不高兴;成人表扬他,他就变得高兴。这时的道德情绪表现完全取决于成人的表情、动作和声调。当然,这时儿童产生的道德情绪表现也是极为肤浅的,因为他们的这些行动或者是出于纯粹的模仿,或者是受成人指使。他所产生的情绪表现也是因成人的态度而转移的,成人为他的行动表示高兴,他也就表示高兴;成人为他的行动表示愤怒,他也就不高兴。而且这种高兴或不高兴在儿童那里的表现十分短暂,有时也很不明显。只有当儿童本身对自己的行动意义有了一定的理解、表示或养成了一定的习惯以后,才会有自觉的、主动的体验。因此,幼儿期的儿童只能说道德感开始萌芽。但正是这个萌芽,为以后的集体主义感、友谊感和爱国主义感的出现打下了基础。

幼儿在幼儿园的集体生活中,随着各种行为规则的掌握,道德感有了进一步的发展。幼儿园小班的儿童,由于刚入园,对一些必须遵守的行为规则还不了解、不熟悉,他们的道德感往往仍是由教师对行为的直接评价所引起的。到了中班,他们渐渐地在形象水平上懂得了一些道理,开始把自己的或别人的言行与一定的规则和作为规则体现的榜样相比较,产生相应的道德体验。如这时的儿童很喜欢"告状":"老师,××打人""老师,××不肯把积木给我们玩,他一个人玩"……这种告状,实际上反映了幼儿正在把别的儿童的行为与老师经常教导他们的行为准则作比较,并且已主动地产生了某种道德体验。列昂节夫曾在一次实验中把一颗糖分给没有完成任务的幼儿以表示鼓励。可是,这颗糖并未能安慰幼儿,因为他为自己没有完成任务而感到伤心,仿佛这是一颗"苦糖"。五六岁的幼儿不仅开始能把行为与道德规则相比较,而且已经开始能够体验到经比较而产生的相应的情绪状态,以后这种状态可以成为儿童行为的动机。

小学生的道德感从内容上来说已大大超过幼儿。他们已经有了集体感、荣誉感、自尊感、责任感、爱国主义感。他们已能区别一些真与假、美与丑、善与恶。不过这种区分还十分粗浅,相当绝对,不是好便是坏,不是正确便是错误。他们的道德感在很大程度上仍然带有直接的、经验的性质。

小学生的道德感从形式上来说还属于与具体的道德形象相联系的情绪体验。光辉的道德形象最能引起小学生的情绪共鸣,激发起他们向榜样学习的热情。小学生常把自己的行动与榜样作比较,当自己的行动与他们所热爱的榜样相一致时,他们就感到十分高兴;当自己的行动与他们所喜爱的榜样不一致时,就会感到难过。这里的一致主要是具体行动上的一致,还不是思想高度上的一致。

总的说来,儿童的道德感从体验的内容或范围来看是越来越丰富;从产生道德感的形式或条件来看,是从由成人对儿童行为的直接评价与成人的情绪表现所引起,发展到以具体的道德形象为榜样,与榜样的具体行动相比较而引起,再发展到自觉地以道德伦理、道德标准为指导而产生。或者说,儿童的道德感是从外部的、被动的、未被意识到的情绪表现逐渐转化为内部的、主动的、自觉意识到的道德体验。

二、 良心与道德的内化

1. 良心

当一个儿童接受了社会明确规定的道德原则,如,不准偷,不准欺骗,不准撒谎,不准伤害别人,并且自发地执行这些原则时,我们就说,这个儿童产生了良心。良心不仅是对正确和错误的认知判断,还包括儿童违背了自己信奉的道德原则时产生的强烈内疚感。按照这一观点,一些很有良心的儿童,即使在除了他之外没有一个人知情的情况下,也能抵制违反禁令的诱惑,因为他预先会产生内疚感。他们如果破坏了道德规则,就会感到羞耻、焦虑。常常主动承认自己做错的事,还企图得到惩罚或补偿损失。

2. 道德内化

弗洛伊德认为，儿童道德的发展与儿童早期跟父母感情的联结有密切的关系。父母很早就向儿童提出了社会化的要求，可是儿童常因感受到这种外部的压力而对父母产生不满的情绪。这种不满的情绪却又会给儿童带来新的情绪反应，那就是焦虑。儿童焦虑是因为怕自己对父母的不满而招来父母的惩罚，更为焦虑的是生怕失去父母对他们的爱。由此，他们不得不把对父母的不满转向自己，变成自我惩罚。

弗洛伊德也假设儿童道德发展的过程是一个逐步内化的过程。这个内化有其特定的含义。它不单是指儿童能负责监督自己的行为，执行行为规则，且内隐地与父母的态度结合在一起。有一个与父母声音一样的"良心"在轻轻地对儿童说话，告诉儿童做正确的事，警告儿童不要做不好的事，申斥违法行为，赞扬正直的行为。照弗洛伊德的看法，"良心"的形成实际上首先是父母批评的体现，而后才是社会批评的体现。良心或超我代表了内化了的父母，它是相当严厉的，带有惩罚性的。良心的发展可以帮助儿童在父母不在跟前时也能按照道德规范来行动，抵制外界的诱惑。因此，在精神分析学派看来，自居作用、自我惩罚、内疚是儿童道德发展的强大推动力。

三、 共情

共情是指儿童在觉察他人情绪反应时所体验到的与他人共有的情绪反应，是理解和共享其他人的感情的能力。它被认为是一个多维度的概念，包含认知和情绪两个重要的成分。认知共情，也被称为情绪性心理理论或者情绪性观念采择，它是指对他人情绪的识别、理解以及表征。很多研究者通过计算对于他人面部、声音、躯体情绪表达的识别准确率来反映认知共情的能力高低，有些研究者通过让被试报告他人对于某些情境的情绪体验来反映其认知共情能力水平。另一方面，情绪共情也称为情绪分享，有时它也指代因为他人的痛苦而引起的个人痛苦。因此这个成分也反映了我们分享他人情绪的能力高低，也就是我们是否可以体验到与他人一样的情绪体验的能力。通常，研究者通过测量被试针对他人情绪的自我主观报告或者父母报告的情绪体验来反映情绪共情的程度。在神经水平，情绪共情与前扣带回、脑岛、躯体感觉皮层、额下回的神经功能活动有关，这些大脑区域主要负责自我—他人镜像反应或者情绪体验与评估，而认知共情主要与想象和投射的大脑区域活动有关，例如内侧前额叶、颞顶联合皮层与颞极。

共情是影响儿童依据道德标准来行为的积极的情感之一。幼小的儿童就有共情的表现，他们能够感受到别人正在感受的东西。有个 18 个月的孩子看到另一个孩子跌倒哭了，他也跟着哭了起来，或者吮着自己的拇指，看上去好像也很难过的样子。它发生于头一两年间，这时的反应还不能真正反映儿童理解了别人的情绪状态。认知共情与情绪共情的发展轨迹也有所区别，认知共情从儿童早期开始缓慢平稳发展，直到青少年或者成年早期停止；然而情绪共情在婴儿时期就开始发展，并很早就已经完成发展，因此在儿童期后，情绪共情的能力基本不会发生明显变化。

　　有人认为共情是人类的先天特征,具有生存的价值。但也有人用经典条件反射的理论解释这种反应的产生原因。一周岁的儿童,起码已在各种场合哭了上百次,这种哭声也反复地跟儿童自己的苦恼或痛苦联结在一起。通过这种简单的结合,另一个儿童的哭声就可能唤起儿童的痛苦或对先前痛苦的回忆。如果年幼儿童能想出一个使另一个儿童停止哭的办法,他自己或许也会感觉好一些。儿童能够推测别人的情绪意味着儿童能够回忆起自己早先体验过的情绪。

　　有一个使用很广泛的共情测定方法,即让儿童观看几张有关处于情绪激起情境的故事幻灯片。

幻灯片 1　一个男孩和一条狗。男孩跑到哪里,狗就跟到哪里,有时狗会跑开去。

幻灯片 2　狗在跑开去。

幻灯片 3　男孩找不到狗。

问儿童:"你感到怎样?"

　　研究者从孩子的回答中可以获取孩子对幻灯片中主人公自身的观点态度及情绪体验的理解,同时也可测量受试儿童所感受到的主人公痛苦时的情绪反应。

　　1 岁或 1 岁以内的儿童就已经具有区分别人情绪的能力,对周围人们的高兴、愤怒和其他情绪会有不同的反应。3 岁儿童能区分高兴和不高兴的脸;4 岁或 5 岁时能可靠地区分表示高兴、恐惧、愤怒和悲伤的脸。

　　很小的孩子就能在活动中表现出采择别人观点的能力。如 15 个月的冬冬,在与小朋友平平一起玩时抢玩具。平平哭了,冬冬放了手,平平还是哭。冬冬不知道怎么办,就把另一个玩具熊给了平平……虽然孩子还不能用语言描述自己和别人的情绪与观点,但从他的行动中可以看出,冬冬知道平平不高兴了,并试图用玩具熊来安慰平平。

　　随着儿童年龄的增长,共情能力也表现出个别差异。这与父母平时对孩子的教养方式有关。父母注重培养孩子的观点采择能力以及关注他们自己的行为对他人影响的能力,有助于儿童共情能力的提升。有研究显示,共情能力还可以通过短期培养得到提高。有一项研究先把中学生训练成"调解者"(mediators)——专为学校中学生间的冲突提供解决方法。经过一年的训练,学生在共情能力和社会认知能力测量中的得分显著提高(Lane-Garon & Richardson,2003)。

　　共情能力的培养对儿童成长很重要,它是情感智力的一个组成部分,也是社会适应能力的一个表现。较高的共情能力往往具有较强的社会适应能力,它与发展友谊关系密切。而且共情能力高的儿童会使他们更少受到外来的各种侵犯性的伤害。

四、 羞愧感

羞愧感与儿童个性发展的道德圈有密切联系,它是人的良心受到谴责时产生的心理状态。

库尔奇茨卡娅用实验法研究了幼儿的羞愧感[①]。她设计了可以引起儿童羞愧感的实验情境,以了解产生羞愧感的条件(儿童对自己的哪些行为感到羞愧,在哪些人面前感到羞愧)。实验有四种情境:①实验者把儿童领进房间,让他玩一些玩具,并且告诉他其中有个玩具是别人的,不能动。当儿童按捺不住,打开了包着玩具的纸或装着这个玩具的盒子时,实验者就把他带出房间,同时观察他的情绪反应。②组织儿童玩"请你猜"的游戏,用小手绢蒙住儿童的眼睛,让他去找一样东西,找到就发给其奖品。若儿童为了找到东西而在手绢下偷看,就把这种行为告诉全体小朋友。③让儿童说出一首能从头到尾背出来的歌谣的名字,然后让他当着大家的面念这首歌谣。当他有什么地方忘记或背错时就质问他:"你不是说能全背出来吗?"观察儿童的情绪反应。④给儿童布置任务——回家后用纸做餐巾,作为送给其他小朋友的礼物。为了激发他们的责任感,强调餐巾是急需的,不管是谁都要做好。第二天当众检查任务完成的情况,并注意观察未完成任务的儿童的情绪反应。

为了探索儿童在哪些人面前感到羞愧,以及到哪个年龄会受舆论影响,她还设计了"去学校"的游戏情境,要求儿童正确地、富有表情地朗诵一首歌谣。参加者分别为本班教师、本班部分儿童、全班儿童、陌生教师、大班儿童。

实验结果表明:①儿童只有形成了个人自尊感,理解了自己的各种品质,首先是哪些优良品质,才能认识到自己的过失和错误,才能从道德的角度对自己做出评价,才懂得哪些行为引起了成人不好的评价,并为之感到羞愧。②3岁儿童已出现萌芽状态的羞愧感,这种羞愧感还没有从惧怕中"摆脱"出来,往往与难为情、胆怯交织在一起。它们并不是由于认识到自己的过失而产生的,而是由于成人的直接刺激——带有责备和生气的口吻才产生的。这个年龄的儿童的羞愧感全部显露在外部。③学前期儿童已不需要成人的刺激,能自己认识到行为不对而感到羞愧。惧怕感已与羞愧感分开。④小班和中班儿童只在成人面前才感到羞愧,大班儿童在同伴面前,特别是在本班同伴面前也会感到羞愧,表明集体舆论已越来越重要。⑤随着年龄的增长,儿童羞愧感的范围在不断扩大,而且越来越"社会化",但羞愧感外部表现的范围在缩小,对羞愧感的体验在加深。儿童还会记住产生这种情绪的条件,以后遇到类似的情境便会努力克制可能使他再做错事的行为和动机,将成人对他们的要求逐渐变为自己的要求。

弗洛伊德研究良心和焦虑,库尔奇茨卡娅研究羞愧感,虽然这些概念的内涵并不完全一致,对它们的产生和解释也不相同,但是从他们的研究中都可以看到,道德情感的发展是一个从外部控制向内部控制转移的、不断内化的过程,有了这种良心或羞愧感,就有可能使儿

---

① 库尔奇茨卡娅. 对学龄前儿童羞愧感的实验研究[M]//丘德诺夫斯基,等. 苏联德育心理研究. 太原:山西省教育科学研究所,1982.

童自觉地克制不良行为。但要注意,极度强烈的羞愧感也可能会束缚儿童的发展,甚至产生心理问题。

现在许多儿童发展心理学家都认为共情、同情、敬佩、自尊之类的积极情感和生气、愤怒、害羞、罪恶感之类的消极情感都有助于道德发展。这些情感在儿童早期发展中就已出现,它们提供了儿童道德发展的自然基础。但道德情感的发展离不开对道德实质——规则、规范、社会价值、社会行为标准等的理解和认识,道德的三维(认知、情绪、行为)常是纠缠在一起的。

专栏 11-1

一、 道德水平高的儿童的父母特点

家庭是儿童社会化的重要场地,也是促进儿童道德发展的重要场所。一些研究者综合了许多的研究,认为道德水平高的儿童,他们的父母一般都具有下列特点(Eisenberg & Valiente, 2002):

- 温暖、支持的而不是惩罚性的。
- 使用引导训练技术(策略)。
- 提供机会,让儿童学习认识他人的观点和情感。
- 让儿童参与家庭决策制定及思考道德决定的过程。
- 道德行为模式化及反省自身,也提供机会让儿童那样做。
- 提供关于什么行为是可以被预期的,以及为什么的信息。
- 培养内化而不是外化的道德感。

二、 养育训练策略

- 爱的回收(父母停止对儿童的关注或爱,如不理睬儿童);
- 权力施加(威胁或取消儿童的某种特权,如不准看电视);
- 引导(父母以理服人,解释儿童行为可能对其他人造成的结果);
- 前摄策略(在儿童过去行为发生之前提前对儿童的潜在行为加以转移。如把年龄小的儿童的注意力转移到其他活动中去。对年龄较大的儿童,父母跟他们讨论一些重要的价值观念,帮助他们抵制一些无可避免的诱惑(Thompson, Meyer & McGinley, 2006));
- 会谈性对话(父母与儿童的有关道德发展的会话。可以有计划地举行,也可以是自发地进行。可以关注过去的事件——过失行为或正面的道德行为举止,也可以是即时事件或将来的事件。不一定要刻意教一个道德教训,这种会话都有助于道德发展(Thompson, McGinley & Meyer, 2006))。

在这几种养育训练的方法中,前两种虽然能唤醒儿童但一定能让儿童听取父母的解释,反而容易引起儿童焦虑,甚至产生敌意或模仿父母的做法(打屁股、吼叫等)。

来源：约翰·桑特洛克.儿童发展[M].桑标,王荣,邓欣媚,译.上海：上海人民出版社,2009.

第四节　儿童的自我控制

自我控制是指个体在无人监督的情况下,从事指向目标的单独活动或集体活动。自我控制既是个体社会化的重要内容,也是个体实现社会化的重要工具。儿童要避免社会道德不允许的行为,要完成社会赋予的任务,必须学会自我控制。

一、　自我控制的测量

测量儿童自我控制水平的方法有好几种,如儿童日常注意力测试、图形配对测验、迷津测验、棉花糖实验和延缓满足测验等。

延缓满足,即为了得到以后更有价值的东西,愿意延缓立即能得到的奖励。这个测验是心理学家常用的工具。例如,让儿童在两者之间作一种选择：一种是立即可以得到的、但不太具有吸引力的东西;另一种是须延缓一段时间才能得到的更具有吸引力的东西。测验者认为选择立即要得到东西的儿童为缺乏自我控制力的儿童。

研究表明,一般有自我控制力的儿童和能延缓满足的儿童相对地比较成熟,他们有责任感,有较高的成就动机,更能遵守规则,即使在无人监督的情况下也是如此。斯坦伯格(L. Steinberg)等研究者曾招募了 10—30 岁的被试,对所有人进行了延迟满足能力测试(例如,询问您愿意现在拿一元钱,还是 3 个月后拿 1000 元),结果发现,10—16 的青少年更倾向于获取当下更小的奖赏,16 岁以上的青少年与成年早期被试更倾向在未来获取更大的奖赏金额。

二、　自我控制的训练

自我控制的水平可以通过训练来提高。这里介绍提高自我控制水平的几种训练方法。

1. 有意转移注意力

延缓满足是测定儿童自我控制的一种手段。缺乏自控力的儿童不能等待一段时间以得到更想得到的东西。为了能延缓满足,让孩子学会不去想渴望得到的东西的特征,或把这些诱人的东西想象为不能食、不能用的东西,都是有效的方法。如把喷香的奶酪想象成棉花、云彩等。

2. 自我语言暗示

有这样一个例子,儿童从事一段枯燥乏味的抄写任务后可以得到一样可爱的玩具。工作时常会有"小丑"玩具来打扰他们。实验者事先告诉儿童不能看小丑先生。实验者教一组儿童在工作时不断提醒自己"我要工作,我不要看小丑先生"。另一组儿童未授予此法,结果前一组儿童完成工作的情况远比后一组儿童要好。这说明自言自语的自我暗示能提高自我控制水平。自言自语不仅可用于抵制外界的诱惑,还可以控制即将爆发的情绪,使头脑冷静下来。随着儿童语言能力的发展,这种自控方法的效力也会增强。

3. 自我监督

有的儿童上课喜欢做小动作,回家做作业时也经常干些与做作业无关的事(如喝水、玩手机、拿糖果吃等)。家长或教师可以教儿童自己监督自己的行为。若儿童出现了"离开任务"的行为,让他们立即将这一行为记录下来,并作为重新回到学习中去的提示。儿童可以根据自己的分心情况计算每次完成任务时分心的次数,并逐渐提高要求,直至最后做到集中注意,一次也不分心。

4. 积极鼓励

有研究者考察积极鼓励对自我控制的影响。研究中让儿童做一个玩糖果的游戏,游戏机每隔一分钟发一颗糖,累积的糖全归儿童所有,但是他不能立即去拿。如果拿一颗糖,机器就自动停止发糖。实验前实验人员与儿童聊天,对其中一半儿童加以肯定:"我听说你们这些孩子平时很有耐心,为了得到一样好东西愿意等待。"而对另一组儿童只是谈些无关的事情。结果发现,被表扬为有耐心等待的儿童比没有受到这种表扬的儿童延缓拿糖的时间长得多。这说明积极鼓励能提高儿童自我控制的水平。

5. 榜样

观察一个延缓满足的榜样也能改善儿童的自我控制水平。让儿童经常观察宁可立即得到小的奖励,也不愿等待大的奖励的儿童,这个儿童也会变得不愿等待;若榜样是个不为小刺激所动,通常选择延缓后得到更丰富奖励的儿童,观察的儿童也会学会耐心等待。

6. 对工作难度的准备性

先用测验来确定儿童愿意选择做难的工作的基准水平。儿童可以选择或者是干一件较难的事情,一分钟得到 3 分钱;或者是干一件容易的事一分钟得到 2 分钱。选择可以重复几次。接下来把儿童随机分成三组。一组儿童训练做较难的工作,另一组儿童做较容易的工作,但奖励是一样的,第三组儿童未作接受努力的训练。训练一段时间后,重测其基准水平。结果发现,经过努力训练做较难的工作一组的儿童选择较难工作的比例高于低努力组的儿童,说明高努力奖励的训练有利于提高儿童选择高目标和高成就。

此外，也有一些研究表明，儿童对班级环境的感受也会影响其自我控制，这既说明集体环境对儿童自我控制培养具有重要作用，也反映了个体认知环境对自我控制的重要性。

三、 自我控制度

自我控制有一个适宜的度。儿童自我控制过低，常常表现为很容易分心，情绪表现有很多的自发性，无法延缓满足，易冲动，在人际交往中喜欢攻击人。

自我控制并不是越强越好。过度自我控制的儿童表现为有很强的抑制性和一致性（与成人的要求保持同一），没有主见，不分心。过度延缓满足的儿童，对新环境缺乏探究兴趣，情绪表达很少，兴趣狭隘、刻板，不愿直接表达应该表达的需要。这类儿童平时很少在班级、家里惹麻烦，很容易被成人忽视。这样的儿童容易焦虑、抑郁、不合群。

自我控制最适宜的儿童可称为弹性儿童（Masten & Barnes，2018）。他们的特点是"管得住，放得开"，能随环境的变化改变自己的控制程度，在需要控制自己的时候能牢牢地管住自己，在不需要控制时，则能放松自己。这就是平时我们所谓的会学习也会玩的儿童。他们有很强的灵活性。弹性儿童的另一种含义是他们有一种身处逆境时的抗挫力或顺应力，他们的心理恢复能力比一般儿童强。

表 11-3   弹性儿童的个体特征及环境特点

资源	特　　点
个体	良好的智力功能，平和友善的性情，自信、高自尊，有才能，有信仰
家庭	与照料自己的父母保持亲密的关系；权威型教养方式：温暖、结构化、高期望；社会经济意识；与扩展型家庭网络支持保持联系
家庭外环境	与家庭外的某个成人形成情感联结，参与积极的机构组织，接受有效的学校教育

由表 11-3 可见，弹性儿童除了儿童自身个性特征外，还有外在的一些有利条件可对环境中的不利因素起到缓冲作用，从而帮助儿童具备心理恢复的能力，即心理弹性。

本章小结

● 皮亚杰的道德认知发展理论

皮亚杰认为道德包括对社会规则的理解和认识以及人类关系平等互惠的关心两个方面；采用对偶故事法研究儿童的道德认知发展，认为儿童道德由他律道德逐步向自律道德发展;道德认知发展经历前道德判断阶段(1.5—7 岁)、他律道德阶段或道德实在论阶段(5—10岁)和自律道德或道德主观主义阶段(9—11 岁以后)。

跨文化研究证实皮亚杰关于儿童的道德认知具有普适性,同时也有些研究者认为儿童对行为意图的理解比皮亚杰所发现的更早、更为复杂。

- 柯尔伯格的道德认知发展理论

认同皮亚杰的观点,认为道德发展有固定不变的发展顺序,肯定道德判断要以一般的认知发展为基础,强调社会相互作用在道德发展中的作用;柯尔伯格采用道德两难故事,考察儿童在两难故事中的道德推理。

认为儿童道德认知发展经历三个水平,前习俗道德,儿童基本按行为结果判断是非;习俗道德,重点在社会需要方面,价值观放在个人兴趣之上;后习俗道德,道德判断是根据普遍适用的原则进行,不拘泥于某一特定的社会团体。

- 班杜拉的社会学习理论

班杜拉强调观察学习或模仿对道德发展的三种效应:榜样效应,在学习新行为时表现明显;抑制和去抑制效应,通过对榜样奖惩,去除(或带来)一些以前系列压制的行为或抑制当前的异常行为;诱发效应,榜样行为引发观察者的相应行为。

- 儿童的攻击性行为

弗洛伊德的精神分析理论认为攻击行为是一种本能,是人类固有的一部分;班杜拉的社会学习理论认为儿童通过外部强化、替代强化和观察与模仿获得攻击性的行为;道奇(Dodge)的社会信息加工理论认为儿童受到挫折或挑衅后的反应不仅依赖于情境中的社会线索,还依赖于个体对这种信息的加工或解释。

攻击行为与大脑功能有关,额叶/扣带回皮层上与边缘系统/中脑系统的互相协调机制对于儿童攻击性行为的重要作用;有许多方法可用于帮助儿童控制和减少攻击性行为。

- 儿童道德情感

道德感是关于人的言论、行动、思想或意图是否符合人的道德需要而产生的情感,从形式上大致有三种:直觉的情感体验、与具体的道德形象相联系的情感体验、意识到道德理论的情感体验。

思考与练习

1. 自己设计一个对偶故事或两难故事用以研究儿童的道德判断。
2. 收集有关儿童或大学生自我控制的有效方法。
3. 收集国内外有关克服攻击性行为和培养亲社会行为的资料。
4. 分析儿童亲社会行为和攻击性行为产生的原因。
5. 家庭、学校、社区、社会(包括各种媒体)如何共同行动起来促进儿童的道德发展?

四　延伸阅读

1. 邓赐平.皮亚杰文集(第三卷)：心理发生及儿童思维与智慧的发展[M].郑州：河南大学出版社,2021.

2. 柯尔伯格.道德发展心理学[M].郭本禹,等,译.上海：华东师范大学出版社,2004.

3. 梅拉妮·基伦,朱迪思·斯梅塔娜.道德发展手册[M].杨韶刚,刘春琼,等,译.北京：教育科学出版社,2011.

4. 约翰·桑特洛克.儿童发展[M].桑标,王荣,邓欣媚,译.上海：上海人民出版社,2009.

5. Killen, M. & Smetana, J. G. (Eds.). (2013). *Handbook of moral development* (*2nd ed*.). NY: Psychology Press.

第十二章　儿童发展年龄特征与发展异常

📝 **本章导语** ▮▮▮

也许你正计划从事教学、咨询、医学、法律、康复或心理学等职业,所有这些职业在一定程度上均依赖于对儿童典型发展模式及特殊需求的了解,以塑造专业素养和实践能力。贯彻落实党的二十大精神,促进困境儿童健康成长,无论是作为专业人员,还是作为社区成员和父母,我们许多人当前和未来所承担的角色与儿童青少年心理健康问题日益关联,且对有关专业素养的训练需求也正日益增长。

经过几个世纪的沉默、误解甚或是滥用,如今儿童的发展需要和心理健康问题得到了更多的关注,这与社会最近对儿童福祉的关注相一致。幸运的是,今天有更多人已经开始意识到孩子们的心理健康问题在很多方面不同于成年人,他们想要了解并致力于解决儿童和青少年的需要问题,这其中可能涉及几个基本问题,这些问题引导着我们对儿童心理问题或障碍的理解。这些问题有如:一位孩子的行为是不是看起来不正常,或者在某些情况下她的某些行为是正常的? 你觉得这个孩子的问题是什么? 是情绪问题吗? 是学习问题吗? 是发展迟缓吗? 是她周围的环境导致了这个问题,还是她对我们不知道什么内在暗示做出的反应? 如果这孩子是个男孩,人们会对他的行为有不同的看法吗? 他会继续表现出这些行为吗? 如果会,我们能做些什么来帮助他呢?

📍 **学习目标** ▮▮▮

1. 了解心理发展年龄特征,理解发展的个别差异与年龄特征的关系。
2. 了解何谓心理发展异常,区分心理发展风险与心理发展障碍。
3. 了解如何评估儿童心理发展的异常及初步筛查与诊断。

第一节　儿童心理发展的年龄特征

日常生活中,父母或其他相关人员可能会就一些特定孩子是否存在发展问题寻求帮助或建议。一般而言,他们希望了解儿童的发展过程或结果的性质及其对策,这在某种程度上反映了儿童发展异常研究试图解决的核心问题,例如,界定不同年龄、性别、种族和文化背景下儿童的正常和异常行为的构成,确定儿童行为异常的原因或相关影响因素,现有表现对未来长期发展结果有何预测,如何围绕问题或潜在问题制定和评价预防或干预方法。当然,应该清楚的是,发展异常是相对于正常或典型发展而言的,意指某一个体的发展在某种程度上偏离正常或典型的发展趋势,因此典型发展是异常发展评估的基础参照。所以,在第一节我们首先概述儿童心理发展的年龄特征。

儿童心理发展过程既有连续性又有间断性,整个过程表现出若干阶段。这些阶段如何区分、阶段之间何时跃迁、每个阶段有何质的特征,这些问题均与儿童的年龄相联系,所以发展心理学通常将这些阶段和各阶段的特征称为儿童心理发展的"年龄阶段"和"年龄特征"。

根据研究发现及相应的教育经验,我国学者常常把儿童的心理发展划分为六个既相互联系又相互独立的阶段,即乳儿期(0—1岁)、婴儿期(1—3岁)、幼儿期(3—6、7岁)、学龄早期或童年期(6、7—11、12岁)、学龄中期或少年期(11、12—14、15岁)、学龄晚期或青年早期(14、15—17、18岁)。

一、乳儿期儿童心理发展特征

1. 身体及动作发展

出生第一年是身体发育第一高峰期,乳儿的身高和体重成倍增长;大脑的重量、脑细胞数和体积迅速增长,神经纤维增长加粗,并发生髓鞘化,皮质沟回加深增多。动作发展迅速,遵循头尾律、近远律和大小律三条原则,发展顺序依次为微微抬头(1个月)—抬头(2、3个月)—翻身(3、4个月)—抬胸(5个月)—独坐(6个月)—手脚划动向后退(7个月)—爬行(8个月)—扶着站立到扶着走(9、10个月)—独立行走(1岁)。

2. 感知觉与认知发展

第一年是言语准备期,大致经过几个阶段:反射性发声(0—2、3个月)、咿呀学语(3—8、9个月)、开始理解言语(8、9个月开始)、说话萌芽(9个月起)、开始说话(1周岁左右)。大多数乳儿一周岁左右说出第一个与特定对象相联系的词,并逐渐开始利用语词与周围的人交流。

感知觉能力。视觉方面:1个月,视敏度20/200(即成人正常视力在距离视力表200英尺(约61米)处可以看到的东西,婴儿需要在20英尺(约6米)处才能看到),能扫描客体、跟踪移动物体,表现出大小、形状恒常性;2—3个月,能感知整个光谱,对双眼深度线索有反应;4—5个月,对颜色组织分类,利用深度线索形成三维感知;6—8个月,视敏度20/100,能眼动追视物体;9—12个月,将图形感知为有意义的整体。听觉方面:新生儿听觉弱,但能听见声音,区分不同音高、音响和持续时间,对说话声十分敏感;2个月能辨别不同人的话声,对声音进行比较精确的定位。

认知发展方面。新生儿有不随意注意,极不稳定,能将注意集中于新异环境刺激;3—4个月,出现客体永久性概念,对客体刚性、重力作用和客体碰撞的因果性认识开始萌芽,出现基于知觉相似性的刺激分类;4—8个月,根据形状、结构和颜色来识别物体,开始根据功能和行为对物体进行分类;8—12个月,出现明显回忆,能理解复杂的客体碰撞条件,对社会刺激进行分类。

3. 情绪发展

新生儿只有愉快和不愉快两类基本情绪,其产生与生理需要的满足与否相联结;2—6个月,开始出现生气、悲伤、吃惊、害怕等情绪;5—6个月,出现陌生人焦虑;6—7个月,开始对母亲产生依恋,怯生;8—10个月,对母亲离开表现出分离焦虑,开始留心他人表达的情感信息,会参照母亲的情绪反应来决定是否接近某个新玩具。

4. 社会性发展

新生儿对人对物的反应没有显著区别;2个月时会寻找人声,对人的面孔表现出微笑;2—3个月对人发生兴趣;4—5个月总期待有人来抱自己;6个月后对熟悉/陌生的人的反应有明显区别;8—9个月,开始模仿成人的一些简单手势和发声,根据一些语言指令做出动作反应,如"拍手""再见"等;1周岁时可因别人提醒而抑制自己的行动。

同伴交往方面,4—5个月,开始接纳其他儿童,会以踢脚、微笑或吹泡沫等行为来吸引其他儿童;5—7个月开始对其他孩子的啼哭感兴趣;10个月左右,会抓其他孩子的衣服、头发、玩具,学习其他孩子的行为和声音,还会因争夺玩具而打架。

5. 个性发展

个体从一出生就在生理和心理上显示出气质个别差异。托马斯和切斯根据儿童最初几个月的表现,将儿童气质按活动水平、节奏性、易接近性或退缩性、适应性、反应的阈值、反应的维度、情绪特征、注意的分散、注意广度和持久性等九个维度进行分类,把儿童划分为容易型、迟缓型、困难型和混合型。这些类型是儿童先天气质类型的表现,也是儿童个性发展的起点。

二、 婴儿期儿童心理发展特征

1. 身体及动作发展

身体持续快速发展,平均每年身高增长8—10厘米,体重增加3000—5000克。3岁时脑重已增至900—1000克;脑皮质增厚,皮质神经细胞增加,皮质细胞分化基本完成;神经纤维髓鞘化过程在进行中,皮质抑制机能有所发展,但兴奋过程依然强于抑制过程,儿童易激动、疲劳,注意力不能持久。

动作进一步发展,行走更加平稳自如,手的动作更加灵活准确。1岁半左右已能独自行走,以后逐步学会跑、跳、攀楼梯、越过小障碍物等全身性动作;同时,儿童逐步学会玩弄和运用各种物体,如用杯子喝水、用汤匙吃饭、用铅笔画圈、用手帕擦鼻涕、洗手等。

2. 认知发展

（1）言语发展

出生至 2 岁是口头言语学习关键期。1—1 岁半，婴儿主动发出的言语不多，多用单词句，但理解成人言语的能力迅速发展；1 岁半—3 岁是言语发展加速期，儿童积极言语，3 岁时词汇量已达 1000 左右；句子结构从单词句发展到双词句、多词句，句子结构日益复杂、完善；3—4 岁已基本掌握本民族语言，不过话语经常出现语病，如句子结构不完整、表达情境指代不明等。言语发展促进自我意识的发展，1 岁时知道自己的名字，能用语词标示自己的身体部位；2.5—3 岁时能用人称代词"我"来表达自己的生理状态和愿望。2 岁左右，开始能按别人的言语指示调节自己的行为；三四岁左右，能自己大声说话，知道自己调节行为。

（2）认知能力的发展

注意集中和持久程度逐渐增长，不过注意和记忆基本上是不随意的，注意和记忆多依赖于客体新异性、生动性、活动性和形象性，注意往往随外界刺激的表面特征而转移。随着活动能力的提高、生活范围的扩展，儿童的注意对象、记忆内容随之扩展，注意集中时间和记忆保持时间也有所增长。

3 岁时，开始能知觉早上、晚上，并能正确使用与生活密切相连的时间概念。3 岁末，开始能辨别远近、上下等空间方位，但对前后、左右的辨别还比较困难。总的说来，空间和时间知觉能力还比较差。

思维带有很大的直觉行动性，这时已能利用词语对事物作简单分类和概括，如按照大小、颜色和形状将物体分类，但还不能根据物体的本质特征进行概括分类。1—2 岁的儿童已具有初始想象力，3 岁儿童能进行简单的想象性游戏。

3. 情绪与社会性发展

儿童的情绪进一步分化，社会性情感增多，有了羞耻感、同情感、妒忌，责任感开始萌芽。这时的情绪表达具有易变性、冲动性和易被感染等特点。

社会性方面。1 岁以后，儿童逐渐学会独立行走，有了言语交往能力，与父母的接触频数相对下降，与同伴的接触频数逐渐上升，同伴关系可使儿童获得更多社会交往的技能。游戏是这时儿童同伴交往的中介，不过这时的游戏多是单独游戏或平行游戏。

4. 个性发展

随着独立活动能力的增强，儿童自主性有所发展；与此同时，儿童与成人的不合作行为增多，如拒绝接受成人的要求，样样事情争着要自己来等。这种"违拗"是二三岁之际发生的自我发展正常表现，在三四岁时达到高峰，心理学上称该时期为"第一反抗期"。

1 岁左右，儿童还没有明确的行为标准，多凭个人需要和感情冲动而行动，行为中有时现实与想象不分。二三岁时，儿童对行为的是非有了一些领悟，不过其更多是基于成人对行为所持的表情、姿态、语调等而加以调节的。

1—1.5 岁之间,儿童开始出现较明显的自我控制行为,典型表现是对母亲指示的服从和延缓满足。1—3 岁是儿童自我控制发展的重要时期,其间自我控制的稳定性还比较差。

三、 幼儿期儿童心理发展特征

1. 身体与动作发展

幼儿期儿童身体仍在迅速发展,除了身高体重的增加外,各种组织和器官在解剖结构上逐渐完善,机能逐渐提高。5—7 岁,幼儿小肌肉发展迅速,已能开始从事绘画、写字、塑造等活动。大脑继续发育,6 岁时大脑重量已相当于成人的 90%,神经髓鞘化基本完成;大脑技能也得到发展,兴奋过程和抑制过程都有所增强,不过幼儿的兴奋过程和抑制过程还不够平衡,兴奋过程超过抑制过程。

2. 认知发展

（1） 言语发展

幼儿期是一生当中词汇增长最快的时期,3—7 岁期间,儿童的词汇量大约增长了 3—4 倍,6 岁时已掌握 2500—4000 个词汇;掌握各类词,词义逐渐明确并有一定的概括性;基本掌握各种语法结构。言语表达逐渐由连贯性言语取代情景性言语,从对话言语发展为独白言语。言语发展的另一突出变化是出现了自我中心言语,即伴随着动作和游戏而进行的自言自语,它同时具有外部言语的特点和内部言语的特点,是由外部言语向内部言语转化的过渡言语,它既可帮助儿童出声思考,又能暂时满足儿童在现实中无法实现的一些愿望。

（2） 思维和想象

幼儿期思维离不开实物和实物表象的支持,思维具有直觉形象性;他们对事物的概括也常常是具体、形象的概括,而非本质概括。幼儿已能对日常熟悉事物进行正确判断和推理,但限于经验贫乏,有不少推理不合逻辑,经常用自己的生活逻辑和主观愿望代替事物的客观逻辑。

幼儿已具有丰富的想象力,集中体现在幼儿游戏中。游戏按照智力发展水平,可区分为由感官接受新奇的、愉快的刺激所引起的游戏,简单的动作模仿,象征性游戏和创造性游戏,幼儿的游戏主要是象征性游戏和主题游戏。五六岁时,象征性游戏已发展到顶峰。幼儿丰富的想象力还表现在泥工、绘画、讲故事等活动中,随着年龄的增长,幼儿从事这些活动的目的性、创造性和独立性也日益增强。

（3） 注意发展

幼儿期注意能力有较好的发展,注意持续时间有很大进步,表现在往往能将注意集中于甚为复杂的游戏或玩具;随着其持续注意时间的增加,他们也开始能将注意集中于与任务目标有关的环境信息，同时忽视其他信息，表现出比较明确的注意选择性；而且他们在抑制冲动、保持积极情绪且抵制诱惑方面也有了长足进步。不过该阶段的儿童尚不能根据环境要求选择使用相应的注意策略。

（4）记忆的发展

幼儿期不随意记忆占据主导，有意记忆开始发展。幼儿记忆易受成人暗示，也容易发生现实与臆想混淆的现象。四五岁的幼儿还不能利用语词作为记忆的中介物（即"中介缺失"）；六七岁的儿童虽不会主动利用语词作为记忆的中介物，但只要有人提醒他们利用语词作为中介物帮助记忆时，他们的记忆效果就会迅速提高（即"说出缺失"）。由于幼儿对语词的理解水平有限，又缺乏足够的词汇量，因而幼儿往往喜欢采用逐字逐句重复的机械识记；不过在教育的影响下，幼儿后期有意识记和有意回忆的能力开始快速发展。

3. 情绪发展

幼儿情绪体验已相当丰富，只是在情绪诱因、情绪表达上还与成人有许多区别。这时的情绪表现完全是外显、缺少控制的，情绪常常比较强烈，如极度恐惧、莫名其妙发脾气。幼儿的害怕也随年龄的变化而变化，对声音、陌生人等具体事物的害怕逐渐减弱，对黑暗、鬼怪、恶梦等想象事物的害怕加剧；对讥笑、斥责、伤害等威胁的焦虑增加。

随着同伴集体生活的开始，幼儿进一步发展萌芽于婴儿期末的道德感，逐渐学会把自己或别人的行为与行为规则相比较，并产生积极或消极的道德体验。理智感也得到发展，最突出的表现是他们好奇、好问，因此幼儿期有"疑问期"之称。幼儿还特别喜欢收集"破烂"，拆装玩具，这些举动都是幼儿具有强烈探究性的表现。

4. 社会性发展

幼儿期的同伴活动时间不断增加，大多幼儿喜欢与同伴一起玩，且玩伴数量逐渐增加。该时期，幼儿游戏从平行性游戏转向联合性游戏和合作游戏，玩伴关系由比较疏松发展到比较协调、有规则的约束。不过玩伴还很不稳定，经常在变化。争吵是游戏中常有的现象，不过游戏争吵时间不长，也不会因此耿耿于怀。另外，这个年龄的幼儿很喜欢温顺、身体软绵绵，可供抚摸、玩耍的小动物。

3 岁幼儿已知道自己的性别，但对一个人的性别会不会变化并不是很肯定；到 7 岁时，儿童已知道一个人的性别不会因年龄、服饰等的改变而变化。因教育的影响，幼儿已能意识到男女性别行为的差异。

5. 个性发展

在与成人和同伴的交往中，幼儿的自我意识有所发展，已对自我形成某种看法，不过这些自我认识基本上是家长、老师、同伴平时对儿童评价的翻版。幼儿期末，儿童已养成一套行为习惯，这些习惯在很大程度上是成人强化的结果。幼儿期儿童的个性特征已初步形成。该阶段形成的个性心理特征和个性倾向性，常常是一个人个性的核心成分或中坚结构，因此应重视幼儿期的个性发展与教育。

大约从 3 岁开始，儿童逐渐获得自我连续性，开始把自己的行为与父母的要求联系起来，并可能根据自己的动机进行自我调节。不过冲动仍是幼儿期的主要特征。语言和记忆能力的发展促进了幼儿自我控制能力的发展，他们往往会以自言自语的方式控制自己的行为，通过出声言语指导自己延缓满足、降低挫折感或告诫自己。

四、 学龄早期儿童心理发展特征

在学龄早期，儿童的生活环境发生巨大变化，开始进入学校接受系统正规的学校教育，角色亦随之发生转变，从一个备受家长保护的幼儿成为必须独立完成学习任务、承担一定社会义务的小学生。社会地位、所需承受的环境压力以及生活环境的变化，均将促使儿童的心理产生质的飞跃。

1. 身体发展

身体发展进入一个相对平稳的阶段。身体发育比较平缓，身高平均每年增加 5 厘米左右，体重平均每年增加 2.5 千克。躯体逐渐增长，整个身体的肌肉组织虽然也有些发展，不过肌肉仍然很柔软，内含蛋白质相对较少，水分较多，缺乏耐力，易疲劳。心脏和血管容积比成人小，但新陈代谢快，心脏成长速度落后于血管，所以心率比成人高，约为 80—90 次/分。6—7 岁肺泡开始发育，至 12 岁时，肺泡显著增大增多，肺活量迅速增长。

脑重量增长显著，9 岁儿童的脑重约为 1350 克，12 岁时脑重约为 1400 克，已十分接近成人；脑神经细胞体积增加，突起分支增多，神经纤维增长；额叶不断增长，抑制功能得到发展。9 岁时枕叶已基本成熟，11 岁时颞叶基本成熟，13 岁时包括枕叶、颞叶和顶叶等皮质已基本成熟。大脑兴奋过程和抑制过程逐渐趋于平衡，内抑制自 5 岁起开始迅速发展，内抑制的发展加强了皮层对皮层下的控制，同时也加强了儿童心理的稳定性。

2. 认知发展

（1） 书面语言和内部言语的发展

一般而言，儿童从 4 岁开始接触书面语言。书面语言比口头言语复杂，一般要经过识字、阅读与写作三个阶段。小学期儿童的阅读能力得到很好的发展，在掌握一定词汇的基础上，学生逐渐学会运用分析综合能力来理解课文，并在理解的基础上加快阅读速度。写作上，小学儿童则经过了口述准备阶段、过渡阶段（如看图说话、模仿范文等）、独立写作阶段。大部分小学生都能开始写作，但还不会修改自己的文章。

内部言语是外部言语经由自言自语的过渡阶段发展而来的，低年级小学生内部言语很不发达，尚未养成不出声思考的习惯；他们只会大声朗读课文，而不会默读课文。表明低年级小学儿童的外部言语向内部言语的转化还在进行当中。

（2）感知和记忆发展

儿童已能辨别红、黄、蓝、黑、白、绿、紫、橙、黄、粉红等许多颜色；经过专门训练，他们对颜色的感受性可以有很大的提高，通过教学，他们对三维立体形状的知觉迅速发展。言语听觉敏度已接近成人。

记忆能力迅速发展，表现在三个方面：从机械识记占主导地位逐渐向理解记忆占主导地位发展；从无意识识记占主导地位向有意识识记占主导地位发展；从具体形象识记占主导地位向词的抽象记忆能力占主导地位逐渐发展。整个小学期，语词的抽象记忆仍以具体事物为基础。

在该阶段，思维的基本特征是以具体形象思维为主要形式过渡到以抽象思维为主要形式。但这种抽象逻辑思维仍以具体形象为支持，所以又被称为形象抽象思维。一般而言，小学4年级左右是这种形象思维向抽象思维过渡的重要时期；当然，这种转折期的早晚与教育水平和教育方法有关。小学生对概念的掌握大致经过三个阶段：低年级直观形象概括，中年级形象抽象概括，高年级本质抽象概括。小学中年级处于概念掌握的过渡阶段。

（3）注意的发展

在这一时期，儿童注意持续时间增加，对任务核心特征的注意显著提高，这为他们进行正常的学习任务提供了良好保证。注意能力逐渐提高的重要原因，很大程度上得益于他们的认知抑制能力和注意策略有效性的极大发展。注意选择性、适应性和计划性的发展对儿童完成学习任务具有十分重要的意义，但也有一些儿童可能在注意保持方面存在很大困难，从而严重影响其学习和社会行为，因此当学龄早期儿童出现诸如此类的情况，家长和教师应该给予足够的关注。

3. 情绪/情感发展

该阶段，儿童的情感快速发展，诱发动因上，与学习、同伴、教师有关的社会性情感逐渐占主要地位；表现方式上，仍比较外露、易激动，情感不够深沉，也不易保持；反映内容上，越来越丰富、深刻，出现与学习兴趣、学习成败相关的理智感，与集体活动相关的友谊感、荣誉感、责任感等，审美感也逐渐发展；儿童对情感的控制力逐渐变强，高年级小学生已逐渐意识到自己的情感表现以及表现后可能带来的结果，情感逐渐内化。

刚上小学时，环境发生急剧变化，儿童一时可能不太适应，容易产生情绪问题；一旦适应了学校生活，情绪就会变得愉快而平静。正常情况下，大多数儿童在这个时期的情绪生活最为平静，有"黄金年华"之称。该阶段的儿童也容易出现焦虑情绪，但最害怕的是学业失败、考试不及格、老师或家长指责、同学讥笑、没有朋友等，若这类情绪压力过重，有可能导致学生心理发展紊乱。

4. 社会性发展

学龄早期的儿童喜欢群体生活，常常几个人一起活动，故有"帮团时期"之称。团体形成可能经过五个时期：孤立期、水平分化期、垂直分化期、部分团体形成期、团体合并期。在团体的演进过程中，教师的指导起决定性作用。该阶段的儿童已对男女性别行为有了明确认识，男女同学的学习兴趣和游戏已明显分化。男同学喜欢几个人在一起从事冒险、猎奇、球类运动等室外活动；女同学则可能喜欢几个人在一起从事读书、下棋等趣味性的室内文静活动。

其间，一些儿童也可能出现行为问题。譬如在家里撒谎、抢占或破坏别人的东西，在学校的不良行为有吵架、破坏公物、逃学、上课破坏课堂秩序、做作业拖拉等。产生这些行为问题的原因有多方面，有的是因为对行为标准无知或误解，有的则可能是想试试成人的权威，同时也想证明一下自己的独立性。

5. 个性发展

这一时期的儿童个性特征越来越稳定，个性倾向也越来越鲜明。学业成败、社交能力、教师与同伴的态度等，均对小学儿童的个性发展有极其重要的影响。另外，外貌、身体健康状况、身体是否有缺陷等也对儿童的个性形成有一定影响。

儿童对自我已有一定的评价能力，但还缺乏独立评价自己的能力，也可能还没有产生评价自己的需要，所以这些评价大多源自教师、同伴和家长，似乎是外加的。他们已能对其他儿童的行为做出评价，不过这种评价往往基于具体行为，要到高年级时，儿童才逐渐能从个性品质上来分析评定他人的行为。

这一时期儿童的道德品质发展有一定的年龄特点。对道德概念的认识逐渐从比较直观、具体、肤浅，过渡到比较抽象、本质的认识；道德行为的评价逐渐从只注意行为后果，过渡到综合考虑动机和后果；道德行为的发展，认识与行为脱节的现象十分普遍。在道德概念的形成过程中，常常会发生许多错误或模糊的观念，譬如把"冒险"当成"勇敢"，把不守纪律当成"英雄行为"，这些需要教师特别及时发现，并采取符合儿童发展水平的方法予以纠正。

这一时期的儿童兴趣广泛，喜欢竞赛性游戏，还喜欢模仿，因此可能出现结伴出走去探险，或求神学道的现象。自控能力有比较显著的变化：随注意广度、社会技能及自主性的发展，他们逐渐变得比较善于延缓满足，具有较高的抗挫折能力，并且热衷于学习控制自己行为的方法。另外，他们对因果关系认识水平的提高，也有助于他们的自控能力的发展。

五、 学龄中期儿童心理发展特征

学龄中期或少年期是从童年向青年过渡的时期，是独立性和依存性并存的时期。生理上的急剧变化和学习活动使儿童的心理又出现了一次飞跃。

1. 身体发育

少年期是身体发育的第二加速期，身高或体重陡然增加。该时期，身体各系统和器官的生长发育很不平衡，譬如因心脏发育跟不上其他系统或器官的发育，青少年很容易发生心脏机能障碍，引起头昏、心跳过速、易疲劳等状态；神经系统对运动的调节机能发展往往也落后于身体增长，所以导致青少年出现运动不协调、动作不自在，所以这一时期又有"笨拙期"之称。

脑发育主要表现在神经纤维增长和脑功能复杂化。性激素分泌影响脑垂体功能，使兴奋与抑制过程变得不平衡，兴奋过程相对强于抑制过程，兴奋与抑制的转化也较快。对致病因子高度敏感、智力活动高度紧张、身体过度疲劳、情绪过分强烈都可能引起内分泌异常（如甲状腺功能亢进）和神经功能紊乱（易兴奋、易失眠、易疲劳等）。

第二个发育特征是第二性征出现和性成熟开始。第二性征的出现时间、速度、特征存在很大个别差异，我国男女儿童性萌发至成熟的平均年龄大约在 11、12—16、17 岁之间。

2. 认知发展

认知活动随意性显著增长，可长时间集中精力于学习，能随意调节自己的行动。抽象逻辑思维逐渐处于主导地位，且开始出现反省思维。逐渐获得运用假设去解决智力任务的技能，这种在少年期开始萌芽的理论反思能力成为以后青年期所特有的思维特征。

思维发展的另一个特征是独立性和批判性已有所发展，儿童开始喜欢用自己学到的知识去评论他们所熟悉的对象，包括父母、教师、同伴、影视或小说人物，也开始评论社会现实。不过由于相对缺乏实际经验，其思维独立性和批判性常带有片面性和主观性。

注意发展主要表现在计划性和自我调节能力方面，有意注意渐占优势，注意持续过程日趋稳定，注意分配趋于协调，注意转移更为灵活。不过在学习过程中，仍有不少青少年因睡眠不足、疲劳等内在因素，以及课堂趣味性不足或环境干扰等外在因素，难以集中注意。

少年期儿童的记忆进一步沿智力化方向发展，越来越多的儿童能运用意义识记的方法来记忆材料；不过也有部分少年由于无法适应学习难度的迅速加大和学习方式的改变，而沿用旧有的机械识记习惯，导致学习困难。

3. 情绪发展

情绪带有冲动、易激动、不善自制和行为不易预测等特点，这与儿童神经系统兴奋过程较强、抑制过程较弱有关。他们不稳定的情绪有时会不加掩饰地暴露无遗，有时也会掩藏起来。

少年期的儿童对待父母、老师的情感往往是矛盾的，他们有时很依恋父母，有时又怨恨父母；昔日在他们看来，父母和老师完美无缺，现在可能觉得他们存在不少缺点和问题。尤其在父母和老师继续将他们当小孩对待时，他们会产生反感，甚至有时也把成人正确的规劝也当成"监护"而加以反对。一般而言，他们更尊敬那些尊重少年独立性、教学严谨、态度民主公正的教师。

4. 社会性发展

在少年期，同伴对儿童发展的影响开始超过成人的影响。发展中少年同伴之间的联结进一步加强,同伴往往成为少年学习模仿的榜样。少年的友谊比较稳定,选择朋友往往以共同的兴趣、爱好、相似的或互补的个性特征为基础。不过由于缺乏辩证的观点,少年往往会把同伴的友谊看成高于一切,把小集团中一些人的行为准则作为自己的准则,常为了所谓的"义气"而庇护同伴或为同伴打抱不平。

少年时期,男女同学之间界限分明。起初是男女同学互相看不惯的否定、疏远的阶段;之后彼此都意识到自己已长大,不再是孩子,互相之间开始显得拘谨、腼腆,害怕接触;再后来,彼此之间出现了一种表面回避而内心憧憬的背反现象。

5. 个性发展

少年期又称"心理断乳期"或第二反抗期,儿童的自我意识发生质的飞跃,产生"独立感"和"成人感",力求摆脱对成人的依赖,反抗成人的干涉。他们开始将视线转向内心世界,关心自己和别人的内心世界,开始对人评头论足,从行为动机、道德面貌和个性品质方面来评论自己和别人,有时还会为寻求自我同一性而苦恼、彷徨。

他们十分敏感于别人对自己的评价,且对自己评价的发展一般落后于对别人的评价,对自己的评价往往偏高,对别人的缺点则喜欢吹毛求疵;相信"个人寓言",总以为自己与众不同,幻想能在自己身上产生什么奇迹。少年期的道德行为更自觉,但自我控制能力还较差,会出现一些前后自相矛盾的行为。

少年期的儿童往往有强烈的兴趣和求知欲,在参加感兴趣的活动时甚至可能达到废寝忘食的地步;他们广泛的兴趣既反映在学科内,也反映在课外活动上,有时会因为兴趣过于广泛又缺乏自制力而影响学习;他们的兴趣也很容易变迁。

六、 学龄晚期儿童心理发展特征

1. 身体发展

学龄晚期的儿童身体已臻成熟,因性激素对脑垂体的抑制作用,他们的身体发展速度减缓。性机能发育已基本成熟,男女体型已明显分化;由于性激素的分泌和性冲动的产生,他们的心理活动显得不平静,对性的体验更为敏感、丰富。神经系统发育基本完成,兴奋和抑制过程基本平衡,神经系统复杂化过程仍在发展。

2. 认知发展

这一时期,儿童的智力发展日趋成熟,抽象逻辑思维从"经验型"向"理论型"转化;思维独立性和批判性更加鲜明,且日渐克服思维的片面性;自学能力得到极大提高,开始能独立收集、分析材料,并做出相应的理论概括,不过对有些经验材料的抽象概括仍存在一定困难。

3. 情绪发展

青年早期是形成人生观的重要时期,也是个体对将来做出选择和准备的时期,这时与人生观相联系的道德感、理智感和美感有了深刻的发展,儿童逐渐形成与社会道德观相关的道德信念和理想,与稳定的认识兴趣相关的情绪体验,与探求各种认识观点有关的情绪体验,以及与艺术创作及表现有关的美感体验。

青年早期,儿童充满浪漫主义热情,对未来充满美好憧憬。与少年时期相比,他们更富于激情,且这种激情往往与对理想和前途的追求交织在一起,从而显得比较稳定、持久。不过也有一些青年,因家庭、学校和社会种种原因,沉溺于某种与生活现实脱节的幻想,或表现过于"清醒",对人生产生厌倦或淡漠的情绪。

4. 社会性发展

青年早期,儿童的社会交往进一步扩展,除了学校社团活动,还可能参加社会上的社团活动或一些非正式的街头自发组织活动,这些活动或组织对儿童的要求有时可能与学校对其的要求不一致,造成儿童行为角色冲突。

青年早期,儿童很重视同伴友谊,择友有较高的原则性;对友谊的界定更多转向心理层面,将信任和互助置于友谊标准的核心。青年开始出现异性接近感,男女青年均开始注意自己的服饰打扮,喜欢在异性面前表现、炫耀自己,开始表现出对异性的爱慕,进而与其有更多的接触和交流。

5. 个性发展

自我意识继续发展,把自我当作探究、思考的对象,是一种理智的自我意识。不过因仍缺乏实际经验,理想自我与现实自我仍面临不一致的危机,儿童常发生自我肯定和自我否定之间的冲突。一般情形下,这是青年早期自我探索的正常表现,不过有少数人会陷入自我同一性发展异常,出现自我同一性停滞或自我同一性混乱,对后继的社会性和个性发展产生不良影响。

儿童对社会、政治、经济的了解越来越多,对自我责任的认识越来越深入,也越来越自觉地深入思考人生观。不过由于对人生的看法往往是感性的概括,而且相对缺乏相关的现实经验和教训,因此初步形成的人生观还很不稳定,容易受外界的影响而改变。

第二节　儿童发展异常及发展异常的表现与诊断

了解了儿童心理典型发展的年龄特征,接下来我们探讨什么才是儿童青少年发展异常?这提出了几个关键问题:首先,我们如何判断什么是正常的? 正如许多孩子在青春期都是"孤独者",难以与同龄人交往。其次,什么时候一个问题变成了真正的问题?譬如,如何判断一位青春期孩子的自我社会隔离,可能导致抑或是反映了潜在的、严重的社会和精神问题? 最后,为什么一些儿童的异常行为模式从幼儿期一直持续到青春期直到成年期,而另一些儿童的发展和适应模式则更加多变？

　　虽然这些问题对于界定和理解异常儿童行为至关重要，并且值得深思熟虑，但是这些问题并不存在简单直接的答案。通常情况下，儿童障碍往往伴随着不同层次的异常行为或发展，从更明显的和警示性的（如违法行为或身体攻击）到更微妙的但危险性的（如戏弄和同伴排斥），再到更隐蔽的且系统性的异常（如抑郁症或父母排斥）。

　　此外，心理健康专家在试图了解孩子的弱点时，往往容易在无意中忽视他们的长处。许多孩子尽管因特定心理障碍而造成一些局限，但在其他生活领域，他们则能有效应对。深入了解孩子的个人优势和能力，可以帮助他们找到健康适应的方式。另外，一些儿童可能只表现出不那么极端的困难形式，或者只是出现问题的早期迹象，而不是全面紊乱。因此，要判断什么是不正常的，我们需要敏感于每个孩子的发展阶段，并考虑每个孩子独特的应对方法和补偿困难的方法。

　　就像成人期的障碍一样，儿童期的障碍通常被认为是偏离正常，但是关于什么构成了正常和异常仍然存在分歧。因此需要记住，试图在非正常功能和正常功能之间确立界限，充其量是一个相对武断的过程，因此评估这些界限的准则是需要不断地审查其准确性、完整性和有用性。

一、 发展异常的界定

　　对发展异常的研究常常使我们对用来描述他人行为的方式更加敏感和谨慎。我们应该采用怎样的"正常"标准，以及由谁来决定是否打破了这个标准？ 在某个领域中的异常表现是否影响整个人的各个方面？

　　尽管这些问题没有简单的答案，但一些孩子的现实生活问题需要在如何界定心理发展异常（或发展障碍）上达成一致。传统上把心理异常或障碍界定为一个人表现出的行为、认知、情感或身体症状的模式，这种模式与下列突出特征中的一个或多个有关：

　　① 这个人表现出一定程度的痛苦，比如恐惧或悲伤。

　　② 其行为表明存在某种程度的残疾，例如实质上干扰或限制了一个或多个重要功能领域的活动，包括身体、情感、认知和行为领域。

　　③ 这种痛苦和残疾增加了进一步伤害的风险，例如死亡、疼痛、残疾或自由丧失。
（American Psychiatric Association，APA，2013）

　　鉴于我们有时会在一些不寻常的情况下（如失去亲人）表现出短暂的痛苦、残疾或风险的迹象，这种情形下个人的反应是恰当且符合文化预期的，因此心理异常或障碍的界定应排除这种情况。此外，上述心理异常或障碍的主要特征仅涉及一个人在某些情况下做什么或不做什么的描述，并非试图将异常的起因或原因归咎于个人，而是基于个人和情景的认识来理解特定损伤。

　　需要记住的是，用来描述发展异常的术语并不是用来描述人的，而只是用来描述在特定情况下可能发生或不可能发生的行为模式。因此标签描述的是行为，而不是人。我们必须小心避免这种常见的错误，即认定某个人患有这种疾病，例如"焦虑的孩子"或"孤独症孩子"等表达方式，以避免儿童在心理健康领域经常受到污名化的挑战。污名化指的是一组消极的态度和信念，这些态度和信念促使人们对有关异常或障碍患者产生恐惧、排斥、回避和歧视。污名化可导致对他人基于种族、民族、残疾、性取向、体型、生理性别、语言和宗教信仰的偏见和歧视，因此它也可能导致伴有发展异常的儿童低自尊、孤立和绝望，他们可能变得非常尴尬或羞愧，以至于儿童及其父母试图隐瞒症状，不去寻求干预或治疗。

此外，一些儿童所表现出来的问题，可能源自他们试图适应异常或不寻常情况的结果。例如，有慢性健康问题的儿童时常需要适应他们的医疗规程和来自同伴的消极反应，在受虐待或忽视环境中长大的儿童经常需要学会如何以适当的方式与他人相处以及调节各种消极情绪，尽管这种情绪有时可能会让人不堪重负。因此，使用诸如障碍和异常行为等术语来描述儿童和青少年的心理状态，其主要目的是帮助医生和研究人员描述、组织和表达通常与各种行为模式相关的复杂特征。这些术语绝不意味着异常行为背后存在一个共同的原因，因为异常行为的原因几乎总是多方面的，且这些原因之间是存在交互作用的。

根据《精神障碍诊断与统计手册（第五版）》中的指导方针，这种界定异常行为的方法类似于最常用于精神疾病的分类和诊断的方法。然而，尽管在界定异常方面取得了进展，在诊断和分类方面也有了巨大进步，但其中仍然存在许多模糊之处，特别是在界定特定儿童的适应不良功能异常或障碍方面，譬如是什么构成了正常和非正常条件之间的界限，如何区分各种不同的非正常条件。

1. 能力

确定儿童发展异常必须考虑到儿童的能力，即成功适应环境的能力。发展能力反映在儿童利用内外部资源实现成功适应的能力上。当然，这就提出了一个"什么是成功"的问题。成功适应因文化而异，因此在确定一个孩子的能力时，必须考虑到特定文化的传统、信仰、语言和价值体系。同样，有些孩子在努力适应环境时面临着比其他孩子更大的困难，譬如那些处于社会经济劣势的儿童和家庭，必须应对多种形式的偏见、歧视或隔离，所有这些都对儿童的适应和发展产生了重大影响。

判断发展异常还需要了解儿童相对于同龄人的表现，以及了解儿童的发展过程和文化背景。实际上，异常发展不仅考察儿童不适应行为的程度，还考察他们达到正常发展里程碑的程度。就像异常的界定一样，能力的界定标准可以非常具体和狭窄，也可以丰富而宽泛。

我们如何知道某个特定孩子是否表现良好？作为父母、老师或专业人士，我们如何设定自己的期望？儿童在各领域内的发展进程，体现在包括诸如行为、学业成就等十分宽泛的各能力领域的发展任务上，因此了解各时期儿童的发展任务可为考虑儿童青少年的发展进步或损伤提供重要背景。表 12-1 呈现了几个重要的发展任务样例。

表 12－1　发展任务样例

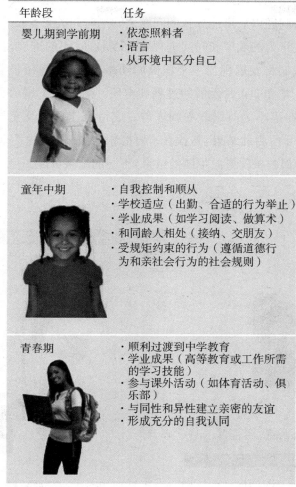

年龄段	任务
婴儿期到学前期	·依恋照料者 ·语言 ·从环境中区分自己
童年中期	·自我控制和顺从 ·学校适应（出勤、合适的行为举止） ·学业成果（如学习阅读、做算术） ·和同龄人相处（接纳、交朋友） ·受规矩约束的行为（遵循道德行为和亲社会行为的社会规则）
青春期	·顺利过渡到中学教育 ·学业成果（高等教育或工作所需的学习技能） ·参与课外活动（如体育活动、俱乐部） ·与同性和异性建立亲密的友谊 ·形成充分的自我认同

来源：A. S. Masten, J. D. Coatsworth. (1998). *The development of competence in favorable and unfavorable environments: Lessons from research on successful children.* American Psychologist, 53, 205—220. Copyright©1998 by the American Psychological Association.

　　品行是表 12－1 中的基本领域之一，它表明一个人遵守特定社会规则的程度。从很小的时候起，孩子们就被要求开始控制自己的行为，并遵从父母的要求。当孩子们进入学校时，他们应该遵守课堂行为准则，不要伤害他人。然后，到了青春期，他们被期望在没有直接监督的情况下遵守学校、家庭和社会制定的规则。类似的发展进程也发生于自我领域，儿童从最初学会从环境中区分出自己，到逐渐发展出自我认同和自主性。

2. 发展途径

　　为什么早期经历相似的孩子在以后的生活中不一定会有类似的问题？相反，为什么患有同样疾病的儿童和青少年有时会有非常不同的早期经历或家庭特征？因此，发展异常的判断的另一个方面,涉及确定儿童行为问题何时开始呈现出某种易于识别的模式,这种模式独立于孩子的成长波动和变化。因此,除了区分正常和不正常的适应,我们还必须考虑儿童早期新出现的问题与这些问题以后可能导致的问题之间的时间关系。

发展路径指的是特定行为的顺序和时间进程,以及随着时间的进展,行为之间可能存在的关系。这个概念允许我们将发展视为一个积极的动态过程,可解释非常不同的开始和结果。它有助于我们了解正常和非正常发展的过程和本质。图12-1呈示了两个不同发展途径的例子。(a)中的儿童在很小的时候就受到虐待。虐待可能显著改变孩子最初的发展过程,导致不同的和经常不可预测的结果,如饮食、情绪或行为障碍。这个例子呈示了多效性(multifinality)概念,即相似的条件导向不同的结果,不同的结果可能源于相似的开始((a)中受虐待的儿童)。

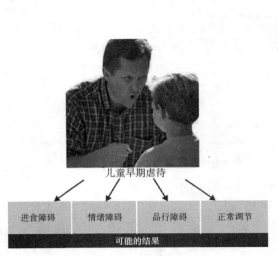

(a)多效性：相似的早期经历导致不同的结果

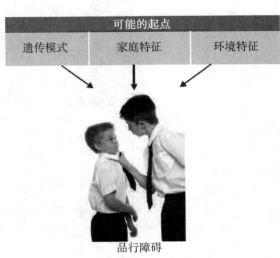

(b)等效性：不同的因素导致相似的结果

图12-1 发展路径示例

相反,孩子的发展旅程可能始于非常不同的起点,但后来却出现类似的障碍。如图12-1(b)所示,每个孩子不同的遗传模式、家庭特征和环境特征,代表着不同的作用路径,但都导致相似的最终结果(品行障碍)。这个例子呈示了等效性(equifinality)概念,相似的结果源于不同的早期经历和发展途径。有行为问题的儿童可能有非常不同的早期经历和危险因素,但后来表现出相似的行为模式。通过观察可能的发展途径,可以更好地理解随着时间的推移,儿童问题可能出现的发生变化或保持不变的方式。

综上所述,儿童习得心理优势和弱势的过程多样性是异常发展的核心标志。每一种儿童发展异常均没有明确的因果关系,因此要牢记以下几个关于异常发展的基本假设：

① 每个人身上都有许多因素可能导致异常发展结果；

② 个体出现某种异常发展结果,其影响因素因人而异;

③ 具有同一种特定障碍的个体,可能以不同方式表达其障碍特征(例如,有些患有品行障碍的儿童具有攻击性,而其他儿童则可能破坏财产或盗窃或欺骗);

④ 导致任何特定障碍的路径是众多的和交互作用的,而不是单维的和静态的。

3. 发展风险与发展弹性

专栏12-1

为何有如此差异

劳尔和杰西是童年时代的朋友,他们在同一个破旧的住房项目中长大,那个社区充斥着毒品和犯罪。到他们10岁的时候,他们都对家庭和社区暴力十分熟悉,父母离婚后,他们都与母亲和一个哥哥住在一起。孩子们很少见到他们的父亲,但即使见到他们也不是什么愉快的经历。到6年级的时候,他们的学校课业落后了,并且开始因为晚上在外面待得太晚、在学校骚扰其他孩子以及强行闯入汽车而惹上警察。

尽管存在这些问题,并且在跟上学习进度上十分挣扎,但劳尔还是完成了高中学业,并在当地的一所职业学校接受了两年的培训。他现年30岁,在当地的一家工厂工作,与妻子和两个孩子生活在一起。劳尔总结自己的生活,认为到目前为止,自己是"躲掉了子弹,到达我想去的地方",他很高兴生活在一个安全的社区,并有希望送他的孩子上大学。

他的朋友杰西则高中没有毕业。他因携带武器上学而被学校开除,之后便辍学了,并多次进出监狱。在30岁的时候,杰西过度酗酒,而且找工作和保住工作的记录很差。他有过几段短期的两性关系,还是两个孩子的父亲,但他很少去探望他们,也从未与任何一位孩子的母亲结婚。这些年来,杰西已经在好几个地方生活过,但大部分都是在他原来没有变化的街区。

专栏12-1这一简短的成长故事展示了两条完全不同的发展道路,尽管他们始于相同的起点。杰西的麻烦可能基于目前对异常发展的了解就能预测出来,但比较难以解释的是,为什么有一些像劳尔一样的孩子,似乎能够从压力和逆境中逃脱伤害。也许你可从小说、影视作品或其他渠道了解不少这样的人,他们尽管生长于逆境并且资源有限,但是仍能脱颖而出。这些人是如何摆脱困境并实现他们的人生目标的?

这个复杂问题是当前的研究焦点之一,其兴起主要得归功于有关风险及保护因素如何影响儿童发展过程的研究(Toumbourou, et al., 2014)。风险因素这类变量,其出现于所关注的消极结果之前,并且增加了该结果发生的机会。保护因素则是可减少儿童出现发展障碍机会的个人或情境变量。正如专栏故事所示，像劳尔和杰西这样的孩子，他们面临着许多众所周知的风险因素，比如社区暴力和父母离异，很容易出现异常发展的结果。急性压力情境及长期的逆境均可能将儿童发展置于危险之中。长期贫困、严重照料缺失、父母的心理疾病、离异、无家可归和种族偏见都是已知的风险因素，这些因素会增加儿童对心理病理的易感性，特别是在缺乏补偿力量和资源的情况下。

然而，像劳尔一样，一些同样处境不佳的孩子以后并不会出现问题。尽管他们的环境充满压力，但他们看起来很有弹性或韧性；尽管有很大的心理病理风险，他们还是设法取得了积极结果。通过发展和利用自己强大的自信、应对技能和避免风险情境的能力，在风险环境中生存和顺利发展的儿童被认为是具有发展弹性的，他们似乎能够战胜不幸或从不幸中恢复过来（Masten，2011）。这些孩子也更有可能在压力下持续表现出适应能力，或在经历创伤与压力之后恢复到以前的健康能力水平。弹性并非儿童所具有的某种通用的、绝对的或固定的特性，而是依压力类型、压力背景和其他类似因素而变。个别儿童可能对某些特定压力有弹性，但对其他压力则没有弹性，弹性可随时间和情境而变化。不同文化背景下孩子可能面临的极端情境可能不同，但发展弹性在不同文化中的孩子身上都有所体现。

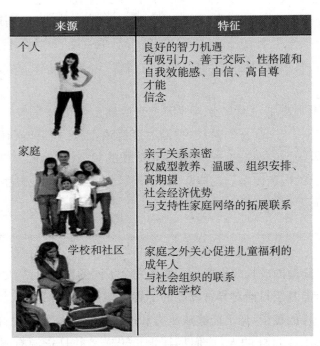

来源	特征
个人	良好的智力机遇 有吸引力、善于交际、性格随和 自我效能感、自信、高自尊 才能 信念
家庭	亲子关系亲密 权威型教养、温暖、组织安排、高期望 社会经济优势 与支持性家庭网络的拓展联系
学校和社区	家庭之外关心促进儿童福利的成年人 与社会组织的联系 上效能学校

图 12-2　在逆境中表现出发展弹性的儿童和青少年的特征

发展弹性这一概念提醒我们，某种直接的因果途径很少会导致特定的结果。儿童身上的保护因素和风险因素之间、儿童与周围环境之间以及不同风险因素之间，持续存在交互作用。保护因素可以减少儿童出现发展障碍的机会，而风险因素的作用恰恰相反，它们增加了孩子出现问题的可能性。风险因素和保护因素并非绝对的,因为同一事件或条件可以作为任何一种因素发挥作用,这取决于其发生的总体背景。例如,在幼儿受到严重虐待时将他们安置在另一家庭,可能有助于保护他们,然而对于一些儿童来说,离开父母会产生更大的压力,那么把他们安置在其他家庭则会增加他们的脆弱性。

图 12-2 呈示了表现出发展弹性的儿童青少年的一些典型特征,这些特征在解释发展异常时很容易被忽视。这些特征构成了发展资源和促进健康事件的三重保护:个人、家庭及学校与社区。保护因素在规模和范围上差别很大,并非三种资源都是必要的。对一些孩子来说,只要有一个支持他们的祖父母或老师,或许就能有效地改变他们的发展方向。其他儿童则可能需要额外或更多的保护因素,如更好的学习环境、社区安全或足够的家庭资源。

综上所述,发展风险和发展弹性增加了发展异常模式的不确定性和复杂性,在考虑发展异常问题时需要结合下述三个发展事实:

① 儿童的发展可能因风险因素而处于危险之中,这些风险因素可能是急性的压力情境,也可能是长期的逆境。

② 有些孩子在面对风险因素时似乎更有发展弹性,发展弹性与强烈的自信心、应对技能、避免风险的能力以及战胜不幸或从不幸中恢复的能力有关。

③ 儿童的发展弹性与三重保护性资源和促进健康活动有关,包括个人机会、密切的家庭关系以及来自社区资源为个人提供的机会和为家庭提供的支持。

二、 儿童发展异常的表现与诊断

如前所述,儿童心理发展一般用发展领域或流程来加以描述。发展的领域主要包括:①动作发展,包括粗大动作和精细动作。②言语和语言发展,包括表达性语言和接受性语言。③情绪社会性发展。④认知发展。运动适应能力、语言和沟通能力以及认知智慧能力的发展为社会性及情感发展提供了基础;问题解决技能是认知发展的反映,也包括感知觉和感知运动能力。在儿童期,发展也经常被描述为正常的(典型的)或异常的(非典型的)进展。

发展技能的获得是神经系统及其他系统发育与儿童社会及物理环境之间相互作用的结果。正常发展符合一些基本原则,以动作发展为例,这些原则表现为:①粗大动作发展遵循头尾顺序。②精细动作发展遵循从中线到两侧的顺序。③初级运动模式或原始反射被整合到更复杂的运动模式,使得以后系列的自主运动发展成为可能。④婴儿获得发展技能速率不同,但序列顺序相同。⑤从一般化的反射反应到更具体、有目的的反应模式。定期监测和筛查有助于确定可能需要额外评估的婴儿和儿童(如表 12-2 所示),而应用这些典型发展基本原则,可帮助我们更好地了解不同类型的非典型发展的进展模式(如表12-3 所示)。

表 12 - 2　发展监测、筛查和评估

流程	目　的	定　义
监测	识别可能有发育问题的儿童	基于病史、父母或其他看护人和保健从业人员的观察，在长期持续纵向进行的定期检查中，收集并整合有关儿童发育进展的信息
筛查	识别有发育障碍风险的儿童	简短标准化筛查测验的管理
评估	识别特定的发育障碍及其病因（如已知）	可能涉及相关实验室、基因或代谢检测的一种诊断处理；神经影像研究、心理测试以及专家咨询

来源：Patel DR. (2006). Principles of developmental diagnosis. In: Greydanus DE, Feinberg A, Patel DR, *et al*. editors. *Pediatric Diagnostic Examination* (pp. 629 - 644). New York: McGraw Hill Medical.

表 12 - 3　非典型发展的特征

非典型发展	定　义
延迟	与典型发育儿童相比，在一个或多个领域中，达成发展里程碑或技能习得明显延迟，但按照预期的顺序进行
偏离	在特定领域中发展性技能的习得次序混乱，例如，婴儿在俯卧翻身至仰卧前，先从仰卧翻身为俯卧
分离	在两个或多个发展领域中以显著不同的速度习得发展性技能。例如，脑性麻痹儿童运动领域相对于其他领域而言发育迟缓
退化	丧失先前达成的发展里程碑或习得的技能，或未能习得新技能

来源：Patel DR. (2006). Principles of developmental diagnosis. In: Greydanus DE, Feinberg A, Patel DR, *et al*. editors. *Pediatric Diagnostic Examination* (pp. 629 - 644). New York: McGraw Hill Medical.

1. 发展异常的操作化界定

通过个别化实施的标准化测验来衡量智商，是一种被广泛使用的认知能力或智力的测量方法。智商是用来界定智能障碍的标准之一，常用的智商算法包括比率智商和离差智商（参见"智力发展"一章节）。离差智商低于 70 分或 2 个标准差，则常常被作为评判智能延迟或障碍的标准之一。除了智商低于平均水平，智能障碍的界定还要求在适应功能方面存在局限（也可通过个别实施标准化测试来衡量）。

将该操作做法进一步推而广之，临床上常常用发展商数 DQ 来度量一个特定领域的发展。发展商数的计算方法如下：DQ＝［发育年龄（DA）/实际年龄（CA）］×100 或离差商数算法。显著的发展迟缓被界定为发展商数低于 70。如表 12 - 3 所示，非典型的发展被描述为延迟、偏离、分离和退化。当在两个或更多领域的发展出现明显延迟或障碍时，可使用"整体发展迟缓"（global developmental delay）这个术语来界定。

2. 发展异常的临床表现

发展异常的主要临床表现在婴儿期、儿童期和青少年期有所不同。实践中人们常常根据其临床行为特征对各种发展异常或障碍进行描述，典型的代表之一就是《精神障碍诊断与统计手册（第五版）》（the diagnostic and statistical manual of mental disorders，简称 DSM - 5），其主要范畴如表 12 - 4 所示。

表 12 - 4　精神障碍诊断与统计手册中的神经发育障碍

障　碍	子　类　别
智力障碍	智力障碍：轻度、中度、重度、极重度 整体发育迟缓 未特定的智力障碍
交流障碍	语言障碍 语音障碍 儿童期出现的流利性障碍（口吃） 社交（语用）交流障碍 未特定的交流障碍
孤独症谱系障碍	由已知药物、遗传条件或环境因素引发的孤独症谱系障碍 与另一种神经发育、精神或行为障碍有关
注意缺陷/多动障碍	以注意缺陷为主型 以多动/冲动为主型 注意缺陷和多动/冲动混合型 其他特定的 未特定的
特异性学习障碍	阅读障碍 书面表达障碍 数学障碍
运动障碍	发育性协调障碍 刻板运动障碍 妥瑞（Tourette）综合征 抽动障碍
其他神经发育障碍	其他特定的或未特定的神经发育障碍

来源：American Psychiatric Association. （2013）. *Diagnostic and statistical manual of mental disorders*. Fifth Edition. Washington DC：American Psychiatric Press，pp. 33—86.

（1）婴儿期

① 动作发展异常。如果婴儿没有达到预期的动作发展里程碑，父母很有可能首先注意

到。父母经常会将自己的孩子的发展与其他婴儿相比较。因为典型发展出现于一个时期范围之内，因此大多数具有明显动作迟缓的婴儿可能在应有的正常变化或成熟方面出现滞后。脑性麻痹（脑瘫）是婴儿期运动迟缓最常见的原因。除了运动迟缓，脑瘫的婴儿和儿童还有不正常的音调和姿势，但在达成动作发展里程碑上的时间延迟是脑性麻痹的早期症状。父母首先注意到的其他线索可参见表 12-5。造成婴儿期主要动作迟缓的其他原因包括出生时大脑损伤、中风、影响大脑的新陈代谢伤害、先天中枢神经系统感染和神经性肌肉障碍等。

表 12-5　脑性麻痹的提示性早期症状

年龄	症　状
3—6 个月	仰卧时被抬起则头朝后仰 感觉身体僵硬 感觉身体软弱无力 当被抱在他人怀里时，似乎会过度伸展背部和颈部 被抬起时，双腿变得僵硬、交叉或呈剪刀状
≥6 个月	不会朝任何方向翻滚 不能把双手放在一起 把手放到嘴边有困难 只伸出一只手，另一只手紧握
≥10 个月	以不平衡的方式爬行，用一侧手和腿向前推，同时拖动另一侧手和腿 用臀部快速移动或用膝盖跳，但不能用四肢爬行

来源：Public domain：https://www.cdc.gov/features/cerebral-palsy-11-things/index.html.

② 社会与语言领域发展异常。婴幼儿时期另一个令人关注的话题是发生在社会、认知和语言领域的发展异常。如果一个完整的评估表明，婴儿或幼儿存在以下迹象，则可能需要引起关注：到 12 个月时没有牙牙学语、没有指向（共同注意）动作或手势；16 个月时不能说出字词；24 个月时没有自发双词语。

缺乏共同注意，即与一个人同时注意某个客体的能力，被认为是自闭症的早期征兆；在任何年龄，先前获得的任何技能的丧失或退化，均需要进行包括神经、代谢和遗传各方面在内的整体诊断性评估。发展退化常见于 18 至 24 个月大的孤独症婴幼儿。

2 岁以前导致发展退化的其他重要原因包括代谢疾病，如氨基酸代谢紊乱、溶酶体贮积病、甲状腺功能减退、线粒体肌病、结节性硬化症、莱施-奈恩氏综合征（Lesch-Nyhan syndrome）、雷特氏综合征（Rett syndrome）、卡纳文病（Canavan disease，又叫海绵状脑白质营养不良症）和佩利佐-梅茨巴赫氏病（Pelizaeus-Merzbacher disease）。主要伴有语言、认知和社会缺陷的婴儿，除了可能是孤独症谱系障碍，应该考虑的其他情况包括听觉缺损、严重认知缺陷、遗传性疾病、先天代谢缺陷、甲状腺功能减退以及严重的营养或环境剥夺等。

（2）儿童期

① 语言发展异常。对言语语言发展的关注（如表 12-6 所示）在儿童期表现得异常突出。一个正常发展的儿童，其言语的可懂度从 2 岁时的 25％提高到 4 岁时的 100％。言语发展异常，除了对特定年龄而言其言语可懂度不佳外，持续的婴儿语言、单词发音错误或缺乏自发语言，均表明儿童可能存在语言和语言延迟。语言的基本组成部分包括语音、语法、词汇、语义和语用，语言发展异常的儿童可能是其中任何一个成分受到了影响。

表 12-6　早期言语语言发展

术语	说　明
言语	单词发音的产物
语言	大脑中用来进行有意义的交流的符号知识系统
韵律	说话的节奏、重音和语调
音位	言语中的语音单位
语素（词）	语言中最小的有意义单位

孤独症谱系障碍、智能障碍和发展性语言障碍是幼儿语言发展异常的主要原因。孤独症谱系障碍的特征是社会关系实质性缺损、刻板行为以及在交流能力方面（尤其是社会交流能力）存在的不同程度缺损。孤独症谱系障碍一般在 18 至 24 个月时被诊断出，这时往往是父母因为孩子的行为异常或社会交流困难而第一次带孩子求诊。孤独症谱系障碍的孩子可能不参与社交活动，可能长时间集中注意于某个特定事物，有时可能表现出孤僻，缺乏与人的眼神接触，对某个特定事物（玩具）产生依恋，表现出有特定的仪式行为，并且抵制日常生活的改变。孤独症儿童难以理解他人的感受，也可能不会进行假装游戏。患有阿斯伯格综合征的个体（也被视为是一种高功能孤独症谱系障碍）则表现出正常的认知和语言能力，但在社会性发展方面有明显缺陷。

具有明显认知缺陷或智能障碍的儿童通常具有正常的动作发展，且其行为表现与心理年龄相当。虽然智能障碍的孩子存在认知和适应功能缺陷，但社会参与方面的表现与其心理年龄相符合。除了语言延迟外，认知缺陷占主导地位的儿童在解决问题方面存在困难，并且可能无法将他们的行为与后果联系起来。在大多数情况下，智能障碍儿童，特别是轻度缺陷儿童的病因并不明确，而严重缺陷儿童的具体病因则比较容易明确。导致遗传性智能障碍最常见的原因是脆性 X 综合征，其他主要原因包括胎儿酒精综合征、铅中毒、缺铁和先天性脑畸形等。

发展性语言障碍的特征是存在主导性的语言发展缺陷，而在其他领域，包括社交、运动和认知等则正常发展。除了孤独症和智能障碍，言语和语言障碍的区分性鉴别诊断应该还包括听力障碍、言语和声音障碍、语言成熟延迟以及缺乏语言和学习的环境刺激。如表 12 - 7 所示，发展性语言障碍各种亚型主要是根据受影响的语言的特定方面加以区分的。

表 12 - 7　发展性语言障碍亚型

障　碍	主要特征
言语运用障碍（言语发育性失用症）	表达性语言障碍： 难以计划、排序和执行自发性语音 语言不流畅、明显延迟、难以理解 不一致的发音错误
言语规划缺陷障碍	表达性语言障碍： 流利、难懂、杂乱 部分人认为它类似于言语运用障碍
言语听觉失认症（辨语聋）	感受表达混合型障碍： 对口语理解存在严重障碍 大多数儿童没有言语表达或非常有限 在儿童中非常罕见
语音—句法缺陷障碍	感受表达混合型障碍： 理解能力比表达能力相对强 电报式讲话、词汇有限 语法错误 明显遗漏、歪曲和替换词语 多短句、难以重复词语或句子
词汇缺陷障碍（词汇—句法缺陷）	高阶加工障碍： 在找释义词方面有严重缺陷 乱语、伪口吃 在理解连词方面存在明显缺陷 语法贫乏，句法扭曲 自发的语言比按需的语言相对好 理解疑问句的能力有限
语义—语用缺陷障碍	高阶加工障碍： 连贯说话的能力差 明显爱说话 说话保留音韵和（简化的）句法 选词不合规则 找词困难 在理解和言语推理方面有显著缺陷 言语离题、刻板，模仿言语 对任何人大声说话 不善于保持话题 回答不准确或断章取义 儿童罕见疾病

言语障碍包括言语发音障碍、口吃、构音障碍、言语运用障碍和共鸣或发声障碍(如表12-8所示)。通过鼻咽气道的气流受到干扰会导致上鼻音或下鼻音;重要的是要注意,气流阻塞与辅音的产生有关,而与元音的产生无关。选择性缄默症并不被认为是一种语言障碍,而是一种特殊的焦虑症,在这种情况下,当孩子被要求说话时,他们总是无法在特定情境下说话。

表 12-8　发展性言语障碍

障　碍	描　述
言语发音障碍	也称为功能性发音障碍或音韵障碍。其特征是发音错误,一贯用简单的声音代替复杂的声音或用单个辅音来代替混合辅音,遗漏辅音以及词内错误。问题可能要到学前班才会被发现
口吃	紊乱的言语流畅性,语速和节奏反常。重复声音、音节、词语和短语,通常伴有压力或身体紧张的迹象。可能会出现声音的延长、插入语、词内停顿和词间停顿。典型发病年龄在 2—7 岁之间,5 岁时达到高峰
共振障碍	由于解剖学因素导致的高鼻音或低鼻音。高鼻音可能是由腭咽闭合功能紊乱所致,见于腭裂等。低鼻音见于鼻塞、上呼吸道感染、鼻腔异常、腺样体肥大
构音障碍	与言语产出相关的神经肌肉或运动机制存在功能障碍所致(如脑瘫)。主要表现为语音和词语发音不准、难懂和语速慢
言语运用障碍与言语规划障碍	这两个术语都描述了相似类型的言语产出问题。这些障碍也可能会显著影响表达性语言

来源:Patel DR. (2006). Principles of developmental diagnosis. In:Greydanus DE, Feinberg A, Patel DR, *et al*. editors. *Pediatric Diagnostic Examination* (pp. 629-644). New York:McGraw Hill Medical.

② 没能习得预期的新技能或技能退行。除了孤独症儿童,包括雷特氏综合征和伴发癫痫的获得性失语(Landau-Kleffner syndrome,简称 LKS)等患者也出现了技能退行的情况。患有雷特氏综合征的儿童在婴儿期经历了一段相对典型的发展之后,表现出已习得技能的衰退。雷特氏综合征是一种性染色体连锁的疾病,主要影响女性。雷特氏综合征的其他临床特征包括:自闭行为、手的刻板动作、头围增长减缓、换气过度、屏气、步态障碍、自主神经紊乱、不适当的笑、眼神凝视、语言表达与理解能力受损等。通常在经历一段时间的衰退之后会出现一些复苏,随后进一步恶化。

LKS 的临床特征一般在 3 至 8 岁之间被注意到。经过三年的正常发展后,LKS 儿童丧失了语言技能,而认知或社会发展方面则没有任何缺陷。LKS 儿童的睡眠脑电图呈癫痫发作模式。导致 2 岁以上儿童出现发展退行的其他原因包括一些遗传性疾病、遗传性代谢缺陷以及大脑白质或灰质疾患。

③ 早期的学习困难和行为症状。学习困难和相关行为症状在小学早期最为明显。学习成绩差通常是父母关心的主要问题。学习困难的其他表现包括学校作业拖延、课堂上注意

力不集中、难以学习新技能及阅读和理解困难。学习困难的儿童也比较害羞，不愿与其他儿童一起参加活动。除了各类特定的发展性学习障碍，关于这类孩子的区别性诊断还需要考虑的其他情况包括注意缺陷及多动症、听力或视力缺损、认知缺陷和发展性协调障碍。

视力或听力缺损可能与其他发展障碍有关。存在视力缺损的孩子可能会闭上或遮住一只眼、眯着眼睛或皱眉、抱怨东西模糊不清或看不清楚、阅读困难或难以完成其他需要近距离用眼的工作、做近距离工作（比如看书）时眨眼次数比平时多或看起来怪怪的。一位听力完全或部分缺损的孩子，从出生到3或4个月大的时候可能不会转向声音的来源；在1岁时可能不会说单词，如"爸爸"或"妈妈"；叫他或她的名字时没有转头或回头的反应。而在现实中，这些经常被误认为是因为孩子没有注意或忽略外在刺激的结果。

发展性协调障碍会影响学龄儿童，并持续到青春期。运动协调困难会导致学习功能或日常生活中的活动严重受损。早期表现可能包括吸吮和吞咽困难、婴儿期流口水、言语困难和儿童早期动作发育迟缓。父母可能注意到孩子在许多精细动作任务上有困难，例如使用剪刀、系鞋带、扣纽扣或解纽扣。他们也可能会掉东西，字迹潦草，经常撞到家具或其他人。对这些孩子的区分性诊断包括多动症、视力障碍和智能障碍。

（3）青少年期

① 学业困难。随着年级的提高，学业负担和复杂性日益提高，因此青少年期主要关心的问题是学习困难。学习困难可能影响一个或多个学习领域。具有特异性学习障碍的儿童青少年可能会出现相关的行为症状。对学习障碍的区分性诊断应该包括特异性或发展性学习障碍、焦虑、抑郁、多动症和物质滥用障碍。学习也受支持系统和指导的充分性和质量的影响，营养和心理社会因素也会影响学习和学业成绩。

对特异性或发展性学习障碍的诊断依据，通常是个别化施测的标准化成就测试（阅读、数学或书面表达）的分数显著低于就其年龄、智力和教育水平而言对该儿童的预期。非言语特异性学习障碍的特征包括问题解决能力不良以及视觉空间和视觉感知能力有缺陷，而基于语言的技能和智力正常。阅读障碍、数学障碍和书面表达障碍的主要特征如表12-9所示。

表 12-9　特异性学习障碍的主要特征

障碍	最有可能被识别的阶段	一些主要特征
数学	2或3年级水平	关键问题和算术有关 在这些方面存在困难： 　理解或命名数学术语 　数学运算或概念 　理解或识别数学符号 　临摹数字和图形 　遵循数学步骤的顺序 　计数或乘法表

（续表）

障碍	最有可能被识别的阶段	一些主要特征
阅读	4 年级水平	语言发展里程碑延后： 　拼写错误 　阅读速度慢 　押韵词和发音相似词的问题 　理解不熟悉或无意义字词有困难
书面表达	5 年级水平	写作能力差： 　语法错误 　标点错误 　段落组织不佳 　拼写不佳 　字迹非常潦草

3. 发展异常的临床处置

（1）发展异常监测

发展和行为的评估与监测是异常或障碍预防及健康维护的重要环节之一。评估信息应该从多种渠道获得，包括家长或照顾者、教师和学业成绩报告。关于产前、分娩、围产期、新生儿及以后的详细发育史资料，是对儿童发展异常进行诊断性评价必不可少的方面。父母对孩子发展和行为的关注为评价方向提供了依据。发展史应评估所有领域发展里程碑的正常和异常的进展，包括粗大动作、精细动作、言语和语言、情绪与社会性。

尽管，是否进行特定某个方面的体检是以所出现的症状为指导的，但有些方面则在所有儿童身上均需加以考虑，这包括对成长参数的系列测量，如身高、体重、头围、视力、听力，以及对先天异常和畸形特征的彻底排查。年龄较长的儿童和青少年应将心理状况检查纳入体检内容，青少年除了检查外部生殖器的性成熟度外，还应检查有关性的心理问题。

根据充分的成长史和体格检查资料，可确定儿童观是否存在发育迟缓、解离、偏离和退行等异常发展模式。儿童发展成熟与其行为表现密切关联，发展性评价应包括儿童行为发展的诸多方面，儿童在熟悉场景（家庭、学校）和陌生场景（社区）内的社会互动和行为都应包括在内。评估信息可从儿童与同伴、父母、其他照顾者、老师和其他成年人的互动中获取。这种行为评估为描述儿童任何非典型行为模式提供了基础，例如攻击性、冲动性、社会参与降低、重复行为或自我伤害行为等。行为评估通常基于直接观察以及儿童在不同场景中的自发活动或响应行为。发展异常监测评估，还应包括有关儿童发展和行为的可能风险和保护因素。

（2）早期发展异常筛查

选用适当的标准化筛查工具对所有发展领域的潜在异常进行筛查，可作为定期健康维护检查的一部分,应用于不同时期(如 9、18、24 或 30 个月)开展的初级保健实践场景中(如表 12-10 所示)。虽然筛查遍及所有领域,但每次检查时,某些领域应作为检查重点,譬如在 18 个月和 24 个月就诊时可进行孤独症谱系筛查。常见筛查还包括一般发育筛查、一般行为筛查、语言发展筛查等。使用标准化的、有效的筛选工具来降低假阳性和假阴性结果的出现是非常重要的,这对于进一步的评估具有重要意义。

表 12-10　发展异常筛查

筛查时期	重点领域	识别问题
9 个月	视力 听力 粗大和精细动作 接受性语言	听力缺陷 视力缺陷 神经运动问题
18 个月	表达性语言 接受性语言	听力和视力缺陷 孤独症 语言问题 认知缺陷
30 个月	行为交往	注意问题 破坏性行为

（3）**发展异常评测**

一个更全面的评测是以发展监测和筛查的结果为指导的。具体的临床心理学或神经心理学评测与心理测试,应由在儿童异常发展领域具有适当专业知识和经验的临床心理学家进行。根据临床病史和体检结果,可能需要进一步的医学评估,这些评估可能包括神经影像学、脑电、遗传疾病检测以及先天代谢缺陷的实验室检查,并咨询适当的专家。

听力筛查和视力筛查都是定期保健或预防性健康检查的一部分,而父母对孩子听力或视力的关注是进一步进行听力学测试和完整视力评估的关键。根据现有的技术条件,所有 1 个月大的新生儿都可以进行普遍的听力筛查,如有必要,3 个月大时可接受后续听力测试;被确定为存在听力缺损的婴儿,可在 6 个月的时候开始治疗干预。类似地,任何关注或担忧儿童的言语和语言发展存在问题,则可由言语语言病理学家进行完整评估。通常情况下,或许并没有明显的症状或体征表明还存在发展障碍,但是如果父母根据自己的观察,仍然担忧他们孩子的发展,在这些情况下也需要进一步的评测。

（4）**发展异常应对的基本原则**

对存在发展问题的儿童进行有效应对的关键原则是早期干预。在不同的卫生系统中,早期干预服务的内容和提供方式可能有所不同,但基本原则相同。

一般而言,一旦发现发展问题,就应安排儿童参加早期干预服务,同时进行进一步的评估。这种方法是基于对干预的反应实时评估和调整的策略。很多发展问题经常无法即时得到明确的诊断,但又不能不作为,所以往往需要基于已有评估基础实施干预措施,并根据对干预措施的反应制定进一步的行动计划。发展异常的初始介入方案通常包括儿童智能治疗、物理治疗及言语治疗等服务,进而对儿童进行进一步评估制定个性化的学习干预计划,包括各种补救性、适应性或心理教育策略;另外,在家庭、学校和社区环境中,环境风险因素也会得到适当的考虑和处理。当特定的发展或行为障碍得以确定,则应采取更具针对性的治疗,可能包括具体的行为干预和药物治疗。

三、 辩证认识儿童发展异常

选择如何描述孩子们所表现出来的问题及这些问题会导致什么样的伤害或损伤,这往往是了解他们问题本质的第一步。根据孩子的表现判断其符合什么诊断标准,或许给出诊断标签,远非完美的解决方案,但其可就问题性质、可能遵循的过程及可能的干预方法提供许多信息。孩子心理发展问题的诊断,核心在于确定其典型特征在多大程度上有别于其他儿童青少年障碍。

① 当成年人寻求儿童服务时,往往不清楚这是谁的"问题"。儿童进入心理健康系统通常是因为成年人,包括家长、儿科医生、教师或学校辅导员等成人提出的担忧,而儿童本身在这个问题上可能没有多少选择,儿童不会推介自己参加治疗。这对于我们如何发现孩子的问题以及我们如何应对这些问题有着重要影响。

② 许多儿童和青少年问题涉及他们未能显示预期的发展进步。问题可能是暂时的,就像大多数类型的尿床一样,也可能是以后更严重问题的一个初始迹象,就像一些障碍发生进程案例中看到的那样。要确定是否是真正的问题,需要对正常发展和非正常发展有更系统和深入的认识。

③ 儿童和青少年表现出的许多问题行为并非完全不正常。在某种程度上,大多数儿童和青少年通常均会表现出某些问题行为。例如,时不时地担心自己会忘记事情或忘记自己的想法,这是很正常的。因此,决定做什么也需要熟悉已知的心理障碍和惹麻烦的问题行为。

④ 针对儿童和青少年的干预措施往往旨在促进其进一步发展,而不仅仅是恢复以前的功能水平。不同于大多数针对成人障碍的干预,许多针对儿童的方案目标,既要消除他们的痛苦,又要提高他们的能力和技能。

第三节　学校如何识别儿童的特殊发展需要

每位儿童都是独特的存在,他们各有长处和短处。他们可能在某些方面表现优异,但在另一些发展范畴表现较弱。发展过程有既定先后次序,但进度会因人而异。如果某一位儿童在某个（或多个）发展范畴出现明显问题和困难，且表现与同龄儿童相差很远，则要尽早转介到相关专业机构接受专业评估，以确定是否有任何发展问题或障碍。

　　儿童早期孩子发展迅速，每年甚至每个月都可能有很大的变化，很多时候即使是专家也很难对孩子的发展情况做出明确诊断。不过，也正因为早期发展有很大的变化空间，及早识别和介入干预就显得更加重要。若能及早发现孩子存在发展或学习问题，尽快转介使孩子接受专业评估，将有助于了解孩子的真实情况和需要，从而可以有针对性地协助他们学习成长。

一、孩子问题的成因

　　孩子的发展及学习问题可能源于许多不同因素，既可能是孩子本身的发展出现问题，也可能源自不同环境因素，例如家庭、学校或社会因素的影响所致。

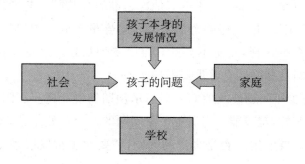

　　当学校教师关注到孩子出现学习、情绪或行为问题时，除了关注问题本身的严重性、持续性和频率外，还可尝试从多方面搜集有关数据，了解可能影响孩子表现的因素。有时同一个问题可能由不同的原因导致，例如观察到孩子上课不专注、经常心不在焉，其原因可能是：孩子本身的专注力出现问题；孩子家庭最近有纠纷，影响他的情绪，令他无心上课；学校环境太嘈杂，令孩子容易分心；课程太深，孩子跟不上进度，故心不在焉。所以教师在观察孩子的表现时，要留意多方面的情况。

二、观察评估孩子的表现

　　如果怀疑孩子可能存在发展或学习问题，学校老师可对孩子的实际表现进行观察评估。在对孩子的表现进行观察评估时，务必谨记以下要点。

　　① 孩子的发展进度因人而异。有些孩子在某方面发展比较快，但在其他方面则比较慢，孩子各有其优势和弱势，这是个体差异的自然体现。

② 班上孩子的年龄可能存在差异。较年幼的孩子可能需要较多的时间和协助才能掌握所教的知识和技巧,相应地,教师和家长应根据孩子的特点调整对他们学习上的要求。

③ 孩子在不同的环境中可能会有不同的表现,教师和家长需多点沟通,了解孩子在不同场合的情况是否有分别。

④ 若孩子因病或其他原因缺席上课一段时间,短期内可能会出现学习及适应上的困难,教师和家长应多花一点时间协助和留意其表现。

如果担心孩子的发展及其学校表现,教师和家长可先观察孩子适应了学校生活一段时间之后,评估其情况是否有改善。若问题只是在一小段时间里短暂出现,或者只是某个发展范畴内(如语言、认知、活动等)中有一两项能力稍弱于同班同学,则不必要对孩子过分担心。但是如果孩子的发展持续地与其他儿童有明显的差别,那么教师和家长就要特别留意,商讨是否需要进一步跟进,甚或寻求其他专业机构的帮助。在决定孩子是否需要转介其他专业机构寻求帮助时,可参考以下工作流程:

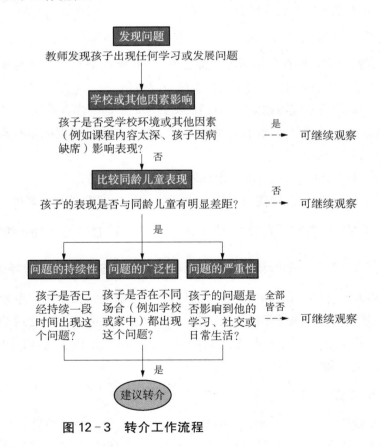

图 12-3 转介工作流程

三、 常见的发展与学习问题

下面简要介绍儿童在不同发展范畴可能出现的问题或困难,以及他们在学校及课堂上可能出现的表现,帮助教师留意儿童的表现并做出是否需要转介的建议。学校教师的主要角色仅是"识别"及"转介",并非辨别儿童的问题属于哪种障碍,因此教师的作用主要是留意儿童出现问题,并向家长建议转介儿童接受专业评估,这是为儿童提供适宜性帮助和安排的第一步。

1. 学习及认知

（1） 整体学习能力

整体学习能力较弱的儿童,各方面表现均明显逊色于其他孩子。他们在学习新技巧及知识时比较慢,较难适应新环境及事物,比较抗拒接受挑战,并容易倚赖别人。这类儿童经常出现的情况包括:

① 即使老师重复解说,他们仍难以理解或掌握所教科目(如语文、常识、数学)的内容;学到的知识难以类化,不知道如何应用于其他情形。

② 需要较长时间来模仿或练习所教学的新技能,例如做手工和玩游戏。

③ 上课和做习题或作业时,经常需要教师的个别指导。

（2） 涉及文字的学习

有些儿童可能在整体学习方面没有问题,但在个别科目上明显表现困难。这种情形比较常见于文字学习中,儿童可能出现的情况包括:

① 即使反复练习或复习,但很快又会忘记字词的读音或写法。

② 认读或默写字词时,经常将字型、读音或意思相近的字词混淆,例如误将"太"写作"大",将"毛"读作"手"。

③ 阅读速度慢,阅读时会出现跳字或跳行的情况。

④ 抄写速度慢,即使对着样本抄写也可能会出错,抄写时显得困难吃力。

⑤ 写字时常有左右部件倒转(例如"蛙"写成"蛀")、镜面字(如"水"写成"水""b"写成"d""p"写成"q"),或增减笔画(如"月"写成"月""花"写成"花")等情况。

涉及文字学习,教师需要留意的是,很多学前儿童在学习写字初期都可能出现左右部件倒转、镜面字或增减笔画的情况,但大多数的孩子在入读小学之后情况都会有改善。所以当观察儿童文字学习情况时,要留意他们在这方面的整体表现,而非单一症状,并且要留意问题的严重性和出现频率。

2. 语言能力

儿童语言发展包括理解、表达和发音三个方面。一般而言,语言发展都是先学理解,后学表达。除儿童本身的因素外,儿童身处的语言环境、与成人或同伴的交谈机会以及成人的态度,都会直接影响儿童语言发展的能力和速度。

语言能力较弱的儿童可能在理解、表达和发音中的一个或多个范畴出现问题,并影响到他们的学习和生活。语言能力较弱的儿童,沟通意愿也往往较低,因而影响社交能力。语言发展不佳的儿童可能出现的情况包括：

① 语言理解。难以明白比较长及复杂的句子及口头指令；经常错误理解问题的意思，答非所问，例如教师问儿童："消防员的职责是什么?"儿童回答："消防车……"经常没能明白故事情节及整个故事的意思。

② 语言表达。词汇贫乏，与人对答通常都比较短及简单；说话时句子结构或语法经常会出错，例如："今晚吃饭哪里?"难以有条理地表达自己的意思，对答显得混乱；即使复述简单的事情或传达简单的口信，也可能存在困难。

③ 发音/口吃问题。咬字发音不清，例如将"花花好靓"读作"巴巴好靓"；出现口吃问题，例如："我……我……我想去洗手间。""我想吃……吃……吃饼。"

3. 大小肌肉活动

大小肌肉活动包括肌肉活动能力、手脚动作协调、手眼协调、身体与空间配合等多方面。小肌肉能力较弱的儿童，往往给人一种不灵活、笨手笨脚的感觉，影响到他们的日常生活、自理，甚至学习方面。儿童可能出现的大小肌肉活动问题包括：

① 大肌肉活动。手脚或其他身体部位的肌张力较低；较迟才能掌握不同的大肌肉动作，例如较迟才会跑、跳或攀爬；走路或跑步时会无故跌倒，平衡力弱；动作协调能力较弱，上课涉及大肌肉活动时，操作表现欠灵活；难以准确判断距离，经常都会碰到四周的人或对象；在学习新的体能或球类活动时往往感到困难。

② 小肌肉活动。抄写速度慢，写字时经常超出网格线；做手工时技巧不够，显得比较粗糙，例如将一个圆形剪成不规则的形状，填色时经常出界；使用餐具时较为不灵活，倒水时很容易把水弄洒；扣衣服纽扣或绑鞋带时有困难，经常需要成人协助。

4. 儿童的专注力

专注力是指将精神集中在某件事物或活动上面，例如上课、看书、与人交谈或玩游戏时，都需要集中注意力。一般来说，随着年岁的增长，儿童控制专注力的能力就越强。平均来说，2—5 岁的儿童可以持续专注在同一事物上大概 2—5 分钟左右，而 6—10 岁的儿童大概 8—10 分钟左右。

不过，专注力较弱的儿童难以控制自己的注意力，在需要持续专注的活动上，情况尤其明显。儿童可能出现的情况包括：上课时难以专注，比其他孩子更容易分心，如经常望向窗外或被课堂外的声音吸引；做练习或习题时难以集中精神，经常犯一些不小心的错误，例如漏做了其中一些题目；交谈时显得心不在焉，常因为没有留心聆听而难以跟从指令；显得很善忘或粗心大意，经常遗失东西。

5. 儿童自我控制

（1）过度活跃

每个儿童的活跃程度都不一样，有些儿童比较活泼好动，有些则较文静。不过有一小部分儿童过于活跃,其活跃程度明显高于同龄的孩子,而且影响到儿童自己的学习,甚至干扰到其他同学或课堂的秩序。

这方面儿童可能出现的情况包括:自制能力较弱、行为较冲动,常打断别人说话或未举手就回答问题;欠缺耐性,不喜欢排队轮候,排队时亦难以安静;多言,经常逗人说话,难以安静地学习或玩耍;经常离位、爬高爬低,在课堂内四处走动;即使在座位内亦表现得难以安坐,例如在座位内摆动双脚、伸懒腰、经常俯身拾东西。

（2）对抗性行为

儿童未必会时刻遵从大人的指令,这是很正常的事。不过,有些儿童却经常表现得不合作、刻意对抗,而且很容易动怒,时常与人争辩或吵闹。如果发现儿童有这些情况,就要特别留意,并在有需要时做出转介。

这方面儿童可能出现的情况包括:很容易动怒或发脾气,稍有不如意的事就会大吵大闹;拒绝遵从指令,不愿妥协,经常与人争辩;很少主动承认错误,经常埋怨别人;有时会刻意做出一些惹人不快的行为,例如刻意将同学的文具丢到地上。

6. 儿童的情绪

（1）发脾气

儿童的自制能力较弱,所以较容易发脾气。如果儿童发脾气的强烈程度和出现频率不高,可通过正面管教来改正儿童的行为。不过对于那些经常发脾气的儿童,而且发脾气时会有破坏或攻击性行为,包括伤害自己、伤害他人或破坏东西,则需要考虑转介。

（2）情绪紧张

有些儿童很容易紧张,而且紧张程度比一般的害羞严重。每当儿童与陌生人相处、身处较陌生的环境,或者成为众人目光的焦点时,都会显得不知所措和坐立不安。

这方面儿童可能出现的情况包括:只跟家人或某个较信任的教师交谈,其他时候很少说话;站起来回答问题或在同学面前表演时,显得不知所措;与人相处及交谈时表现紧张,与陌生人相处时情况尤其明显;在开学一段时间后,仍然恐惧上学,或无法适应学校生活;说话时声音很小,与人交谈时不敢有目光接触。

（3）情绪低落

多数儿童都会有不开心或情绪低落的时候,孩子出现短暂的情绪问题很正常。但是假如儿童持续表现出闷闷不乐,甚至影响到学习或生活,那就要特别留意。

这方面儿童可能出现的情况包括:持续表现出不开心和闷闷不乐,或者变得烦躁易怒;对很多事都提不起兴趣,开展课堂活动或玩游戏时不会积极参与;容易哭泣,且很少与人说话;经常没有胃口进食,或每餐的进食分量明显减少。

7. 社会交往

每位儿童的性格都不一样,有些比较外向和主动,交际能力较好,有些则较为被动,与人相处时需要多些时间去接触和适应。不过有部分儿童出现社交问题,并不只是性格较被动那么简单,而是在与人沟通、相处或适应社会规范等方面出现困难。

这些儿童可能出现的情况包括:很少主动建立友谊,宁愿独自玩耍;与人相处的时候,欠缺适当的社交技巧,常有不恰当的行为或说话出现;无论食物、玩具抑或是自己的兴趣,都很少主动与人分享;难以察觉别人的需要和感受,显得比较自我;与人交谈时,只顾说自己喜欢的话题,漠视他人的响应,出现单向性沟通;眼神接触较弱,说话的语调较为古怪和刻板,亦很少运用表情、手势或身体语言来沟通。

8. 家庭因素的影响

除了前述儿童本身的问题外,家庭因素亦会影响到儿童的学习、情绪及行为,例如家庭纠纷、经济困难、父母疏忽照顾等。学校教师不妨从儿童的情况、家长对儿童的态度以及家庭情况几个方面多作留意。

（1）儿童的情况

行为及情绪方面:行为倒退,出现与年龄不符及较幼稚的行为,例如重现遗尿、常要人抱的行为;出现破坏或攻击性行为,例如打人或大力拉扯玩具;情绪不稳,表现出烦躁不安、易发脾气或情绪低落;表现孤僻,不愿与人交谈,不愿参与活动;对成人或照顾者表现出过分依附或退缩,欠缺安全感;表现出害怕父母或照顾者,甚至不愿归家。

身体状况方面:表现出疲倦、食欲不振;体重过轻;出现严重的皮疹或皮肤病,又或患病却得不到适当的治疗和照顾;仪表肮脏,又或衣着不恰当,例如冬天却没有足够的御寒衣物。

学习方面:经常欠交功课或欠带学校课堂所需的物品;经常缺席课堂或学校活动;学习能力突然倒退。

（2）家长对儿童的态度

过分严苛:父母对孩子采用严厉的管教方法,例如体罚、不合理或其他古怪的惩罚;经常呼喝、责骂或批评儿童;经常恐吓或羞辱儿童。

缺乏关心:父母明显偏爱其他子女,对特定儿童及对其他子女的态度截然不同;对儿童表现疏离、漠不关心。

不合理的期望:对儿童有过分执着或不合理的期望;要儿童承担与年龄不符的责任,例如要求只有 5 岁的儿童照顾更年幼的弟妹;鼓励儿童进行不正当的行为,例如偷窃、对他人施以暴力。

（3）家庭情况

家庭背景:单亲家庭或重组家庭;新移民家庭;低收入家庭;父母失业或就业不稳定。

父母健康情况:父母有酗酒、滥用药物、赌博等问题;父母有精神健康问题,例如情绪病或精神病。

其他情况:经常有家庭纠纷;有家庭暴力问题;家庭出现危机或紧张情况,例如被迫搬迁、欠债、离婚等：经常搬家或转换家庭地址。

如果发现儿童的行为、情绪及学习问题可能与父母或家庭因素有关，教师可为儿童的家庭提供有关社会服务的资料，并建议家长寻求专业帮助和支持。另一方面，如果发现儿童在行为和情绪方面突然出现改变，或者在儿童身上发现有非意外造成的伤痕，教师可参考有关处理虐待儿童个案相关条例和程序，必要时尽快联络有关部门和人士，尽早转介和处理。

📋 本章小结

- **儿童心理发展的年龄特征**

儿童心理发展过程既有连续性又有间断性，整个过程表现出若干发展阶段，发展心理学通常将这些阶段和各阶段的特征称为儿童心理发展的"年龄阶段"和"年龄特征"。

根据研究发现及相应经验，学者常常把儿童心理发展划分为六个阶段，即乳儿期、婴儿期、幼儿期、童年期或学龄早期、少年期或学龄中期、青年早期或学龄晚期；每个发展阶段均在身体与动作、感知觉与认知、情绪情感、社会性与个性等范畴表现出相对独特的年龄发展特征。

- **发展异常的表现与诊断**

发展异常是相对于正常或典型发展而言的，用于指儿童发展在某种程度上偏离正常或典型的发展趋势，但关于发展异常的界定需要异常谨慎，需要不断审查其准确性、完整性和有用性；儿童发展异常评估不仅需要评估其能力偏离同龄人的程度，还需结合其发展进程与途径及潜在发展风险与发展弹性进行综合考虑。

正如典型发展可表现出年龄特征模式一样，婴儿期、儿童期和青少年期可能亦可表现出相对不同的临床表现模式；在实践中人们根据典型的临床行为特征对各种发展异常进行描述，形成各种发展异常的评估、诊断和处置标准，典型代表如《精神障碍诊断与统计手册（第五版）》。

- **在学校情境识别儿童的特殊发展需要**

当孩子在学校中表现出学习、情绪或行为方面的问题时，教师可尝试结合多方面的信息和观察评估，识别孩子是否存在问题及影响孩子表现的因素，并对是否将孩子转介到专业机构做进一步评估和处理做出适宜性建议；鉴于教师的角色和作用，了解并敏感于儿童可能在哪些发展范畴出现问题或困难，结合观察评估对孩子发展异常进行识别和转介，是促成发展适宜性干预的第一步。

📝 思考与练习

1. 儿童心理发展有哪些年龄阶段及年龄发展特征？结合儿童发展的年龄特征与个别差异，试剖析发展连续性与间断性并存的辩证内涵。

2. 为什么说心理发展异常的界定存在许多挑战？试结合实例，分析典型心理发展、心理发展风险与心理发展障碍之间的关系。

3. 结合某一学校应用场景，尝试设计一个关于儿童心理发展异常的评估、初步筛查和转介诊断的应用案例。

延伸阅读

1. American Psychiatric Association. (2013). *Diagnostic and statistical manual of mental disorders* (*5th ed.*) (*DSM-5*). Washington DC：American Psychiatric Publishing.

2. Batshaw，M. L.，Roizen，N. J.，Pellegrino，L. (eds.). (2019). *Children with Disabilities* (*8th ed.*). Baltimore：Paul Brookes Publishing.

3. Lewis，M，Rudolph，K. D. (eds.). (2014). *Handbook of developmental psychopathology* (*3rd ed.*). New York：Springer Science.

4. Mash，E. J.，Wolfe，D. A. (2016). *Abnormal child psychology* (*6th ed.*). Boston，MA：Cengage Learning.

主要参考文献

中文部分

皮亚杰. 儿童的语言和思维[M]. 傅统先,译. 北京:文化教育出版社,1980.

约翰·弗拉维尔,等. 认知发展[M]. 邓赐平,刘明,译. 上海:华东师范大学出版社,2002.

威廉·戴蒙,等. 儿童心理学手册(第六版)(第一卷:人类发展的理论模型)[M]. 林崇德,李其维,董奇,主译. 上海:华东师范大学出版社,2009.

安妮·安娜斯塔西,苏珊娜·厄比纳. 心理测验[M]. 缪小春,竺培梁,译. 杭州:浙江教育出版社,2001.

邓赐平,蔡丹. 当代智力测验中的认知评估倾向:现状、核心与趋势[J]. 华东师范大学学报(教育科学版),2008(03):47-53.

邓赐平. 领域特性观:领域普遍观的对立或补充?[J]. 华东师范大学学报(教育科学版),2002(03):53-61.

方富熹. 4—6岁儿童掌握汉语量词水平的实验研究[J]. 心理学报,1985(04):384-392.

胡平,孟昭兰. 城市婴儿依恋类型分析及判别函数的建立[J]. 心理学报,2003(02):201-208.

霍华德·加德纳. 多元智能[M]. 沈致隆,译. 北京:新华出版社,1999.

居伊·勒弗朗索瓦. 孩子们:儿童心理发展[M]. 王全志,等,译. 北京:北京大学出版社,2004.

卡拉·西格曼,伊丽莎白·瑞德尔. 生命全程发展心理学[M]. 陈英和,译. 北京:北京师范大学出版社,2009.

林崇德,朱智贤. 儿童心理学史[M]. 北京:北京师范大学出版社,1988.

罗伯特·费尔德曼. 发展心理学:人的毕生发展(第8版)[M]. 苏彦捷,等,译. 上海:华东师范大学出版社,2022.

缪小春,陈国鹏,应厚昌. 词序和词义在汉语语句理解中的作用再探[J]. 心理科学通讯,1984(06):3-9+66.

缪小春,桑标. 5—8岁儿童对几种偏正复句的理解[J]. 心理科学,1994(01):10-15+63.

缪小春,朱曼殊. 幼儿对某几种复句的理解[J]. 心理科学通讯,1989(06):3-8+44+66.

墨森,等. 儿童发展和个性[M]. 缪小春,等,译. 上海:上海教育出版社,1990.

乔·佛罗斯特,苏·沃瑟姆,斯图尔特·赖费尔. 游戏与儿童发展[M]. 唐晓娟,张胤,史明洁,译. 北京:机械工业出版社,2015.

吴天敏,许政援. 初生到三岁儿童言语发展记录的初步分析[J]. 心理学报,1979(02):153 - 165.

约翰·桑特洛克. 毕生发展[M]. 桑标,等,译. 上海:上海人民出版社,2009.

张仁俊,朱曼殊. 婴儿的语音发展——一例个案的分析[J]. 心理科学通讯,1987(05):9 - 13+66.

周容,张厚粲. CDCC 中国儿童发展量表(3—6 岁)的编制[J]. 心理科学,1994(03):137 - 140+132+192.

周璇,蔡丹. 不同类型数学任务的 PASS 认知加工发展特点[J]. 心理科学,2016,39(06):1391 - 1397.

朱曼殊,华红琴. 儿童对因果复句的理解[J]. 心理科学,1992(03):3 - 9+66.

英文部分

American Psychiatric Association (APA). (2013). *The Diagnostic and statistical manual of mental disorders (5th ed.)* (DSM - 5). Arlington: American Psychiatric Association.

Ainsworth, M. D. & Wittig, B. A. (1969). Attachment and exploratory behavior of one-year-olds in a strange situation. In B. M. Foss (Ed.), *Determinants of infant behavior*, Vol 4 (pp. 113—136). London: Methuen.

Akolekar, R., Beta, J., Picciarelli, G., Ogilvie, C., & D'Antonio, F. (2015). Procedure-related risk of miscarriage following amniocentesis and chorionic villus sampling: a systematic review and meta-analysis. *Ultrasound in Obstetrics & Gynecology*, 45, 16—26.

Aoyama, S., Toshima, T., Saito, Y., Konishi, N., Motoshige, K., Ishikawa, M., Nakamura, K., Kobayashi, M. (2010). Maternal breast milk odour induces frontal lobe activation in neonates: a NIRS study. *Early Human Development*, 86, 541—545.

Apgar, V. (1953). A proposal for a new method of evaluation of the newborn infant. *Current Researches in Anesthesia and Analgesia*, 32, 260—267.

Astington, J. W., & Pelletier, J. (1996). The language of mind: Its role in teaching and learning. In D. R. Olson, & N. Torrance (Eds.). *The handbook of education and human development* (pp. 593—619). Oxford, UK: Blackwell.

Bahrick, L. E., & Lickliter, R. (2012). The role of intersensory redundancy in early perceptual, cognitive, and social development. In A. Bremner, D. J. Lewkowicz, & C. Spence (Eds.), *Multisensory development* (pp. 183—205). Oxford, England: Oxford University Press.

Baillargeon, R. (1986). Representing the existence and the location of hidden objects: Object permanence in 6 - and 8 - month - old infants. *Cognition*, 23(1), pp. 21—41.

Baillargeon, R. (1987). Object Permanence in 3 ½ and 4 ½ Month Old Infants. *Developmental Psychology*, 23, 655—664.

Baillargeon, R. (2004). Infants' physical world. *Current Directions in Psychological Science*, 13, 89—94.

Baillargeon, R., Li, J., Gertner, Y., & Wu, D. (2011). How do infants reason about physical events? In U. Goswami (Ed.), *The Wiley-Blackwell handbook of childhood cognitive development* (*2nd ed.*) (pp. 11—48). Oxford: Blackwell, 2011.

Bandura, A. (1986). *Social foundations of thought and action: A social cognitive theory*. Upper Saddle River, NJ: Prentice Hall.

Baltes, P. B., Lindenberger, U., & Staudinger, U. M. (2006). Life span theory in developmental psychology. In W. Damon, & R. M. Lerner (Eds.), *Handbook of child psychology* (*6th ed.*) (pp. 569—664). Hoboken, NJ: John Wiley & Sons.

Bardsley, M. Z., Kowal, K., Levy, C., Gosek, A., Ayari, N., Tartaglia, N., Lahlou, N., Winder, B., Grimes, S., & Ross, J. L. (2013). 47, XYY syndrome: Clinical phenotype and timing of ascertainment. *The Journal of Pediatrics*, 163, 1085—1094.

Bavin, E. L. (Ed.). (2012). *Cambridge handbook of child language*. NY: Cambridge University Press.

Belsky, J. (1997). Variation in susceptibility to rearing influence: An evolutionary argument. *Psychological Inquiry*, 8, 182—186.

Bem, S. L. (1975). Sex-role adaptability: One consequence of psychological androgyny. *Journal of Personality and Social Psychology*, 31, 634—643.

Bennett, D. S., Bendersky, M., & Lewis, M. (2002). Facial expressivity at 4 months: A context by expression analysis. *Infancy*, 3, 97—113.

Bird, R. J. & Hurren, B. J. (2016). Anatomical and clinical aspects of Klinefelter's syndrome. *Clinical Anatomy*, 29, 606—619.

Bliss, J., Askew, M., & Macrae, S. (1996). Effective teaching and learning: Scaffolding revisited. *Oxford Review of Education*, 22, 37—61.

Bornstein, M. H. , Putnick, D. L. , Rigo, P. , Esposito, G. , Swain, J. E. , Suwalsky, J. , Su, X. , Du, X. , Zhang, K. , Cote, L. R. , De Pisapia, N. , & Venuti, P. (2017). Neurobiology of culturally common maternal responses to infant cry. *PNAS*, 114, E9465—E9473.

Bornstein, M. H. , & Sigman, M. D. (1986). Continuity in mental development from infancy. *Child Development*, 57, 251—277.

Bouchard, T. J. , & McGue, M. (1981) Familial studies of intelligence: a review. *Science*, 212(4498), 1055—1059.

Bronfenbrenner, U. & Ceci, S. J. (1994). Nature-nurture reconceptualised in developmental perspective: A bioecological model. *Psychological Review*, 101, 568—586.

Brooker, R. J. , Buss, K. A. , Lemery-Chalfant, K. , Aksan, N. , Davidson, R. J. , & Goldsmith, H. H. (2013). The development of stranger fear in infancy and toddlerhood: Normative development, individual differences, antecedents, and outcomes. *Developmental Science*, 16, 864—878.

Campos, J. J. , Langer, A. , & Krowitz, A. (1970). Cardiac responses on the visual cliff in prelocomotor human infants. *Science*, 170, 196—197.

Clarke-Stewart, K. A. (1973). Interactions between mothers and their young children: Characteristics and consequences. *Monographs of the Society for Research in Child Development*, 38, 1—109.

Chomsky, N. (2013). A Review of B. F. Skinner's Verbal Behavior. In N. Block (ed.). *Readings in philosophy of psychology*, Volume I (pp. 48—64). Cambridge, MA: Harvard University Press.

Craig, A. , Tran, Y. , Hermens, G. , Williams, L. M. , Kemp, A. , Morris, C. , & Gordon, E. (2009). Psychological and neural correlates of emotional intelligence in a large sample of adult males and females. *Personality and Individual Differences*, 46, 111—115.

Dael N. , Mortillaro M. , & Scherer K. R. (2012). Emotion expression in body action and posture. *Emotion*, 12, 1085—1101.

DeCasper, A. J. , & Spence, M. J. (1986). Prenatal maternal speech influences newborns' perception of speech sounds. *Infant Behavior & Development*, 9, 133—150.

DeLoache, J. S. (1987). Rapid change in the symbolic functioning of very young children. *Science*, 238, 1556—1557.

DeLoache, J. S. (2004). Becoming symbol-minded. *Trends in Cognitive Sciences*, 8, 66—70.

DeLoache, J. S. & Todd, C. M. (1988). Young children's use of spatial categorization as a mnemonic strategy. *Journal of Experimental Child Psychology*, 46, 1—20.

Ducharme, S, Hudziak, J. J. , Botteron, K. N. , Albaugh, M. D. , Nguyen, T. V. , Karama, S. , Evans, A. C. , & Brain Development Cooperative Group. (2012). Decreased regional cortical thickness and thinning rate are associated with inattention symptoms in healthy children. *Journal of the American Academy of Child & Adolescent Psychiatry*, 51, 18—27.

Eckerman, C. Q, Whatley, J. L. , & Kutz, S. L. (1975). Growth of social play with peers during the second year of life. *Developmental Psychology*, 11, 42—49.

Eisenberg, N. , Fabes, R. A. , & Sprinrad, T. L. (2006). Prosocial development. In: W. Damon, R. M. Lerner, & N. Eisenberg (eds.). *Handbook of child psychology: Vol 3. Social, emotional, and personality development* (pp. 646—718). New York: Wiley.

Eisenberg, N. & Valiente, C. (2002). Parenting and Children's Prosocial and Moral Development. In M. H. Bornstein (ed.). *Handbook of parenting: Practical issues in parenting*, Vol 5 (pp. 111—142). Mahwah, NJ: Lawrence Erlbaum.

Ekman, P. , Friesen, W. V. , & Hager, J. C. (2002). *Facial action coding system.* Salt Lake City: Research Nexus.

Ellis, S. A. , & Gauvain, M. (1992). Social and cultural influences on children's collaborative interactions. In L. T. Winegar & J. Valsiner (Eds.), *Children's development within social context*, (pp. 155—180). NJ: Lawrence Erlbaum.

Espelage, D. L. , Hong, J. S. , & Mebane, S. (2016). Recollections of childhood bullying and multiple forms of victimization: correlates with psychological functioning among college students. *Social Psychology of Education*, 19, 715—728.

Evereklian, M. , & Posmontier, B. (2017). The impact of kangaroo care on premature Infant weight gain. *Journal of Pediatric Nursing*, 34, e10—e16.

Fabes R. A, Eisenberg N, Jones S, Smith, M. , Guthrie, I. , Poulin, R. , Shepard, S. , & Friedman, J. (1999). Regulation, emotionality, and preschoolers' socially competent peer interactions. *Child Development*, 70, 432—442.

Farrington, D. P. , & Ttofi, M. M. (2011). Bullying as a predictor of offending, violence and later life outcomes. *Criminal Behavior and Mental Health*, 21, 90—98.

Fenson, L. , Dale, P. S. , Reznick, J. S. , Bates, E. , Thal, D. , & Pethick, S. (1994). Variability in early communicative development. *Monographs of the Society for Research in Child Development* , 59, 174—185.

Fox, C. E, & Kilby, M. D. (2016). Prenatal diagnosis in the modern era. *The Obstetrician & Gynaecologist* , 18, 213—219.

Gelman, R. (1980). What young children know about numbers. *Educational Psychologist* , 15, 54—68.

Gelman, R. (2009). Counting and arithmetic principles first. *Behavioral and Brain Sciences* , 31, 653—654.

Gibson, E. J. , & Walk, R. D. (1960). The "visual cliff. " *Scientific American* , 202, 64—71.

Goldberg, S. (2013). *Attachment and child development.* NY: Routledge.

Gilligan, C. (1982). *In a different voice: Psychological theory and women's development.* Cambridge: Harvard University Press.

Gopnik, A. & Astington, J. W. (1988). Children's understanding of representational change and its relation to the understanding of false belief and the appearance-reality distinction. *Child Development* , 59, 26—37.

Gopnik, A. , Sobel, D. M. , Schulz, L. , & Glymour, C. (2001). Causal learning mechanisms in very young children: two, three, and four-year-olds infer causal relations from patterns of variation and co-variation. *Developmental Psychology* , 37, 620—629.

Gottlieb, G. (2007) Probabilistic epigenesis. *Developmental Science* , 10, 1—11.

Grazioplene, R. , Tseng, W. L. , Cimino, K. , Kalvin, C. , Ibrahim, K. , Pelphrey, K. A. , & Sukhodolsky, D. G. (2020). Fixel-based diffusion MRI reveals novel associations between white matter microstructure and childhood aggressive behavior. *Biological Psychiatry: Cognitive Neuroscience and Neuroimaging* , 5, 490—498.

Gross, J. J. (2002). The extended process model of emotion regulation: Elaborations, applications, and future directions. *Psychological Inquiry* , 26, 130—137.

Gross, J. J. (2015). Emotion regulation: Current status and future prospects. *Psychological Inquiry* , 26, 1—26.

Gunnar, M. , & Quevedo, K. (2007). The neurobiology of stress and development. *Annual Review of Psychology* , 58, 145—173.

Halpern, D. F., Benbow, C. P., Geary, D. C., Gur, R. C., Hyde, J. S., & Gernsbacher, M. A. (2007). The science of sex differences in science and mathematics. *Psychological Science in the Public Interest*, 8, 1—51.

Harlow, H. F. (1958). The nature of love. *American Psychologist*, 13, 673.

Hartup, W. W. (1989). Social relationships and their developmental significance. *American Psychologist*, 44, 120—126.

Herlihy, A. S. & McLachlan, R. I. (2015) Screening for klinefelter syndrome. *Current Opinion in Endocrinology, Diabetes, and Obesity*, 22, 224—229.

Higgins, A. T. & Turnure, J. E. (1984). Distractibility and concentration of attention in children's development. *Child Development*, 55 1799—1810.

Hofer, B. K. & Pintrich, P. R. (1997). The Development of Epistemological Theories: Beliefs about Knowledge and Knowing and their Relation to Learning. *Review of Educational Research*, 67, 88—140.

Holodynsk, M., & Seeger, D. (2019). Expressions as signs and their significance for emotional development. *Developmental Psychology*, 55, 1812—1829.

Hulvershorn, L. A., Mennes, M., Castellanos, F. X., Martino, A. D., Milham, M. P., Hummer, T. A., Roy, A. K. (2014). Abnormal amygdala functional connectivity associated with emotional lability in children with attention-deficit/hyperactivity disorder. *Journal of the American Academy of Child and Adolescent Psychiatry*, 53, 351—361.

Huttenlocher, P. R. (2000). Synaptogenesis in Human Cerebral Cortex and the Concept of Critical Periods. In N. A. Fox, L. A. Leavitt, & J. G. Warhol. (eds.). *The role of early experience in development* (p. 21). St. Louis, MO: Johnson & Johnson Pediatric Institute.

Izard, C. E. (2009) Emotion theory and research: Highlights, unanswered questions, and emerging issues. *Annual Review of Psychology*, 60, 1—25.

Jha, A. K., Baliga, S., Kumar, H. N., Rangnekar, A., & Baliga, B. S. (2015). Is there a preventive role for vernix caseosa? An invitro study. *Journal of Clinical and Diagnostic Research*, 9(11), 13—16.

Kagan, J. (2003). Behavioral inhibition as a temperamental category. In R. J. Davidson, K. R. Scherer, & H. H. Goldsmith. (Eds.), *Handbook of affective sciences* (pp. 320—331). Oxford University Press, New York.

Kaufman, J., Csibra, G., & Johnson, M. H. (2003). Representing occluded objects in the human brain. *Proceedings of the Royal Society B: Biological Sciences*, 270 (Suppl 2), S140—S143.

Kearins, J. M. (1981). Visual spatial memory in Australian aboriginal children of desert regions. *Cognitive Psychology*, 13, 434—460.

Kellman, P. J., & Spelke, E. S. (1983). Perception of partly occluded objects in infancy. *Cognitive Psychology*, 15, 483—524.

Kelly, D. J., Liu, S., Lee, K., Quinn, P. C., Pascalis, O., Slater, A. M., & Ge, L. (2009). Development of the other-race effect during infancy: Evidence toward universality? *Journal of Experimental Child Psychology*, 104(1), 105—114.

Kotovsky, L., & Baillargeon, R. (2000). Reasoning about collision events involving inert objects in 7.5-month-old infants. *Developmental Science*, 3, 344—359.

Krebs, D. L. & Denton, K. (2005). Toward a more pragmatic approach to morality: A critical evaluation of Kohlberg's model. *Psychological Review*, 112, 629—649.

Kuther, T. L. (2018). *Lifespan development in context*. Los Angeles: SAGE Publishing.

Lambert, S. R., & Drack, A. V. (1996). Infantile cataracts. *Survey of Ophthalmology*, 40, 427—458.

Lane-Garon, P. & Richardson, T. (2003) Mediator mentors: improving school climate — nurturing student disposition. *Conflict Resolution Quarterly*, 21, 47—69.

Lee, L. (1974). Children's understanding of morals. *Values Feelings and Morals*, Part 1, 19—38.

Legerstee, M., Markova, G. (2008). Variations in 10-month-old infant imitation of people and things. *Infant Behavior and Development*, 31(1), 81—91.

Leslie, A. M., & Keeble, S. (1987). Do six-month-old infants perceive causality? *Cognition*, 25(3), 265—288.

Levine, L. E. & Munsch, J. (2017). *Child development: An active learning approach* (3rd ed.). SAGE Publications, Inc.

Levy, G. D., Sadovsky, A. L., & Troseth, G. L. (2000). Aspects of young children's perceptions of gender-typed occupations. *Sex Roles*, 42, 993—1006.

Lewis, M., Alessandri, S. M., & Sullivan, M. W. (1990). Violation of expectancy, loss of control, and anger expressions in young infants. *Developmental Psychology*, 26, 745—751.

Liben, L. S. & Muller, U. (Eds.). (2015). *Handbook of child psychology and developmental science* (7th ed.): *Vol 2, Cognitive process.* Hobroken, NJ: John Wiley & Sons Inc.

Liben, L. S. & Signorella, M. L. (1987). *New directions for child development*, *No. 38: Children's gender schemata.* San Francisco, CA: Jossey-Bass.

Liu, X., Zhao, Z., Jia, C., & Buysse D. J. (2008). Sleep patterns and problems among Chinese adolescents. *Pediatrics*, 121, 1165—1173.

Main, M., & Weston, D. R. (1981). The quality of the toddler's relationship to mother and to father: Related to conflict behavior and the readiness to establish new relationships. *Child Development*, 52, 932—940.

Manuck, S. B., & McCaffery, J. E. (2014). Gene-environment interaction. *Annual Review of Psychology*, 65, 41—70.

Marcia, J. E. (1980). Identity in Adolescence. In J. Adelson (ed.), *Handbook of Adolescent Psychology* (pp. 159—187). New York: Wiley.

Markman E. M. & Wachtel G. F. (1988). Children's Use of Mutual Exclusivity to Constrain the Meaning of Words. *Cognitive Psychology.* 1988, 20, 121—157.

Markson, L., & Spelke, E. S. (2006). Infants' rapid learning about self-propelled objects. *Infancy*, 9, 45—71.

Masten, A. S. (2011). Resilience in children threatened by extreme adversity: Frameworks for research, practice, and translational synergy. *Development and Psychopathology*, 23(2), 141—154.

Masten, A. S., & Barnes, A. J. (2018). Resilience in children: Developmental perspectives. *Children (Basel)*, 5(7), 98.

Martin, R. E. & Ochsner, K. N. (2016). The neuroscience of emotion regulation development: implications for education. *Current Opinion in Behavioral Sciences*, 10, 142—148.

Matsumoto, D. & Willingham, B. (2009). Spontaneous facial expressions of emotion of congenitally and noncongenitally blind individuals. *Journal of Personality and Social Psychology*, 96(1), 1—10.

McCarthy, D. (1946). Language development in children. In L. Carmichael (Ed.), *Manual of child psychology* (pp. 476—581). Hobroken, NJ: John Wiley & Sons Inc.

McDougall, P. & Vaillancourt, T. (2015). Long-term adult outcomes of peer victimization in childhood and adolescence: Pathways to adjustment and maladjustment. *American*

Psychologist, 70(4), 300—310.

Meeus, W. (2011). The study of adolescent identity formation 2000—2010: A review of longitudinal research. *Journal of Research on Adolescence*, 21, 75—94.

Meltzoff, A. , & Borton, R. (1979). Intermodal matching by human neonates. *Nature*, 282, 403—404.

Mennella, J. A. , Jagnow, C. P. , & Beauchamp, G. K. (2001). Prenatal and postnatal flavor learning by human infants. *Pediatrics*, 107(6), e88.

Messinger, D. , & Fogel, A. (2007). The interactive development of social smiling. *Advances in Child Development and Behavior*, 35, 327—366.

Mischel, W. (1973). Toward a cognitive social learning reconceptualization of personality. *Psychological Review*, 80(4), 252—283.

Mischel, W. & Shoda, Y. (1995). A cognitive-affective system theory of personality: Reconceptualizing situations, dispositions, dynamics, and invariance in personality structure. *Psychological Review*, 102(2), 246—268.

Money, J. , & Ehrhardt, A. A. (1972). *Man and woman, boy and girl: Differentiation and dimorphism of gender identity from conception to maturity*. Johns Hopkins University Press.

Moore, E. R. , Bergman, N. , Anderson, G. C. , & Medley, N. (2016). Early skin-to-skin contact for mothers and their healthy newborn infants. *Cochrane Database of Systematic Reviews*, (11), No. : CD003519.

Moore, K. L. , Persaud, T. V. N. , & Torchia, M. G. (2020). *The developing human: Clinically oriented embryology (11th ed.)*. Elsevier Press.

Newcomb, A. F. , Bukowski, W. M. , & Pattee, L. (1993). Children's peer relations: A meta-analytic review of popular, rejected, neglected, controversial, and average sociometric status. *Psychological Bulletin*, 113, 99—128.

Nichols, S. (2002). Norms with feeling: Towards a psychological account of moral judgment. *Cognition*, 84, 221—236.

Nielsen, L. (2018). Preface to the special issue: Shared physical custody: Recent research, advances, and applications, *Journal of Divorce & Remarriage*, 59, 237—246.

Nishida, T. K. , & Lillard, A. S. (2007). The informative value of emotional expressions: "Social referencing" in mother-child pretense. *Developmental Science*, 10(2), 205—212.

Oakes, L. , Cashon, C. , Casasola, M. , & Rakison, D. (2010). *Infant perception and cognition: Recent advances, emerging theories, and future directions*. New York: Oxford University Press.

O'Brien, M. & Huston, A. C. (1985). Development of sex-typed play behavior in toddlers. *Developmental Psychology*, 21(5), 866—871.

Olweus, D. A. (2010). Understanding and researching bullying: Some critical issues. In S. R. Jimerson, S. M. Swearer, D. L. Espelage. (eds.). *The handbook of bullying in schools: An international perspective* (pp. 9—33). New York: Routledge.

Otsuka, Y. , Nakato, E. , Kanazawa, S. , Yamaguchi, M. K. , Watanabe, S. , & Kakigi, R. (2007). Neural activation to upright and inverted faces in infants measured by near infrared spectroscopy. *NeuroImage*, 34(1), 399—406.

Parke, D. R. (2004). Development in the family. *Annual Review of Psychology*, 55, 365—399.

Parten, M. B. (1932). Social participation among preschool children. *The Journal of Abnormal and Social Psychology*, 27, 243—269.

Patel D. R. (2006). Principles of developmental diagnosis. In: D. E. Greydanus, A. Feinberg, D. R. Patel, et al. (eds.). *Pediatric diagnostic examination* (pp. 629—644). New York: McGraw Hill Medical.

Patterson, G. R. , Littman, R. A. , & Bricker, W. (1967). Assertive behavior in children: a step toward a theory of aggression. *Monographs of the Society for Research in Child Development*, 32, 1—43.

Pfeifer, M. , Goldsmith, H. H. , Davidson, R. J. , & Rickman, M. (2002). Continuity and change in inhibited and uninhibited children. *Child Development*, 73, 1474—1485.

Perner J. (1991). *Understanding the representational mind*. Cambridge, MA: MIT Press.

Perner, J. , Leekam, S. R. , & Wimmer, H. (1987). Three-Year-Olds' difficulty with false belief: the case for a conceptual deficit. *British Journal of Developmental Psychology*, 5, 125—137.

Premack, D. , & Woodruff, G. (1978). Does the chimpanzee have a theory of mind. *Behavioral and Brain Sciences*, 4, 515—526.

Rochat, P. , & Morgan, R. (1995). Spatial determinants in the perception of self-produced leg movements in 3-to 5-month-old infants. *Developmental Psychology*, 31, 626—636.

Rothbart, M. K. & Bates, J. E. (2006). Temperament. In W. Damon, R. M. Lerner, & N. Eisenberg (Eds.), *Handbook of child psychology* (*6th ed.*) (pp. 99—166). New York, NY: Wiley.

Rothbart, M. K., Sheese, B. E., & Conradt, E. D. (2009). Childhood temperament. In P. J. Corr & G. Matthews (Eds.), *Cambridge handbook of personality psychology* (pp. 177—190). Cambridge: Cambridge University Press.

Rubin, K. H., Bukowski, W. M., Laursen, B. (2009). *Handbook of peer interactions, relationships, and groups.* New York: The Guilford Press.

Saarni, C., Campos, J. J., Camras, L. A., & Witherington, D. (2006). Emotional development: action, communication, and understanding. In N. Eisenberg, W. Damon, & R. M. Lerner (Eds.), *Handbook of child psychology: Social, emotional, and personality development* (pp. 226—299). Hobroken, NJ: John Wiley & Sons, Inc.

Salovey, P., & Mayer, J. D. (1990). Emotional intelligence. *Imagination, Cognition, and Personality*, 9, 185—211.

Scherer, K. R. (2005). What are emotions? And how can they be measured? *Social Science Information*, 44(4), 693—727.

Schaller, U. M., Biscaldi, M., Fangmeier, T., van Elst, L. T., & Rauh, R. (2019). Intuitive moral reasoning in high-functioning autism spectrum disorder: A matter of social schemas? *Journal of Autism Developmental Disorder*, 49, 1807—1824.

Schommer-Aikins, M. (2002). An evolving theoretical framework for an epistemological belief system. In B. Hofer & P. R. Pintrich. (Eds.). *Personal epistemology: the psychology of beliefs about knowledge and knowing* (pp. 103—119). New Jersey: Lawrence Erlbaum.

Shaffer, D. R., Kipp, K., Wood, E., & Willoughby, T. (2013). *Developmental psychology: Childhood and adolescence* (*4th ed.*). Toronto: Nelson Education Ltd.

Shweder, R. A., Turiel, E., & Much, N. (1981). The moral intuitions of the child. In J. H. Flavell, & L. Ross (eds.). *Social cognitive development: Frontiers and possible futures* (pp. 288—305). NY: Cambridge University Press.

Shure, M. B. & Spivack, G. (1980). Interpersonal problem solving as a mediator of behavioral adjustment in preschool and kindergarten children. *Journal of Applied Developmental Psychology*, 1, 29—44.

Siegler, R. (1998). *Children's thinking* (*3rd ed.*). NJ: Prentice Hall.

Siemer, M., Mauss, I., & Gross, J. J. (2007). Same situation — Different emotions: How appraisals shape our emotions. *Emotion*, 7, 592—600.

Slater, A., Mattock, A., Brown, E., & Bremner, J. (1991). Form perception at birth: revisited. *Journal of Experimental Child Psychology*, 51, 395—406.

Smith, P. K. (2010). *Children and play*. NY: Wiley Blackwell.

Snarey, J. (1985). The cross-cultural universality of social-moral development: A critical review of Kohlbergian research. *Psychological Bulletin*, 97, 202—232.

Spelke, E. S. (1985). Perception of unity, persistence, and identity: Thoughts on infants' conceptions of objects. In J. Mehler & R. Fox (Eds.), *Neonate cognition*. Hillsdale, NJ: Erlbaum.

Spelke, E. S. (1990). Principles of object perception. *Cognitive Science*, 14, 29—56.

Spelke, E. S., Phillips, A., & Woodward, A. L. (1995). Infants' knowledge of object motion and human action. In D. Sperber, D. Premack, & A. J. Premack (Eds.), *Causal cognition: A multidisciplinary debate* (pp. 44 – 78). Oxford: Clarendon Press/Oxford University Press.

Shaffer, D. R., Kipp, K., Wood, E., Willoughby, T. (2013). *Developmental psychology: Child hood and adolescence*. (4th ed.). Toronto: Nelson Education Ltd.

Soubry, A., Hoyo, C., Jirtle, R. L., & Murphy, S. K. (2014). A paternal environmental legacy: Evidence for epigenetic inheritance through the male germ line. *Bio-essays*, 36, 359—371.

Stephanou, K., Davey, C. G., Kerestes, R., Whittle, S., Pujol, J., Yücel, M., Fornito, A., López-Solà, M., & Harrison, B. J. (2016). Brain functional correlates of emotion regulation across adolescence and young adulthood. *Human Brain Mapping*, 37(1), 7—19.

Steptoe, A. (2019). Happiness and health. *Annual Review of Public Health*, 40, 339—359.

Tanner, J. M. (1990). *Foetus into man (2nd ed.)*. Cambridge, MA: Harvard University Press.

Theodora, M., Antsaklis, P., & Antsaklis, A. (2015) Invasive prenatal diagnosis: Amniocentesis. *Donald School Journal of Ultrasound in Obstetrics and Gynecology*, 9(3), 307—313.

Thomas. A., Chess, S., & Birch, H. G. (1970). The origin of personality. *Scientific*

American, 223, 102—109.

Thompson, R. A., Meyer, S., & McGinley. M. (2006). Understanding values in relationships: The development of conscience. In M. Killen & J. G. Smetana. (Eds.). *Handbook of moral development* (pp. 267—297). Mahwah, NJ: Erlbaum.

Tokunaga, R. S. (2010). Following you home from school: A critical review and synthesis of research on cyberbullying victimization. *Computers in Human Behavior*, 26, 277—287.

Toumbourou, J. W., Hall, J., Varcoe J., & Leung R. (2014). *Review of key risk and protective factors for child development and wellbeing (antenatal to age 25)*. Australian Research Alliance for Children and Young People.

Tudge, J. & Winterhoff, P. (1993). Can young children benefit from collaborative problem solving? Tracing the effects of partner competence and feedback. *Social Development*, 2, 242—259.

Tyng, C. M., Amin, H. U., Saad, M., & Malik, A. S. (2017). The Influences of Emotion on Learning and Memory. *Frontiers in Psychology*, 8, 1454.

van der Wilt, F., van der Veen, C., van Kruistum, C., & van Oers, B. (2018). Why can't I join? Peer rejection in early childhood education and the role of oral communicative competence. *Contemporary Educational Psychology*, 54, 247—254.

van de Vondervoort, J. W., & Hamlin, J. K. (2018). The early emergence of sociomoral evaluation: infants prefer prosocial others. *Current Opinion in Psychology*, 20, 77—81.

Vygotsky, L. S. (1978). *Mind in Society: The development of higher psychological processes*. Cambridge, MA: Harvard University Press.

Warnoek, F., & Sandrin, D. (2004). Comprehensive description of newborn distress behavior in response to acute pain (newborn male circumcision). *Pain*, 107, 242—255.

Waterland, R. A., & Jirtle, R. L. (2003). Transposable elements: targets for early nutritional effects on epigenetic gene regulation. *Molecular and Cellular Biology*, 23, 5293—5300.

Wimmer, H. & Perner, J. (1983). Beliefs about beliefs: Representation and constraining function of wrong beliefs in young children's understanding of deception. *Cognition*, 13(1), 103—128.

Wood, D. (1988). *How children think and learn: The social contexts of cognitive development*. Oxford: Blackwell Pub.

Wright, H. F. (1967). *Recording and analyzing child behavior*. New York: Harper & Row.

Wynn, K. (1992). Addition and subtraction by human infants. *Nature*, 358, 749—750.

Younger, B. A. & Cohen, L. B. (1983). Infant perception of correlations among attributes. *Child Development*, 54, 858—867.

Zhang, W. , Yan, C. , Shum, D. , & Deng, C. (2020). Responses to academic stress mediate the association between sleep difficulties and depressive/anxiety symptoms in Chinese adolescents. *Journal of Affective Disorders*, 263, 89—98.